国家重点研发计划项目"国家重要生态保护地生态功能协同提升与综合管控技术研究与示范"（2017YFC0506400）成果

自然保护地功能协同提升研究与示范丛书

自然保护地功能协同提升和国家公园综合管理的理论、技术与实践

闵庆文 等 著

科学出版社

北 京

内 容 简 介

本书是国家重点研发计划项目“国家重要生态保护地生态功能协同提升与综合管控技术研究与示范”成果的集成。针对我国自然保护地类型多样、布局不尽合理、管理权属分散、保护与发展矛盾突出的现状与需求，围绕自然保护地空间格局与功能、多类型保护地交叉或重叠区生态保护与经济发展协调机制和国家公园管理体制与机制三个方面，综合运用地理学、生态学、经济学、社会学、民族学等学科的理论、方法和技术，借鉴国际先进经验并结合我国国情，提出了自然保护地空间布局规划技术；探索了自然保护区和国家公园的空间布局；建立了多类型自然保护地区域生态资产评估方法；优化了国家公园等自然保护地生态补偿政策框架和测算方法；创新了多类型保护地区域经济建设与自然生态保护协调的微观和宏观分析方法与调节对策；提出了国家公园建设的生态保护与优化综合管理技术；建立了面向国家公园管理的生态监测和灾害管理理论与方法；在三江源国家公园和神农架国家公园体制试点区进行了应用示范。

本书适合从事国家公园、自然保护区和自然公园相关工作的管理人员和科研人员参考使用，亦可作为生态学及相关学科高年级学生的专业参考书。

审图号：GS 京（2022）0213 号

图书在版编目（CIP）数据

自然保护地功能协同提升和国家公园综合管理的理论、技术与实践/闵庆文等著. —北京：科学出版社，2022.9
（自然保护地功能协同提升研究与示范丛书）
ISBN 978-7-03-072497-7

Ⅰ. ①自…　Ⅱ. ①闵…　Ⅲ. ①自然保护区–研究–中国 ②国家公园–研究–中国　Ⅳ. ①S759.992

中国版本图书馆 CIP 数据核字（2022）第 099255 号

责任编辑：马　俊　孙　青 / 责任校对：杨　然
责任印制：吴兆东 / 封面设计：刘新新

科 学 出 版 社 出版
北京东黄城根北街 16 号
邮政编码：100717
http://www.sciencep.com

北京建宏印刷有限公司 印刷
科学出版社发行　各地新华书店经销

*

2022 年 9 月第　一　版　开本：720×1000　1/16
2022 年 9 月第一次印刷　印张：23
字数：461 000

定价：298.00 元

（如有印装质量问题，我社负责调换）

自然保护地功能协同提升研究与示范丛书

编委会

本书著者委员会

主　任

闵庆文

副主任

钟林生　桑卫国　曾维华　张同作　蔡庆华　何思源

委　员

（以姓名汉语拼音为序）

白云霄　蔡振媛　曹　巍　迟翔文　代云川　付　晶

高　峻　高红梅　郭　鑫　胡官正　江　峰　焦雯珺

孔　舒　李　杰　李凤清　李巍岳　李先福　刘道鑫

刘孟浩　刘某承　刘显洋　罗情怡　马　楠　马冰然

毛显强　孟　锐　覃　雯　萨　娜　石　欣　舒　航

宋鹏飞　谭　路　王国萍　王慧慧　王佳然　王正早

吴昱芳　席建超　肖　轶　薛亚东　杨　蕾　杨　伦

杨敬元　杨万吉　姚帅臣　虞　虎　张碧天　张婧捷

张丽荣　张天新　张香菊　张衍亮　赵本元

丛 书 序

自 1956 年建立第一个自然保护区以来，经过 60 多年的发展，我国已经形成了不同类型、不同级别的自然保护地与不同部门管理的总体格局。到 2020 年底，各类自然保护地数量约 1.18 万个，约占我国国土陆域面积的 18%，对保障国家和区域生态安全、保护生物多样性及重要生态系统服务发挥了重要作用。

随着我国自然保护事业进入了从"抢救性保护"向"质量性提升"的转变阶段，两大保护地建设和管理中长期存在的问题亟待解决：一是多部门管理造成的生态系统完整性被人为割裂，各类型保护地区域重叠、机构重叠、职能交叉、权责不清，保护成效低下；二是生态保护与经济发展协同性不够造成生态功能退化、经济发展迟缓，严重影响了区域农户生计保障与参与保护的积极性。中央高度重视国家生态安全保障与生态保护事业发展，继提出生态文明建设战略之后，于 2013 年在《中共中央关于全面深化改革若干重大问题的决定》中首次明确提出"建立国家公园体制"，随后，《中共中央国务院关于加快推进生态文明建设的意见》（2015 年）、《建立国家公园体制试点总体方案》（2017 年）和《关于建立以国家公园为主体的自然保护地体系的指导意见》（2019 年）等一系列重要文件，均明确提出将建立统一、规范、高效的国家公园体制作为加快生态文明体制建设和加强国家生态环境保护治理能力的重要途径。因此，开展自然保护地生态经济功能协同提升和综合管控技术研究与示范尤为重要和迫切。

在当前关于国家公园、自然保护地、生态功能区的研究团队众多、成果颇为丰硕的背景下，国家在重点研发计划"典型脆弱生态修复与保护研究"专项下支持了"国家重要生态保护地生态功能协同提升与综合管控技术研究与示范"项目，非常必要，也非常及时。这个项目的实施，正处于我国国家公园体制改革试点和自然保护地体系建设的关键时期，这虽然为项目研究增加了困难，但也使研究的成果有机会直接服务于国家需求。

很高兴看到闵庆文研究员为首席科学家的研究团队，经过 3 年多的努力，完成了该国家重点研发计划项目，并呈现给我们"自然保护地功能协同提升研究与示范丛书"等系列成果。让我特别感到欣慰的是，这支由中国科学院地理科学与资源研究所，以及中国科学院西北高原生物研究所和水生生物研究所、中国林业科学研究院、生态环境部环境规划院、北京大学、北京师范大学、中央民族大学、上海师范大学、神农架国家公园管理局等单位年轻科研人员组成的科研团队，克服重重困难，较好地完成了任务，并取得了丰硕成果。

从所形成的成果看，项目研究围绕自然保护地空间格局与功能、多类型保护地交叉与重叠区生态保护和经济发展协调机制、国家公园管理体制与机制等 3 个科学问题，综合了地理学、生态学、经济学、自然保护学、区域发展科学、社会学与民族学等领域的研究方法，充分借鉴国际先进经验并结合我国国情，从全国尺度着眼，以多类型保护地集中区和国家公园体制试点区为重点，构建了我国自然保护地空间布局规划技术与管理体系，集成了生态资产评估与生态补偿方法，创建了多类型保护地集中区生态保护与经济发展功能协同提升的机制与模式，提出了适应国家公园体制改革与国家公园建设新趋势的优化综合管理技术，并在三江源与神农架国家公园体制试点区进行了应用示范，为脆弱生态系统修复与保护、国家生态安全屏障建设、国家公园体制改革和国家公园建设提供了科技支撑。

欣慰之余，不由回忆起自己在自然保护地研究生涯中的一些往事。在改革开放之初，我曾有幸陪同侯学煜、杨含熙和吴征镒三位先生，先后考察了美国、英国和其他一些欧洲国家的自然保护区建设。之后，我和赵献英同志合作，于 1984 年在商务印书馆发表了《中国的自然保护区》，1989 年在外文出版社发表了 *China's Nature Reserve*。1984～1992 年，通过国家的推荐和大会的选举，我进入世界自然保护联盟（IUCN）理事会，担任该组织东亚区的理事，并承担了其国家公园和保护区委员会的相关工作。从 1978 年成立人与生物圈计划（MAB）中国国家委员会伊始，我就参与其中，还曾于 1986～1990 年担任过两届 MAB 国际协调理事会主席和执行局主席，1990 年在 MAB 中国国家委员会秘书处兼任秘书长，之后一直担任副主席。

回顾自然保护地的发展历程，结合我个人的亲身经历，我看到了它如何从无到有、从向国际先进学习到结合我国自己的具体情况不断完善、不断创新的过程和精神。正是这种努力奋斗、不断创新的精神，支持了我们中华民族的伟大复兴。我国正处于一个伟大的时代，生态文明建设已经上升为国家战略，党和政府对于生态保护给予了前所未有的重视，研究基础和条件也远非以前的研究者所能企及，年轻的生态学工作者们理应做出更大的贡献。已届“鲐背之年”，我虽然不能和大家一起“冲锋陷阵”，但依然愿意尽自己的绵薄之力，密切关注自然保护事业在新形势下的不断创新和发展。

特此为序！

李文华

中国工程院院士

2021 年 9 月 5 日

丛 书 前 言

2016年10月，科技部发布的《“典型脆弱生态修复与保护研究”重点专项2017年度项目申报指南》（以下简称《指南》）指出：为贯彻落实《关于加快推进生态文明建设的意见》，按照《关于深化中央财政科技计划（专项、基金等）管理改革的方案》要求，科技部会同环境保护部、中国科学院、林业局等相关部门及西藏、青海等相关省级科技主管部门，制定了国家重点研发计划“典型脆弱生态修复与保护研究”重点专项实施方案。该专项紧紧围绕“两屏三带”生态安全屏障建设科技需求，重点支持生态监测预警、荒漠化防治、水土流失治理、石漠化治理、退化草地修复、生物多样性保护等技术模式研发与典型示范，发展生态产业技术，形成典型退化生态区域生态治理、生态产业、生态富民相结合的系统性技术方案，在典型生态区开展规模化示范应用，实现生态、经济、社会等综合效益。

在《指南》所列“国家生态安全保障技术体系”项目群中，明确列出了“国家重要生态保护地生态功能协同提升与综合管控技术”项目，并提出了如下研究内容：针对我国生态保护地（自然保护区、风景名胜区、森林公园、重要生态功能区等）类型多样、空间布局不尽合理、管理权属分散的特点，开展国家重要生态保护地空间布局规划技术研究，提出科学的规划技术体系；集成生态资源资产评估与生态补偿研究方法与成果，凝练可实现多自然保护地集中区域生态功能协同提升、区内农牧民增收的生态补偿模式，开发区内社区经济建设与自然生态保护协调发展创新技术；适应国家公园建设新趋势，研究多种类型自然保护地交叉、重叠区优化综合管理技术，选择国家公园体制改革试点区进行集成示范，为建立国家公园生态保护和管控技术、标准、规范体系和国家公园规模化建设与管理提供技术支撑。

该项目所列考核指标为：提出我国重要保护地空间布局规划技术和规划编制指南；集成多类型保护地区域国家公园建设生态保护与管控的技术标准、生态资源资产价值评估方法指南与生态补偿模式；在国家公园体制创新试点区域开展应用示范，形成园内社会经济和生态功能协同提升的技术与管理体系。

根据《指南》要求，在葛全胜所长等的鼓励下，我们迅速组织了由中国科学院地理科学与资源研究所、西北高原生物研究所、水生生物研究所，中国林业科学研究院，生态环境部环境规划院，北京大学，北京师范大学，中央民族大学，上海师范大学，神农架国家公园管理局等单位专家组成的研究团队，开始了紧张的准备工作，并按照要求提交了“国家重要生态保护地生态功能协同提升与综合管控技术研究与示范”项目申请书和经费预算书。项目首席科学家由我担任，项目设6个课题，分别由中国科学院地理科学与资源研究所钟林生研究员、中央民族大学桑卫国教授、北京师范大学曾维华教授、中国科学院地理科学与资源研究所闵庆文研究员、中国科学院西北高原生物研究所张同作研究员、中国科学院水生生物研究所蔡庆华研究员担任课题负责人。

颇为幸运也让很多人感到意外的是，我们的团队通过了由管理机构中国21世纪议程管理中心（以下简称“21世纪中心”）2017年3月22日组织的视频答辩评审和2017年7月4日组织的项目考核指标审核。项目执行期为2017年7月1日至2020年6月30日；总经费为1000万元，全部为中央财政经费。

2017年9月8日，项目牵头单位中国科学院地理科学与资源研究所组织召开了项目启动暨课题实施方案论证会。原国家林业局国家公园管理办公室褚卫东副主任和陈君帜副处长，住房和城乡建设部原世界遗产与风景名胜管理处李振鹏副处长，原环境保护部自然生态保护司徐延达博士，中国科学院科技促进发展局资源环境处周建军副研究员，中国科学院地理科学与资源研究所葛全胜所长和房世峰主任等有关部门领导，中国科学院地理科学与资源研究所李文华院士、时任副所长于贵瑞院士，中国科学院成都生物研究所时任所长赵新全研究员，北京林业大学原自然保护区学院院长雷光春教授，中国科学院生态环境研究中心王效科研究员，中国环境科学研究院李俊生研究员等评审专家，以及项目首席科学家、课题负责人与课题研究骨干、财务专家、有关媒体记者等70余人参加了会议。

国家发展改革委社会发展司彭福伟副司长（书面讲话）和褚卫东副主任、李振鹏副处长和徐延达博士分别代表有关业务部门讲话，对项目的立项表示祝贺，肯定了项目所具备的现实意义，指出了目前我国重要生态保护地管理和国家公园建设的现实需求，并表示将对项目的实施提供支持，指出应当注重理论研究和实践应用的结合，期待项目成果为我国生态保护地管理、国家公园体制改革和以国家公园为主体的中国自然保护地体系建设提供科技支撑。周建军副研究员代表中国科学院科技促进发展局资源环境处对项目的立项表示祝贺，希望项目能够在理论和方法上有所创新，在实施过程中加强各课题、各单位的协同，使项目成果能够落地。葛全胜所长、于贵瑞副所长代表中国科学院地理科学与资源研究所对项目的立项表示祝贺，要求项目团队在与会各位专家、领导的指导下圆满完成任务，并表示将大力支持项目的实施，确保顺利完成。我作为项目首席科学家，从立项背景、研究目标、研究内容、技术路线、预期成果与考核指标等方面对项目作了简要介绍。

在专家组组长李文华院士主持下，评审专家听取了各课题汇报，审查了课题实施方案材料，经过质询与讨论后一致认为：项目各课题实施方案符合任务书规定的研发内容和目标要求，技术路线可行、研究方法适用；课题组成员知识结构合理，课题承担单位和参加单位具备相应的研究条件，管理机制有效，实施方案合理可行。专家组一致同意通过实施方案论证。

2017 年 9 月 21 日，为切实做好专项项目管理各项工作、推动专项任务目标有序实施，21 世纪中心在北京组织召开了“典型脆弱生态修复与保护研究”重点专项 2017 年度项目启动会，并于 22 日组织召开了“国家重要生态保护地生态功能协同提升与综合管控技术研究与示范”（2017YFC0506400）实施方案论证。以孟平研究员为组长的专家组听取了项目实施方案汇报，审查了相关材料，经质疑与答疑，形成如下意见：该项目提供的实施方案论证材料齐全、规范，符合论证要求。项目实施方案思路清晰，重点突出；技术方法适用，实施方案切实可行。专家组一致同意通过项目实施方案论证。专家组建议：①注重生态保护地与生态功能“协同”方面的研究；②关注生态保护地当地社区民众的权益；③进一步加强项目技术规范的凝练和产出，服务于专项总体目标。

经过 3 年多的努力工作，项目组全面完成了所设计的各项任务和目标。项目实施期间，正值我国国家公园体制改革试点和自然保护地体系建设的重要时期，改革的不断深化和理念的不断创新，对于项目执行而言既是机遇也是挑战。我们按照项目总体设计，并注意跟踪现实情况的变化，既保证科学研究的系统性，也努力服务于国家现实需求。

在 2019 年 5 月 23 日的项目中期检查会上，以舒俭民研究员为组长的专家组，给出了“按计划进度执行”的总体结论，并提出了一些具体意见：①项目在多类型保护地生态系统健康诊断与资产评估、重要生态保护地承载力核算与经济生态协调性分析、生态功能协同提升、国家公园体制改革与自然保护地体系建设、国家公园建设与管理以及三江源与神农架国家公园建设等方面取得了系列阶段性成果，已发表学术论文 31 篇（其中 SCI 论文 8 篇），出版专著 1 部，获批软件著作权 2 项，提出政策建议 8 份（其中 2 份获得批示或被列入全国政协大会提案），完成图集、标准、规范、技术指南等初稿 7 份，完成硕/博士学位论文 5 篇，4 位青年骨干人员晋升职称。完成了预定任务，达到了预期目标。②项目组织管理符合要求。③经费使用基本合理。并对下一阶段工作提出了建议：①各课题之间联系还需进一步加强；注意项目成果的进一步凝练，特别是在国家公园体制改革区的应用。②加强创新性研究成果的产出和凝练，加强成果对国家重大战略的支撑。

在 2021 年 3 月 25 日举行的课题综合绩效评价会上，由中国环境科学研究院舒俭民研究员（组长）、国家林业和草原局调查规划设计院唐小平副院长、北京林业大学雷光春教授、中国矿业大学（北京）胡振琪教授、中国农业科学院杨庆文研究员、国务院发展研究中心苏杨研究员、中国科学院生态环境研究中心徐卫华研究员等组成的专家组，在听取各课题负责人汇报并查验了所提供的有关材料后，经质疑与讨论，所有课题均顺利通过综合绩效评价。

“自然保护地功能协同提升研究与示范丛书”即是本项目成果的最主要体现，汇集了项目及各课题的主要研究成果，是10家单位50多位科研人员共同努力的结果。丛书包含7个分册，分别是《自然保护地功能协同提升和国家公园综合管理的理论、技术与实践》《中国自然保护地分类与空间布局研究》《保护地生态资产评估和生态补偿理论与实践》《自然保护地经济建设和生态保护协同发展研究方法与实践》《国家公园综合管理的理论、方法与实践》《三江源国家公园生态经济功能协同提升研究与示范》《神农架国家公园体制试点区生态经济功能协同提升研究与示范》。

除这套丛书之外，项目组成员还编写发表了专著《神农架金丝猴及其生境的研究与保护》和《自然保护地和国家公园规划的方法与实践应用》，并先后发表学术论文107篇（其中SCI论文35篇，核心期刊论文72篇），获得软件著作权7项，培养硕士和博士研究生及博士后研究人员25名，还形成了以指南和标准、咨询报告和政策建议等为主要形式的成果。其中《关于国家公园体制改革若干问题的提案》《关于加强国家公园跨界合作促进生态系统完整性保护的提案》《关于在国家公园与自然保护地体系建设中注重农业文化遗产发掘与保护的提案》《关于完善中国自然保护地体系的提案》等作为提案被提交到2019～2021年的全国政协大会。项目研究成果凝练形成的3项地方指导性规划文件[《吉林红石森林公园功能区调整方案》《黄山风景名胜区生物多样性保护行动计划（2018—2030年）》《三江源国家公园数字化监测监管体系建设方案》]，得到有关地方政府或管理部门批准并在工作中得到实施。16项管理指导手册，其中《国家公园综合管控技术规范》《国家公园优化综合管理手册》《多类型保护地生态资产评估标准》《生态功能协同提升的国家公园生态补偿标准测算方法》《基于生态系统服务消费的生态补偿模式》《多类型保护地生态系统健康评估技术指南》《基于空间优化的保护地生态系统服务提升技术》《多类型保护地功能分区技术指南》《保护地区域人地关系协调性甄别技术指南》《多类型保护地区域经济与生态协调发展路线图设计指南》《自然保护地规划技术与指标体系》《自然保护地（包括重要生态保护地和国家公园）规划编制指南》通过专家评审后，提交到国家林业和草原局。项目相关研究内容及结论在国家林业和草原局办公室关于征求《国家公园法（草案）（征求意见稿）》《自然保护地法（草案第二稿）（征求意见稿）》的反馈意见中得到应用。2021年6月7日，国家林业和草原局自然保护地司发函对项目成果给予肯定，函件内容如下。

“国家重要生态保护地生态功能协同提升与综合管控技术研究与示范”项目组:

“国家重要生态保护地生态功能协同提升与综合管控技术研究与示范”项目是国家重点研发计划的重要组成部分,热烈祝贺项目组的研究取得了丰硕成果。

该项目针对我国自然保护地体系优化、国家公园体制建设、自然保护地生态功能协同提升等开展了较为系统的研究，形成了以指南和标准、咨询报告和政策建议等为主要形式的成果。研究内容聚焦国家自然保护地空间优化布局与规划、多类型保护地经济建设与生态保护协调发展、国家公园综合管控、国家公园管理体制改革与机制建设等方面，成果对我国国家公园等自然保护地建设管理具有较高的参考价值。

诚挚感谢以闵庆文研究员为首的项目组各位专家对我国自然保护地事业的关注和支持。期望贵项目组各位专家今后能够一如既往地关注和支持自然保护地事业，继续为提升我国自然保护地建设管理水平贡献更多智慧和科研成果。

国家林业和草原局自然保护地管理司

2021 年 6 月 7 日

在项目执行期间，为促进本项目及课题关于自然保护地与国家公园研究成果的对外宣传，创造与学界同仁交流、探讨和学习的机会，在中国自然资源学会理事长成升魁研究员等的支持下，以本项目成员为主要依托，并联合有关高校和科研单位技术人员成立了“中国自然资源学会国家公园与自然保护地体系研究分会”，并组织了多次学术会议。为了积极拓展项目研究成果的社会效益，项目组还组织开展了“国家公园与自然保护地”科普摄影展，录制了《建设地球上最富人情味的国家公园》科普宣传片。

2021 年 9 月 30 日，中国 21 世纪议程管理中心组织以北京林业大学校长安黎哲教授为组长的项目综合绩效评价专家组，对本项目进行了评价。2022 年 1 月 24 日，中国 21 世纪议程管理中心发函通知：项目综合绩效评价结论为通过，评分为 88.12 分，绩效等级为合格。专家组给出的意见为：①项目完成了规定的指标任务，资料齐全完备，数据翔实，达到了预期目标。②项目构建了重要生态保护地空间优化布局方案、规划方法与技术体系，阐明了保护地生态系统生态资产动态评价与生态补偿机制，提出了保护地经济与生态保护的宏观优化与微观调控途径，建立了国家公园生态监测、灾害预警与人类胁迫管理及综合管控技术和管理系统，在三江源、神农架国家公园体制试点区应用与示范。项目成果为国家自然保护地体系优化与综合管理及国家公园建设提供了技术支撑。③项目制定了内部管理制度和组织管理规范，培养了一批博士、硕士研究生及博士后研究人员。建议：进一步推动标准、规范和技术指南草案的发布实施，增强研发成果在国家公园和其他自然保护地的应用。

借此机会，向在项目实施过程中给予我们指导和帮助的有关单位领导和有关专家表示衷心的感谢。特别感谢项目顾问李文华院士和刘纪远研究员、项目跟踪专家舒俭民研究员和赵景柱研究员的指导与帮助，特别感谢项目管理机构中国21世纪议程管理中心的支持和帮助，特别感谢中国科学院地理科学与资源研究所及其重大项目办、科研处和其他各参与单位领导的支持及帮助，特别感谢国家林业和草原局（国家公园管理局）自然保护地管理司、国家公园管理办公室，以及三江源国家公园管理局、神农架国家公园管理局、武夷山国家公园管理局和钱江源国家公园管理局等有关部门和机构的支持和帮助。

作为项目负责人，我还要特别感谢项目组各位成员的精诚合作和辛勤工作，并期待未来能够继续合作。

2022年3月9日

本书前言

本书为国家重点研发计划“典型脆弱生态修复与保护研究”专项下属项目“国家重要生态保护地生态功能协同提升与综合管控技术研究与示范”研究成果的集成，汇集了各课题最主要的研究成果。聚焦“针对生态保护地布局不合理、破碎化严重问题，构建重要生态保护地空间布局规划技术与管理体系；针对经济发展与生态保护的矛盾问题，建立多类型生态保护地集中区生态与经济功能协同提升的机制与模式；针对类型交叉、区域重叠、多头管理问题，提出适应国家公园建设新趋势的重要生态保护地优化综合管理技术，并在三江源与神农架国家公园体制试点区开展应用示范”的项目目标，旨在为中国重要生态保护地如何在提高保护效率的同时兼顾社会经济发展提供新思路、新理念、新技术、新方法，为建设以国家公园为主体的自然保护地体系提供科学决策依据。

为与目前我国自然保护地体系建设的表述相统一，除涉及项目名称等以外，均将“生态保护地”改为“自然保护地”。

第一章“绪论”，由闵庆文、何思源、王国萍执笔。主要介绍了项目总体研究思路、关键科学与技术问题、项目执行情况以及主要研究成果。

第二章“自然保护地空间布局规划技术”由钟林生、虞虎、张天新、张香菊、吴昱芳执笔。重点研究了我国重要自然保护地的现状、分类体系与布局特点，分析了自然保护地空间合理布局的影响要素，提出了符合我国国情的自然保护地分类体系方案和以国家公园为主体的自然保护地优化布局方案，以及适用于各类型自然保护地的资源分类调查、分级评价方法和多类型自然保护地动态规划技术。

第三章“自然保护地生态资产评估与补偿方法”，由桑卫国、刘某承、杨伦、肖轶、萨娜、舒航、王佳然执笔。研究了我国自然保护地的资产管理，在分析自然保护地生态系统健康现状基础上提出了相应的健康诊断技术与服务功能提升技术，形成了生态资产动态评估手段和技术体系，构建了多元化生态补偿政策框架和技术要点。

第四章“自然保护地经济与生态协同发展创新技术”，由曾维华、马冰然、张丽荣、毛显强、席建超、孟锐、王正早、胡官正、刘孟浩、王慧慧、潘哲执笔。以缓解人地冲突为目标，构建了生态-经济发展协调度评价技术体系，探索了建立客观生态承载力约束下的自然保护地经济建设规模、结构与布局优化宏观调控模型与基于主观认知的社区居民生计发展微观调控模型，形成了协同经济建设与生态保护的路线图技术方法。

第五章“国家公园建设与优化综合管理技术”，由闵庆文、焦雯珺、何思源、曹巍、高峻、王国萍、张碧天、李魏岳、马楠、刘显洋、姚帅臣、杨蕾、郭鑫、李杰、付晶执笔。重点研究了中国国家公园生态保护与优化管理综合技术，创新了面向管理目标的生态监测、综合灾害风险管理的理论和实施路径，探索了以提升国家公园管理成效为目标，包括自然、文化、社区在内的复杂对象综合管控技术与成效评价方式。

第六章“三江源国家公园社会经济和生态功能协同提升技术与管理”，由张同作、蔡振媛、薛亚东、曾维华、高峻、高红梅、代云川、马冰然、焦雯珺、江峰、张婧捷、覃雯、李魏岳、姚帅臣、张碧天、杨蕾、郭鑫、李杰、付晶、迟翔文、宋鹏飞、刘道鑫、毛显强、席建超、王正早、刘孟浩、解钰茜、胡官正执笔。从生态保护与社会经济的主要矛盾入手，围绕三江源国家公园受损生态系统有害生物综合防治、畜牧业与生态协调发展、人兽冲突等问题，探讨了园内社会经济和生态功能协同提升的技术与管理体系。

第七章“神农架国家公园社会经济和生态功能协同提升技术与管理”，由蔡庆华、谭路、桑卫国、杨敬元、赵本元、刘某承、王佳然、张衍亮、孔舒、李凤清、杨万吉、罗情怡、李先福、石欣、白云霄、马楠执笔。针对神农架国家公园体制试点区面临的生态资产管理问题与难点，辨识了关键生态过程及其环境胁迫，集成了有针对性的生态补偿模式，提出了自然资源的分区管理、环境胁迫的分类管理、公众参与的分级管理、协调发展的分期管理等管控技术体系。

第八章“国家公园与自然保护地体系建设若干建议”，由闵庆文、何思源、张同作、蔡庆华、刘某承、王佳然执笔。重点研究了中国国家公园体制改革试点、国家公园建设与自然保护地体系优化的一些政策及管理中存在的问题，结合建设以国家公园为主体的自然保护地体系的政策脉络，提出了自然保护地体系建设、国家公园管理体制改革与机制建设、中国特色国家公园建设与管理等相关建议。同时，还对三江源与神农架两个国家公园*建设中的典型问题进行了分析，并提出了具体建议。

需要说明的是，项目自 2017 年 7 月正式启动以来，中央又持续出台了《建立国家公园体制试点总体方案》（2017 年 9 月）、《关于建立以国家公园为主体的自然保护地体系的指导意见》（2019 年 6 月）等重要指导性文件，2018 年在政府机构改革中组建了自然资源部、国家林业和草原局，不断加快推进自然保护的体制

* 本书所涉及的中国“国家公园”在项目执行期（2017 年 7 月至 2020 年 12 月）内均为“国家公园体制试点区”。首批国家公园包括三江源国家公园、大熊猫国家公园、东北虎豹国家公园、海南热带雨林国家公园、武夷山国家公园，于 2021 年 10 月正式设立。

创新和机制完善。因此，项目在推进中，也在不断适应和调整研究方向与思路，以便紧扣国家重大战略需求，为自然保护事业提供强有力的科技支撑。

同时，考虑到项目实施过程中，各课题之间既有较为明确的分工，也有较为密切的联系，理论和方法研究多与示范地有着良好的互动。本书在编排上，既考虑了6个课题各自研究内容和成果，也根据需要对一些内容进行了适当调整，出现了某一章由几个课题共同完成的情况。各章所展现的研究成果、表达的主要观点和可能存在的争议之处，均属该章作者所有并由该章作者负责。

在生态文明上升为国家战略、自然保护已成为普遍共识、中国国家公园与自然保护地体系建设已经进入了一个新的阶段的背景下，加强科学研究，并将科学研究成果应用于经济社会发展和生态保护实践，是项目的目标，也是我们的初衷。可喜的是，我们的一些成果除了以论文形式发表在学术期刊，还有一些以政策建议形式引起了有关部门的重视。“将论文写在祖国大地上，到祖国大地上去写论文”，我们将为此继续努力。

由于水平所限，书中难免有疏漏之处，敬请读者批评指正。

2022年3月9日

目　　录

从 书 序
丛书前言
本书前言

第一章　绪论……1
第一节　立项情况……1
第二节　研究过程……6
第三节　主要成果……11
第二章　自然保护地空间布局规划技术……13
第一节　自然保护地布局合理性评价与优化路径……13
第二节　自然保护地分类体系重构方案……20
第三节　自然保护地优化布局分析……28
第四节　自然保护地规划方法与技术体系……43
第三章　自然保护地生态资产评估与补偿方法……61
第一节　自然保护地生态资产评估思路与方法……61
第二节　典型自然保护地生态资产评估……68
第三节　自然保护地生态保护补偿的政策框架……82
第四节　典型自然保护地生态保护补偿……92
第四章　自然保护地经济与生态协同发展创新技术……102
第一节　自然保护地区域经济建设与生态保护发展协调度分析……102
第二节　自然保护地区域生态承载力核算及经济发展模式优化调控……110
第三节　自然保护地区域农户生计与保护行为识别及其影响模型构建……122
第四节　自然保护地区域经济与生态协调发展路线图设计……128
第五章　国家公园建设与优化综合管理技术……137
第一节　国家公园重要保护对象与关键生态系统服务监测技术……137
第二节　国家公园灾害预警与人为胁迫管理……145
第三节　国家公园可持续管理的机制与政策……160
第四节　国家公园自然与文化资产保护与综合管控技术……168
第五节　国家公园优化综合管理系统平台……177

第六章　三江源国家公园社会经济和生态功能协同提升技术与管理 …… 191
第一节　三江源国家公园生态功能分区 …… 191
第二节　三江源国家公园生态资产评估与生态监测 …… 199
第三节　三江源国家公园经济建设与生态保护协同发展路径 …… 222
第四节　三江源国家公园人兽冲突及其管理对策 …… 229
第七章　神农架国家公园社会经济和生态功能协同提升技术与管理 …… 250
第一节　神农架国家公园生态功能分区与资产评估 …… 250
第二节　神农架国家公园自然资源胁迫解析与对策 …… 263
第三节　神农架国家公园关键生态过程保护与恢复 …… 275
第四节　神农架国家公园生态补偿模式 …… 288
第五节　神农架国家公园管控技术体系与监管平台 …… 299
第八章　国家公园与自然保护地体系建设若干建议 …… 305
第一节　关于深化国家公园体制改革的建议 …… 305
第二节　关于中国特色国家公园建设的建议 …… 312
第三节　关于中国自然保护地体系优化的建议 …… 316
第四节　关于三江源国家公园建设的两点建议 …… 320
第五节　关于神农架国家公园建设的两点建议 …… 325
参考文献 …… 337

第一章　绪　　论*

第一节　立 项 情 况

一、立项背景

自 1956 年我国建立第一个自然保护区以来，经过 60 多年的发展，已经形成了不同类型、不同级别的自然保护地与不同部门管理的总体格局。到 2020 年底，各类自然保护地数量约为 1.18 万个，约占我国国土陆域面积的 18%，对保障国家和区域生态安全、保护生物多样性及重要生态服务功能发挥了重要作用。

进入 21 世纪第二个十年，我国自然保护事业进入从“抢救性保护”向“质量性提升”的转变阶段，亟待解决保护地建设和管理中长期存在的两大问题：多部门管理造成的生态系统完整性的人为割裂、区域重叠、机构重叠、职能交叉、权责不清、保护成效低下；自然保护与经济发展协同性不够造成的生态功能退化、经济发展迟缓，严重影响了区域农户生计保障、脱贫致富和参与保护的积极性。中央高度重视自然保护事业发展与国家生态安全屏障建设。继提出生态文明建设战略之后，在《中共中央关于全面深化改革若干重大问题的决定》中首次明确提出“建立国家公园体制”，随后，《中共中央国务院关于加快推进生态文明建设的意见》《关于印发建立国家公园体制试点方案的通知》等一系列重要文件及中央深改组第 19、第 21 次会议均明确提出将建立统一、规范、高效的国家公园体制作为加快生态文明体制建设和加强国家生态环境保护治理能力的重要途径。因此，开展国家重要自然保护地生态功能协同提升与综合管控技术研究与示范尤为重要与迫切。

2016 年 10 月，科技部发布了《“典型脆弱生态修复与保护研究”重点专项 2017 年度项目申报指南》（以下简称《指南》）。在所列“国家生态安全保障技术体系”项目群中，明确列出了“国家重要生态保护地生态功能协同提升与综合管控技术”项目，确定了如下研究内容：针对我国生态保护地（自然保护区、风景名胜区、森林公园、重要生态功能区等）类型多样、空间布局不尽合理、管理权属分散的特点，开展国家重要生态保护地空间布局规划技术研究，提出科学的规划技术体系；集成生态资源资产评估与生态补偿研究方法与成果，凝练可实现多自然保护

* 本章执笔人：闵庆文、何思源、王国萍。

地集中区域生态功能协同提升、区内农牧民增收的生态补偿模式，开发区内社区经济建设与自然生态保护协调发展创新技术；适应国家公园建设新趋势，研究多种类型自然保护地交叉、重叠区优化综合管理技术，选择国家公园体制改革试点区进行集成示范研究，为建立国家公园生态保护和管控技术、标准、规范体系和国家公园规模化建设与管理提供技术支撑。所列考核指标为：提出我国重要保护地空间布局规划技术和规划编制指南；集成多类型保护地区域国家公园建设生态保护与管控的技术标准、生态资源资产价值评估方法指南与生态补偿模式；在国家公园体制创新试点区域开展应用示范，形成园内社会经济和生态功能协同提升的技术与管理体系。

二、研究思路与目标

在厘清我国自然保护地类型多样、布局不尽合理、管理权属分散、保护与发展矛盾突出的现状与需求基础上，围绕自然保护地空间格局与功能、多类型保护地交叉或重叠区生态保护与经济发展协调机制和国家公园管理体制与机制3个科学问题，综合运用地理学、生态学、经济学、自然保护学、区域发展科学、社会学与民族学等领域的方法和技术，借鉴国际先进经验并结合我国国情，从全国尺度着眼，以多类型自然保护地集中区和国家公园体制试点区为重点，理论研究与具体示范相结合，构建重要自然保护地空间布局规划技术与管理体系，集成生态资产评估与生态补偿方法，探索多类型保护地集中区生态保护与经济发展功能协同提升的机制与模式，提出适应国家公园生态文明体制改革与国家公园建设新趋势的优化综合管理技术，在三江源与神农架国家公园体制试点区进行应用示范，为脆弱生态修复与保护、国家生态安全保障、国家公园体制改革提供科技支撑。

三、关键科学与技术问题

根据国内外生态学、自然保护学发展以及我国自然保护地建设的科技需求，本项目拟解决的3个关键科学问题为：①自然保护地空间格局与功能；②多类型保护地交叉或重叠区生态保护与经济发展协调机制；③国家公园管理体制与机制。

相应地，确定了重点研究的4项关键技术为：①自然保护地空间布局评估与规划技术；②多类型保护地交叉或重叠区生态资源资产动态评估技术；③多类型保护地交叉或重叠区区域经济发展优化调控技术；④国家公园自然与文化资产保护与管控技术。

四、主要研究内容

根据项目目标，确定了 6 项重点研究内容，并以此为基础设置了 6 个研究课题。

课题一是“国家重要生态保护地空间布局规划技术研究”，由中国科学院地理科学与资源研究所钟林生研究员负责，参加单位包括中国科学院地理科学与资源研究所、北京大学。该课题基于我国重要自然保护地基础数据库，系统梳理我国自然生态系统结构和功能，结合区域社会经济发展环境，探讨我国自然保护地（自然保护区、风景名胜区、森林公园、地质公园、湿地公园、重要生态功能区）的布局特点，分析自然保护地空间合理布局要素，形成我国自然保护地和国家公园优化布局方案，构建符合我国国情的自然保护地体系和国家公园体系，提出科学的自然保护地和国家公园规划技术方法与技术体系。包括 3 个子课题：自然保护地的布局现状与需求分析；自然保护地的分类与优化布局方案；自然保护地和国家公园规划技术方法与体系。

课题二是“多类型保护地区域生态资源资产评估与补偿方法研究”，由中央民族大学桑卫国教授负责，参加单位包括中央民族大学、中国科学院地理科学与资源研究所。该课题以保护地生态功能协同提升为目的，根据保护地的生态系统健康现状，提出相应的健康诊断技术与服务功能提升技术，形成符合我国保护地的生态资产动态评估手段和技术体系，构建多元化生态补偿模式。为多类型保护地区域经济与自然生态协同提升提供理论和技术基础。包括 3 个子课题：保护地生态系统健康诊断与服务功能提升技术；保护地区域生态资产动态评估手段和技术标准；保护地区域面向生态功能协同提升的补偿模式。

课题三是“多类型保护地区域经济建设与自然生态保护协调发展创新技术研究”，由北京师范大学曾维华教授负责，参加单位包括北京师范大学、生态环境部环境规划院、中国科学院地理科学与资源研究所。该课题针对多类型生态保护社区与生态保护对象空间分布错综复杂的特点，遵照以自然生态保护为主、经济建设为辅的要求，研发一整套生态保护地区域人类活动强度、结构与布局，以及农户生计与保护行为及政策优化调控技术；建立区域经济与生态协调发展路线图及差异化精细管控体系；将生态保护地区域经济建设与自然生态保护有机结合，协调缓解居民生计及经济建设与区域生态保护间的冲突，帮助当地居民尽快摆脱对保护地自然资源的依赖，实现保护与发展的双赢，确保生态保护地经济建设与自然生态保护协调持续发展。包括 4 个子课题：保护地区域经济建设与生态保护协调性分析；保护地区域生态承载力及经济结构与布局优化调控；保护地区域居民生计与保护行为及政策调控；保护地区域经济与生态协调发展路线图设计及其差异化精细管控。

课题四是“国家公园建设生态保护与优化综合管理技术研究”，由中国科学院地理科学与资源研究所闵庆文研究员负责，参加单位包括中国科学院地理科学与资源研究所、上海师范大学。该课题针对当前我国重要自然保护地类型多样、布局不尽合理、管理权属分散、保护与发展矛盾突出的现状与特点，从生态文明建设高度认识国家公园体制建设的重要性，借鉴国际国家公园建设经验并结合我国国情，重点研究重要保护对象与关键生态服务识别与监测、灾害风险管理、社区管理、文化遗产保护与管理等技术，制定融技术手段、立法手段、行政手段和经济手段于一体的管控技术规范，研发面向国家公园管理者的综合管理平台，实施面向管理周期的管理有效性综合评价体系。包括 4 个子课题：国家公园重要保护对象与关键生态服务监测技术；国家公园灾害风险管理与社区管理技术；国家公园自然与文化资产保护和管控技术；国家公园政策管理机制构建与优化综合管理平台研发。

课题五是“三江源国家公园体制试点区社会经济和生态功能协同提升技术与管理体系示范”，由中国科学院西北高原生物研究所张同作研究员负责，参加单位包括中国科学院西北高原生物研究所、中国林业科学研究院。该课题聚焦三江源国家公园体制试点区，应用前述研究成果，并重点从草地生态系统退化恢复与功能协同提升、生态保护和社会经济的主要矛盾、农牧民增收关键技术与政策措施入手，开展生态功能分区、资产评估、功能提升技术研究，畜牧业与生态保护协调发展模式，人为胁迫管理与数字化监管平台开发的研究和示范工作。包括 3 个子课题：生态功能分区、资产评估与功能提升技术；畜牧业与生态保护协调发展模式；人为胁迫管理与数字化监管平台开发。

课题六是“神农架国家公园体制试点区社会经济和生态功能协同提升技术与管理体系示范”，由中国科学院水生生物研究所蔡庆华研究员负责，参加单位包括中国科学院水生生物研究所、神农架国家公园管理局。该课题聚焦神农架国家公园体制试点区，应用前述研究成果，并重点从景观配置角度，在自然资源调查的基础上，开展生态功能分区研究。同时针对神农架地区现状及存在的问题，开展关键生态过程辨识和关键生态过程保护与恢复的生态补偿模式及生态旅游示范研究，为试点区所在区域的社会经济与生态功能协同提升提供范例与参考。包括 3 个子课题：生态功能分区、资产评估与功能提升技术；关键生态过程保护/恢复的生态补偿模式；自然资产保护和管控技术与监管平台开发。

五、技术路线

梳理不同类型重要自然保护地的保护对象与空间要求，提出符合我国国情的重要自然保护地和国家公园管理体系及其空间布局。同时，针对我国自然保护地集中区生态保护与经济发展需求，探索区内人地协调发展、农牧民持续增收的生态补偿模式。之后针对多类型生态保护地交叉管理的现状，提出理顺管理体制、优化管理技术的方案，并通过在三江源国家公园和神农架国家公园的示范，形成一套促进国家公园体制试点区内生态经济功能协同提升的优化管理技术体系。具体技术路线如图 1-1 所示。

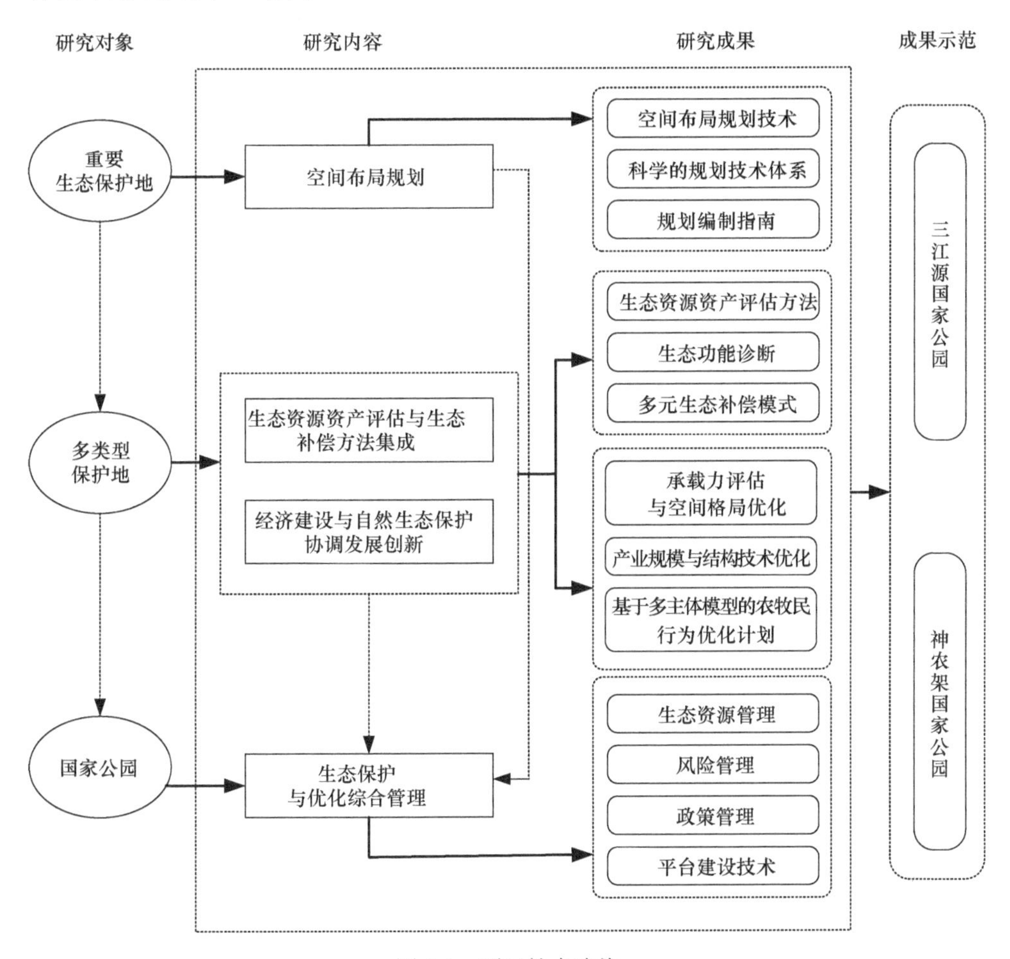

图 1-1 项目技术路线

六、考核指标

围绕着各项研究任务，确定了一系列考核指标。

以课题一为主，建立重要生态保护地基础数据库，构建重要生态保护地分布格局合理性评价指标体系，编制重要生态保护地优化布局方案和国家公园优化布局方案，开发全国重要生态保护地规划技术和国家公园规划编制技术。

以课题二为主，开发保护地生态系统健康诊断技术与保护地生态系统服务功能提升技术，提出保护地区域生态资产动态评估标准和生态功能协同提升的生态补偿标准，构建生态功能协同提升的生态补偿模式。

以课题三为主，开发人地协调发展问题甄别技术，制定人地协调发展对策，研究生态承载力核算创新技术方法及经济建设规模、结构与布局优化调控技术方法，探讨农牧民等乡村社区居民的保护意识、行为方式与认知水平，开发生态经济政策对农牧民生计与保护行为的影响模拟技术，制定保护地区域经济与生态协调发展路线图。

以课题四为主，研发多类型自然保护地生态保护功能分区技术方法，制定国家公园建设综合管控技术标准，探索国家公园经济建设与自然生态保护协同发展分区、分类、优化、综合管控方法，提出国家公园优化管理技术体系建设政策建议，开发国家公园优化综合管理平台。

以课题五为主，编制受损生态系统有害生物综合防治生态功能协同提升技术规程，提出畜牧业和生态协调发展建议以及三江源国家公园试点区人兽冲突调控政策建议，开发人为胁迫数字化监管平台，制定数字化监管方案。

以课题六为主，编制自然资源与生态功能分区报告、资产评估报告，开展自然资源环境胁迫分析，建立面向神农架国家公园试点区关键生态过程保护/恢复的生态补偿模型，建立神农架国家公园体制试点区生态经济协同提升技术体系，编制神农架国家公园体制试点区功能分区与空间布局规划，研发管控技术体系和监控平台。

结合项目工作，发表学术论文50篇以上（其中SCI期刊收录论文10篇以上），发表相关专著7部，培养硕士生、博士生及博士后研究人员10名以上。

第二节 研究过程

2017年3月22日通过答辩后正式立项，确定项目执行期为2017年7月至2020年6月。9月8日，项目依托单位中国科学院地理科学与资源研究所在北京举行了项目启动暨课题实施方案论证会（图1-2），9月22日参加了中国21世纪议程管理中心在北京组织的专项启动暨项目实施方案论证会。

2019年5月23日，顺利通过了中国21世纪议程管理中心组织的中期评估。

2021年3月23日，项目组统一将部分研究成果向国家林业和草原局（国家公园管理局）有关领导进行了汇报（图1-3）；3月25日，项目依托单位中国科学院地理科学与资源研究所组织了课题综合绩效评价（图1-4）。

图 1-2　项目启动暨课题实施方案论证会（2017 年 9 月）

图 1-3　项目成果汇报会（2021 年 3 月）

图 1-4　课题综合绩效评价会（2021 年 3 月）

一、项目推进

2017年9月8日，在项目启动暨课题实施方案论证会后，在北京召开了第一次项目工作会议。会上，科研项目管理人员及财务管理人员分别就国家重点研发计划项目的项目实施及经费管理的相关政策向本项目相关人员进行介绍，对项目实施相关事宜及至2018年底的项目工作安排进行讨论。在执行过程中，先后于2017年11月2日、2018年5月4日、2018年6月20日、2018年8月19日、2019年1月10日、2019年3月19～20日、2019年5月13日、2020年1月28日、2020年6月2日、2020年11月11日、2020年12月7日、2021年1月27日分别在北京、神农架、南京、西宁等地以线下实地和线上视频会议形式，召开12次项目工作会议。为推进不同阶段的工作重点，还先后组织召开了年度工作总结会（图1-5）、中期检查准备会、课题绩效评价准备会、成果汇报会等。

图1-5　年度总结与专家咨询会

此外，各课题根据需要，还分别组织了各种形式的课题推进会近30次，对课题执行中的问题进行讨论。

二、科学考察

2017年11月2～6日，项目组织主要研究人员到神农架国家公园体制试点区进行实地考察，考察地点包括天生桥、神农文化园、国家公园视频信息中心、大龙潭金丝猴研究基地等，对神农架国家公园体制试点概况进行了初步了解。

2018 年 8 月 18～30 日，项目组织三江源国家公园体制试点区考察（图 1-6），对黄河源区、隆宝滩国家级自然保护区、长江源园区、澜沧江源园区主要生态问题进行考察，并与国家公园管理委员会就生态管理、生态补偿、自然资源资产确权登记等问题进行交流。

图 1-6 项目组在三江源国家公园考察（2018 年 8 月）

除项目统一组织外，部分课题组还先后于 2017 年 8 月 15～20 日、2018 年 5 月 7～11 日、2018 年 7 月 5～20 日到三江源国家公园进行考察；于 2018 年 5 月 15～23 日、2019 年 4 月 4～9 日到神农架国家公园进行考察，于 2018 年 1 月至 2020 年 12 月对神农架国家公园进行了每月一次的水生生物调查与关键过程观测。

此外，项目组成员还对其他国家公园体制试点区和其他类型自然保护地进行考察。例如，2017 年 8 月 29 日至 9 月 1 日、2017 年 12 月 7～10 日、2018 年 5 月 10～13 日、2018 年 11 月 13～15 日、2019 年 8 月 24～27 日对钱江源国家公园体制试点区及其周边进行实地考察调研；2018 年 3 月 17～19 日、2018 年 5 月 7～10 日、2018 年 6 月 27～29 日到黄山风景名胜区开展调研；2018 年 4 月 13～23 日、2018 年 7 月 5 日至 8 月 1 日到贵州省赤水丹霞风景名胜区及燕子岩森林公园和桫椤自然保护区等进行调研；2018 年 5 月 25～31 日到白洋淀自然保护区进行调研；2018 年 6 月 1～7 日到泰山风景名胜区和地质公园进行调研；2018 年 6 月 14～22 日、2018 年 9 月 23～26 日、2018 年 10 月 6～10 日到西藏珠峰自然保护区进行调研；2018 年 9 月 15～18 日到西藏色林错自然保护区进行调研；2018 年 10 月 24 日至 11 月 5 日到云南高黎贡山自然保护区进行调研；2020 年 10 月 25 日到四川稻城亚丁自然保护区管理局进行调研。

三、学术交流

项目层面上多次组织学术研讨会，以推进项目内部课题之间及与项目组外的机构和学者交流。例如，2017 年 11 月 3 日在神农架组织召开“第一次国家重要生态保护地功能协同提升学术研讨会”；2018 年 5 月 3～6 日在南京召开的第十七届中国生态学大会期间组织“国家重要生态保护地与国家公园保护发展”分会场；2018 年 6 月 19 日在北京组织召开“自然保护地体系与国家公园建设论坛”；2018 年 11 月 4 日和 2019 年 9 月 20～24 日在中国自然资源学会学术年会期间两次组织“自然保护地功能协同提升与国家公园建设”分会场；2019 年 11 月 28 日至 12 月 1 日在昆明召开的第十八届中国生态学大会上组织“自然保护地与国家公园保护与协调发展”分论坛。

项目主要成员牵头或协助组织学术研讨活动。例如，2017 年 8 月 27～31 日参与组织在青海西宁召开的“第九届整合动物学国际研讨会”；2018 年 5 月 12 日参与组织在西宁召开的“三江源人兽冲突研讨会”；2018 年 6 月 9 日牵头组织在神农架召开的“神农架国家公园周边保护地联合大会”；2018 年 11 月 10 日参与组织在西宁召开的“青藏高原鼠害防治研修班”；2020 年 10 月 26 日牵头组织在武汉召开的“流域生态学高端论坛及国家公园管理专家讨论会”。

项目主要成员还多次参加有关学术交流活动并作学术报告。例如，2017 年 7 月 28～30 日在内蒙古呼和浩特召开的“2017 年中国自然资源学会年会”；2017 年 7 月 31 日在云南大理召开的“生物多样性研究与保护学术研讨会”；2017 年 10 月 27～30 日在四川成都召开的“第十三届全国野生动物生态学与资源保护学术研讨会暨第六届中国西部动物学学术会议”；2017 年 11 月 28 日在北京召开的“世界自然基金会国家公园项目成果交流和国家公园试点进程分享会”；2018 年 4 月 19 日在长白山召开的“长白山生态保护与可持续发展学术研讨会”；2018 年 7 月 18 日在北京召开的“海峡两岸国家公园建设青年学者交流营学术论坛”；2018 年 11 月 3 日在西宁召开的“三江源国家公园研讨会”；2018 年 12 月 11 日在烟台召开的“中国首届野生植物保护大会”；2019 年 10 月 29 日至 11 月 1 日在深圳召开的“第一届中国自然保护国际论坛”；2020 年 11 月 6 日在北京召开的“东北虎豹国家公园生态友好型社区共建研讨会”。

四、国际合作与交流

为了学习国际先进经验，部分项目骨干多次考察国外自然保护地，或者参加国际学术交流。例如，2018 年 5 月 17～21 日考察韩国雉岳山国立公园、智异山国立公园，并访问了韩国环境部国立公园管理公团、濒危动物繁育研究中心等机构；2018 年 7 月 18 日在玉树参加“与豹同行”国际研究与保护论坛；2018 年 9 月 13 日在德国参加“第六届国际啮齿动物生物学与管理国际会议”；2018 年 11 月 13 日考察了葡萄牙自然保护区与步行道；2019 年 1 月 29 日考察了澳大利亚黄金海岸，并与格里菲斯大学旅游研究院国际知名生态旅游专家拉尔夫·巴克利（Ralf Buckley）教授、苏珊·贝肯（Susanne Becken）教授进行国家公园管理与保护交流；2019 年 2 月 11～17 日考察泰国考艾国家公园；2019 年 4 月 5～10 日考察新西兰库克山国家公园、澳大利亚蓝山国家公园和莱明顿国家公园，并与管理人员与科研人员进行研讨和交流。

2018 年 11 月 5 日邀请加拿大国家公园管理局首席科学家吉勒斯·塞乌廷（Gilles Seutin）和班夫国家公园专家哈弗里·洛克（Havery Locker）做学术报告；2018 年 11 月 20 日邀请加拿大班夫加中绿色环保协会会长刘毅先生做关于美加国家公园建设主题讲座；2019 年 4 月 23 日与科罗拉多大学博尔德分校埃米莉·T·耶赫（Emily T. Yeh）教授交流田野调查视角下的国家公园研究；2019 年 10 月 30 日与梅西大学纪维红（Weihong Ji）博士就人类与野生动物的冲突进行交流；2019 年 11 月 21 日，邀请德国汉诺威大学贝蒂娜·毛茨多夫（Bettina Matzdorf）教授、德国莱布尼茨农业景观研究中心陈成研究员围绕生态系统服务、自然资源保护、生态多样性保护、生态补偿、可持续发展进行学术交流。

第三节 主要成果

在我国自然保护地空间优化布局与规划、多类型保护地经济建设与生态保护协调发展、国家公园综合管控、国家公园管理体制改革与机制建设等方面，取得了一系列成果。完成专著 9 部（包括本丛书的 7 部），发表学术论文 107 篇（其中，SCI 论文 35 篇，核心期刊论文 72 篇），获软件著作权 7 项。

为较好服务国家和地方发展，项目组还完成了有关咨询报告、规划与技术指南。其中，政策建议 8 份，1 份得到省领导的批示；《关于国家公园体制改革若干问题的提案》《关于加强国家公园跨界合作促进生态系统完整性保护的提案》《关于在国家公园与自然保护地体系建设中注重农业文化遗产发掘与保护的提案》《关于完善中国自然保护地体系的提案》等作为全国政协提案，受到有关部门的重视；《国家公园综合管控技术规范》《国家公园优化综合管理手册》《多类型保护地生态资产评估标准》《生态功能协同提升的国家公园生态补偿标准测算方法》《基于生态系统服务消费的生态补偿模式》《多类型保护地生态系统健康评估技术指南》《基于空间优化的保护地生态系统服务提升技术》《多类型保护地功能分区技术指南》《保护地区域人地关系协调性甄别技术指南》《多类型保护地区域经济与生态协调发展路线图设计指南》《自然保护地规划技术与指标体系》《自然保护地（包括重要生态保护地和国家公园）规划编制指南》等16份材料通过专家评审后，提交到国家林业和草原局供国家公园管理参考；《吉林红石森林公园功能区调整方案》《黄山风景名胜区生物多样性保护行动计划（2018—2030年）》《三江源国家公园数字化监测监管体系建设方案》3项地方指导性规划文件已在有关地方工作中得到实施；项目相关研究内容及结论，在国家林业和草原局办公室关于征求《国家公园法（草案征求意见稿）》《自然保护地法（草案第二稿）（征求意见稿）》的反馈意见中得到应用。

项目实施还培养了一批青年人才，形成了一支较为稳定的科研队伍。3位主要研究骨干应邀参加了国家公园体制改革试点中期和验收评估；8位科研人员晋升了职称（2人晋升正高级职称，4人晋升副高级职称，2人晋升中级职称）；7位项目骨干获得了国家及省级奖励9项；培养了25名研究生（其中博士16名，硕士9名）和1名博士后研究人员。

借助项目的执行，建立了一个学术交流平台。以项目牵头单位和参与单位为主，并吸纳国内有关研究机构和专家，于2019年12月成立了“中国自然资源学会国家公园与自然保护地体系研究分会”（图1-7）。

为了积极拓展项目研究成果的社会效益，项目组先后组织开展了“国家公园与自然保护地”科普摄影展，录制了“建设地球上最富人情味的国家公园”科普宣传片，组织4次科普宣教活动，在《中国环境报》《中国自然资源报》发表文章4篇，接受中央电视台、中新网以及《人民日报》《中国环境报》《中国绿色时报》《中国自然资源报》等媒体采访16次。

图1-7　中国自然资源学会国家公园与自然保护地体系研究分会成立仪式

第二章　自然保护地空间布局规划技术*

构建布局合理的自然保护地体系是我国“十三五”和“十四五”时期生态文明建设的重要任务。在系统梳理我国自然生态系统结构和功能的基础上，结合全国重要自然保护地和国家公园体制建设，研究整合自然保护区、风景名胜区、森林公园、湿地公园和地质公园等不同类型的自然保护地，探讨我国自然保护地的现状分类体系、布局特点，分析自然保护地空间合理布局的影响要素，提出符合我国国情的自然保护地分类体系和优化布局方案。同时，面向重要自然保护地的规划，提出了一套适用于各类型自然保护地资源分类调查、分级评价的方法，以及多类型重要自然保护地分区结构、分区方法和动态规划技术理念，以期为我国自然保护地体系建设提供技术支撑。

第一节　自然保护地布局合理性评价与优化路径

建立布局合理的自然保护地体系，是我国生态文明改革的重大任务，关系到国家生态安全和美丽中国建设。精准识别方能精准施策，因此亟须建立科学的空间布局合理性评估体系，系统识别我国自然保护地布局存在的问题，提出空间布局优化的方案，为完成“整合交叉重叠的自然保护地”、“归并优化相邻自然保护地”和“编制自然保护地规划”三大任务提供科学支撑，推动科学合理的自然保护地体系的构建。

一、研究现状

当前自然保护地布局合理性的研究主要从以下三个视角展开：第一，自然保护地空间布局均衡性研究，主要考察分布集聚性、密度、交通可达性等；第二，自然保护地保护有效性评估，即自然保护地对重要生态系统、生物多样性热点区、特定物种等的覆盖情况；第三，功能分区合理性评估，即现有功能分区在保护自然中的有效性分析。

自然保护地空间布局的研究方法具有极强的相似性（表 2-1），多数采用 ArcGIS 技术和空间计量地理学的方法进行研究，以地理集中指数、基尼系数、

* 本章执笔人：钟林生、虞虎、张天新、张香菊、吴昱芳。

综合密度指数等测度自然保护地布局的集聚程度和分布均衡性，然后根据研究侧重的不同测算距离、交通可达性等。研究方法以客观呈现空间布局状态为主，根据布局现状的定性分析和建议为辅。

表 2-1　主要文献采用的研究方法或指标

作者（发表时间）	研究方法或指标
杨明举等（2013）	最邻近距离指数、集中指数、不平衡指数、基尼系数
孔石等（2014）	反距离加权插值法、地理集中指数、综合密度指数
付励强等（2015）	地理集中指数、基尼系数、空间密度分析
吴后建等（2015）	最邻近点指数、不平衡指数
姜超等（2016）	地理集中指数、不平衡指数、基尼系数、综合密度指数
李东瑾和毕华（2016）	最邻近距离指数、地理集中指数、不平衡指数、基尼系数
朱里莹等（2017）	最邻近距离分析、累计耗费距离分析
潘竟虎和徐柏翠（2018）	最邻近距离指数、多距离空间聚类分析、热点聚类、样方分析、集中指数、不平衡指数、基尼系数

总体上，现有研究覆盖了我国重要自然保护地的各种类型，但缺乏对自然保护地面状分布的空间分析。另外，多数研究只是对自然保护地空间布局的现状描述，自然保护地空间布局结构是否满足维护生态系统完整性、生态安全以及发挥生态系统服务功能和游憩功能的需求则关注相对较少。

二、研究意义

（一）促进自然保护地分类布局与管理体制优化

我国自然保护地的类别划分是以主管部门为基础，各类自然保护地的保护对象、开发利用强度、管理条例、规划建设规范等存在差异，拥有不同管理目标和管理要求的各类自然保护地建设选址在相同或相近的地理空间上，造成了自然保护地重叠、“九龙治水”问题的发生。自从 1956 年我国建立第一个自然保护区以来，至今已经建立了类型诸多、数量庞大的自然保护地。以资源属性与管理部门为依据的自然保护地分类系统造成了很多管理矛盾，如我国国家级自然保护地涉及空间重叠的数量占总数的 22%。同时各类自然保护地仍然缺少统一的分类体系，已有自然保护地之间存在着概念界定不清、分类体系混乱、主导功能模糊、地理空间重叠等诸多问题。这不仅造成现有自然保护地的保护效率与保护质量不高，而且严重影响我国现有自然保护地的优化整合和国家公园体制建设，因此迫切需要建立一套基于系统性、整体性和协同性发展目标并且适用于我国发展实际的自然保护地分类体系。

自然保护地体系构建的关键技术即是要理清自然生态系统和自然保护地体系分类之间的关系，制定自然保护地体系的准入原则和门槛标准，并在空间上进行合理布局，以重构和优化新时期我国国家公园为主体的自然保护地体系格局（赵金崎等，2020），实现空间布局合理、功能协调的自然保护发展目标。

（二）促进生态安全屏障功能作用的发挥

国家重要自然保护地在主体功能区划中属于国家禁止开发区域，是我国生态安全屏障的重要组成部分。自然保护地分布的不合理会造成部分生态脆弱区域无法得到有效保护，同时一些保护价值不高的区域利用率不高。自然保护地之间的交叉重叠则造成重叠区域的监督、管理困难，财政资金低效投入以及保护不力等问题。自然保护地内部功能分区不合理则直接影响自然保护地的空间管理成效。空间布局是否合理会从多个方面影响全国重要自然保护地的生态保护效果和资源利用效率，影响禁止开发区域生态安全屏障作用的发挥。

（三）保护我国重要的自然与文化遗产

重构自然保护地体系、分析优化布局方案，通过识别维持自然和文化遗产的真实性和完整性生态系统和地理区域，推动自然和文化要素区域的协同保护水平提升，以维护自然和文化景观共生体系，最大限度地完整保护自然与文化遗产地的特殊价值，强化我国自然保护地整体形象，实现自然文化遗产的可持续保存、传承与发展。

（四）提高自然保护体系的现代化治理水平

自然保护地是我国实施保护战略的基础，是建设生态文明的核心载体、美丽中国的重要象征，在维护国家生态安全中居于首要地位。至“十三五”末，全国自然保护地总数量达到1.18万个，约占我国国土陆域面积的18%（自然资源部，2021）。构建符合我国国情的重要自然保护地体系和国家公园体系，提出科学的全国重要自然保护地和国家公园规划技术方法与技术体系，能够为我国重要自然保护地体系建设及国家公园体制建设科学规划提供技术支撑，提高自然保护地体系的现代化治理水平。

三、布局特征与问题

（一）布局特征

我国重要自然保护地的空间分布整体呈现“西北疏东南密，东多西少”的特征（朱里莹等，2017）。集中分布于自然地理条件适于人居的东部、中部和南部，这些区域的主要自然地理特点为地势平坦、气候宜人、水资源丰富和植被类型差异大。在不同区域的分布密度差异明显，中部和东部的密度明显高于西部的密度。并且，自然保护地分布与交通可达性密切相关。空间可达性差的区域主要集中在西藏、青海、新疆等西部地区，中部和东部地区的自然保护地可达性较好。

不同类型的国家重要自然保护地布局既具有相似性，又具有差异性。首先，国家湿地公园、国家地质公园和国家森林公园布局呈现资源依赖性特点。其次，国家级风景名胜区的分布呈现景观依赖性特点。最后，国家级自然保护区的分布相对偏远。国家级自然保护区在我国东北、中部和东南地区数量多、单体规模小，在西部地区数量少、单体规模较大。

（二）存在问题

1. 宏观层面，自然保护地覆盖范围与保护需求不完全匹配

2017 年，我国各类自然保护地虽已涵盖了 80%以上的自然植被类型和 85%以上的野生动物物种，但仍存在局部区域和部分物种的保护空缺。例如，自然保护地仅覆盖了青藏高原高寒草原生物多样性热点区的 25.93%和缓冲区的 29.17%，仍然存在部分野生动植物生存空间不足、基本生存权利受到剥夺的情况。

从点状数据来看，我国自然保护地的空间分布整体呈现“西北疏东南密，东多西少”的特征（姜超等，2016）。地质公园、风景名胜区等自然公园在“胡焕庸线”以西分布数量少、交通可达性差，而东部自然公园数量多，景观破碎化程度高，游憩压力大。这反映了普通民众享有生态服务的空间差异和以游憩服务为代表的生态产品供需的不匹配。

从保护的角度讲，我国大型自然保护地多位于西部（尤其是青藏高原区），虽然东部自然保护地数量多，但面积小、碎片化严重，而生物多样性和生态系统服务的许多关键领域（如保水）位于东部和南部，代表性不足。

2. 中观层面，自然保护地之间的空间交叠（交叉重叠）问题突出

维护生态系统完整性需要足够的、连贯的、完整的自然空间。然而，自然保护地之间复杂的空间关系使完整的生态系统被人为分割，降低了生态系统的完整性和生物多样性保护的有效性。完整生态系统被相邻自然保护地分割，且不同自然保护地之间的空间范围交叉重叠（马童慧等，2019），并主要集中在跨省区域，行政管辖权不同是主要原因之一。例如，钱江源片区属于全球罕见的低海拔中亚热带常绿阔叶林森林生态系统，地跨江西、安徽、浙江三省，不仅被行政区划分割，还被不同职能部门划分为不同类型的自然保护地，碎片化严重。钱江源国家公园体制试点区将浙江省的 3 个自然保护地划入，在一定程度上改善了上述状况，但跨省的自然保护地建设依然较为困难。

3. 微观层面，功能分区无法满足动态需求

我国在人与生物圈计划的核心区、缓冲区、实验区基础上发展了多样的功能分区模式，分区管理在减少人类活动干扰、促进自然保护中发挥了重要作用。但仍存在多个功能区的交叠问题，且无法满足当地经济社会发展、区域生态系统恢复、植物生长和动物迁徙等动态需求。

“一地多牌”的自然保护地在不同名称下的功能分区交叉重叠，同一片区具有多种保护和开发的标准，空间主体缺乏明确的权利和义务准则，极易造成过度开发和保护不善等问题，最终影响野生动植物的生存空间。

功能分区一旦划定，各功能区的使用性质长时间不再改变，这与自然生态系统的演化规律不符。一方面，由于生态系统恢复力的有限性，长期开放的区域持续受到人类活动干扰而没有休养生息的机会，生态系统健康状况堪忧。另一方面，活动性较强的动物在繁殖期、食物季节变化等情况下需要转移，孤岛化的机械式功能分区显然无法达到有效保护的目的。我国自然保护地内居住着大量居民，不合理的区划范围和功能分区会影响当地社区平等的发展权，使他们的生产生活受到制约，直接影响到当地的经济社会发展。

四、评价体系

（一）自然保护地布局合理的内涵框架

根据中共中央办公厅和国务院办公厅印发的《关于建立以国家公园为主体的自然保护地体系的指导意见》（中共中央办公厅和国务院办公厅，2019），保护自然、永续发展和服务人民是我国新的自然保护地体系建设的三大目标，分类科学、布局合理、保护有力和管理有效是建立以国家公园为主体的自然保护地体系的四

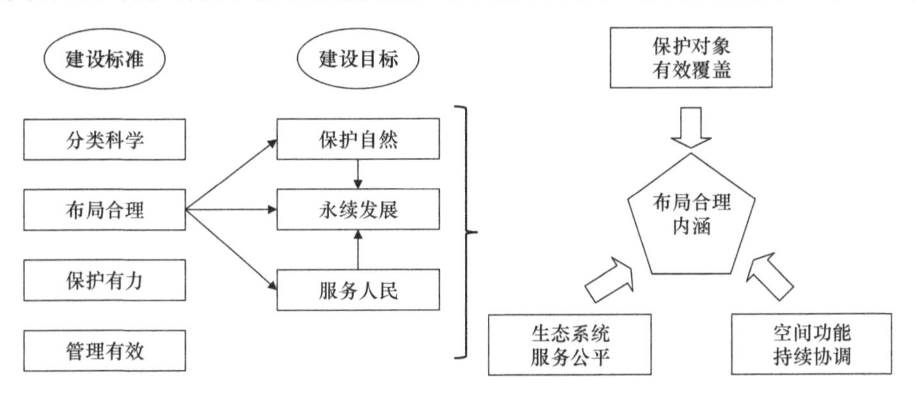

图 2-1　面向目标的自然保护地布局合理性内涵

项标准，其中布局合理应是重要考核内容。面向自然保护地体系建设的三大目标，自然保护地布局合理应包括保护对象有效覆盖、生态系统服务公平和空间功能持续协调三个方面的内容（图 2-1）。

（二）自然保护地布局合理的内涵解析

自然保护的内容主要包括保护生物多样性、地貌多样性和景观多样性以及维持自然生态系统的完整性。从空间布局的角度讲，自然保护地要将具有特殊和重要意义的野生动植物栖息地、自然生态系统、自然历史遗迹和自然景观纳入保护范围，做到应保尽保，且无交叉重叠。服务人民是指保护自然的根本目的是为人类社会提供高质量服务，利用良好的生态资源，为社会提供公平的生态产品和普惠的生态福祉。从空间上则指全民在享受自然保护成果（即生态系统服务）中的空间正义性（张香菊和钟林生，2021），它包括空间生产过程的正义性和空间分配结果的正义性，即要实现自然保护地布局的空间过程和空间布局结果的公正。永续发展是指在漫长的历史进程中，中华民族用自己的智慧创造和保存了丰富而珍贵的自然和生态文化遗产。从空间布局上则指优化自然保护地布局范围和功能分区，减少生态保护空间和当地生产生活空间的冲突，实现空间功能协调发展。

（三）指标体系参照

自然保护地布局合理性评价指标体系是在前述“布局合理性内涵”基础上，以自然保护地建设目标为导向，面向我国国情，针对我国重要自然保护地布局已显露的问题，将“自然保护地布局合理”分解为保护对象有效覆盖、空间功能持续协调和生态系统服务公平三大维度，结合已有研究，按照独立性、系统性、科学性和可操作原则，借鉴 Ocampo 等（2018）的指标筛选流程，筛选相应指标，建立评估体系（表 2-2）。

具体评估思路充分利用已有研究成果，“保护对象有效覆盖”的评估采用自然保护地保护有效性评估方法，“生态系统服务公平”评估则利用自然保护地空间布局均衡性研究成果，“空间功能持续协调”则用自然保护地内人类活动强度来体现。

五、优化路径

以优化我国重要自然保护地布局为总体目标，以生态保护有效、空间功能协调和生态产品公平为要素层（子目标）提出自然保护地布局的优化路径（表 2-2）。

表 2-2　我国重要自然保护地布局合理性评价指标体系

目标层	要素层	准则层	指标层
我国重要自然保护地布局合理	生态保护有效	生物多样性保护	野生动物保护
			野生植物保护
			遗传种质资源保护
		生态系统保护	生态系统完整性
			生态系统多样性
		自然遗迹保护	自然遗迹保护完整性
			自然遗迹保护比例
	空间功能协调	生产空间协调	农业用地比例
			工业用地比例
			服务业用地比例
		生活空间协调	建设用地比例
			单位面积人口规模
			灯光指数
	生态产品公平	产品内容公平	生态产品多样性
			生态产品供给能力
			生态产品价格
		产品距离公平	交通可达性
			分布密度

（一）完善自然保护地立法建设，为合理布局提供法律保障

自然保护地领域的司法机制缺位是导致空间布局不合理和空间冲突的重要原因，亟须完善“基本法+专类自然保护地法”两层法律体系，即《自然保护地法》和以《国家公园法》为代表的专类自然保护地法。从法律的层面对自然保护地体系建设宗旨、设立程序和管理体制进行规范。

（二）按照“自上而下”的方式布局自然保护地，增强布局协调性

自然保护地布局关乎国家生态安全。对我国自然保护区布局驱动要素的研究表明，尽管生态保护需求是一个重要因子，但以地价为代表的经济因素对我国自然保护地（尤其是低级别自然保护地）设立的影响更大。因此，我国重要自然保护地的空间布局应根据自然生态资源分布的实际情况，以完整生态系统为基本单元，按照“自上而下”的方式进行遴选和建设，避免因受到地方政府财力、产业选择等因素影响，致使亟待保护的珍稀濒危物种、生态脆弱区未得到有效保护。

（三）优化自然保护地空间范围，增强自然生态保护的有效性

抓住归并、优化相邻自然保护地的契机，按照自然生态系统完整、物种栖息

地连通、保护管理统一的原则进行合并重组，合理确定归并后的自然保护地边界范围和功能分区，解决保护管理分割、自然保护地破碎和孤岛化问题，促进对自然生态系统的整体保护（周睿等，2018）。制定自然保护地边界勘定方案、确认程序和标识系统，开展自然保护地勘界定标并建立矢量数据库，与生态保护红线衔接，在重要地段、重要部位设立界桩和标识牌。在摸清资源本底的前提下，明确自然保护地内各类自然资源的允许利用清单与利用方式，规范利用程度和边界范围，为自然保护地空间管理和有效保护明确空间界线并提供空间依据。

（四）建立动态性功能分区机制，减少自然保护地内部空间冲突

根据国外经验和我国实际，应在摸清资源本底和社区充分参与的前提下，建立动态性功能分区机制。首先，减少自然保护地与当地社区生产生活空间的交叠，对于位于核心保护区的社区，通过“生态移民”的方式逐步搬迁，对于位于一般控制区的社区，可在尊重居民意愿的前提下通过“生态移民”、提供替代生计和生态补偿等方式，保障社区居民平等的发展权利。其次，建立自然保护地的实时监测机制，根据不同生态干扰类型和生态恢复时间长度划定游憩利用片区，轮流开放，给游憩利用片区生态系统提供自我恢复的时间。最后，根据动物的生长、繁殖和迁徙规律灵活划定功能区范围，在充分保证野生动物栖息地的前提下，提高野生动物（尤其是迁徙性或活动范围变动大、规律性强的动物）保护型自然保护地的空间利用效率。

第二节　自然保护地分类体系重构方案

自 1956 年建立广东鼎湖山自然保护区以来，我国自然保护地建设已经历时 60 多年，形成以自然保护区、森林公园、湿地公园、地质公园等为代表的类型多样、数量众多的自然保护地体系，自然保护地无论是在数量上还是在面积上都已居世界前列，奠定了以自然保护为核心的生态文明建设工作基础。“自上而下”的自然保护地建立方式，自然保护地布局与地方政府申报积极性、机会成本等紧密相关，这与建立自然保护地的初衷——保护自然生态环境、维护区域生态安全和为全民提供研究、生态、教育、旅游服务的初衷是不一致的（Zeng and Zhong，2020）。一方面，“自上而下”的自然保护地建立方式无法覆盖亟须保护的全部自然生态区域。另一方面，政府积极性较高的区域自然保护地建立呈集聚状态，一些保护价值不高的区域被划为保护区，实际是为地方旅游开发多些“名号”，致使民众混淆自然保护地的根本宗旨。因此，亟须摸清全国重要自然保护地的布局状况，评价各地和整体的布局合理性，以此为依据进行自然保护地体系的空间调整，从全国层面构建布局合理、功能协调的自然保护地空间格局。

我国自然保护地分类体系建设始于 20 世纪 80 年代初。在全国自然保护区区

划工作中，曾将保护区初步划定为森林及其他植被型、野生动物型和自然历史遗迹型 3 个类型。后来有专家提出 5 种类型，即综合型、生物型、自然历史遗迹型、自然风景型和养殖型，还有专家提出自然生态系统型、自然资源型、综合开发利用型、自然历史和文化遗迹型、自然风景型 5 类。但无论哪个分类标准都存在一定的局限：在保护区不止一个主要保护对象的情况下，容易出现类别不明的情况；无法充分体现保护区不同的管理目标，缺乏针对性的管理政策；无法体现不同自然保护区的重要程度，导致需要重点保护的地方无法得到有效的保护，从而削弱了保护成效，对我国自然环境状况不利。

由于缺乏自然保护地体系的顶层设计，各类自然保护地面临功能区分不清晰、管理成效不高等问题。出现上述问题的主要原因之一在于整体缺乏顶层设计，未从整体上根据资源特征进行类型划分，导致管理体系中的机制、部门、职权等方面存在重叠。与此同时，这些自然保护地类型划分体系与国际上广泛采用的 IUCN 的自然保护地类型划分体系不一致，也造成国内外自然保护地建设管理方面的交流与合作出现人为的障碍。因此，应理清现有的自然保护地分类依据，重新构建与国际标准相适应又符合本国特殊国情的自然保护地分类管理体系，来指导我国自然保护地建设和有效管理，实现生物多样性与自然生态保护的重要目标。

自然保护地建设是保护生物多样性，改善生态环境质量，实现生态可持续发展最有效的方法和途径之一，我国自然保护地建设取得了辉煌的成就。然而，在自然保护地建设过程中出现的类型划分不合理、保护目标单一、管理体制不顺等各种缺陷，正严重阻碍着自然保护地事业的健康发展。在界定相关概念的基础之上，以《IUCN 自然保护地管理分类应用指南》为指导，借鉴国内外有关研究成果，分析美国、英国、澳大利亚、南非、日本、印度等国自然保护地体系构建的成功经验，梳理我国 20 世纪 80 年代以来自然保护地分类体系的探索历程，利用定性和定量研究方法，从管理目标的角度入手，寻求重构自然保护地体系的深层动因，提出改革自然保护地分类体系的新模式，探索其评价模式与方法。

一、原则与目标

（一）原则

保护性原则。我国自然保护地体系构建的共同目标是保护其主体功能具有重要和特殊生态价值的自然生态系统、自然遗迹、特殊物种、自然资源和自然景观的自然保护地。自然保护地的自然属性应是划分自然保护地类别的首要考虑因素。

完整性原则。包括自然生态系统完整性及其衍生的地方人文景观的完整性。自然生态系统完整性是自然保护地建设的主要目标。同时，九寨沟自然保护区、武夷山自然保护区镶嵌了当地特色人文元素，建设时要避免人文景观与自然景观被任意割裂，保护人文资源与自然资源的完整性与统一性。

主导性原则。许多自然保护地可能会包含多个生态系统类型和资源类型，面积较大，在分类的过程中，主要依据其主体资源属性确定其核心管理目标，并以此作为分类依据，其他类型的资源和管理目标可以通过分区协调。

系统性原则。许多自然保护地分布在经济水平欠发达的西南地区，大部分还保留着延续千百年的与自然系统和谐共生的村落社区，以及中国传统农业所形成的特殊人文环境——传统农业景观。从系统性原则出发，需要妥善处理中国特殊的人地矛盾，平衡生态保护和社区发展的关系。

明确性原则。自然保护地分类标准要强调实用性和操作性，现有的国内外分类标准在应用中常出现类型之间界限不清的现象，制定保护区分类标准要认真研究各类型的定义和范畴，要尽量避免类型之间的重复和镶嵌，保证各类型之间的界线清楚。

（二）目标

我国自然保护地的发展强调三大目标：自然生态系统和生物多样性保护、自然资源的可持续利用、促进所在区域的可持续发展，旨在以自然保护为基础促进区域经济社会的协调发展，实现人地关系和谐的目标。基于这种发展理念，可将自然保护地体系的建设目标分为 4 类，分别为生态目标、价值目标、功能目标、区域目标（表 2-3）。生态目标至上的自然保护地对应的是绝对自然保护地，生态、价值、功能目标并重的自然保护地对应的是严格自然保护地，以传统利用方式维持价值与功能存在的生态系统对应的是整体自然保护地。按照绝对保护、严格保护、整体保护 3 个层次的保护级别，可以划分出严格自然保护地区、国家公园、物种与景观自然保护地、资源可持续利用保育地，对严格自然保护地区实施绝对保护和禁止利用，对国家公园实施严格保护和有限利用，对物种与景观自然保护地实行严格保护和有限利用，对资源可持续利用保育地实施整体保护和资源可持续利用。

表 2-3　自然保护地建设目标一览表

目标	保护目标	利用目标	保护管理级别
生态目标	濒危物种保护	禁止利用	绝对保护
	荒野保护	禁止利用	绝对保护
	生态系统完整	有限利用	严格保护
价值目标	价值完整	有限利用	严格保护
	精神健康	有限利用	严格保护
功能目标	自然与文化教育	有限利用	严格保护
	生态游憩	有限利用	严格保护
区域目标	可持续社区	资源可持续利用	整体保护
	区域生态平衡	资源可持续利用	科学调控

二、分类依据

（一）保护对象分析

诸多法定文件中都涉及了保护对象，而各类型自然保护地对保护对象的阐述方式有很大不同（表 2-4）。总体上，各类自然保护地对保护对象的界定存在以下问题。其一，界定不清晰，部分自然保护地的定义、准入标准、分类标准等文件中，并没有明确提及保护对象，如城市湿地公园、水利风景区等。法定文件中的这一现象反映出，某些类型的自然保护地在设立时对保护的认识尚不清晰。这也将有碍于保护目标的实现。其二，界定过于宽泛，是否涉及了保护对象的“重要性”“稀有性”或某种级别等限制条件，是保护对象界定是否具体的体现。例如，在自然保护区的保护对象阐述中，既有“珍稀濒危野生动物物种的天然集中分布区”，强调了保护对象的“珍稀濒危”属性；也有“海洋自然环境和资源”，但并未强调哪种属性或品质的资源。宽泛的界定使得在保护时缺乏针对性。其三，界定重复，且没有表明差异。

表 2-4 我国现有主要自然保护地保护对象一览表

自然保护地类型	保护对象
自然保护区	不同类型的自然生态系统；珍稀濒危野生动植物物种；具有特殊意义的自然遗迹，具有特殊保护价值的海域、海岸、岛屿、湿地、内陆水域、森林、草原和荒漠水生动植物物种（含重要经济物种及其自然栖息繁衍生境）；国家特别重要的水生经济动植物的主要产地；珍贵树种和有特殊价值的植物原生地；重要的具有水源涵养等生态功能的区域
森林公园	自然景观和人文景观，森林景观（森林风景资源）；生物多样性；森林风景资源；森林植被；森林生态环境；拥有全国性意义或特殊保护价值的自然和人文资源
风景名胜区	自然景观和人文景观，风景资源；景物、水体、林草植被、野生动物和各项设施；景源、景点、景物、景区
水利风景区	水利风景资源是指水域（水体）及相关联的岸地、岛屿、林草、建筑等对人产生吸引力的自然景观和人文景观；水、土、生物及人文资源；天文景观、地文景观、天象景观、生物景观、工程景观、人文景观及风景资源组合；维护水工程、保护水资源、改善水环境、修复水生态、弘扬水文化、发展水经济
地质公园	地质遗迹；岩性岩相建造剖面及典型地质构造剖面和构造形迹；古人类与古脊椎动物、无脊椎动物等化石与产地以及重要古生物活动遗迹；岩溶、丹霞等奇特地质景观；岩石、矿物、宝玉石及其他典型产地；温泉、矿泉、矿泥、地下水活动痕迹以及有特殊地质意义的瀑布、湖泊、奇泉
湿地公园	湿地生态系统；维护湿地生态系统结构和功能的完整性、保护野生动植物栖息地、防止湿地退化，维护湿地生态过程
沙漠公园	荒漠景观；具有典型性与代表性的荒漠生态系统与荒漠生态功能区
海洋特别保护区	具有特殊地理条件、生态系统、生物与非生物资源及海洋开发利用特殊要求的区域；重要海洋生物资源、矿产资源、油气资源及海洋能等资源开发预留区域、海洋生态产业区及各类海洋资源开发协调区；特殊海洋生态景观、历史文化遗迹、独特地质地貌景观及其周边海域

保护对象重复的现象广泛存在，原因有三。第一，任何一处自然保护地都是由多种类型的资源构成的，即使主要保护对象是单一的，如保护某种珍稀濒危动物，但它的栖息地仍然是复杂的生态系统，也需要同时得到保护（Zhang et al.，2019）。

因此，从这个意义上讲，以资源类型为自然保护地的主要划分依据是比较困难的。第二，不同类型的自然保护地的保护视角不同，最典型的应是风景名胜区。风景名胜区是从“景”的角度确定其保护对象的，而并非自然资源的角度，因此和其他类型自然保护地保护对象几乎都有重复（付励强等，2015）。类似的情况在水利风景区、森林公园、地质公园乃至自然保护区中都有体现，它们都在一定程度上提到了“自然景观”的保护，这一提法其实扩大了保护对象的范围。第三，保护对象的重复仍不能排除各部门竞相建立“自己的”自然保护地而未对保护对象进行科学、严谨分析的可能性。

（二）资源品质分析

各类自然保护地有各自的资源价值评价标准，评价标准大致可分为两种类型。第一类是对资源天然属性的描述，包括代表性、特殊性、典型性、重要性、原始性、完整性等。其中，原始性和完整性在自然保护区、风景名胜区相关的规范中有比较清晰的阐述，在湿地公园中的规定是相当宽泛的，在其他各类自然保护地中均未提及；“集中分布”的要求也仅在自然保护区和风景名胜区中有所提及，自然保护区中提到了具有某些特征的物种的天然集中分布地，而风景名胜区则强调了风景资源的集中分布特征。总体来说，代表性、特殊性、典型性、重要性是相对提及较多的属性。第二类是对价值的描述，各类保护地均提出有科学、文化、观赏和科普教育价值，也有极少数类型提出了旅游价值。第一类对资源天然属性的描述和第二类对价值的描述，两者存在交叉关系，如果是具有代表性的、特殊性的、典型性的、重要性的某些资源，一定具有科学文化、科普教育和观赏价值（表 2-5）。而且无论是对于资源属性的评价还是对于价值大小的评价，我国各类自然保护地的法规文件中，都尚未形成比较系统的评价标准和方法。

表 2-5　各类自然保护地资源品质分析

类型	代表性	特殊性	典型性	重要性	原始性	完整性	科学文化价值	观赏价值	科普教育价值
自然保护区	*****	****	****	*****	****	***	****	***	*****
森林公园	****	***	***	****	***	***	***	****	***
风景名胜区	***	**	**	**	*	*	**	****	**
水利风景区	***	**	**	***	**	*	**	**	**
地质公园	****	****	***	***	****	***	****	****	****
湿地公园	****	***	***	***	****	***	***	***	****
沙漠公园	***	***	***	***	****	***	***	**	****
海洋特别保护区	****	***	***	****	*****	**	***	***	****

注：*****表示很强，****表示强，***表示较强，**表示一般，*表示较弱。

（三）利用强度分析

自然保护区、地质公园、湿地公园、海洋特别保护区等都提出了比较明确的分区管理政策，尤其都在最严格保护的分区中提出了控制人类活动进入的政策。这种分区政策明显受到自然保护区的影响。不同的是，自然保护区和地质公园在“A 级”区域的规定比湿地公园、海洋特别保护区更加严格，体现在对人类活动的严格控制上，后两者对于保护活动、管理活动的进入并未进行严格禁止（Zhu et al., 2019）。自然保护区并没有像地质公园、湿地公园、海洋特别保护区那样提出设施建设的相对集中区，即表 2-6 中的“D 级”区域。由此可见，在相关文件中，自然保护区的设立目的是相对单一的，即以保护为主，而对旅游、游憩等内容并没有太多关注。风景名胜区的分区规定比较复杂，既有按主要保护对象划分的“生态保护区”“自然景观保护区”“史迹保护区”等，并有是否可建设设施的相关规定；也有按保护级别划分的“特级”“一级”“二级”等分区和规定。总体上看，在表 2-6 中，“A 级”区域内并没有严格限制保护和管理相关的活动和设施建设，“D 级”区域内也没有允许大规模的设施建设。森林公园、水利风景区在利用强度的规定上具有一定相似性，其在相关文件中体现的利用强度明显高于其他类型的自然保护地。其中自然保护区和地质公园、湿地公园、海洋特别保护区在利用强度方面的相似性较强。

应该注意到，这仅仅是对相关法定文件的分析，对利用强度进行的梳理，是一种“理论上”的判断，在实际操作中，因为各类自然保护地在空间上重叠、同一地域“多头管理”的现象普遍存在，其实际情况远比理论分析复杂。另外，各类自然保护地的相关文件中都有针对整个自然保护地的一些禁止性条款，如“在风景名胜区内禁止进行开山、采石、开矿等破坏景观、植被、地形地貌的活动”（条例）等，风景名胜区、森林公园还提出了“禁止超过允许容量接纳游客和在没有安全保障的区域开展游览活动”“国家级森林公园经营管理机构应当根据国家级森林公园总体规划确定的游客容量组织安排旅游活动，不得超过最大游客容量接待旅游者”等规定，基本保证了“自然保护地”的性质。

三、重构方案

在管理目标和保护类别与自然保护地的关系中，朱春全（2014）提出借鉴 IUCN 管理目标，整合我国现有自然保护地并将其分为六大类，赵智聪等（2016）根据利用强度把保护地资源利用分为 4 级（区），吴承照和刘广宁（2017）根据管理目标提出 3 类 14 区自然保护地体系。我国自然保护区功能分区中也有利用强度分级的概念，但总体上还是体现绝对保护的思想。基于对我国自然保护地的生态、价值、功能、区域目标的定位，根据保护地自然生态属性与管理目标相结合的分类依据，综合我国保护地体系建设特殊情况，参考 IUCN 及其他国家保护地管理体系分类，将我国自然保护地分为国家公园、自然保护区、自然公园和资源保存区四大类 18 小类（表 2-7）。

表 2-6 各类自然保护地资源品质分析

类别	A 级	B 级	C 级	D 级
自然保护区	核心区不允许人类活动进入，不得建设任何生产设施	缓冲区，禁止开展旅游和生产经营活动	在实验区内不得建设任何污染环境、破坏资源或者景观的生产设备	—
森林公园	—	—	在珍贵景物、重要景点和核心景区，除必要的保护和附属设施外，不得建设宾馆、招待所、疗养院和其他工程设施	—
风景名胜区	—	在生态保护区内，可以配置必要的研究和安全防护性设施，应禁止游人进入，不得建设任何建筑设施，严禁机动交通及其设施进入	在核心景区内禁止违反规划建设宾馆、招待所、培训中心、疗养院以及与风景名胜资源保护无关的其他建筑物；已经建设的，应当按照风景名胜区规划，逐步迁出	风景游览区内，可以进行适度资源利用，适宜安排各种游览欣赏项目；应分级限制机动交通及旅游设施的配置，并分级限制居民进入和活动
水利风景区	—	—	根据风景区实际情况，可设立生态保护（恢复）区和历史景观区等保护区。规划应明确保护的位置和范围，并提出相应的保护原则和措施	出入口（集散）区、游览区、服务区、管理区
地质公园	特级保护区只允许经过批准的科研、管理人员进入开展保护和科研活动，不允许建设任何建筑设施	—	一级保护区可以安置必要的游赏步道和相关设施	服务区内可发展与旅游产业相关的服务业，服务区的面积可控制在地质公园总面积的 2%以内
湿地公园	湿地保育区除开展保护、监测等必需的保护管理活动外，不得进行任何与湿地生态系统保护和管理无关的其他活动	恢复重建区仅能开展培育和恢复湿地的相关活动	宣教展示区可开展以生态展示、科普教育为主的活动	合理利用区可开展不损害湿地生态系统功能的生态旅游等活动。管理服务区可开展管理、接待和服务等活动
海洋特别保护区	在预留区内，严格控制人为干扰，禁止实施改变区内自然生态条件的生产活动和任何形式的工程建设活动	在生态与资源恢复区内，根据科学研究结果，可以采取适当的人工生态整治与修复措施，恢复海洋生态、资源与关键生境	在重点保护区内，实行严格的保护制度，禁止实施各种与保护无关的工程建设活动	在适度利用区内，在确保海洋生态系统安全的前提下，允许适度利用海洋资源。鼓励实施与保护区保护目标相一致的生态型资源利用活动，发展生态旅游、生态养殖等海洋生态产业

表 2-7　我国自然保护地分类体系一览表

大类	小类	保护对象
国家公园	生态系统国家公园	具有世界和国家代表性、典型性、独特性的较大面积的自然生态系统
	生物栖息地国家公园	具有世界和国家代表性、典型性、独特性的较大面积的珍稀濒危野生生物生境
	地质遗迹国家公园	具有世界和国家代表性、典型性、独特性的较大面积的地质遗迹
	景观国家公园	具有世界和国家代表性、典型性、独特性的较大面积的完整且优美的自然景观
自然保护区	荒野保存地	完整的自然生态系统和物种栖息地；一定面积的无人类干扰的荒野自然环境
	野生生物栖息地	人为恢复或干预保护的野生动植物栖息地
	典型生态系统	具有典型自然遗产价值与生态系统
	海洋生态保护区	海洋生态系统及珍稀生物栖息地
自然公园	风景名胜区	具有突出普遍价值的对人类文化、历史有重要意义的风景优美的陆地、河流、湖泊或海洋景观
	森林公园	典型的森林生态系统、森林景观
	地质公园	地球演化的重要地质遗迹和地质景观
	草原公园	典型的草原生态系统、草原景观
	湿地公园	湿地生态系统和动植物栖息环境
	沙漠公园	大面积荒漠生态系统与沙漠景观
	水利风景区	典型的水域生态系统、水体景观
	海洋公园	典型的海洋自然生态系统和海洋文化资源
资源保存区	农业种质资源保护区	保护作物、畜禽、水产以及重点微生物等农业种质资源及其生存环境
	林木种质资源保护区	保护林木遗传多样性资源和选育新品种的区域

（一）国家公园

国家公园是指由国家批准设立并主导管理，边界清晰，以保护具有国家代表性的大面积自然生态系统与生物多样性为目标，兼顾生态体验、科学研究、自然教育、游憩和参观等功能，实现自然资源科学保护与合理利用的特定陆地与海洋区域。国家公园更加强调对自然生态系统原生性的保护，尽量避免人为干扰，维护生态系统的原始自然状态（黄宝荣等，2018）。国家公园是在各类自然保护地的基础上整合建立起来的，与其他自然保护地相比，国家公园的生态价值最高、保护范围更大、生态系统更完整、原真性和景观价值更强（何思源等，2019c）。国家公园是最重要的自然保护地类型，处于首要和主体地位，是构成自然保护地体系的骨架与主体，是自然保护地的典型代表。

（二）自然保护区

自然保护区是指对代表性的自然生态系统、珍稀濒危野生动植物物种的天然集中分布区、有特殊意义的自然遗迹等保护对象，依法划出一定面积予以特殊保护和管理的陆地、陆地水体或者海域。自然保护区是仅次于国家公园的我国自然保护地体系中最重要的自然保护地类型之一，与国家公园相比存在一定的差异。国家公园强调生态系统的完整性、景观尺度大、价值高；自然保护区不强求完整性，主要保护具有代表性的自然生态系统和具有特殊意义的自然遗迹。

（三）自然公园

自然公园是以生态保育为目的，兼顾科研、科普教育和休闲游憩等功能而设立的自然保护地，通常具有典型的自然生态系统、自然遗迹和自然景观，与人文景观相融合，具有生态、观赏、文化与科学价值，在保护的前提下可供人们游览或者进行科学、文化活动。自然公园是自然保护地体系的重要组成部分，具有自然保护地共同的特征，但又区别于国家公园与自然保护区。与国家公园大面积、大尺度、最严格的综合性保护，以及自然保护区较大面积的高强度保护的突出特点有所区别，自然公园实行重点区域保护，主要用于保护特别的生态系统、自然景观和自然文化遗迹，开展自然资源保护和可持续利用，面积相对较小，分布更加广泛。自然公园大部分处于自然状态，其中一部分处于可持续资源管理利用之中，在保护的前提下，允许开展参观游憩、环境教育、生态体验、休闲娱乐和资源可持续利用的活动。

（四）资源保存区

资源保存区是为了保持自然资源与生物多样性的可持续发展而设立，除开展旅游之外，可以进行一定强度的开采、捕捞、种植、农业生产等可持续的开发活动。资源保存区与国家公园、自然保护区及自然公园相比，在保护面积、生态系统的典型性、生物多样性及自然景观等方面的保护与科研价值较弱，保护级别也相对较低，开发与利用强度较大。此类自然保护地在维系一定区域生态系统及自然资源的可持续保护与开发，为居民提供户外游憩、生态体验、休闲娱乐的场所，为区域经济可持续发展提供一定的生产原料方面起着不可替代的作用。因此，也应作为我国自然保护地体系中的一种类型，得到应有的保护与管理。

第三节　自然保护地优化布局分析

一、国家公园

系统梳理具有国际代表性的国家公园遴选标准和工作路线，综合各国国家公园遴选指标、已有研究成果以及中国国家公园体制建设在国土生态安全、生态文明制度改革中的重要政策内涵，确定了“全局评价、分区比较”的分析思路，从自然生态系统本体、自然生态系统服务两个层面，提出了国家公园潜在区域识别的指标体系，具体包括自然生态系统完整性、生态重要性、生物多样性、原真性、自然景观性、文化遗产性六类。通过单指标层栅格赋值与多指标层综合叠加相结合的方式，对中国国家公园潜在区域进行系统评估，在全国层面遴选出包括黄山、雅鲁藏布大峡谷、羌塘高原、色林错、天山北麓、呼伦贝尔草原等55处国家公园潜在区域。

（一）国际遴选经验

国家公园遴选方法和标准的设定主要围绕自然资源、物种、景观三个维度进行（虞虎等，2018b），分为三个层面，首要考虑的是自然生态系统的国家代表性和重要性，以此为基础从而确保评价区域具有国家层面的意义和重要生态价值；其次是考虑自然生态系统的完整性、珍稀物种及其栖息地分布、特殊自然景观和人文遗产资源分布的情况，以此来判定国家公园建设的潜在区域；最后是根据土地所有权、区位交通条件、财政资金能力等实际情况来确定近期和远期的国家公园建设范围。国家公园建设的面积规模与能否确保完整性、栖息地和特殊景观有关，因为自然生态系统演化需要保持的面积有所差异，相应的国家公园具体面积大小也有所差异。

在上述考虑的宏观要素之下，具体选择时还需要重点考虑生态系统的类型特征。在地域限制型和本土特征保护型两个类别中，能够代表国家意义的自然生态地域和景观、代表性物种较为明显，选择起来相对容易。对于美国、加拿大、俄罗斯这类地域广阔型的国家，则需要先区分自然生态系统类型，然后再在同一类型区域进行对比选出。例如，美国早期并没有统一的遴选标准，1916年设立国家公园管理局，制定了《国家公园局组织法》之后，才开始步入专业化、规范化阶段，遴选时将美国自然区域划分为4个大类、33个小类、41个自然小类。加拿大根据地理、生物和物理上的区别，划分为39个不同特征的自然区域，入选标准则包括选择“在野生动物、地质、植被和地形方面具有代表性”并且“人类影响应该最小”的区域。这种划分方法在根据地质、地形和生态系统特征的基础上将整体国土划分为不同的自然特征区域，以便在筛选中能够实现差异选择和同类比较，保证在遴选结果中的国家公园在植被系统、地形地貌、野生动物种群等方面保持独特性。

（二）国家公园遴选方法

识别国家公园潜在区域的必须在不同类型自然区内开展，自然小区是基本标尺。我国地域广阔，自然生态系统类型复杂多样，涉及山地、湖泊、草原、湿地等多种类型，可划分为11个温度带、21个干湿地区和49个自然区（郑度，2008）。不同自然生态系统由于生态功能、过程和保护对象等内容不同，不适宜进行跨类型之间的比较，应在同一个自然生态类型区内进行比较和选择。我国国家公园遴选应首先确定自然生态类型的总体格局和比较框架，从全国层面进行统筹，在自然区（图 2-2）的层面上进行类型对比分析。这种情境与美国、加拿大等地域广阔

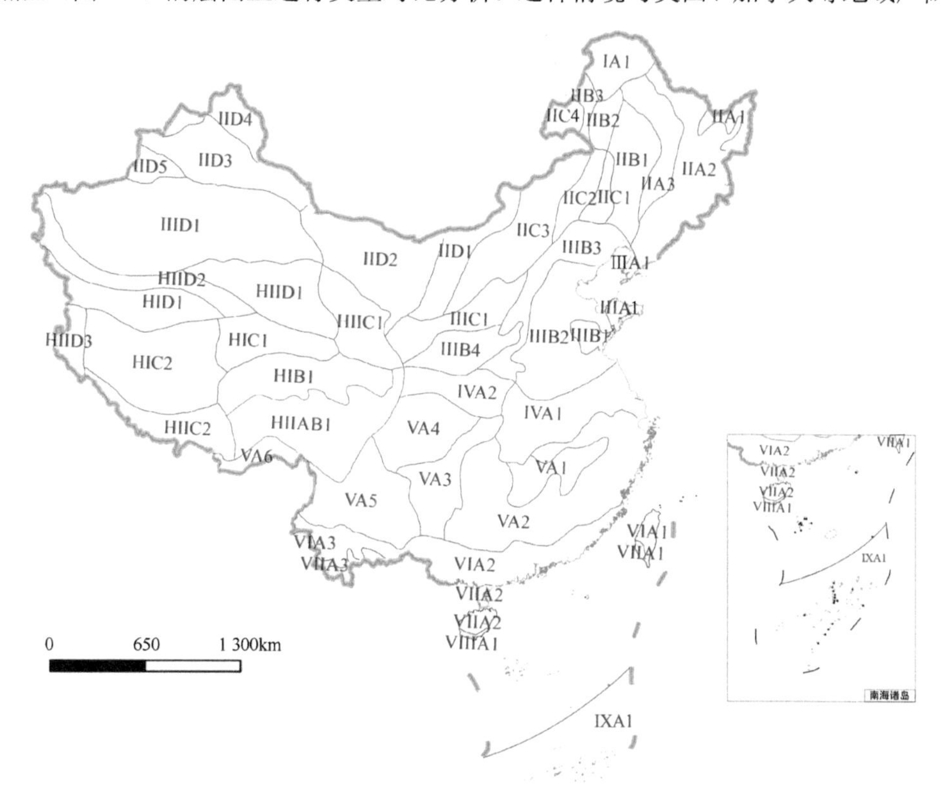

图 2-2　中国生态地理区域系统自然区划分情况

IA1. 大兴安岭北段山地落叶针叶林区；IIA1. 三江平原湿地区；IIA2. 小兴安岭长白山地针叶林区；IIA3. 松辽平原东部山前台地针阔叶混交林区；IIB1. 松辽平原中部森林草原区；IIB2. 大兴安岭中段山地草原森林区；IIB3. 大兴安岭北段西侧森林草原区；IIC1. 西辽河平原草原区；IIC2. 大兴安岭南段草原区；IIC3. 内蒙古东部草原区；IIC4. 呼伦贝尔平原草原区； IID1. 鄂尔多斯及内蒙古高原西部荒漠草原区；IID2. 阿拉善与河西走廊荒漠区；IID3. 准噶尔盆地荒漠区；IID4. 阿尔泰山地草原、针叶林区；IID5. 天山山地荒漠、草原、针叶林区；IIIA1. 辽东胶东低山丘陵落叶阔叶林、人工植被区；IIIB1. 鲁中低山丘陵落叶阔叶林、人工植被区；IIIB2. 华北平原人工植被区；IIIB3. 华北山地落叶阔叶林区；IIIB4. 汾渭盆地落叶阔叶林、人工植被区；IIIC1. 黄土高原中北部草原区；IIID1. 塔里木盆地荒漠区；IVA1. 长江中下游平原与大别山地常绿阔叶混交林、人工植被区；IVA2. 秦巴山地常绿落叶阔叶林混交林区；VA1. 江南丘陵盆地常绿阔叶林、人工植被区；VA2. 浙闽与南岭山地常绿阔叶林区；VA3. 湘黔高原山地常绿阔叶林区；VA4. 四川盆地常绿阔叶林、人工植被区；VA5. 云南高原常绿阔叶林、松林区；VA6. 东喜马拉雅南翼山地季雨林、常绿阔叶林区；VIA1. 台湾中北部山地平原常绿阔叶林、人工植被区；VIA2. 闽粤桂低山平原常绿阔叶林、人工植被区；VIA3. 滇中南亚高山谷地常绿阔叶林、松林区；VIIA1. 台湾南部山地平原季雨林、雨林区；VIIA2. 琼雷山地丘陵半常绿季雨林区；VIIA3. 西双版纳山地季雨林、雨林区；VIIIA1. 琼南与东、中、西沙诸岛季雨林、雨林区；IXA1. 南沙群岛区；HIB1. 果洛那曲高原山地高寒灌丛草甸区；HIC1. 青南高原宽谷高寒草甸草原区；HIC2. 羌塘高原湖盆高寒草原区；HID1. 昆仑高山高原高寒荒漠区；HIIAB1. 川西藏东高山深谷针叶林区；HIIC1. 祁连青东高山盆地针叶林、草原区；HIIC2. 藏南高山谷地灌丛草原区；HIID1. 柴达木盆地荒漠区；HIID2. 昆仑北翼山地荒漠区；HIID3. 阿里山地荒漠区

型国家公园遴选较为类似，即首先将全国划分为若干个自然生态区域，然后建立指标体系评价每个自然生态小区，从自然生态小区层面进行遴选，最后将遴选出来的潜在区域在全国层面上进行总体布局和优先序选择。

根据这个研究思路，提出“全局评价、类型比较”的渐进式评价方法（虞虎等，2018b），并区分国家公园建设的潜在区域和实际建设区域。第一，根据国家公园选择的需求，确定我国自然生态地域系统的划分类型，确定基准自然类型区域；第二，选择国家代表性、生态重要性、原真性等要素指标建立评价模型，分析确定国家公园建设的可能潜在区域；第三，在可能性潜在区域的基础上，在每个自然类型区域范围内，根据土地所有权权属关系、社区人口情况以及现有自然保护地分布等外部环境条件，确定国家公园建设的区域边界；第四，在每个生态类型区域选定的情况下，再根据保护对象的价值确定选择的国家公园建设区域是属于自然生态系统保护还是关键物种栖息地保护；第五，基于前述步骤的研究结果，商定多主体参与的方案，有效服务于各方利益制衡下的空间决策（图 2-3）。

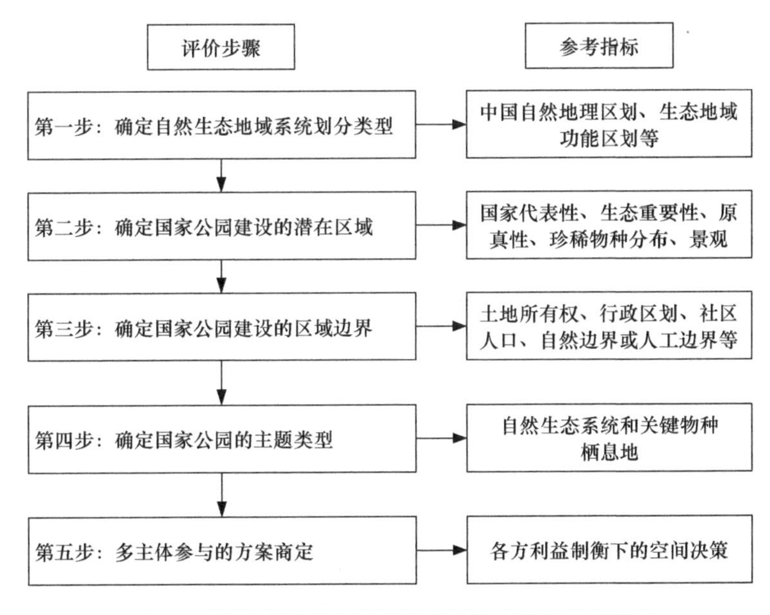

图 2-3　国家公园遴选的渐进式评价步骤和参考指标

（三）我国国家公园潜在区域遴选

在考虑某一区域是否适合建立国家公园时，从生态系统完整性、生态重要性、原真性、生物多样性、利用机会等方面进行考虑，选择因素包括自然生态系统（完整性和重要性）、珍稀物种分布、原真性、自然景观、文化遗产（虞虎等，2018b）。

国家公园区域选择包含了潜在区域和可建区域两个层次，需要区分对待。在国家公园区域选择时，第一层面是考察生态系统单元本体价值能否达到国家公园对于高价值生态区域选择的标准，在满足第一层面的标准后，需要在生物多样性、自然景观、原真性等具体方面进行比较。满足以上两个层面的标准后，再从自然生态区域价值方面确认某一区域是否达到国家公园建设的要求。而在是否能够建成国家公园方面，还需要考虑第三个层面的问题，即建设成本、管理维护能力、建设基础、空间可达性等因素。第三个层面的评价是在满足前两个标准的基础上，对于建设可行性方面的考量，如美国对于一个准备进入美国国家公园系统的新区域判定是基于国家重要性、适宜性、可行性和不可替代性4个入选标准的逐次选择。

根据6个指标层（详见丛书分册《中国自然保护地分类与空间布局研究》）的评价结果（图 2-4），进行格网化处理，采用 ArcGIS 软件将各个指标层进行空间叠加加总，得到最终的综合评价图层，采用自然断点法将其划分为高值区和低值区两种类型区域，可以得到中国国家公园建设的潜在区域分布情况。

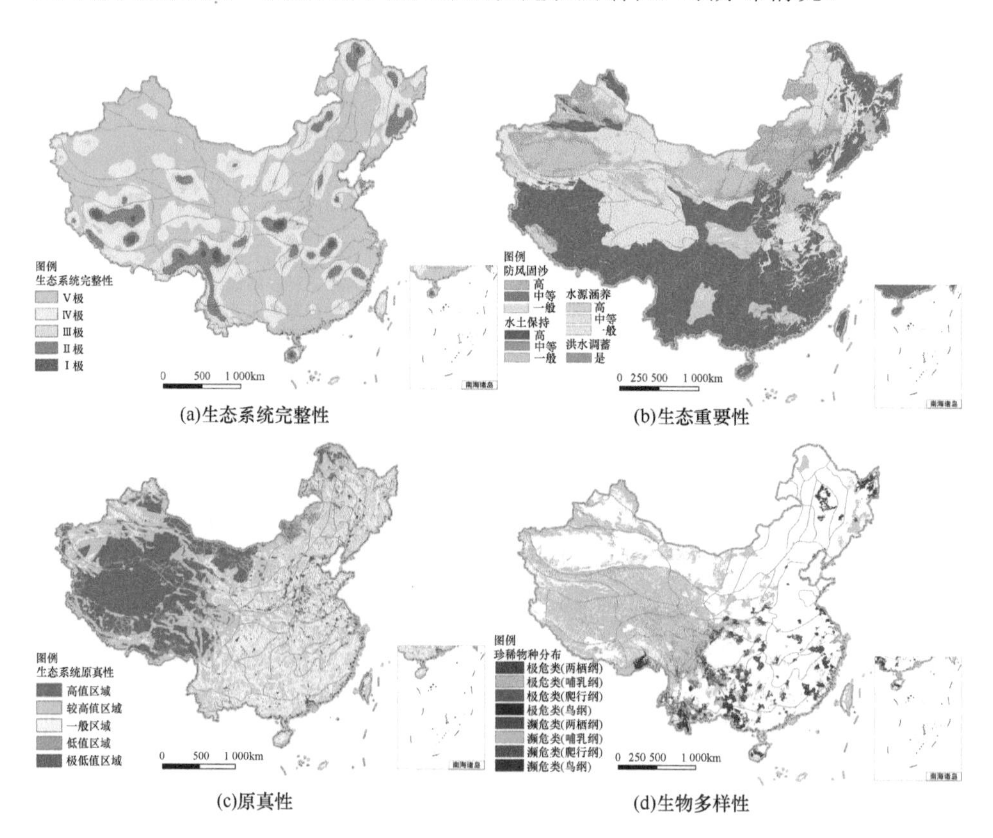

(a)生态系统完整性

(b)生态重要性

(c)原真性

(d)生物多样性

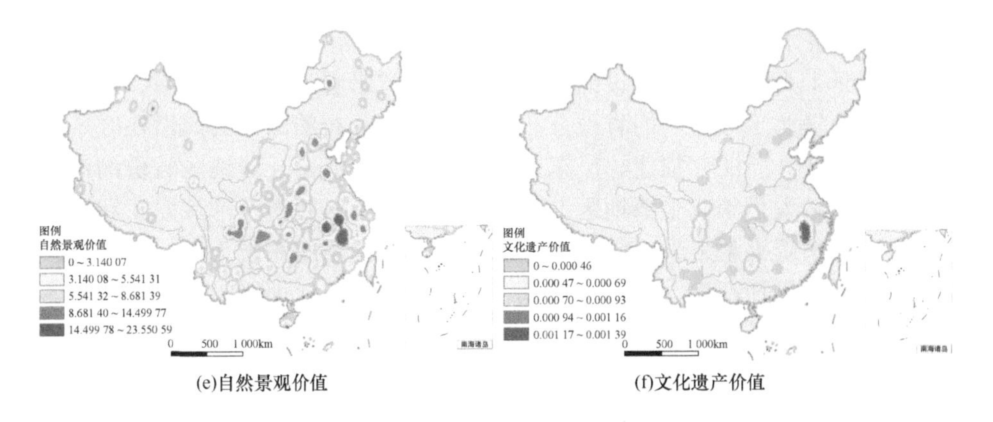

(e)自然景观价值　　(f)文化遗产价值

图 2-4　中国国家公园潜在区域识别单指标层评价结果

根据上述评价结果的空间叠加处理，可知中国国家公园建设潜在区域的评价结果呈现 3 个比较明显的特征。第一，三大阶梯与自然地理区域的叠加分布特征明显，国家公园潜在区域综合得分高值区域主要集中在大型自然地理实体范围内，这与自然生态系统完整性、生态重要性密切相关，东部地区主要集中在江南丘陵、南岭等地区，中部地区集中在太行山—秦岭—横断山脉一线，西部地区分布较多且集中程度较高，连片分布的区域包括东北地区的长白山地区、大小兴安岭地区、蒙北草原地区、南疆荒漠地区、藏西北高原草原以及横断山脉地区，其他如江南丘陵、云贵高原等地的分布呈小面积、散布式分布状态。第二，东西部潜在得分较高区域的面积差异较大，西部地区的空间连续性较强，中东部地区主要集中在自然地理单元及其周边，生态破碎化程度较大、空间连续性较弱。例如，在西部地区，面积较大的羌塘区域、三江源区域达到了数万乃至数十万平方千米，而在东部的浙皖地区，识别出的黄山、巢湖、千岛湖等区域的面积约在几百、上千平方千米之内；这就使得东西部的国家公园面积、规模差异明显。第三，潜在区域的跨界性较为明显。因为国家公园的本质上是自然和人文保护与利用价值较高的生态区域，所以分布的区域多是基于大型、特大型的自然地理单元，而在中国这些地理单元通常是省市之间的分界，因此形成了比较明显的跨区域特征。

根据上述总体评价结果，以生态功能区域、省级行政区分布两个维度分别选择 1～2 个国家公园为提取前提，为了保证选择的潜在区域面积较为适中，经过多次试验，选择提取各个生态地理区域内高值分布密集程度大于 40%、排序靠前的自然生态区域，可以遴选出中国未来可能进行国家公园建设的潜在区域范围，总共包括 55 个潜在区域，分布集中在东北地区、华南地区、西南地区、西北地区，其中西南和西北地区的潜在区域面积都比较大。将这些遴选出的潜在区域分别放置于省份和生态区构成的两维空间坐标系统，可以得到对应关系，依次可以判断未来国家公园建设的优先顺序。分省来看，北京、天津、河北、山东、河南等华北平原地区的省份分布较少，零星分布的国家公园潜在区域面积也较小；安徽、浙江、福建、广东、广西、海南等江南丘陵地区省份的潜在区域面积和数量大于华北平原地区；其他地区的国家公园潜在区域面积和数量较大。从生态系统类型来看，中东部地区以丘陵山地生态系统为主，可以建设国家公园的地域包括泰山、黄山、武夷山、漓江等；东北地区以森林和草原生态系统为主，可以建设国家公园的地域包括额尔古纳、乌苏里江、科尔沁草原、呼伦贝尔等；西南地区以高山和湖泊生态系统为主，可以建设国家公园的地域包括梅里雪山、腾冲火山、三江源、色林错、珠峰、札达普兰等；西北以荒漠和高山湖泊生态系统为主，可以建设国家公园的地域包括乌兰布和沙漠、罗布泊、喀纳斯湖、赛里木湖等（图 2-5）。

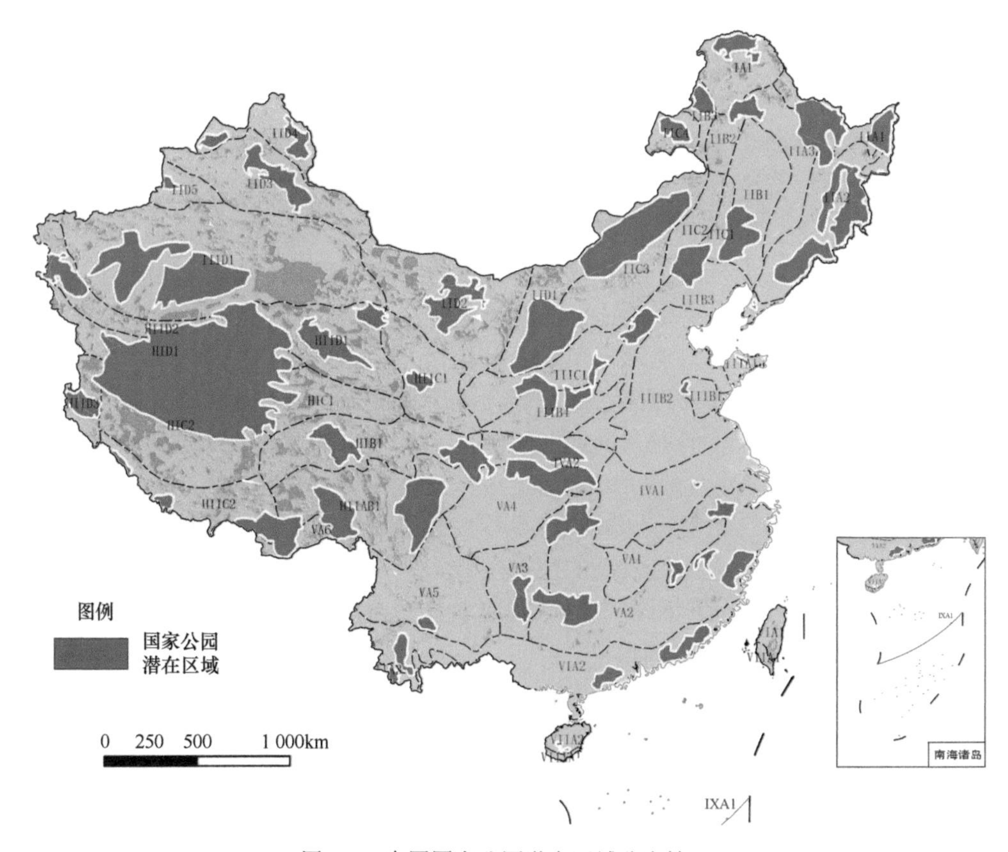

图 2-5　中国国家公园潜在区域分布情况

二、自然保护区

中华人民共和国成立以来，我国国家级自然保护区建设和管理取得了巨大的发展，在保护、恢复、发展和合理利用自然资源以及改善人类环境等方面起到积极作用。然而，我国国家级自然保护区的空间布局存在较大问题。

（一）布局问题

1）地区之间的国家级自然保护区规模相差较大。自然保护区的覆盖率在全国的分布差别较大，表现在林业系统所占比例过大，国家级自然保护区所占比例偏高，客观上造成了我国国家级自然保护区尚存在严重的保护空缺，仍有许多关键生态系统和重要物种没有得到很好的保护或覆盖。从空间上看，我国现有自然保护区分布西密东疏，大部分保护区集中在中西部，特别是西部人少或无人地区。西部地区面积较大，比例较高，而东部经济发达地区面积比例相对较小，高密度人口地区保护区覆盖率过低，加强东中部地区濒危物种和自然生态系统的保护迫在眉睫。

2）大型和特大型的国家级自然保护区面积过大。全国大于 10 万 hm^2 的大型和特大型自然保护区数量不足全国自然保护区总数的 6%，但其面积则大约占了全国自然保护区总面积的 80%。尤其是特大型自然保护区（>100 万 hm^2）数量不足全国自然保护区总数的 0.8%，但其面积占全国自然保护区总面积的 58%。这种情况与保护区建立时盲目求大求全的思想有较大的关系，导致自然保护区内违规资源开发活动屡禁不止，建设项目难以避开保护区范围，保护与开发的矛盾日益突出。同时，国家级类型的自然保护区面积占全国各级自然保护区面积比例也过大。因此，自然保护区范围和功能区划的合理调整将成为自然保护区管理的一项重要任务。

3）自然保护区网络的布局尚存在空缺区域。虽然我国绝大多数自然生态系统类型和重点保护物种在自然保护区内得到较好的保护，但受保护的程度不均衡，自然保护区孤岛化现象日益严重，草原类型自然保护区落后于整体水平。分析国家级自然保护区和中国生态功能保护区及全国重要生态功能区的比例关系可知，国家级自然保护区与中国生态功能保护区的重叠区域比例为 10.01%，国家级自然保护区与全国重要生态功能区的重叠区域比例为 19.79%。并且部分物种和重要的生物地理单元都面临严重威胁，关键生态系统和重要物种没有得到很好的保护覆盖的现象仍然存在，导致部分物种栖息地受到威胁，生态环境遭到破坏，严重影响了自然保护区的实效性。据不完全统计，我国绝大部分重要的生态系统已纳入国家级自然保护区体系中，但仍有 20 多种需重点保护的生态系统在国家级自然保护区体系中存在保护空缺。

4）自然保护区边界和功能分区划分不合理。自然保护区与其他类型自然保护地（风景名胜区、地质公园、湿地公园、森林公园等）之间的重叠关系较为明显。国家级自然保护区面积占国土面积的比例超过发达国家平均水平，但是国家级自然保护区面积及各功能区面积的确定受人为影响较大，空间划分与社会经济发展之间产生了诸多矛盾，因此国家级自然保护区面积确定、功能区面积的合理分配是亟待解决的问题。

我国国家级自然保护区的演进发展正处于由速度规模型向高质量规范化管理推进，应将全国森林、草原、湿地、荒漠调查监测确定的生物多样性丰富、典型生态系统分布区域，全国野生动植物调查确定的野生动物重要栖息地、野生植物关键生境和重要生态廊道等生态功能极重要、生态系统非常脆弱、生物多样性保护空缺的自然生态空间划定为自然保护区。调整优化自然保护区管控边界，将区内无保护价值的建制城镇或人口密集区域、工业园区等调出。以每个自然保护区为独立自然资源资产登记单元，划清土地、森林、草原、河湖、湿地、海洋等各类自然资源资产所有权边界，明晰自然资源资产所有权人。明确中央和地方事权和支出，创新地方政绩考核机制，加强对生态治理的监管力度。

（二）布局优化分析

1. 全球尺度保护空缺分析

对国家级自然保护区和全球尺度上的四类数据库（“全球200”生态区、全球生物多样性关键区、全球植物多样性中心、全球特有鸟类保护区）进行分析，将所得的两两层面的分析结果进行空间叠加，可以得到全球层面我国国家级自然保护区的空缺保护区域分布情况（图2-6）。从图2-6中可以看出，在全球层面，我国国家级自然保护区保护空缺程度较高的地区，即从全球特有鸟类保护区、全球植物多样性中心、全球生物多样性关键区、“全球200”生态区四个层面重叠较多的区域，主要集中在大兴安岭地区中南部、四川盆地、东南丘陵地区中部、藏东南地区、横断山脉地区南部，对应于中国生态地理区划的小区进行分析，从区域分布上来看，西南部地区的空缺区域分布较广，具体包括HIIAB1川西藏东高山深谷针叶林区，HIIC1祁连青东高山盆地针叶林、草原区，VA6东喜马拉雅南翼山地季雨林、常绿阔叶林区，VA5云南高原常绿阔叶林、松林区，VIIA3西双版纳山地季雨林、雨林区，VA3湘黔高原山地常绿阔叶林区；其次是东南丘陵地区的VA2浙闽与南岭山地常绿阔叶林区，VIA2闽粤桂低山平原常绿阔叶林、人工植被区；再次是藏南地区的HIIC2藏南高山谷地灌丛草原区，HIC2羌塘高原湖盆高寒草原区；然后是东北大兴安岭地区的IIC3内蒙古东部草原区、IIC2大兴安岭南段草原区、IIB1松辽平原中部森林草原区，以及新疆地区的IID5天山山地荒漠、草原、针叶林区等生态地理区。

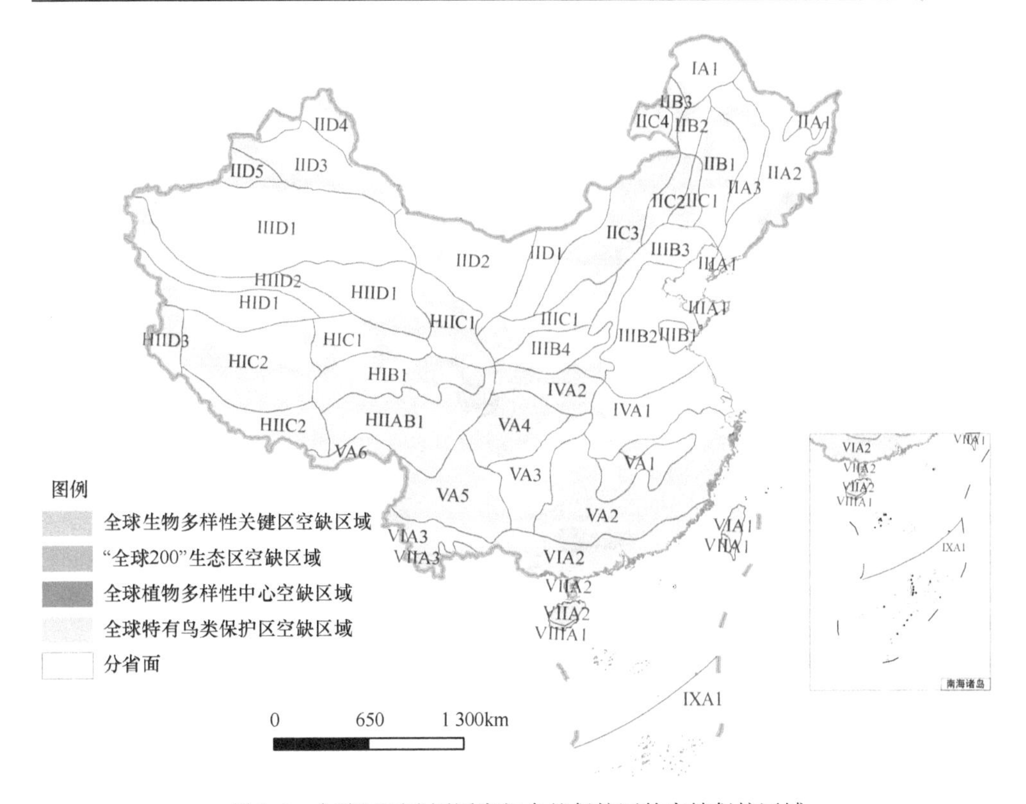

图 2-6　全球层面我国国家级自然保护区的空缺保护区域

2. 全国尺度保护空缺分析

综合全国尺度三个数据指标（中国生物多样性优先保护区域、中国生态功能保护区、中国重要生态功能保护区）的空间分析，可以得到全国尺度上国家级自然保护区的空缺区域（图 2-7）。根据中国生物多样性优先保护区域与国家级自然保护区的叠加分析，以及目前保护区域与中国重要生态功能保护区和全国重点生态功能区的空间关系，分析可得全国层面国家级自然保护区的空缺保护区域。从图 2-7 中可以看出，红色斑块表示全国层面国家级自然保护区优先区域，这些区域散布于不同的生态地理区之中，在东北地区、黄土高原地区、秦巴山地、果洛那曲地区、藏东南地区、阿尔泰山地地区等都有显著的分布，从东北向西南方向沿腾冲至黑河一线，两侧显示出的空缺区域较为集中。其中，东北地区的大兴安岭地区的空缺区域包括 IA1 大兴安岭北段山地落叶针叶林区，IIA1 三江平原湿地区，IIA2 小兴安岭长白山地针叶林区，以及内蒙古西部地区的 IIC1 西辽河平原草原区和 IIC3 内蒙古东部草原区；黄土高原地区空缺区域包括 IIIC1 黄土高原中北部草原区；秦巴山地地区空缺区域包括 IVA2 秦巴山地常绿落叶阔叶林混交林区；果洛那曲高原地区的空缺区域包括 HIB1 果洛那曲高原山地高寒灌丛草甸区，

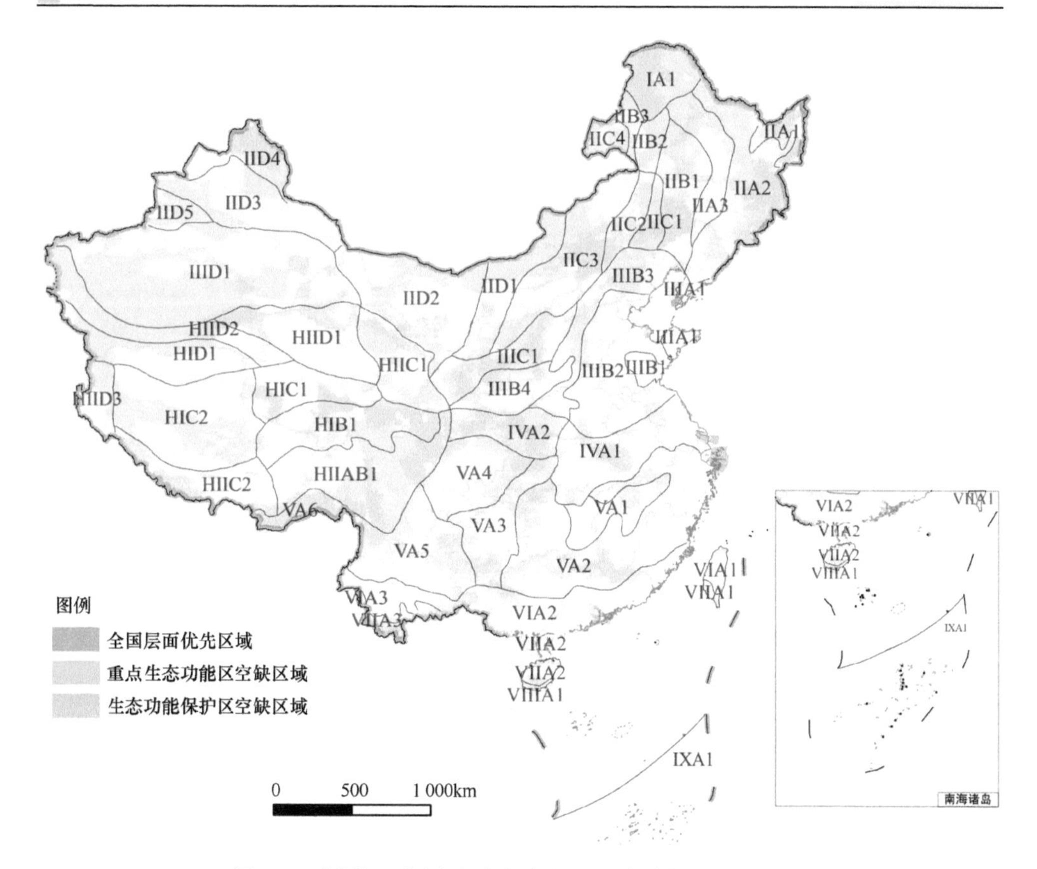

图 2-7　全国层面国家级自然保护区的空缺保护区域分布

HIIAB1 川西藏东高山深谷针叶林区；藏东南地区的空缺区域包括 VA6 东喜马拉雅南翼山地季雨林、常绿阔叶林区；阿尔泰地区的空缺区域包括 IID4 阿尔泰山地草原、针叶林区。

3. 国家级自然保护区空缺区域的优先保护级

前文分别从全球尺度、全国尺度两个层面，对于自然保护区设置的重要影响指标数据的空缺区域进行了空间分析。将上述这些空缺区域进行综合叠加，可以得出重叠层级高低的区域。采用 ArcGIS 空间断裂法将其划分为 6 个级别，以此表明未来国家级自然保护区新设置的重点优先区域的所在位置（图 2-8）。其中按照重要性，可以将四级以上等级的区域作为重点考虑的优先区域对象。对照图 2-2 来看，四级以上等级区域分布呈现一定的集聚性，分布斑块最为明显、集中的区域在 HIIC1 向南至 VA6 生态地理小区之中，它们分别是 HIIC1 祁连青东高山盆地针叶林、草原区，HIB1 果洛那曲高原山地高寒灌丛草甸区，HIIAB1 川西藏东高山深谷针叶林区，VA6 东喜马拉雅南翼山地季雨林、常绿阔叶林区，VA5 云南高原常绿阔叶林、松林区；第二个比较集中的地带为 VA5 向东至 VA2，包括 VA1 江南丘陵盆地常绿阔叶林、人工植被区，VA2 浙闽与南岭山地常绿阔叶林区，VA3 湘黔高原山地常绿阔叶林区，VIA2 闽粤桂低山平原常绿阔叶林、人工植被区；第三个比较集中的地带为东北地区，包括 IA1 大兴安岭北段山地落叶针叶林区，IIA2 小兴安岭长白山地针叶林区，IIC1 西辽河平原草原区；其他分布区域没有表现出地带性特点，主要以生态地理小区中的斑块的形式存在，包括 IID4 阿尔泰山地草原、针叶林区的北部地区，HIID1 柴达木盆地荒漠区的东南部地区，IVA1 长江中下游平原与大别山地常绿阔叶混交林、人工植被区的中部地区。

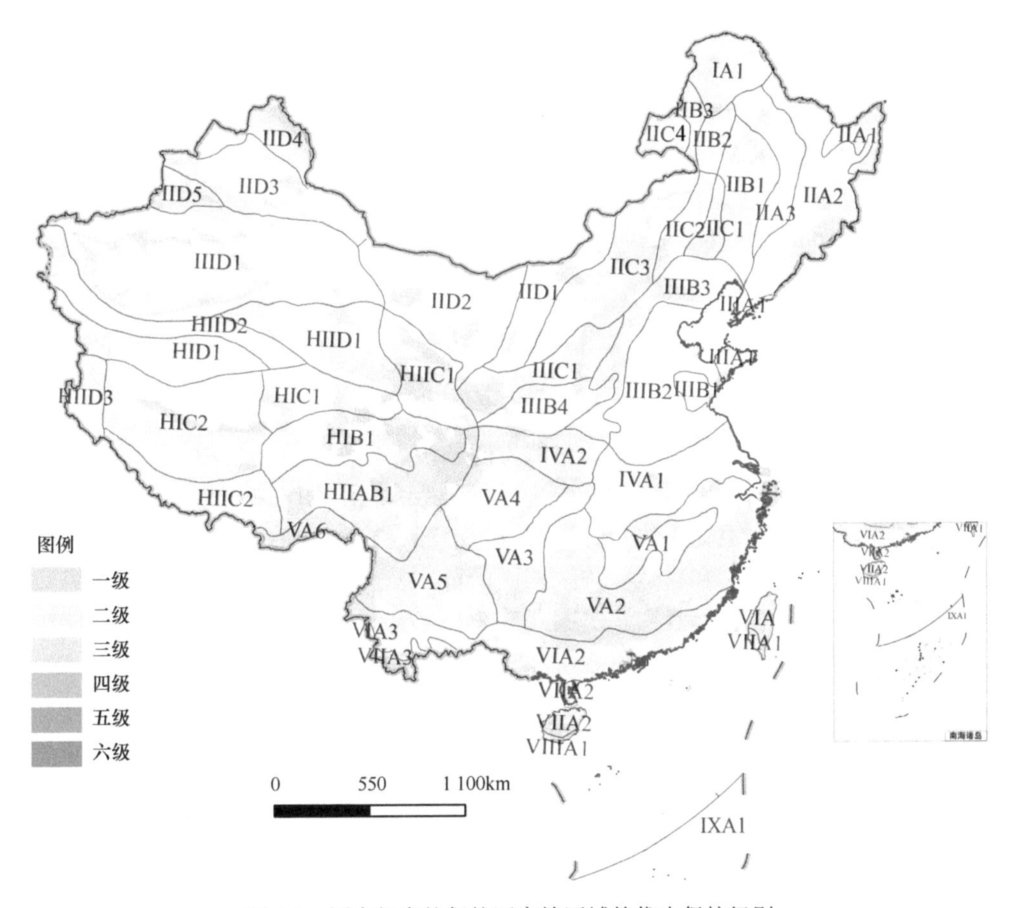

图 2-8　国家级自然保护区空缺区域的优先保护级别

根据前文关于国家级自然保护区的分布特点可知，我国现有的国家级自然保护区呈现东部数量多、单体面积小，西部数量少、单体面积大的总体特征，这决定了未来国家级自然保护区的设置中，需要采用不同的途径进行扩充和调整。主要包括以下三种形式。

在东中部地区的优先区分布中，针对主要优先级分布在四级以上的生态地理区，应考虑采用单体自然保护区扩充，以与周边自然保护地打通联系的方式适当扩大保护面积；并且在优先级得分较高的地区考虑将现有较低级别的省级或市县级自然保护区进行合并和升格，以扩大东中部地区重要生态系统的保护区域规模。

在西部地区的优先区分布中，分布较广的主要集中在祁连山向南至横断山地区的南北向生态地带，这个地区是我国第一阶梯向第二阶梯的过渡地带，生态系统多样、自然环境复杂，目前设置的国家级自然保护区数量不多，单体规模面积稍大于东部地区，相对于客观存在的自然生境，面积相对较小，因此未来设置中应考虑扩充单体自然保护区的规模，同时大量增设国家级自然保护区，以实现对该地区的充分保护。

在东北、西北、西南边境地区，存在着大量优先级别比较高的生态区域，但是目前设置的国家级自然保护区偏少。这些地区不仅生态重要性突出，而且对于边境安全管理也极其重要，未来应新增设置自然保护区，明确自然保护区的空间界限，提高该地区的管理水平和管控标准，以实现生态安全和边境安全的双重管控。

三、自然公园和资源保存区

（一）布局问题

自然公园是保护重要、独特的自然生态系统、自然遗迹和自然景观，具有生态、观赏、文化和科学价值，能够促进区域可持续利用的区域。自然公园是在快速城市化、自然环境退化、旅游开发等背景下形成的合理保护和利用自然资源的一种模式，与国家公园和自然保护区相比，自然公园在利用强度、休闲服务方面与人类活动贴合程度更加紧密。美国严玲璋和麦克罗林等认为，国家自然公园应建立在具有一种或多种自然生态系统和具有自然美、自然特色的地区，应具备以下功能：保护独特的自然生态系统；提供科学研究场所；提供教育、科普条件；供人们游乐修养。相对于国家公园，自然公园是功能比较单一或特殊的公园。自然公园建设的目标包括两个，第一个是将自然生态系统和景观保护利用与区域文化系统相关联，在自然保护、区域经济发展和高品质环境营造方面进行有效协调和平衡；第二个是将自然公园的自然保护和景观抚育，以及大众休闲游憩需求相结合，创造自然、独特的游憩空间和场所，优化生活空间、提高大众生活质量。综合两个目标来看，设立自然公园是建立在自然保护基础之上，可持续旅游、农林业生产经营、文化资源开发相结合的区域发展模式。

自然公园是伴随着人与自然矛盾出现和演化而发展起来的资源保护、管理和利用的技术手段。自然公园根据自然资源特点和发展实际需求，采取不同的分类建设模式，形成了类型多样的体系。这种分类体系最初建立在自然生态系统之上，之后逐渐转向基于管理目标的分类系统，并与资源的可持续利用目标相结合。各类自然公园的分级主要是基于该类型自然保护对象的品质、规模，根据行政区等级进行分等管理。

自然公园目前是按照自然保护地管理目标进行分类管理的，入选的标准不一，难免出现布局不合理、同一公园多块牌子、空间重叠，同一自然地理单元内相邻、相连的各类自然保护地存在管理分割、孤岛化等问题，导致单一保护目标与经济发展需求脱节等问题，进而造成了空间布局上的困扰。马童慧等（2019）对我国1532个具有空间重叠的自然保护地进行空间分析，发现鲁中山区、太行山、大别山、天目山–怀玉山、皖江等生态功能区的自然保护地重叠最为严重，其中太行山区、大别山区、天目山–怀玉山区为重叠自然保护地密度高的生物多样性优先保护区；黑龙江、安徽、山东、河南、湖北、湖南等省范围内的自然保护地空间重叠状况明显高于其他省区，而晋冀豫（山西、河北、河南）与皖鄂赣（安徽、湖北、江西）这两处三省交界处重叠程度更高，其他多处三省交界区域也存在自然保护地的中度重叠；大约每5个自然保护地中就有1块存在重叠现象，其中多为景观类型自然保护地与自然保护区的重叠，包括风景名胜区、森林公园、水利风景区和湿地公园等类型。

空间重叠衍生出不同类型自然公园管理部门，原主管部门中，原国家林业局与住房和城乡建设部的交叉管理自然保护地数量达到了近 300 个，产生了地方部门的维护资金重复投放和地方政府之间的利益争夺。单一类型的自然公园侧重某类具体资源的保护和利用，如森林公园侧重森林景观、湿地公园侧重湿地景观、水利风景区侧重水域或水利工程。自然公园在强调生态资源代表性和典型性的同时，更强调与区域社会经济发展相结合的利用价值，尤其是自然公园在利用生态资源环境发展休闲旅游业时更强调利用。

（二）布局优化分析

自然公园和资源保存区的生态重要性要低于国家公园和自然保护区，其优化布局要充分考虑与人类活动、经济社会发展之间的关系，维持良好的自然和文化价值，促进生态系统服务能力的功能优化和发展提升（张碧天等，2021），与国家公园和自然保护区的优化布局形成良好匹配。

1. 优化思路

自然公园是未纳入国家公园、自然保护区的专项类自然保护地，包括森林公园、地质公园、湿地公园、海洋公园、沙漠公园等自然生态对象，是前两者的有效补充，自然公园和资源保存区的布局应在上述自然保护地的范围之外。自然保护地的“整合优化归并过程中，应当遵从保护面积不减少、保护强度不降低、保护性质不改变的总体要求，遵照强度级别从高到低的原则要求，整合优化后要做到一个自然保护地只有一套机构，只保留一块牌子”。资源保存区则主要是面向种质资源进行优化保护的自然生态区域，与其他类型的自然保护地相比，资源保护区允许一定的开发利用，在利用程度上更为开放。自然公园的重要性仅次于国家公园和自然保护区，而国家公园和自然保护区的选定范围基本会在现有国家级自然保护地之中，未来选定之后，余下的国家级自然保护地将大部分归为自然公园，部分省级自然保护地也可能会升级为国家级的自然公园。资源保护区则主要布局在动植物天然栖息地比较集中的地区。

2. 优化措施

自然公园是国家公园和自然保护区的重要补充类型，在整个自然保护地体系中起着平衡保护与开发之间的关系、加强各类自然保护地之间的生态连通性和景观完整性的重要作用，因此自然公园的布局优化应能加强自然保护地体系在空间布局上的联通能力，能够有利于构建自然保护地的空间廊道，同时又能结合当地区域经济社会发展优势和需求，来达到优化国土生态空间格局、维持生物多样性与自然景观、服务人类社会经济发展的综合目标。

1）确定布局优化模式和优先序列。自然公园的优化布局将包括交叉重叠地区整合、不同类型自然公园合并、局地升级等方式，优化调整思路就是要处理好现有主要类型自然公园之间的关系，对同一自然地理单元相连（邻）的自然公园，按照生态系统完整、物种栖息地联通、保护管理统一、游憩利用有效的方式进行合并重组。自然公园布局优化应着力于解决存在的区域交叉、空间重叠、保护管理分割、破碎和孤岛化问题，以“交叉重叠整合、类型功能主导、主体发展意愿、宜高不宜低”的原则开展优化。遵循以下原则。①交叉重叠整合、类型功能主导：若干交叉、重叠自然保护地整合为一个主导类型的自然保护地。②综合发展主体意愿：同时结合地方管理和责任主体在未来自然保护地建设和利用方面的自身意愿。③挂牌以最高级别为准：宜高不宜低，对于整合后的自然公园，以最高级别进行设置，如一个国家级和若干个省市地方级合并的应保留国家级牌子。

2）构建体系化管理模式。交叉重叠问题形成的重要原因是碎片化、离散式的部门管理。虽然各类自然资源同属于同一自然生态系统，但是却被划分为森林、湿地、地质、景观等多种类型，并且每种类型设定时采用的评价方法和指标不同，加之互相之间缺乏沟通交流，各自挂牌建设，从而形成了一地多牌的现象。自然公园整合首先要明确自然公园的主管部门，将不同类型的自然公园归属于同一部门管理，在森林、湿地、风景区层面设置二级体系，并提出相应的管理标准和技术方法，从体制上形成自上而下的统一体系。资源保存区则按照不同类型进行分类整合，完全以保护种质资源为主要目标。

3）通过空间分析和区划等手段优化现有格局。基于上述统一体系建设和重叠区域的整合，在具体操作层面要根据生态地理区划、区域经济社会发展水平、地方居民生产生活需求等多方面因素，综合考虑自然公园的设置。优化打破过度集聚、密度过大的不均衡格局，以自然保护和休闲游憩需要为综合导向，寻求全国范围内的均衡发展。在东西部地区合理处理数量和面积之间的关系，防止数量过多或单体面积过大的现象出现。对于西部地区自然公园建设，更多的要考虑其与当地经济发展之间的密切关系，加强引导和支持西部地区自然资源的利用和价值转化，在评定数量上给予一定的倾斜。对于生态重要性较高的地区，探索自然公园和区域经济融合发展的新模式，以自然公园新业态植入来促进当地经济增长、社会就业和扶贫建设。

第四节 自然保护地规划方法与技术体系

我国相继出台了自然保护区法、风景名胜区条例等政策法规，各相关主管部门制定了规划建设相关的规范、指南、标准等文件，各类自然保护地都制定了相应的规划。特别是2017年确定建立以国家公园为主体的自然保护地体系之后，国家公园试点区建设有序展开，国家公园相关的政策、法规、规范等相继出台，相关研究有了很大进展。与之相应，国家的主体功能区、生态保护红线、国土空间规划也同时铺开，对自然保护地规划提出了新的要求。自然保护地规划面临如下挑战：一是与国土空间规划等上位规划更好地衔接，在规划的分区、边界、管理措施方面更好地呼应，与国际上的自然保护地规划接轨，借鉴已有的先进技术，并结合我国保护和发展的特殊需求，更好地为我国的生态保护事业服务；二是继承我国各类自然保护地的规划建设经验，统合各类自然保护地规划模式，为新的自然保护地规划提供更适合的方法。

基于以上认识和分析，在回顾和总结已有的规划经验的基础上，结合新的自然保护地体系建设目标，辨识保护、发展的需求与压力，创造适合于各类型自然保护地的规划模式和技术。具体希望在如下三个方向获得突破。

1）科学评价多样化的自然与人文资源，确定多主体综合均衡的发展目标。

2）针对四类自然保护地提出具有共性的规划模式。

3）利用最新技术手段，促进从静态规划向动态规划的转化。

一、自然保护地分类与资源评价

科学合理的资源评价是自然保护地规划的基础。目前对自然保护区、国家公园、风景名胜区、森林公园等都有相对成熟的规范、方法。除了专门的资源调查规范之外，其他如规划编制指南、设立规范、分区规范、总体规划规范中都有涉及。但是已有文献中，在资源调查的对象、分类、评价标准等方面各有侧重，分类方法与名称不一，繁简程度也各不相同。因此难以实现各类自然保护地的统一，随意性较大，也不利于个性和特色的突出。同时，已有文献中对资源本身的评价比较重视，而对各类资源之间的适配性、矛盾关系分析不够。为此，提出一个适用于各类型自然保护地的调研、评价方法，并提出对适配性和相互影响的分析方法。

（一）自然保护地的类型、特征与要求

四类自然保护地与 IUCN 的六种类型构成如下的对应关系，呈现出在自然保护、利用程度、规模配置上的梯度变化（表 2-8）。

表 2-8　各类自然保护地的一般特征

自然保护地	自然保护区	国家公园	自然公园	资源保存区
IUCN 对应类型	I 类	II 类	III～IV 类	V～VI 类
自然保护要求	最高、最严	次高	相对宽松	较低、灵活
利用程度	中低	中高	高	中
规模	中高	高	中	中低

我国国土辽阔，各地差别很大，自然保护地，尤其是国家公园，也相应有资源、规模、保护对象、方法上的不同。首先，有陆地、海洋两大不同地域类型。其次，有西南、西北、东南、东北、华中等地方差异，以及由此造成的自然、人文资源类型与空间配置上的差异。目前看来，可以粗略划分为自然荒野类、物种保存类、森林保育类、遗产保护类、文化景观类等类型。但由于各个自然保护地均是多样而复杂的，还要根据实际情况做更确切的划分。

（二）资源分类调查

分为自然资源和人文资源两个一级指标，各包括三个二级指标，多个三级指标，以及多个资源要素（表 2-9）。

1. 自然资源

包括地学资源、生态资源、环境资源三个二级指标，分别从天、地、生三个层级进行自然要素的抽取和评价，涵盖自然保护地的各个空间与环境层面，包括自然保护的主体及其支撑环境，兼顾生态、地质、地理、气候等相关科学价值，形成一套完整的自然资源体系。

表 2-9　自然保护地资源分类

一级指标	二级指标	三级指标	资源要素
自然资源	地学资源	地质、地貌、水文等	岩石、构造、地形、景观等
	生态资源	物种、栖息地等	动物、植物、栖息地、廊道等
	环境资源	气候、空气、景观等	温度、湿度、空气、色彩、噪声等
人文资源	景观资源	文化景观、标志物	土地利用、耕地、神山、圣湖等
	历史资源	历史遗迹、遗产、遗址、遗物	历史遗迹、考古点、传统民居等
	社会资源	社会、民俗、文化、艺术	节庆、礼仪、庆典、非遗

2. 人文资源

包括景观资源、历史资源、社会资源三个二级指标，分别从景观、历史、文化三个方面，综合考虑土地利用、文化景观、历史遗迹、物质与非物质文化遗产等方面的内容，兼顾历史保护、文化传承与现代生活的持续发展。

3. 资源禀赋评价

（1）评价指标

针对上述两个大类、六个中类、多个小类的资源，同时借鉴国家公园、自然保护区、世界自然遗产等的评价标准，按如下 6 个方面进行评价。

稀有、脆弱度指标：现存数量稀少、难以持续，容易遭受毁灭性结果。

代表、特征度指标：资源在世界或地区范围内的代表性程度。

多样、丰富度指标：是否具有多样的资源组合和特征表现，丰富而不单一、单调。

完整、协调度指标：自然保护地内的资源构成完整的生态系统，相互协调、均衡。

真实、纯正度指标：未经过修改、伪装，保持原状价值。

特色、适应度指标：具有本地特点，适宜于本地的特有环境条件。

（2）打分方法

针对上述六大指标，分别给出评价打分。每个指标均为 1～10 分。其中，7～10 分为高；4～6 分为中；0～3 分为低（表 2-10）。

自然资源指标得分：共 3 项，每项 0～60 分，共计 0～180 分。

人文资源指标得分：共 3 项，每项 0～60 分，共计 0～180 分。

合计总得分：0～360 分。

（3）资源禀赋分级

根据各类指标得分，可以对资源进行分级（表 2-11）。对于各个二级指标单项来说，得分在 0～18 分为低，19～36 分为中，37～60 分为高。对于自然资源总体、人文资源总体来说，分别是 0～54 分为低，55～108 分为中，109～180 分为高。对于自然保护地整体来说，总得分在 0～108 分为低，109～216 分为中，217～360 分为高。各个层级中，低分段对应的为地区级水平，中分段为国家级水平，高分段为世界级水平。

表 2-10　资源评价打分（*R*—Resource）

一级指标	二级指标	稀有、脆弱	代表、特征	多样、丰富	完整、协调	真实、纯正	特色、适应	总得分
自然资源	地学资源	0～10	0～10	0～10	0～10	0～10	0～10	0～60
	生态资源	0～10	0～10	0～10	0～10	0～10	0～10	0～60
	环境价值	0～10	0～10	0～10	0～10	0～10	0～10	0～60
	小计	30	30	30	30	30	30	0～180
人文资源	景观资源	0～10	0～10	0～10	0～10	0～10	0～10	0～60
	遗产资源	0～10	0～10	0～10	0～10	0～10	0～10	0～60
	文化资源	0～10	0～10	0～10	0～10	0～10	0～10	0～60
	小计	30	30	30	30	30	30	0～180
	总计	60	60	60	60	60	60	0～360

表 2-11　资源禀赋评价分级

得分项目	低	中	高
自然资源二级指标单项得分	0～18	19～36	37～60
自然资源总得分	0～54	55～108	109～180
人文资源二级指标单项得分	0～18	19～36	37～60
人文资源总得分	0～54	55～108	109～180
自然保护地总得分	0～108	109～216	217～360

（4）资源适配性评价

自然资源和人文资源之间，相互是否适配，也可以通过打分的办法进行评价（表 2-12）。–5～–2 分，为负面影响大。–2～2 分，为影响轻微。2～5 分，为积极影响大。

表 2-12 各种因素的适配性评价（*A*—Adaptation）

因素	景观	历史	社会	整体
地学	–5/5	–5/5	–5/5	–15/15
生态	–5/5	–5/5	–5/5	–15/15
环境	–5/5	–5/5	–5/5	–15/15
总计	–15/15	–15/15	–15/15	–45/45

（5）环境压力影响评价

自然保护地内现有自然、人文资源受到各种压力，呈现不稳定性和脆弱性。将环境压力造成的威胁纳入资源评估中，有助于更好地识别资源保存的现状与前景，以便于更好地制定应对策略（表 2-13）。环境压力的大小，会直接影响规模容量、景观完整度、种群生存力等相关指标。0 分为无影响，1 分为影响轻微，2 分为影响可见，3 分为影响强烈。

表 2-13 环境压力影响评估指数（*P*—Pressure）

因素	表现	环境变化：地球暖化、碳排放、气候变化	物种与生态系统演替：物种退化、生态系统退化	自然灾害：洪涝、地震、干旱、火灾等	社会经济压力：人口、产业、文化	旅游压力：游客数量、路线、旅游方式	管理建设压力：交通、观测设施、管理设施	合计
地学	地表特征、踩踏、地形改变、观赏效果	0～3	0～3	0～3	0～3	0～3	0～3	0～18
生态	动物、植物、生态系统、能量循环	0～3	0～3	0～3	0～3	0～3	0～3	0～18
环境	空气质量、水、噪声指标	0～3	0～3	0～3	0～3	0～3	0～3	0～18
景观	对景观特征、延续性造成的影响	0～3	0～3	0～3	0～3	0～3	0～3	0～18
历史	对遗产的完整度、真实度、特征等造成的改变	0～3	0～3	0～3	0～3	0～3	0～3	0～18
社会	对文化传承、特色保持的影响	0～3	0～3	0～3	0～3	0～3	0～3	0～18
	合计	0～18	0～18	0～18	0～18	0～18	0～18	0～108

（6）资源评价指数及其应用

1）资源适宜度综合指数。最终资源评价得分，为资源评价得分（R）、资源适配性（A）、环境影响压力（P）得分之和，结果是资源适宜度指数（W），即 $W=R+A-P$，在考虑总体得分的情况下，适用于自然保护地整体。或 $W=xR+yA-zP$，考虑各个子项分别计算，各自赋予不同权重，适用于自然保护地内特殊类型的特色强调的情况。其中 x、y、z 分别是相应的权重。资源适宜度综合指数决定了一个自然保护地资源本体及其适宜保护和利用的程度。

2）资源特征指数与核心资源识别。6 个资源调整指标均可以算出自然资源、人文资源两个方面的指数和总体指数。比如稀有度指数：分为自然资源稀有度指数、人文资源稀有度指数两个方面。两者相加，是自然保护地整体的资源稀有度指数，由此可以判别自然保护地的稀有程度。以此类推，可以算出其他 5 类指数。总体相加的结果，是资源整体的特征度指数。互相之间进行比较，可以知道自然保护地的特征、强项与弱项。6 类资源评价的二级指标中，得分高的是核心资源，需要重点加以保护和规划；得分低的是资质较差的资源，需要重点加以恢复、保护和改善。

4）自然保护地类型判断参考依据。作为重要自然保护地，要求整体上的评分达到高级。其中国家公园要求 6 类资源评价中，自然资源、人文资源二级指标中，至少各有 1 类得分达到高。自然保护区要求自然资源指标至少有 1 类达到高，或者自然资源整体上评分达到高。

二、自然保护地分区结构

（一）二分法的基本模式

基本的分区方法，是根据管控方式将自然保护地分为核心保护区和一般控制区。核心保护区原则上应被一般控制区所包围，具体可以根据地形、边界等条件灵活确定（表 2-14）。

表 2-14　各类自然保护地“二区”建议比例

自然保护地类型	核心保护区/%	一般控制区/%
国家公园	>60	<40
自然保护区	>80	<20
自然公园	>45	<60
资源保存区	>30	<80

核心保护区是国家公园范围内自然生态系统保存最完整或核心资源集中分布，或者生态脆弱的地域。应实行最严格的生态保护和管理，除巡护管理、科研监测和经按程序规定批准的人员外，原则上禁止外来人员进入核心保护区，禁止生产生活等人类活动（LY/T 3188—2020）。核心保护区内，需要进一步建立斑块、廊道、基质的景观格局。其中，斑块是重要物种栖息地、关键生境保留地。廊道是物种迁徙、迁移路径和通道。必须识别和判定关键物种的活动区域、特征景观的保存区域。

一般控制区是国家公园范围内核心保护区之外的区域。一般控制区内已遭到不同程度破坏而需要自然恢复和生态修复的区域应尊重自然规律，采取近自然性的、适当的人工措施促进生态恢复。在确保自然生态系统健康、稳定、良性循环发展的前提下，一般控制区允许适量开展非资源损伤或破坏的人类利用活动（LY/T 3188—2020）。

（二）细化分区模式

根据类型、规模、资源的数量、质量和分布，自然保护地应该有不同的规划布局和结构模式，不可强求一律。

1. 传统的三分法分区模式

迄今，应用最广、时间最久的是自然保护区的三分法（何思源等，2019c），即把自然保护区分为核心区、缓冲区、实验区，形成同心圆的全层结构，这对于保护珍稀物种和生境来说，仍然是最为有效的规划结构，对于自然保护区来说最为适用（表 2-15）。

表 2-15 自然保护区“三区”边界的界定原则

功能区	保护目标	理论依据	分区原则
核心区	生物物种、生态系统、生态景观	生物分类学 种群动力学 生态系统生态学 景观生态学	确定保护物种 确定保护种群的大小 确定支持绝对保护种群及其相关种群的环境系统 确定内部“嵌拼”结构以及面积、形状和边界
缓冲区	隔绝人类干扰、提供物种庇护	景观生态学	评估自然干扰的风险和生物应对以确定后备性栖息地的位置和面积 边界动力法则进行几何设计。走向可根据外部活动的侵入和内部自然景观的扩展按照分水岭或道路划分
实验区	可持续发展的资源适度利用		景观一致性 资源承载力适应 社区生计需求和保护区管理的经济需求相适应

2. 多分区模式

迄今，国家公园试点区如钱江源国家公园等，普遍采用了 4 个功能分区：核心保护区（或严格保护区）、生态保育区、游憩展示区、传统利用区。一方面，这个方法反映了国家公园规模比较大、资源类型多样、土地利用等矛盾关系复杂的实际情况，对于更好地管理和控制提供了比较明确的解决方案，有利于对压力影响进行更为有效的控制。但是另一方面，由于放弃了自然保护区的成功经验中在核心保护区外围设置缓冲区的做法，让特别脆弱的生态系统保护面临一定程度的不确定性（表 2-16）。

表 2-16　钱江源国家公园功能分区概况

功能区名称	规模		主要功能	保护利用要求
	面积/km²	占比/%		
核心保护区	71.79	28.49	生态系统、生物栖息地保护	实行最严格的保护，保持生态系统的自然过程，禁止建设任何生产设施
生态保育区	123.08	48.84	生态系统恢复、科研教育	实行严格保护，促进自然生态系统的恢复与更新，低密度开展线性专业生态教育
游憩展示区	15.80	6.27	游憩利用、社区发展	在保护的前提下适度开展生态旅游、环境教育
传统利用区	41.33	16.40	传统农林经济发展	在保护前提下引导现有社区的传统产业可持续发展
合计	252.00	100.00	—	—

3. 综合的复合结构分区

对规模大、条件复杂的自然保护地，建议综合以上各种模式，在核心保护区、一般控制区的［一级（管控）分区］基础上，进一步细化［二级（功能）分区］分为 6 种分区，包括核心区、缓冲区、实验区（以上属于核心保护区）、保育区、游憩区、发展区（以上属于一般控制区）（表 2-17）。这样，让自然保护地多用途、多目标的特征得以保留和展现。

核心区、缓冲区、实验区之间应该形成同心圆环状结构，保证核心区的生态安全。保育区、游憩区、发展区在外围，可以分散布置，也可以集中、综合布置，不应强求。游憩区、发展区的各类设施应尽量紧凑、分散、小规模布置，更多围绕在边界周边。此外，为了加强国家公园与周边社区的协调关系，建议在自然保护地边界内外围各 1km 左右范围分别设置内外协调带，实现景观、环境、生态等方面的协调要求。

表 2-17　各类分区的作用和限制条件

一级（管控）分区	二级（功能）分区	作用	限制条件	相当于国土规划中的对应分区
核心保护区	核心区	严格保护生态资源	任何人不得进入	生态保护区
	缓冲区	作为保护对象的临时备用、季节性使用区域	研究人员以保护为目的	生态保护区
	实验区	供科研人员监测保护	研究人员以研究为目的	生态保护区
一般控制区	保育区	进行生态修复、生态旅游	研究人员与生态旅游游客	生态控制区
	游憩区	供游客开展观览与康体活动	有限制的一般游客	生态控制区
	发展区	传统利用与聚落产业	游客与居民	生态控制区/乡村发展区/农田保护区

（三）分区对各类自然保护地的适配

1. 各类自然保护地适用的规划方法

综合考虑以上几种分区模式的利弊，建议如下。

1）根据自然保护地的类型、规模、资源状况，灵活确定分区标准，上述二分法、三分法、四分法的几种类型都可酌情采用。

2）自然保护区仍然延续原有的三分法同心圆结构，保留缓冲区、实验区的设置，延续自然保护区的成功经验。

3）因为国家公园一般规模大、资源丰富、类型多样、保护级别高，建议采用综合模式（表 2-18）。

表 2-18　各类分区方法的适用对象和条件

分区方法	特征	适用类型	适用自然保护地类型
二分法并列式	分为核心保护区与一般控制区	相对情况简单、规模较小、情况清晰、关系简单的地区	资源保存区
三分法进深式	分为核心保护区、缓冲区、实验区	资源保护对象单一、价值突出、重点明确的地区	自然保护区
多分法镶嵌式	根据情况，分为核心保护区、生态保育区、科普游憩区、发展利用区等	面积较大、各种性质的利用需求较大、互动关系复杂的地区	自然公园
综合式	包括以上各种分区、结构模式	面积大、环境条件和矛盾关系复杂、目标多样的地区	国家公园

2. 各类功能区的配置比例

各类自然保护地中，不同分区所占的比例应有所不同。在核心保护区与一般控制区的比例上，自然保护区的保护比例最大，国家公园次之。在游憩功能上，自然公园最高，资源保护区次之，自然保护区最低。在保育功能上，资源保存区最高。其他指标均应符合保护发展的均衡要求，表现自然保护地的保护目标和对象。各类自然保护地中，发展区比例均应小于5%（表2-19）。

表2-19　各类功能区在自然保护地的配置比例　（%）

类型	核心保护区			一般控制区			总计
	核心区	缓冲区	实验区	保育区	游憩区	发展区	
国家公园	>50	>10	>5	<20	<10	<5	100
（小计）		>6			<35		
自然保护区	>65	>10	>5	<10	<5	<5	100
（小计）		>80			<20		
自然公园	>35	>5	>5	<25	<25	<5	100
（小计）		>45			<55		
资源保存区	>10	>5	>15	<40	<25	<5	100
（小计）		>30			<70		

3. 核心资源的特征分区

各类自然保护地的分区规划应在具有一定统一标准的前提下，根据核心资源、类型和特征，设定能够反映特殊保护对象及其需求的特征分区，以更有针对性地满足保护的需求。核心资源、特征分区和特色设施之间应该有良好的对应性（表2-20）。

表2-20　各类功能区在自然保护地的配置比例

类型	核心资源	特征分区	特色设施
国家公园	特色景观或生态系统	荒野区/代表性景观区	游客中心/野外露营地
自然保护区	特有物种或珍稀生态系统	特定物种生境区	实验基地
自然公园	特有遗产或标志性景观	特别景观区	特色游览道
资源保存区	特有农田等文化景观	当地特色种质资源库	参与体验区

三、自然保护地分区方法

（一）基于不可替代性的一级功能分区过程

在通过生态保护规划软件（如 Marxan）获得不可替代性计算结果和优先保护区的基础上，通过阈值法确定一级功能分区。一级功能分区将研究区分为核心保护区和一般控制区。进而通过聚类分析方法进行二级分区以达到对区域的差异化精细管控。

（二）基于生态脆弱性的核心保护区分区过程

自然保护地生态系统自身的性质以及受威胁的状况还需要进一步评价，明确生态脆弱区的分布，进而加强生态脆弱区的保护，提升生态脆弱区的环境质量。

联合国政府间气候变化专门委员会（Intergovernmental Panel on Climate Change，IPCC）第 3 次评估报告将气候变化研究中的脆弱性定义为："一个自然或社会的系统容易遭受或没有能力对付气候变化不利影响的程度，是某一系统气候的变化特征、幅度、变化速率及其敏感性和适应能力的函数"。生态环境对外界干扰反应的速度和程度，衡量其强度的大小的指标称为生态脆弱度。也有学者认为脆弱性是敏感性和环境退化趋势的统一。生态条件脆弱已成为制约社会经济可持续发展的限制因子，在生态脆弱区，由于其生态稳定性较差，生物组成和生产力波动性较大，对人类干扰活动及自然灾害等干扰反应敏感，具有边界变化速度快、替代概率大、恢复原状机会小而成本高、叠加作用强等特点，自然环境极易向不利于人类经济活动和利用的方向演替。

目前，比较权威的人地耦合系统脆弱性的定义认为的暴露度（exposure）、敏感性（sensitivity）和适应力（adaptive capability）是系统脆弱性的 3 个构成要素。脆弱性评价的指标选取需要根据自然保护地的特点以及数据的情况进行选择，进而制作脆弱性的空间分布图。其中表 2-21 是建议的脆弱性评价指标表。此外，为了便于各指标之间进行比较以及后续的空间聚类分析结果更加准确，需要对各指标进行归一化［式（2-1）、式（2-2）］。

$$S' = \frac{S - S_{min}}{S_{max} - S_{min}} \tag{2-1}$$

$$S' = \frac{S_{max} - S}{S_{max} - S_{min}} \tag{2-2}$$

式中，S 为指标值；S' 为指标归一化结果；S_{max} 为指标中的最大值；S_{min} 为指标中的最小值。

表 2-21　脆弱性评价指标表

一级指标	二级指标	正/负指标
暴露度	人口密度	正
	GDP 密度	正
	建设用地比例	正
	耕地比重例	正
	林草地比重例	负
	降水量例	负
敏感性	水资源量	负
	水质	负
	坡度	正
	高程	正
	空气质量	负
	破碎度	正
	病虫害	正
	火险等级	正
适应力	植被生产力	负
	环保投资比例	负
	人均受教育程度	负

（三）基于经济建设适宜性评价的一般控制区分区过程

多类型的自然保护地以保护为主，经济发展为辅，因此需要评价经济发展设施建设的生态适宜性，评价选择利于居住、发展生态旅游和农牧业等的区域，为生态与经济建设协调发展提供基础。土地适宜性普遍认为其是指“一定条件下一定范围内的土地对某种用途的适宜程度”。而生态旅游资源开发和旅游发展与生态、自然环境之间的关系是相互的，一方面表现为旅游开发与发展对生态、自然环境的影响；另一方面也表现为生态、自然环境对旅游开发和发展的制约。适宜性评价包括农/牧业发展适宜性、旅游业发展适宜性和居住适宜性评价。其中农/牧业发展适宜性评价根据所评价自然保护地原住居民所从事的生产活动选择相应的指标体系。

农业发展一方面需要考虑土壤自身的性质，此外还要考虑环境条件（表 2-22），牧业发展则需要考虑草场自身的性质和环境条件（表 2-23）。

旅游业发展适宜性则主要从风景资源、旅游设施和环境状况三个方面构建指标体系（表 2-24）。

表 2-22　农业发展适宜性评价指标体系

一级指标	二级指标	正/负
土壤性质	已有耕地面积（比例）	正
	土壤有机质含量	正
	土壤质地	根据土壤质地打分
	土壤氮含量	正
	土壤磷含量	正
	土壤钾含量	正
	pH	根据酸碱性进行评价
	速效磷	正
	速效氮	正
	土层厚度	正
环境条件	降水量	正
	距水源地距离	负
	距农村居民点距离	负
	距现有耕地距离	负
	坡度	负
	高度	负
	坡向	北坡赋值低，南坡赋值高

表 2-23　牧业发展适宜性评价指标体系

一级指标	二级指标	正/负
草场性质	草场面积	正
	植被净初级生产力	正
	土壤有机质含量	正
	土壤质地	根据土壤质地打分
	土壤氮含量	正
	土壤磷含量	正
	土壤钾含量	正
	pH	根据酸碱性进行评价
	速效磷	正
	速效氮	正
	土层厚度	正
环境条件	降水量	正
	距水源地距离	负
	距现有草场距离	负
	坡度	负
	高度	负
	坡向	北坡赋值低，南坡赋值高

表 2-24　旅游业发展适宜性评价指标体系

一级指标	二级指标	正/负
风景资源	景源丰富度	正
	景观多样性（香农-维纳多样性指数）	正
旅游设施	旅游基础设施数量	正
	距景点距离	负
	距道路距离	负
	距现有旅游设施距离	负
环境状况	环境噪声	负
	不同植物群落降噪能力	正
	大气环境质量	负
	水质	负

居住适宜性评价则从人类活动和环境条件两个方面构建评价指标体系（表 2-25）。

表 2-25　居住适宜性评价指标体系

一级指标	二级指标	正/负
人类活动	人口分布	正
	距离道路距离	负
	距离现有建设用地距离	负
环境条件	大气环境质量	负
	环境噪声	负
	高程	负
	坡度	负
	坡向	北坡赋值低，南坡赋值高
	地基承载力	正
	洪水淹没深度	负
	抗震程度	正

（四）自然保护地功能分区过程

通过加权求和的方法得到脆弱性、旅游业发展适宜性、居住适宜性、农业发展适宜性和牧业发展适宜性在空间上的分布。并通过 ArcGIS 以表格显示的区域统计分析（Zonal Statistic as Table）工具按规划单元分别统计脆弱性、旅游业发展适宜性、居住适宜性和农业发展适宜性、牧业发展适宜性在一个单元内的平均值。统计完数据后，采用群体分析工具（Group Analysis Tool）进行功能分区。当为空间约束参数选择了无空间约束（No Spatial Constraint）时，将使用 K 均值算法聚类。K 均值算法首先确定用于增长每个组的种子要素。因此，种子数始终与组数相匹配。第一个种子是随机选择的。但是，选择剩余种子时会应用一个权重。确定种子要素后，将向最近（在数据空间中最近）的种子要素分配所有要素。对于要素的每个聚类，将计算一个均值数据中心，并将每个要素重新分配给最近的中心。计算每个组的均值数据中心并随后向最近的中心重新分配要素这一过程将会一直持续，直至组成员关系稳定为止（最大迭代次数为 100）。组分析工具还可以使用求最佳组数（Evaluate Optimal Number of Group）选项，为 2～15 个组分别计算伪 F 统计量，并使用最高伪 F 统计量值来确定用于分析的最佳组数。

对于核心保护区来说，由于通过层次分析法（analytic hierarchy process，AHP）加权求和后，脆弱性只有一个分量，不能够确定最佳分组数量。因此对脆弱性直接指定分区数量。过多的区域并不适合管理，因此对核心保护区按照脆弱性分两个区，即重要脆弱区和一般脆弱区。而对于一般控制区来说，通过 AHP 加权求和后则有牧业发展适宜性、农业发展适宜性、旅游业发展适宜性和居住适宜性等多个分量，可以确定最佳分组数量。需要说明的是，一般控制区不能被简单地分为放牧区、农业区、居住区和游憩区几个类别，有的区域可能同时适合几个功能，因此在分区时需要考虑不同功能区的多功能性，在保护第一的前提下，注意对一般控制区所具有的多功能性进行管理。采用排列组合的方式确定可以分几个区，再通过组分析工具（Evaluate Optimal Number of Group）确定具体如何划分。

四、动态规划的技术方法

（一）动态规划的需求与表现

第一个因素是自然保护地所保护的对象以生态系统、物种和景观为主。根据生物生长与行为学规律，适宜的生长环境、空间、范围都会随时间发生规律性或随机性的变化。一天的早晚晨昏、一年的四季，都会相应发生动物的繁殖、迁徙、栖息等多种活动。在长时间的尺度上，也会因地球气候的大环境外部变化，或因物种基因、遗传等内因变化而产生微妙但是持续的变化。

第二个大的影响因素是人文社会环境的变化，这个变化在某些层面上比起自然环境的变化更剧烈，所产生的影响更深刻、直接和深远。我国人口众多、分布密集，自然保护地内部或周边往往有大量居民，生产生活和经济发展会与保护需求发生多种多样的复杂关系。旅游业的发展也如火如荼，游客的大量涌入以及他们的各种行为方式也深刻地影响着自然保护地的健康发展。旅游的旺季、淡季变化，使自然保护地的设施建设、保护强度都要相应进行调整。

第三个因素是当代规划技术手段的发展更新，已经让规划实时地把握现实环境变化、及时地更新和形成动态反馈机制成为可能。现代无人机、智能监控、大数据平台等，让规划的形式、方法、过程都发生根本的变革，自然保护地规划只有充分利用这些手段，不断更新规划方法，创新规划成果形式，才能更好地适应保护的需求。

（二）动态规划方法

1. 动态规划的表现

动态规划，首先突出地表现在分区功能、保护对象、管理方式和强度等方面随时间的合理变化。其次，在分区、功能、边界等方面保留适当的模糊性，从而容许更多可能的创新手段发生，避免过于僵硬和教条。再次，很多功能分区需要有一定的综合性，同时满足多种功能需求，避免过于单一，难以面对复杂的现实问题。最后，是随时间的替代性，即一种功能会在适当的时候被其他功能所替代，而规划必须为这种变化留出余地，作出预判和准备。

2. 动态规划的基本构成

实现动态规划，首先需要引进资源的模糊评价方法，更好地符合资源的实际情况。其次，要通过动态分区，保证各种变化的功能需求。无论是自然保护地的边界还是内部的功能分区边界，应该采用模糊、动态的边界。功能区内部，要设置动态的空间与设施，保障其在不同时间段的合理使用。在管理上，要建立动态管理单元，便于实施遥感的动态监测与实时管理，形成实时监测与动态评价体系，完善动态反馈与协调机制。

（三）动态分区方法

1. 时间性分区

季节性分区：时间性分区中，最主要的是季节性分区，即一些分区的使用和管理方式，可以在不同的季节发生转化，适应特定季节的需求（表 2-26）。最突出的表现是季节性核心区，即一些地域平时不作为核心区使用，而可用作其他功能区，如科普教育区、游憩区等。但在动物繁殖、迁徙等特殊季节，由于动物活动范围发生变化，会占用这个地区临时划作核心区使用，禁止一般的功能使用，待特定季节过去后重新恢复原有的使用。

季节性管理区：季节性封闭区，即平时供游客或居民使用，但在一定时间段，实行封闭管理不得进入，从而恢复健康的自然过程和状态。

预留区：不完全确定分区的性质，划出来留作未来发展区，或承担不确定的可能用途，从而为未来使用留下更多余地。

表 2-26　根据时间变化的使用可能

区域	一天内不同时段	不同季节	长时效应
核心区	动物觅食、休息、活动	动物繁殖、迁徙的季节性变化	生态系统变化的影响
缓冲区	动物在特定时段进入的可能	动物在特定季节进入的可能	气候暖化的影响
实验区	考虑早中晚变化	特定季节可以转化为保护或利用功能	动物遗产的作用
科普区	根据游客活动特征	不同季节开展不同的活动	为不同年龄段的人提供针对性服务
游憩区	游客一天活动特征	游客旅游季节变化	考虑旅游方式的变化
设施区	各类设施在不同季节的开放和关闭	各类设施在不同季节的开放和关闭，不同的使用方式	保障设施的可持续利用

2. 模糊分区与多功能分区

模糊分区：在不同分区的交接、重叠地带，不完全明确划归任何一方所有，而是同时可以承担两者的功能，可以进行转化使用。特别是在缓冲区、游憩区，可以兼有保护、保育和利用的功能。

多功能分区：一些分区，不做单一功能的划定，而是作为多功能区，同时承担多种功能利用。例如，核心区和缓冲区不做清晰的界限划定，实验区和科普区、游憩区也不做区分。

（四）动态边界方法

1. 边界协调带

自然保护地外围一般应有清晰、明确的边界，内部的核心区边界也要确保清晰、明确、安全、有效。其他各分区应有提示性、警示性边界，游憩区、发展区的边界主要是限制发展和进入，不得跨越。但是，自然保护地不能依靠完全刚性的边界，如围墙等进行管理和隔离，而需要更柔性的手段。为此，需要在保护区的内外各个边界，特别是外围边界，设置边界协调带，以更好地缓冲保护区彼此的冲击，更好地协调彼此的保护和发展需求。

2. 模糊的分区边界

在同类性质的分区之间，如核心区和缓冲区之间，边界应做模糊处理，保证两者之间的有效贯通，避免造成不必要的生态障碍。同样地，在游憩区、实验区以及发展区之间，也应该淡化边界，形成更好的空间和景观贯通，从而强化良好的利用和游览体验（表 2-27）。

表 2-27　不同分区边界的设定与特征

不同边界	特征要求	设定方式	边界形式
核心区边界	明确，与缓冲区可以相通	地理自然障碍	自然边界
缓冲区边界	明确，有限制措施	自然障碍配合人工障碍	自然和人工边界
实验区边界	相对明确	示意性标志	自然和人工边界
保育区边界	严格明确	示意性标志	半人工边界
游憩区边界	严格明确	示意性标志	人工边界
发展区边界	明确，不得突破	示意性标志	人工边界

（五）管理单元的动态监测与反馈机制

除了对各个分区进行保护管理之外，在现代遥感监测技术支持下，以管理单元为对象的动态监测成为更具效率和自动化、智能化程度更高的管理监测方式，可以为动态的规划追踪与反馈提供充足的条件。具体方法和流程如下所述。①单元：建立地理观测与管理单元。把自然保护地全域划分成 1km^2 的栅格，可以根据地形等的复杂程度，分为规整式和结合地形的有机式两种基本方式。核心区等特殊区域，可以酌情做更细的划分，如划分为 500 m^2 的栅格。②监测：利用遥感影像等资料，针对各个栅格，做资源调查、判别、变化、状态的综合监测。③评估：根据资源监测的结果，从生态、景观、社会等方面的状态和问题进行评估。④问题：根据各个单元的得分、自然保护地的总得分，确定各个单元、各个功能区、整个自然保护地的问题、挑战。⑤对策：根据具体地形、行政管理、土地性质等条件，进行需求变化管理，确定各类区域范围调整。⑥调整：持续进行观测、校准，发生重大变化时重新进行分区划定、管理与利用措施的调整。

第三章　自然保护地生态资产评估与补偿方法*

生态资产是生态系统自然资源属性和生态系统服务属性的综合体现，如何准确评估自然保护地生态资产状况，进而对其开展有针对性的生态补偿，是我国多类型自然保护地建设和科学管理需要解决的关键问题。本章以我国类型多样的自然保护地为对象，构建自然保护地生态资产评估指标体系，探索符合我国自然保护地的生态资产评估方法，构建多元生态补偿模式；并将这些理论成果应用于典型自然保护地中，为多类型自然保护地区域经济与自然生态系统功能提升提供理论基础和技术方法。

第一节　自然保护地生态资产评估思路与方法

一、自然保护地生态资产评估概述

生态资产价值包括自然资源价值和生态系统服务价值。一方面，生态系统与生态景观实体是生态资产的基础；另一方面生态系统提供的间接贡献和由此增加的福祉是生态资产增值的方式。因此，生态资产价值应是自然资源价值和其生态系统服务价值及社会价值的货币化综合集成，同时具备时间和空间双重属性。生态资产评估是对生态资产的特点和总量进行总体评价与估测，针对不同区域、不同尺度和不同生态系统，运用生态学和经济学理论，结合地面调查、遥感和地理信息技术等手段，进行生态资产的核算和综合估价，以获得科学、客观的数据。因此，生态资产评估可以从存量和流量两个方面进行量化，评估方式包括实物量核算和价值量核算。

二、自然保护地生态资产评估思路

在对我国自然保护地生态资产开展评估时，应集成和精炼现有的多种评估方法与成果，设计适合各类自然保护地生态资产评估体系。通过结合各类自然保护

---

* 本章执笔人：桑卫国、刘某承、杨伦、肖铁、萨娜、舒航、王佳然。

地实际情况、产品价格、公众意愿与旅游现状，获取各类自然保护地生态资产的多指标数据资料，利用建立的指标与模型构成完整的评估体系，确定我国自然保护地生态资产评估的模式框架，包括基于保护地类型的生态资产评估，生态资产指标类型和评估指标。进一步完善自然保护地生态资产的测算机制框架，包括评价方法、生态资产评价参数、生态资产评估指标选择的科学性与时效性等。

为保证指标的独立性、避免重复计算，基于生态资产存量与流量价值两大分类（图 3-1），本章确立了自然资源价值、自然产品价值、生态系统服务价值三个价值类别，具体包括 14 个详细分类的生态资产评估指标（表 3-1）。

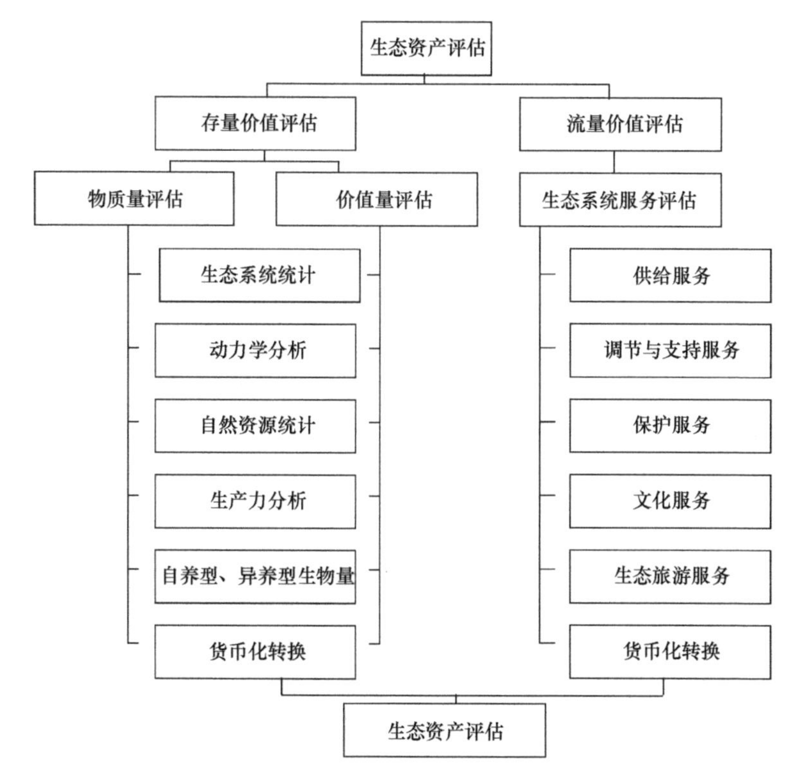

图 3-1　生态资产评估思路

表 3-1　生态资产价值分类及评估指标

价值分类	价值类型	价值量评估指标
存量价值	自然资源价值	森林生态系统价值
		草地生态系统价值
		水体生态系统价值
		湿地生态系统价值
	自然产品价值	林木产品价值

续表

价值分类	价值类型	价值量评估指标
流量价值	生态系统服务价值	农业产品价值
		水产品价值
		土壤保持价值
		固碳释氧价值
		涵养水源价值
		空气净化价值
		生物多样性价值
		科学研究价值
		生态旅游价值

三、自然保护地生态资产评估方法

（一）自然保护地生态资产存量价值评估

本章将生态资产存量价值分为两部分，分别是自然资源价值与生态系统提供的自然产品价值。贯彻“先物质量、后价值量”的方法将有形的生态资产转化为各类自然资源及其相关的自然产品，并利用相应的评估方法与模型计算生态资产存量总价值。

1. 自然资源价值

自然资源是生态资产的重要组成部分，其丰富度越高，生态系统结构越稳定，产生相应的存在价值、生态系统服务价值越大。自然资源是生命保障系统，是生态环境平衡的调节者，是人类赖以生存和发展的重要来源。因此以良好的自然生态环境为基础，在实行人工保护条件下保证资源永续利用，建立自然保护地，保证其源源不断地提供自然资源、生态产品和服务，实现价值增值与转化。对于自然保护地自然资源存量价值评估主要针对自然保护地的资源情况特点及统计资料进行梳理整合。为了更系统地研究自然保护地生态资产的物质资源存量，在评估尺度上选择生态系统为基础单位。贯彻生态资产物质量核算以及价值量评估的研究思路，在各生态系统物质量分类计算的前提下，可以通过市场价值法将自然资源拟商品化进行价值量估算。

2. 自然产品价值

在一定程度可允许活动的范围内，一些自然资源通过自然保护地内的居民采集、加工、生产，可在特定市场范围内产生生态产品，实现多功能及复合型使用价值。生态系统的产品具有数量特征和经济市场。通过直接售卖或间接生产加工处理的方式，自然产品可以投入市场交易过程中，包含的直接使用价值在经济市场中转化为产品价格，既能保持自然保护地的资源利用率，也能满足人类消费需求。在物质量分析核算中根据自然保护地自然资源、生态系统的特点将资源分类登记，资源随着保护管理和经济发展的变化而变化，产生的生态系统自然产品内容也不断增多、更新，需做到资产条目清晰、及时更新。针对不同生态系统产品，利用相应市场经济情况可对具有实际市场价值的生态系统资源产品和服务的经济产出价值进行核算。利用直接市场法评估生态系统资源价值和相应产品实现的经济价值，选取具有代表性的产品，先核算物质产出量，通过掌握周边相关产品单位价值进而转化成价值量。

（二）自然保护地生态系统服务价值评估

生态系统服务价值一般以间接市场价格的形式体现，生态系统为人类带来了巨大的物质财富和精神财富，对其价值的评估主要是指生态系统维护和人类生活质量改善的环境价值。自然保护地内主要的生态系统服务价值，包括土壤保持、固碳释氧、涵养水源、空气净化、生物多样性、科学研究、文化服务、生态旅游 8 个方面产生的服务与改善生态环境的价值。结合相关研究与分析方法，分别应用市场价值法、替代市场法、影子工程法及当量因子法进行估算。

1. 土壤保持价值

土壤保持功能是指森林、草地等生态系统对土壤起到的覆盖保护及对养分、水分调节过程，为了防止土壤侵蚀或因过度使用发生的盐碱化等环境问题的作用。对于森林生态系统来说，土壤保持功能是森林通过林冠层、枯落物、根系等各个层次消减雨水的侵蚀能量，增加土壤抗蚀性从而减轻土壤侵蚀，减少土壤流失，保持土壤的作用。土壤保持量是通过森林生态系统减少的土壤侵蚀量，即潜在土壤侵蚀量与实际土壤侵蚀量的差值。其中，实际土壤侵蚀是当前地表覆盖情形下的土壤侵蚀量，潜在土壤侵蚀则是指没有地表覆盖因素情形下可能发生的土壤侵蚀量。以自然保护地内潜在土壤侵蚀量与土壤实际侵蚀量的差值为土壤保持量，用来评价生态系统土壤保持能力的大小，自然保护地每年防止土壤侵蚀的经济价值以当前市场单位平均价值进行计算。

2. 固碳释氧价值

陆地生态系统所提供的固碳释氧服务是人类生存和发展的基础，是指陆地生态系统中的绿色植被通过光合作用吸收空气中的 CO_2，生成葡萄糖等有机物质并释放出 O_2 的过程，属于陆地生态系统的气体调节服务功能，在改善全球生态环境和维持气候平衡过程中发挥着不可替代的作用。基于自然保护地森林生态系统总碳储量计算每年森林生态系统可吸收二氧化碳、释放氧气的量。以物质量计算价值量，根据能值分析方法计算其固碳释氧生态系统服务价值。在评估生态系统对 CO_2 的吸收与固定作用时，以生态系统有机物质生产为基础，根据光合作用和呼吸作用的反应方程式推算，每形成 1g 干物质，需要 1.62g CO_2。以每年吸收的 CO_2、每年生产的有机物质计算物质量；利用碳税法中 CO_2 的单位质量价值计算区域每年吸收 CO_2 的价值。在评估生态系统释放 O_2 的价值时，每形成 1g 干物质，可以释放 1.2g O_2（赵苗苗等，2017）。以每年释放的 O_2、每年生产的有机物质计算物质量；利用工业制氧价格计算区域释放 O_2 的价值。

3. 涵养水源价值

大自然的水通过蒸发、植物蒸腾、水汽输送、降水、地表径流、下渗、地下径流等环节实现水循环。生态系统涵养水源功能的实现主要是植被参与调节大气水循环的过程，具体包括林冠层截留、林下枯落物层截留和土壤层截留下渗 3 个层次，其中每个水文层次调蓄水源的功能都受该层次的结构、性质及外界因素的影响。涵养水源价值主要体现为生态系统蓄水保水所产生的经济价值，通过每年涵养水源的物质量，结合在当前社会发展阶段下每立方米水源经济价值，计算每年涵养水源的总价值量。

4. 空气净化价值

生态系统空气净化服务是各类生态系统吸收空气中的污染物，降低大气中污染物浓度、调节大气成分、改善大气环境质量等作用。主要运用市场价值法估算生态系统的 SO_2 净化和阻滞粉尘这两个主要部分的价值来估算，通过统计区域内不同植物资源的面积，结合自然保护地内各种植物对 SO_2 的吸收能力，计算该区域内吸收 SO_2 的总量，然后乘以处理单位 SO_2 的成本就得到净化 SO_2 的价值。阻滞粉尘的价值评估采用与 SO_2 净化价值相同的评估方法，最终得到保护地空气净化价值。

5. 生物多样性价值

自然保护地的生物多样性保证了生态系统的结构、功能与服务的完整（张颖，2001）。对于保护地来说，生物多样性意味着更多的生物资源、生活必需品和完整的生态系统结构。保护生物多样性有益于珍稀濒危物种的保存，保持土壤肥力、调节气候、保护水源、保护土壤和维护正常的生态学过程。

生物多样性资源有其使用价值和非使用价值。使用价值是它们现在或未来的生物多样性产品通过服务形式提供的福利。非使用价值则是通过当代人的努力，为后代人留下可能获得的福利。正因为如此，生物多样性资源既能够直接或间接被人们利用而获得经济效益，具有“利用价值”，又具有人类在将来可能使用的生物多样性资源的“选择价值”；还具有不是出于任何功利的考虑，只是因为生物多样性资源的存在而表现的支付意愿的“存在价值”。因此，其价值核算的方法不可能是唯一的，而应包括多种方法。总体而言，对于生物多样性的“利用价值”可以采用直接市场评价法核算；对于“选择价值”可以采用支付意愿法或机会成本法评价；对于“存在价值”可以采用支付意愿法评价。其中对于生物多样性的使用价值采用直接市场评价法较多；对非使用价值采用支付意愿法较多。

6. 科学研究价值

科学研究价值主要通过公众教育、科研和环保项目实现。自然保护地开展的一系列科学研究对于当地经济、社会发展有着重要的作用。公众教育主要通过多种媒介开展生态体验、生态教育和生态认知活动，营造生态教育改革和发展的良好学习环境。自然保护地有着良好的生态环境，生态系统结构比较完整，生态效益显著，是理想的科研教学基地，具有极高的科研价值。在自然保护地开展的一系列科学研究对于当地经济、社会发展起到了重要的作用。科学研究价值的评估主要以科研和环保项目的投资额进行计算。

7. 文化服务价值

生态系统文化服务包括生态系统提供的美学观赏、休闲娱乐、文化艺术、精神体验和认知发展等服务。生态系统文化服务具有无形性，体现在其产生及获取的主观性和消费过程的非消耗性。当前对文化服务进行价值评估时多采用支付意愿法。由于人类从生态系统中获取的身体、情感和精神方面的收益往往是主观体验和认知，一般难以用数据进行客观描述，不同个体的文化背景、宗教信仰、社会习俗、生活方式以及自身经历等都会对文化服务价值评估有直接或间接的影响。同时，由于文化服务产生过程的主观性，消费的人数越多，该生态系统所提供的文化服务越多。

8. 生态旅游价值

生态环境不仅是自然保护地内的主要保护对象之一，也是地质遗迹和生物资源的载体。依托良好的自然生态环境和独特景观，采用生态友好的方式，在自然保护地内适度开展生态旅游、生态体验，可以在保证环境可持续发展的前提下，获得一定的经济收入，改善运营资金短缺的状况，回投一部分资金用于资源的保护、修复及生态环境保护等，理顺保护的责任、利益关系，促进保护区健康发展。生态旅游价值量评估有两个方法可以选用。

第一，了解区域内门票、客运交通、观光设施等带来的相关收入数据，如人员工资、基本运行费和基础设施建设保养等基本费用。最终，自然保护地旅游现状将以预期收益去除基本运行费与基础设施建设费用后的净收入代表生态旅游价值。

第二，了解自然保护地内生态旅游现状数据，具体数据通过收集统计资料、实地调研访查和问卷调查等方式获得。其价值量可采用分区旅行费用法进行评估。生态旅游价值等于总旅行费用、总消费者剩余、旅游时间价值与其他花费之和。

综上，自然保护地生态资产价值为生态资产存量价值与生态资产流量价值之和，包括自然资源价值、自然产品价值和生态系统服务价值。详细指标与评估方法及说明如表 3-2 所示。由此可见，生态资产总价值远高出单纯的生态系统服务价值或者通过门票和各项收费实现的经济价值，且该估算不包括其他潜在的保护价值，如保护野生动植物栖息地和稀有物种等。因此，对于多类型自然保护地复杂管制下的生态资产量化将明确保护地的真正价值；推广统一的衡量指标与价值评估体系，有利于改善多类型自然保护地现有的模糊管理和保护方式。

表 3-2 生态资产价值类型及计算公式与说明

生态资产价值分类	评估指标	评估方法	计算公式	公式说明
自然资源价值	森林、草地湿地、水体	市场价值法	$V_k = \sum_{i=1}^{k} P_i \times U_i$	V_k 为资源总价值（元），P_i 为 k 资源量（m^3），U_i 为 k 类资源市场价格（元/m^3）
自然产品价值	林业产品价值	直接市场法	$V_{林业} = P_{林} \times U_{木}$	$V_{林业}$ 为林业产品价值（元），$P_{林}$ 为木材生产量（m^3），$U_{木}$ 为木材市场价格（元/m^3）
	农业产品价值	直接市场法	$V_{农业} = P_{农} \times U_{农}$	$V_{农业}$ 为农业产品价值（元），$P_{农}$ 为农产品生产量（t），$U_{农}$ 为农产品市场价格（元/t）
	畜牧业产品价值	直接市场法	$V_{畜牧} = P_{畜} \times U_{畜}$	$V_{畜牧}$ 为畜牧业产品价值（元），$P_{畜}$ 为畜牧生产量（t），$U_{畜}$ 为畜牧市场价格（元/t）
	渔业产品价值	直接市场法	$V_{渔业} = P_{渔} \times U_{渔}$	$V_{渔业}$ 为渔业产品价值（元），$P_{渔}$ 为渔业生产量（t），$U_{渔}$ 为渔业市场价格（元/t）
生态系统服务价值	土壤保持价值	机会成本法 市场价值法	$A_c = A_r - A_g$ $E_f = \sum A_c \times S_i \times P_i, (i = \mathrm{N, P, K})$ $E_n = A_c \times 24\% \times C / \rho$	A_c 为土壤保持量（t/hm^2），A_r 为无林地土壤侵蚀量（t/hm^2），A_g 为有林地土壤侵蚀量（t/hm^2）。E_f 为减少土壤肥力损失的价值（元/hm^2），S_i 为营养元素的平均含量（g/kg），P_i 为营养元素的平均价格（元/t）。E_n 为减少泥沙淤积的价值（元/hm^2），C 为水库工程费用（元/hm^2），ρ 为土壤容重

续表

生态资产价值分类	评估指标	评估方法	计算公式	公式说明
生态系统服务价值	固碳释氧价值	造林成本法 碳税法	$V=R_{CO_2}\times 1.63\times P_{CO_2}+R_{O_2}\times 1.2\times P_{O_2}$	R_{CO_2} 为森林生态系统固碳储量（t），R_{O_2} 为森林生态系统释氧量（t），P_{CO_2} 为单位固定 CO_2 的价值，P_{O_2} 为单位释放 O_2 的价值
	涵养水源价值	影子工程法	$V_{水}=W\times U$	W 为森林涵养水源总量（t），U 为水市场单价（元/t）
	空气净化价值	市场价值法	$G_{SO_2}=Q_{SO_2}\times A$ $U_{SO_2}=K_{SO_2}\times Q_{SO_2}\times A$	G_{SO_2} 为生态系统年吸收 SO_2（t/a），Q_{SO_2} 为单位面积生态系统吸收二氧化硫量[kg/（hm^2·a）]，A 为生态系统面积（hm^2），K_{SO_2} 为二氧化硫治理费用（元/kg），U_{SO_2} 为年吸收 SO_2 量总价值（元/a）
	生物多样性价值	成果参照法	$V=B\times A$	B 为单位面积的生物多样性价值（为 2884.6 元/hm^2），A 为土地面积（hm^2）
	科学研究价值（科研项目、环保项目）	成果参照法	$V_{科研}=F+I+E$	F 为科研经费，I 为科研投资，E 为环保投资
	文化服务价值（美学价值、文化遗产价值）	专家评分、问卷调查、支付意愿法	$V_k=\sum_{i=1}^{k}P_i\times U_i$	V_k 为文化服务总价值，P_i 为各类价值权重，U_i 为 k 类服务价值
	生态旅游价值（景区门票、游客消费、支付意愿）	条件价值评估法（CVM）、问卷调查、支付意愿法（WTP）	$V_{旅游}=C_{旅游费用支出}+T_{旅行时间价值}+O_{其他费用}$ $T_{旅行时间价值}=H\times P$	H 为游客旅行总时间（h），P 为游客每小时的机会工资成本

详细的生态资产价值评估可以为未来的统一管理提供框架与可行路径，对保护地发展融资和地方经济发展都具有一定影响，同时也可以为我国未来编制自然资源资产负债表提供依据。量化自然保护地生态资产价值可为国家公园的筛选提供建议，相关评估体系和经验可作为未来建设国家公园规划和管理的前提，为国家公园建设过程中的理论研究、管理制度、动态监控等相关政策提供参考。

第二节　典型自然保护地生态资产评估

自然保护区是仅次于国家公园的我国自然保护地体系中最重要的类型之一。我国已建立数量众多、类型丰富、功能多样的各级自然保护区，对比其他地带的自然保护区，温带森林自然保护区四季变化明显，景观绚丽多变，物种较为丰富，生态系统具有清晰的层次性，有利于评估指标选取的独立性，且温带森林自然保护区具有较高的区域社会经济效益。因此，本节选取长白山国家级自然保护区和泰山省级自然保护区分别作为寒温带与暖温带森林自然保护区的代表，结合两处典型温带森林自然保护区的现状及其资源分布特点，分别先进行物质量核算，再进行生态资产价值评估。科学评估量化后的生态资产展现了自然赋予人类的重要经济价值，体现了自然保护区生态现状、保护成效及其生态旅游资源对经济社会发展的影响，为我国以国家公园为主体的自然保护地建设和科学管理提供依据，有效推动国家生态文明和可持续发展战略的实施。

一、泰山自然保护区生态资产评估

（一）研究地点概况

泰山位于山东省中部，隶属于泰安市，地理坐标为 116°56′48″E～117°9′34″E，36°12′15″N～36°22′53″N。泰山自然保护区生态系统结构完整，功能齐全，生态效益和社会效益显著，是我国典型暖温带生物多样性最丰富的地区之一，总面积 11 892hm^2，核心区面积 4911hm^2、缓冲区面积 2563hm^2、实验区面积 4418hm^2。其中，森林面积 11 487.18hm^2，非林地面积 404.82hm^2，具体林地面积如表 3-3 所示。

表 3-3 泰山自然保护区林地类型与面积

林地类型	面积/hm^2
乔木林地	11 270.39
疏林地	14.44
火烧迹地	106.47
一般灌木林	51.43
宜林荒山荒地	28.78
苗圃	15.67
合计	11 487.18

（二）评估结果

1. 泰山自然保护区生态资产存量价值

1）自然资源价值。泰山自然保护区集优质的水文、地质、生物和文化于一体，森林生态系统资源丰富，生态效益和社会效益显著。森林活立木蓄积可达 584 720m^3，蓄积年增长率为 2.1%。以自然保护区内的活立木价值代替森林资源进行价值评估，基于 2017 年经济市场上每立方米原木 850.00 元的价格计算，所得森林活立木蓄积价值为 49 701.20 万元。其他林地面积为 216.79hm^2，为修正价值量偏高问题，按相应折旧价值计算得到约为 6.30 万元。最终估算森林资源价值约为 49 707.5 万元。

由于泰山自然保护区以森林生态系统为主体，森林覆盖率达 94%，与之比较，灌丛生态系统、草甸生态系统面积较少，零星分布于岱顶、陡壁、山沟及山坡，其产生的生态系统服务价值相对较少，并且为了避免重复计算，本研究将泰山草地资源价值归纳整理在自然产品类统一进行计算。水体面积达到 660hm^2，建设用地及环保设施合计 20 430m^2。选取当地水体生态系统单位面积平均价值计算，从而以物质量乘以 2017 年度内单位价值计算水资源总价值量，估算得到泰山自然保护区水体资源价值约为 22 479.6 万元。最终得到泰山自然保护区自然资源价值评估结果，如表 3-4。

表 3-4　泰山自然保护区自然资源价值评估结果

价值类型	区域面积/hm^2	价值/万元
森林资源价值	11 487.18	49 707.5
草地资源价值	—	—
水体资源价值	660	22 479.6
合计	12 147.18	72 187.1

2）自然产品价值。泰山相关管理部门历来十分重视资源产出，不断调整管理政策，近几年在发展高效特色产品方面成果显著。在一定可活动范围内，泰山年输出木材及相关产品可达 12 279.12m^3。结合经济市场下每立方米原木 850.00 元的价格，计算得到林木产品价值约为 1043.70 万元。泰山产出的少量药材、核桃、板栗、山楂、茶叶、烟草等农业产品因其独特的经济价值具有一定的市场，充分发挥资源优势，有力地促进了农民增收、农业增效。本研究选取具有代表性的药材、茶叶、烟草作为泰山农业产品价值，产值约为 1.30 亿元。泰山产出的水产品包括天然矿泉水与水库提供的周边城市用水。以 2017 年泰安市内以及周边相关水产品价格作为每立方米泰山综合用水的价值，城市综合性用水每立方米价值为 3.35 元。以此计算得出泰山自然水产品价值可达 442.78 万元。最终得到泰山自然保护区自然产品价值评估结果如表 3-5 所示。

表 3-5　泰山自然保护区自然产品价值评估结果

价值类型	产品产量	价值/（万元/a）
林木产品	12 279.12m^3	1 043.70
农业产品	268.6t	13 000
水产品	1 321 731m^3	442.78
合计	—	14 486.48

2. 泰山自然保护区生态系统服务价值计算

1）土壤保持价值。泰山自然保护区中林地面积为11 487.18hm^2，每年减少土地损失的面积为219.23hm^2，每年固定土壤的物质量约为7.50×10^{4}t。基于当前经济发展市场单位平均价值每吨79.00元结合替代工程法进行计算，则泰山自然保护区森林每年防止土壤侵蚀、保持土壤的经济价值约为592.50万元。

2）固碳释氧价值。森林生态系统作为泰山自然保护区的主体，在整个生态环境中占有较高比例，具有较高的生物量与生产力。固碳释氧作为自然保护区重要的生态系统服务功能，维系气体流动交换动态平衡，对区域气候变化与减缓地球大气中的CO_2浓度上升起到了很大的作用。泰山自然保护区森林生态系统总碳储量高达2.41×10^{6}t，每年每公顷森林生态系统可吸收固定CO_2的量可达3.805t，释放O_2的量可达2.05t。泰山自然保护区范围内每年可吸收CO_2的量约为4.29×10^{4}t，产生O_2的量约为2.30×10^{4}t。根据市场价值法计算公式，计算得到泰山自然保护区固碳释氧价值分别为2272.32万元和951.79万元，总计3224.10万元。

3）涵养水源价值。泰山自然保护区山体多为片麻构造的变质岩，地下水较少，自然降水渗入土层中后多在较低部位以泉水形式渗出形成泉眼，水蓄积量较高。本研究结合替代工程方法对自然保护区内涵养水源进行价值量计算，通过模型计算泰山自然保护区区域发展阶段系数，对结果进行修正，可以解决价值高估问题。泰山自然保护区每年涵养水源的物质量约为9.02×10^{6}m^3，当前社会发展阶段下每立方米水源经济价值为3.35元，结合替代工程法计算，泰山自然保护区每年涵养水源的总价值量约为2978.12万元。

4）空气净化价值。我国温带阔叶林与针叶林每年对SO_2平均吸收能力分别为88.65kg/hm^{2}与215.60kg/hm^2。通过替代工程法将其净化空气的物质量转化为价值量，结合当前社会发展阶段下每吨SO_2排污处理成本600.00元，估算泰山自然保护区森林每年可吸收SO_2气体价值约为104.85万元。根据每年温带阔叶林与针叶林对粉尘阻滞净化的能力约为10.11t/hm^2，估算泰山自然保护区阻滞粉尘的物质量约为26 577.06t。结合当前社会发展阶段下每吨粉尘削减成本170.00元进行同样计算，估算泰山自然保护区森林每年可阻滞粉尘价值约为4229.81万元。泰山自然保护区森林每年可吸收SO_2气体价值与每年可阻滞粉尘价值二者之和为生态系统空气净化价值约为4334.66万元。

5）生物多样性价值。泰山自然保护区是我国暖温带生物多样性最丰富的典型地区，区内植被划分为12个植被型组55个群系140个群丛，现有野生高等植物157科954种，特有植物20余种；泰山动物种类繁多，别列入国家保护级别的有30余种。根据相应单位面积价值当量法计算生物多样性价值，得到泰山自然保护区生物多样性资源每年对人类的贡献价值约为3430.30万元。泰山自然保护区生物多样性实际监管水平仍有待提高，未来应有针对性地实施及时有效的监控，保护生物栖息地、促进生态-社会可持续发展。

6）科学研究价值。泰山自然保护区管理部门注重科学研究管理与生态教育元素的多样性，广泛的环保、科研资金投入是为了更好地为自然保护区的运转提供服务。保护区管理部门加强与科研院校、环保单位的合作，组织制定发展规划，保证社区可持续发展稳定。定期开展生态资源监测、科学研究、生态体验调查，同时广泛的科学活动、科研教育对于当地生态保护发展、人文教育起到了重要的作用，因此区域及周边文化教育与科技水平较高。2017 年，泰山共承担省（市）科技项目 9 项，已有约 30 家院校和科研院所将其作为科研教育基地，在各级刊物发表论文 150 余篇。近年来，保护区做了大量资源保护工作，投资生态保护工程经费达 1519.40 万元，主要内容包括保护区内防火检查、消防队伍建设、巡护监测、有害生物防治等。科研监测工程经费投入达 1480.00 万元，开展科研基础设施建设、配套环境监测、生态系统定位研究、环境影响评价等工程。在宣传教育方面投入 1660.00 万元，内容主要包括历史介绍、建立教学实习基地以及网络媒体宣传等。由此，最终计算得出泰山每年生态保护科研价值约为 4659.40 万元。

7）生态旅游价值。泰山作为五岳之首，现存众多历史古迹、石刻碑刻、非物质文化遗产等，丰富的人文资源带来丰厚的精神财富。泰山每年游客量巨大，生态旅游管理、协调规划难度大，其必然给泰山生态环境带来严峻挑战。根据旅游产业数据统计，近年来泰山自然保护区游客量与旅游收入量如表 3-6 所示。2017 年，泰山自然保护区总游客量达 546.8 万人，同比上年增长 1.82%；实现门票、客运、住宿相关产业年收入达 11.58 亿元，同比上年增长 2.48%，如图 3-2 所示。由此可见，泰山开展的生态旅游、文化体验继续保持着良好的发展势头。

以 2017 年游客量与年收入额进行计算，泰山门票旺季价格每人 125.00 元，淡季价格每人 100.00 元，取均值 112.50 元计算，并且索道单程票价每人次 100.00 元，加入相关资源管理收入，去除人员工资、基本运行费与基础设施建设费用，最终计算出泰山 2017 年生态旅游价值为 32 350.00 万元。最终得到泰山自然保护区生态系统服务价值评估结果如表 3-7 所示。

表 3-6　2013~2018 年泰山自然保护区游客量与旅游收入量

年份	游客量/万人	游客量增长率/%	门票收入/亿元	年收入/亿元
2013	497.6	—	4.0	9.72
2014	546.6	9.85	4.2	11.20
2015	589.8	7.90	4.5	11.60
2016	537.0	−8.95	4.3	11.30
2017	546.8	1.82	4.4	11.58
2018	562.1	2.80	4.4	11.10

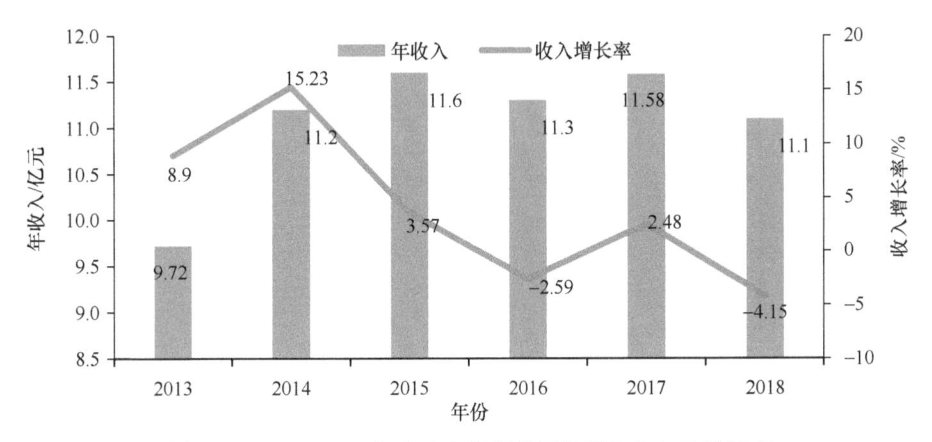

图 3-2 2013～2018 年泰山自然保护区旅游年收入及增长率

表 3-7 泰山自然保护区生态系统服务价值评估结果

价值类型	价值/（万元/a）
土壤保持	592.50
固碳释氧	3 224.10
涵养水源	2 978.12
空气净化	4 334.66
生物多样性	3 430.30
科研	4 659.40
生态旅游	32 350.00
合计	51 569.08

（三）结果分析

泰山自然保护区有着丰富的生态、环境、科学、经济、文化等多重价值，对其生态资产评估后得到各项生态资产指标价值，如图 3-3 所示。由此可得，2017 年泰山自然保护区生态资产总价值。

生态资产总价值=自然资源存量价值+生态系统服务流量价值
=森林资源价值+水体资源价值+林木产品价值+农业产品价值+水产品价值+土壤保持价值+固碳释氧价值+涵养水源价值+空气净化价值+生物多样性价值+科研价值+旅游价值
=138 242.66（万元）

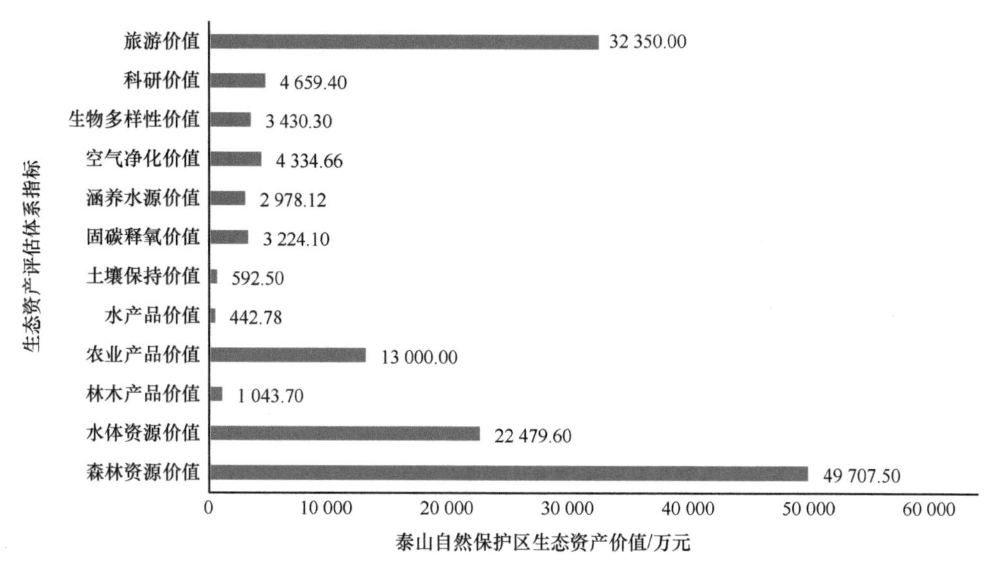

图 3-3　泰山自然保护区生态资产价值

其中森林资源价值达到 49 707.50 万元，经济价值最高，占比约为 35.96%；其次为旅游价值，约占比约为 23.40%；水体资源价值占比约为 16.26%；林木产品价值占比约为 0.75%；农业产品价值占比约为 9.40%；水产品价值占比约为 0.32%；土壤保持价值占比约为 0.43%；固碳释氧价值占比约为 2.33%；涵养水源价值占比约为 2.15%；生物多样性价值占比约为 2.48%；科研价值占比约为 3.37%。

可以看出，对于泰山自然保护区而言，自然资源价值远大于生态系统服务价值，旅游业对区域经济发展有着重要推动作用，其他生态系统服务价值有着巨大的提升潜力。泰山在保护好森林等重要自然资源的基础上，应结合自然保护区实际，充分利用当地生态特点和优势，带动区域兴办第一、第二、第三产业，适度发展种植业、养殖业、生态旅游业，促进区域经济发展壮大。

二、长白山自然保护区生态资产评估

（一）研究地点概况

长白山自然保护区位于吉林省安图、抚松、长白三县交界处，地理坐标为 41°41′49″N～42°51′18″N，127°42′55″E～128°16′48″E。长白山自然保护区总面积为 196 464hm^2，是我国自然状态保存完好且最具代表性和典型性的寒温带自然保护区。长白山地理环境特殊，具有独特的地势地貌气候，人为干扰较少，生态系统处于自然生长与演替过程，为动植物群落提供良好栖息地。长白山自然保护区中林地面积为169 244hm^2，森林覆盖率达85%以上，具体林地面积如表3-8所示。

表3-8 长白山自然保护区林地类型与面积

林地类型	面积/hm^2
林地	169 244
疏林地	8 406
灌木林	4 893
宜林荒山荒地	10 956
设施与其他用地	2 966
合计	196 465

（二）评估结果

1. 长白山自然保护区生态资产存量价值

长白山自然保护区内现有活立木总蓄积量约为841.61万m^3，按照2017年经济市场上原木每立方米850.00元的价格计算，森林资源价值715 369.31万元。为了解决价值量偏高问题，本研究还从单位面积量与价值量角度出发给予修正，应用中国森林生态系统单位面积平均价值350.00万元/km^2，计算得到森林资源价值578 679.50万元。最终得到长白山自然保护区森林资源价值结果，按二者平均值计算为647 024.40万元。

长白山自然保护区具有极高的生物量、生物丰富度和植被覆盖度，草地资源量与林地资源量有着很大差别。与之相比较，典型草地生态系统面积较少，因此，本研究将灌丛、草甸与高山苔原植被归于此类，总面积达13 959hm^2。应用中国草地生态系统单位面积平均价值20万元/km^2，估算得到长白山自然保护区草地资源价值约为2791.80万元。

长白山水体总面积达1483.19hm^2，蓄水量约为20.4亿m^3。市场相关水资源利用主要包括居民生活用水与行政事业用水两方面，价格分别为每立方米2.80元与3.90元，取二者平均数3.35元作为每立方米水的价格。以现有水资源物质量，结合每立方米水的价格，可计算得到水资源总价值量为683 400万元。按照水生态系统单位面积平均价值73.00万元/km^{2}计算，得到长白山自然保护区水资源价值为108 569.69万元。长白山自然保护区水资源价值结果取平均值计算为395 984.80万元。最终得到长白山自然保护区自然资源价值评估结果如表3-9所示。

表 3-9 长白山自然保护区自然资源价值评估结果

价值类型	自然资源量	价值 / 万元
林地资源	841.61 万 m^3	647 024.40
草地资源	13 959hm^2	2 791.80
水体资源	20.4 亿 m^3	395 984.80
合计	—	1 045 801.00

2. 长白山自然保护区生态系统服务价值

1）土壤保持价值。长白山自然保护区是以针叶林为典型代表的森林生态系统，是大陆性山地气候的典型区域。因森林面积较大，不进行林地分类计算，采用无林情况下土壤侵蚀总量替代自然保护区内林地土壤侵蚀差异总物质量与土壤容重来计算土壤保持量，得到每年土壤保持物质量为 496 01m^3。以当前市场每吨土壤单位平均价格 79 元进行计算，则每年土壤保持价值为 5094.03 万元。以单位面积每年森林生态系统土壤保持平均价值 318.10 元/hm^2 进行替代工程法计算，得到长白山自然保护区每年土壤保持价值为 5259.37 万元。最终综合二者平均值估算长白山自然保护区内森林每年土壤保持价值为 5176.70 万元。

2）固碳释氧价值。近 10 年，长白山自然保护区主要林地类型有针阔混交林与针叶林，森林植被的平均碳密度呈现增长趋势。长白山自然保护区森林生态系统郁闭度高，总碳储量约为 82 977t，每年每公顷森林生态系统可吸收 CO_2 的量可达 3.81t，释放 O_2 的量可达 2.05t。长白山自然保护区每年可吸收 CO_2 的量可达 629 107t，产生 O_2 的量可达 338 941t。碳的市场平均价格为 1200 元/t，氧气的平均价格为 1000 元/t。根据市场价值法计算公式，得到其固碳释氧价值分别为 62 911 万元和 33 894 万元。同时根据每年森林固碳释氧的价值 2389.10 元/hm^2 进行修正，计算得到长白山年固碳释氧的价值为 39 500.60 万元。取平均值估算长白山自然保护区内每年固碳释氧的价值为 68 152.80 万元。

3）涵养水源价值。长白山森林生态系统丰富，空气中水汽含量高，通过水循环流动被生态系统吸收利用，不仅涵养水源土壤与营养物质，而且增加地下水，也减少洪涝灾害。根据长白山完整的森林生态系统林地面积与平均年降水量得到全年径流总量，即每年涵盖的物质量为 14 880.33 万 m^3，结合当前社会发展阶段下每立方米水源经济价值为 3.3 元，经计算，长白山自然保护区每年涵养水源的总价值量为 49 105.09 万元。以单位面积每年森林生态系统水源涵养平均价值 2831.50 元/hm^2 进行替代工程法计算，得到长白山自然保护区森林生态系统每年涵养水源 46 815.17 万元。最终取平均值代替估算长白山自然保护区森林每年提供涵养水源 47 960.13 万元，加之水体生态系统每年涵养水源 2674.67 万元，估算长白山自然保护区内每年涵养水源价值总计 50 634.80 万元。

4）空气净化价值。依据每年温带阔叶林与针叶林对 SO_2 平均吸收能力分别为 88.65kg/hm^2 与 215.60kg/hm^2 进行替代工程法计算，结合当前社会发展阶段下每吨 SO_2 削减成本 600 元可以估算长白山自然保护区森林每年可吸收 SO_2 气体价值约为 1509.16 万元。根据每年温带森林对粉尘阻滞的能力 10.11t/hm^2 进行替代工程法计算，结合当前社会发展阶段下每吨粉尘削减成本 170 元可以估算长白山自然保护区森林每年可阻滞粉尘价值约为 60 880.39 万元。由此可得长白山自然保护区森林生态系统空气净化价值为二者之和，约为 62 389.60 万元。

5）生物多样性价值。长白山自然保护区生态系统结构复杂、功能完整，生态系统服务丰富，适于多种生物物种生存，具有极高的生物多样性。其中长白山孕育的生物多样性是多要素共同构成的综合统一体，生物多样性的维持关系着自然保护区乃至区域周边的生态系统平衡与人类社会发展。保护区内野生植物有 73 目 256 科 2806 种；野生动物有 52 目 258 科 1578 种。通过与生态系统生物量的间接比较，根据专家知识确定了相应的等效系数，以每年对人类的贡献价值单位面积当量因子 2284.60 元/hm^2 计算，最终得到长白山自然保护区生物多样性资源每年对人类的贡献价值为 47 692.20 万元。

6）科学研究价值。长白山自然保护区进行科学研究与科普宣传，使公众逐步认识到保护自然资源和生态环境的重要性。公众参与自然保护区保护建设管理，共享自然保护区科学研究成果和众多数据信息。为了更好地认识并管理好自然资源，众多院校和科研院所在长白山积极开展科学技术研究，开展了许多有针对性的调查监测研究工作。自建立自然保护区以来，为有效实施长白山生态保护工程、保证自然资源的科学合理有序利用，长白山管理部门建立了自然博物馆、自然生态教育基地，推进生态教育、拓展生态实践活动。现已有多所院校将其作为科研教育基地，实施重点研发项目和重点实验室专项计划课题 3 项。近年来，长白山自然保护区做了大量资源保护工作，针对保护区实施各类生态保护项目 130 余个。生态保护科研工程总计相关投入每年累计达 50 亿元。

7）生态旅游价值。据长白山管委会统计资料，在 2010～2017 年 8 年中，景区年到访游客量从 88 万人增长到 223.2 万人，出现翻倍增长，如表 3-10 所示；年旅游收入从 2.1 亿元增长至 6.0 亿元，游客量和旅游收入每年持续增长，如图 3-4 所示。从相关数据可知，长白山旅游产业在确保在生态环境承载力范围内生态效益不受侵害的同时生态旅游发展强劲，总体经济态势保持快速增长。以 2017 年游客量 223.2 万人进行计算，长白山自然保护区门票每人次 105 元，实现门票收入可达 23 436 万元。加之保护区内交通收入及相关资源收入，减去人员工资、基本运行费与基础设施建设管理费用，最终计算得到长白山自然保护区 2017 年生态旅游价值约为 5.0 亿元。

表 3-10　2010~2017 年长白山自然保护区游客量与旅游收入量

年份	游客量/万人	游客量增长率/%
2010	88.0	—
2011	142.0	61.4
2012	167.0	17.6
2013	157.3	−5.8
2014	193.4	22.9
2015	215.0	11.2
2016	218.4	1.6
2017	223.2	2.2

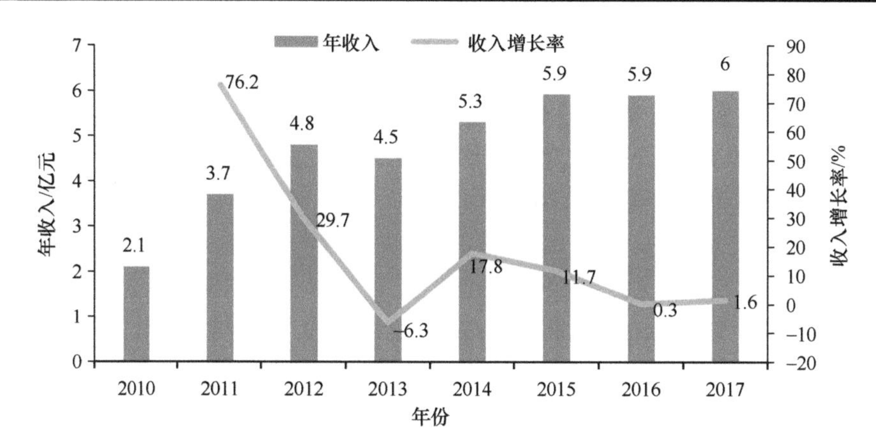

图 3-4　2010~2017 年长白山自然保护区旅游年收入及收入增长率

长白山自然保护区生态系统服务价值评估结果如表 3-11 所示。

表 3-11　长白山自然保护区生态系统服务价值评估结果

价值类型	价值/（万元/a）
土壤保持	5 176.70
固碳释氧	68 152.80
涵养水源	50 634.80
空气净化	62 389.60
生物多样性	47 692.20
科研	500 000.00
生态旅游	50 000.00
合计	784 046.10

（三）结果分析

由上述计算得到，长白山自然保护区的各项生态资产价值如图 3-5 所示，由此得出 2017 年长白山自然保护区的生态资产总价值为各项指标的总和，即

生态资产总价值=自然资源存量价值+生态系统服务价值
=森林资源价值+草地资源价值+水体资源价值
+土壤保持价值+固碳释氧价值+涵养水源价值
+空气净化价值+生物多样性价值+科研价值+旅游价值
= 1 829 847.10 万元

其中森林资源价值高达 647 024.40 万元，占比约为 35.36%；其次除了估算的科研价值外，水体资源价值最高，占比约为 21.64%。

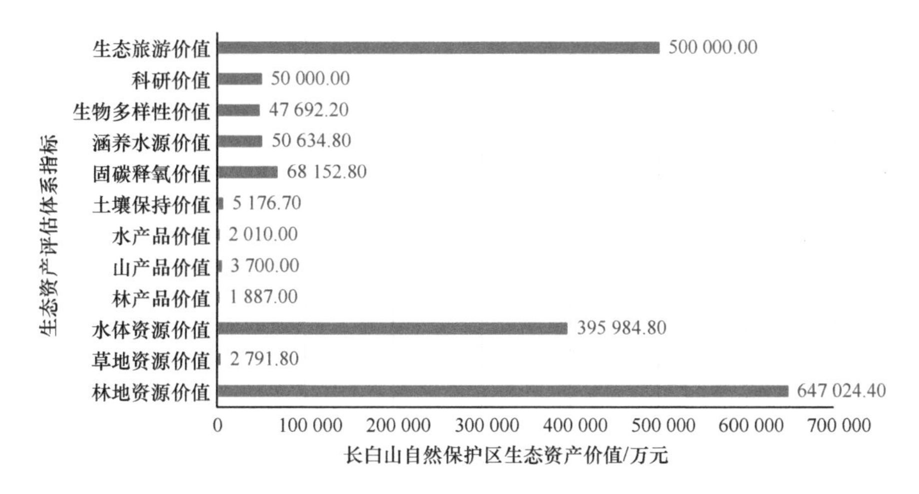

图 3-5　长白山自然保护区生态资产价值

综上，可以得出长白山自然保护区生态资产总价值为 1 829 847.10 万元。在经济社会绿色转型发展中，通过设定具体可持续发展决策状态或情景、细化评估指标、明确决策对象，并对其生态资产进行价值评估，这一系列过程具有独特的代表性和示范意义。

三、典型自然保护区生态资产评估总结

温带森林自然保护区作为全球自然保护区中的重要部分，有着丰富的基因库、资源库和能源库，资源与环境有机地结合在一起，构成完整且稳定的复合型生态系统，在多项指标中森林生态系统资源产生的生态价值所占比例较高，其生态效益对维系全球生态平衡起着至关重要的作用。

研究发现，长白山自然保护区面积广大、人类干扰少，有着丰富的生物多样性与多种珍稀动植物资源，为人类提供了生活与生产所必需的物质资源，受到国内外社会的关注与重视。依靠这些自然资源与生态系统服务等生态资产，自然保护区具有较高的经济价值。作为吉林省重要经济开发产业，长白山自然保护区受季风气候影响，四季分明，冬季较为寒冷且持续时间久，旅游产业存在季节性问题，旺季时间短、游客量高，基础设施、交通运输与接待能力有限，同时生态环境受人类影响威胁较高，带来众多挑战；淡季旅游相关产业结构单一，市场收益下降，相关资源未得到有效利用，经济效益转换率较低。因此，仍需要建立科学的管理规划体系，进行产业结构调整，以促进观光休憩产业模式向生态旅游产业模式的转型，发挥市场调节机制，增加就业并引入更多市场动力，激发生态旅游资源潜力。

相比之下，泰山自然保护区面积较小，产生的价值量较小，曾受战争影响、人类破坏，生态建设困难，特有物种、野生动植物数量不多，珍稀物种、国家级重点保护野生动物比例不高。一些自然资源作为重点生态保护对象存在着脆弱性和不可再生性。然而，泰山将生态资产价值与历史悠久的文化价值有机结合，加之良好的基础条件设施与便利的道路交通，形成了独特的自然人文旅游产业。旅游资源等级高、知名度高，游客来源丰富。作为五岳之首的泰山拥有成熟、广阔的市场平台，实施多元化发展为经济发展以及保护区建设提供了良性循环。保护区通过与周边经营单位联营产生多种经济实体与资源加工产业活动等，包括土地、林木、水、农业的利用与副产品的产出等多种经济活动。明确资源利用重点，提高了资源合理利用率，构成了多部门、多行业统一管理模式。泰山自然保护区凭借区位优势、历史传颂及丰富的自然景观条件，利用其自身资源进行经济市场开发，合理布局、改善管理，积极推动经济价值转换。自然保护区的未来发展应实行更加科学、积极且具有系统性的保护措施，避免人类活动对生态资产的负面影响，与此同时，对于生态旅游产业要保持宏观调控、高效管理与运行持续，发挥经济优势。

未来的研究工作中还需要进一步改进生态资产价值评估的相关问题。一方面，本研究尚有许多生态系统的直接和间接价值因统计资料的复杂性以及缺少适当的评估技术未能进行计算，导致其生态价值无法准确估算，如野生动植物价值、矿产资源价值、自然景观价值、生物栖息地价值等。因此估算结果还不能涵盖日常生产中自然保护区生态价值的全部贡献，不能盲目将核算价值总量与区域经济总量直接对比。应将核算结果作为生态现状评判基础、未来审计的标准或不同生态情景比较的量化依据，从生态经济学、可持续发展理论的角度论证生态资产的经济属性及其对生态可持续发展的贡献。

另一方面，核算体系当中主要的生态系统服务类型及指标选择对核算结果的影响较大。其价值结果是生态资产评估的重要输出部分，受到研究区域时空尺度、地点位置选取、研究目的和不同研究人员学科背景的影响。相关价值评估方法还应针对区域现存资源状况进一步改善，变通设计符合当地社会经济发展现状的计算方法与核算体系，以确保评估过程实施的因地制宜原则。生态系统服务价值属于隐形生态资产，其价值流动是一个非常复杂的过程，随时间、空间、能量流动、经济社会重心转移的规律各不相同，各研究区域自然资源情况各异，而且其发展规律和内容、特点尚不明确，现有评估模型只能实现区域一定时间内的价值衡量，还需要通过模型模拟分析和预估，加强长期详细的生态系统服务价值动态模拟研究。

随着相关交叉学科研究及社会对生态资产价值的认识深入，结合边际效益与市场价格、客观地进行生态资产价值评估，可以提高结果的科学性与准确性，使评估结果更加符合实际。生态资产价值评估体系的构建涉及自然环境、社会发展、市场经济等多方面的影响，在实际评估过程中，对于涉及的相关利益方的经济发展、当地社会背景、城市运转情况难以把控，应重点在参考自然保护区生态工程效益、市场经济效益综合评估，相关价值量输入与评估输出还需要研究者在评估时结合实际适当调控。倡导生态资源的科学合理有序利用，有效推动生态保护、为“人类社会-经济-自然复合生态系统”提供生存发展的重要基础条件。

生态资产的核算结果可以清晰地反映自然保护区生态现状、保护管理实施效果以及生态系统对经济社会发展的支撑作用。本研究在生态科普宣传、相关部门管理工作与政府宏观调控三个方面提出建议。

1）随着公众生活消费观念转变，迫切追求自然景观、生态体验、休憩游赏等生态娱乐活动，旅游业的发展对自然保护区有着风险性影响，科普宣传生态资产可以让公众了解生态资源的脆弱性与重要性，提高生态环境保护意识。基于公众自发保护意识实行社区参与保护，在享受生态自然福祉的同时回馈生态保护，奠定社会发展基础与自然保护区未来方向，在此基础上探索自然保护区的生态环境保护以及公众的生态旅游可维持良好生物发展平衡模式。

2）自然保护区相关管理部门以生态资产为基准，将其作为衡量区域生态保护、可持续发展水平与状态的评价工具，可以客观审视面临的生态问题，合理利用自然资源，为未来自然保护地体系绿色发展提供思路，从而以行政和科学技术手段为主要手段，保障生态系统多样性与完整性，维持生态系统必要的结构与功能，基于社会经济的客观发展和生态效益的增长等方面进行管理与建设。例如，利用定位观测、设立科研样地、应用高精度系统监测网络，建立生态资产相关基础资料数据库，增加定点、定时、定位生态资产动态监测；明确森林生态系统在自然保护区中的重要性，同时深入调整林业及林产品发展模式；通过加强林木防火、病虫害防治、利用清洁型能源等手段保护森林生态系统健康；在保护管理过程中落实信息系统化、管理清晰化，推行量化考核制度，提高管理水平；合理利用规划自然保护区优势，合理布局以及优化区域交通分布，制定多元发展战略，适度合理开展生态旅游，促进自然保护区与区域经济共同发展。

3）价值量表征可以使政府决策部门能更多地考虑经济社会发展对自然保护区生态资产的影响，以此明确职责、完善制度、依法管理。例如，重视生态功能区规划建设，制定科学完善的生态保护政策、生态补偿机制与生态问责制度；引导各级政府加强对生态环境与自然资源的执法监督，从问题源头抓起，控制矛盾因素、打击违法行为；加大对自然保护区的投资、鼓励科研项目的投入，积极开展科学研究；明确界定资产产权关系与保护权限，实行生态资源的有偿使用，追求生态良性循环；平衡保护与开发的关系，融社会、经济、生态效益于一体，促进人与自然和谐发展。

第三节　自然保护地生态保护补偿的政策框架

建立生态保护补偿机制，是建设生态文明的重要制度保障。在综合考虑生态保护成本、发展机会成本和生态系统服务价值的基础上，采取财政转移支付或市场交易等方式，对生态保护者给予合理补偿，是明确界定生态保护者与受益者权利义务、使生态保护经济外部性内部化的公共制度安排。目前，我国已初步形成了以政府为主导，以中央财政转移支付和财政补贴为主要投资渠道，以重大生态保护和建设工程及其配套措施为主要形式，以各级政府为实施主体的生态保护补偿总体框架，在多个领域取得积极进展和初步成效。

2016 年，国务院印发了《关于健全生态保护补偿机制的意见》，明确提出“完善重点生态区域补偿机制。继续推进生态保护补偿试点示范，统筹各类补偿资金，探索综合性补偿办法。划定并严守生态保护红线，研究制定相关生态保护补偿政策。健全国家级自然保护区、世界文化自然遗产、国家级风景名胜区、国家森林公园和国家地质公园等各类禁止开发区域的生态保护补偿政策。将青藏高原等重要生态屏障作为开展生态保护补偿的重点区域。将生态保护补偿作为建立国家公园体制试点的重要内容”。2021 年，中共中央办公厅、国务院办公厅印发了《关于深化生态保护补偿制度改革的意见》，明确提出“建立健全以国家公园为主体的自然保护地体系生态保护补偿机制，根据自然保护地规模和管护成效加大保护补偿力度”。

党的十九大明确提出建立以国家公园为主体的自然保护地体系。自然保护地作为一种特殊的生态环境区域，不仅可为人类发展提供各种必需的生态环境资源，而且其自身的运行与发展也影响着周围更为广泛的生态系统的平衡，其生态保护补偿研究和实践具有重要的示范意义。为此，基于自然保护地生态保护补偿的工作基础，我国开展了许多自然保护地生态保护补偿的尝试。虽然这些研究和实践已经认识到了生态效益和社会效益统筹考虑的必要性，也认识到了纠正自然保护地扭曲的生态和经济利益分配关系的必要性。但总体来看，我国自然保护地生态保护补偿制度的研究和建设仍处于初步发展阶段，在补偿主体确定、补偿标准、补偿方法、资金来源、监管措施等方面，还没有形成一套完整的体系与方法。

因此，根据我国对自然保护地生态保护补偿的要求，基于当前生态保护补偿的研究和实践进展，提出了自然保护地生态保护补偿的政策框架，分析了自然保护地生态保护补偿的四个关键技术，以期为我国自然保护地生态保护补偿机制的建立提供科学支撑。

一、国外自然保护地生态保护补偿的经验

国外自然保护地生态补偿实践与研究始于20世纪70年代。一些西方国家对一些污染性能源的消费和森林资源、矿产资源开发行为征收费用，用于对遭损失的自然保护区进行补偿（表3-12）。

表3-12　国外自然保护地生态补偿的经验

洲	国家	补偿主体	资金来源	补偿机制
北美洲	美国（杨桂华等，2000）	国家，私人，财团	联邦政府拨款、旅游收入、商业特许经营费	运转靠财政拨款，保护资金主要源于国家财政拨款，部分靠私人或财团捐赠、旅游收入及特许经营费等
	加拿大（Kingsmill，2003）	国家，旅游经营者	政府投资、旅游收入	经营收入（约5%来自旅游业）的15%用于生态保护和科研项目支出；10%用于环境建设，10%用于帮助当地社区发展旅游业
欧洲	瑞士（钟林生等，2006）	旅游经营者	向游客征收生态基金	旅馆计划（hotel plan）对参加生态旅游的游客征收5瑞士法郎的生态基金，用于生态保护、突发事件处理和研究项目
大洋洲	新西兰（马建忠和杨桂华，2009）	国家，旅游经营者	政府拨款、特许经营费	《1996保护法修正案》赋予新西兰保护部对在国家公园及其他保护地内的特许经营活动进行监督管理、收取特许经营费的权利
	澳大利亚（秦天宝，2009）	国家，社会机构，旅游经营者	政府拨款、自然遗产保护旅游信托基金制度、捐赠、旅游收入	生态旅游所得收入并非用于工作人员的报酬，而是等同于政府拨款，由专业机构负责，公园管理机构不参与该资金管理
非洲	肯尼亚（张建萍，2003）	旅游经营者	旅游收入、租金、旅游项目管理费	肯尼亚服务署所获门票、租金、旅游项目管理费等收入专款专用，用于推动整合式的野生动物管理与保护计划和与国家公园、保护区附近居民切身利益相关的计划
	乌干达（Archabald and Naughton-Treves，2001）		旅游收入	乌干达国家公园服务组织要求所有公园总收入的12%与当地社区共享；1996年，该比例提高至20%
亚洲	印度尼西亚（Christ，1998）		国际捐赠	国际发展组织美国分部提供启动资金，开展贡通哈利姆生态旅游企业发展计划。随着当地企业收入逐年增加，每年都会投入部分利润进行社区设施建设

从表 3-12 可知，在主体层面，自然保护地政府部门、旅游经营企业以及旅游者共同构成自然保护地生态补偿的重要补偿主体；资金来源上，从国家财政拨款、旅游门票收入和特许经营收入中提取补偿资金，用于自然保护地自然资源的保护和社区经济的发展。如果只依靠政府补偿，自然保护地可以在一定时间内保持正常运行，但随着游客数量的快速增加，自然保护地的生态压力和运营成本也急剧增加，可能会超过生态承载力。因此，相关部门需要把门票收入和特许经营收入中提取的补偿资金作为自然保护地生态环境保护经费的重要补充。同时，针对自然保护地内与周边社区发展的矛盾，国外许多地区将补偿资金用于对自然保护地内部及周边社区发展提供资金补偿和扶持，鼓励当地原住居民发展旅游业等相关产业。这体现了国外自然保护地管理部门对当地居民居住环境和人文发展权利的尊重；补偿方式上，直接（输血）与间接（造血）相结合，国外保护地的生态补偿十分重视补偿的长效性，在给予补偿金的同时，更强调社区参与保护地就业、经营，支持社区发展。国外对自然保护地生态补偿的实践经验，为我国自然保护地生态补偿的研究提供了帮助。

世界银行支持了许多自然保护地生态补偿研究项目的实施工作。森林保护地生态系统服务付费问题是国外学者十分关注的热点，分别就森林生态服务市场开发、对补偿行为的影响以及补偿手段等问题进行了探索。

二、国内自然保护地生态保护补偿研究现状

我国自然保护地生态补偿的研究开始于 20 世纪 90 年代后期。首先是经济学界的研究，集中于自然保护地生态补偿的必要性研究。2000 年左右，法律学界也展开了对自然保护地生态补偿可能性、补偿标准以及相关政策的研究。国内学者对自然保护地生态补偿的研究如表 3-13 所示。

表 3-13　国内自然保护地生态保护补偿研究现状

研究对象		具体内容	文献
理论研究	必要性	必要性、标准、方式	李云燕（2011）
		必要性，强调增加保护区自我补偿能力	黄寰（2010）
	内涵	概念、法律关系和理论基础（法律角度）	李爱年和刘旭芳（2006）
		理论基础和内涵（生态、经济学角度）	汪为青等（2009）
	制度规划	从政府部门和社会团体对保护地内部和周边地区的经济支持和生态补偿、生态移民专项基金三个方面对自然保护区生态补偿机制进行规划设计	吴晓青等（2002）
	意义	强调社区参与	闵庆文（2006）

续表

	研究对象	具体内容	文献
理论研究	方式	提出“输血型”和“造血型”相结合的补偿方式	周敬玫和黄德林（2007）
		确立政府主导、市场辅导的自然保护地补偿途径	王权典（2010）
	标准	使用主观评价法建立保护地生态补偿计算模型	韦惠兰和葛磊（2008）
案例研究	九寨沟自然保护区	利用旅游生态足迹的概念与方法	章锦河等（2005）
	西双版纳热带雨林	生态补偿机制分析	邓睿（2005）
	海南省自然保护区	生态补偿的建立对农户的影响分析	甄霖等（2006）
	三江源国家公园体制试点区	对生态补偿机制进行探讨	王作全等（2005）
	湖南省森林公园公益林	生态补偿标准研究	廖烨（2014）

在自然保护地生态保护补偿的实践方面，国内各部门也开展了十分有益的探索（表3-14）。政府拨款成立的专项资金和征收资源有偿使用 / 保护管理费以及社会捐助是国内自然保护地生态补偿主要的资金来源。资金管理相对规范，实行收支两条线管理：补偿资金纳入政府非税收入，一般由地方财政部门负责资金的收取、核算和资金使用的审定工作。资金支出首先由使用部门编制预算，并在财务部门批准后分配。财务、审计和其他部门共同监督管理基金的使用。政府和旅游开发商、经营者是国内自然保护地主要的补偿主体。补偿方式也强调多样化，既包括提供基本生活保障金又包括安置就业、参与经营等。

表3-14 国内自然保护地生态保护补偿政策汇总

自然保护地	生态补偿政策
森林	森林生态效益补偿基金；中央财政林业补助资金；沙化土地封禁保护补助
草原	草原生态保护补奖配套资金（内蒙古）；草畜平衡奖励政策和禁牧补助（甘肃）；草原生态管护公益岗位，三江源保护发展基金（三江源）；退牧还草补助；西南岩溶地区草地治理工程；京津风沙源治理工程
湿地	湿地保护补助；安排专项资金；对湿地公园内居民进行补偿，委托其管理土地；对退耕（渔）还湿区域内居民给予补偿
流域和水源地	开展重点流域生态补偿试点，中央财政拨款。各保护地开展流域横向生态补偿实践。浙江流域生态补偿试点；江西“五河一湖”及东江源头保护区生态补偿专项资金；新安江流域水环境补偿；湖泊生态环境保护试点资金
海洋	山东、福建、广东等省坚持海陆环境治理，开展海洋生态补偿试点工程，建设填海、跨海大桥、水路、海底污水管道工程
荒漠	在市场经济条件下建立荒漠生态补偿机制，建立荒漠生态服务受益者直接补偿模式。如从依托荒漠景观建立的旅游部门的经营收入、荒漠地区石油、天然气、煤炭等矿业企业营业收入中提取一定比例的资金，用于该区域的荒漠生态效益补偿；鼓励社会捐赠和认养，为荒漠森林和草地植被管理和保护筹集资金；建立生态环境税，实现荒漠长效生态补偿模式
重点生态功能区	国家重点生态功能区转移支付
自然保护区	自然保护区专项资金；野生动植物保护专项资金
风景名胜区	国家级风景名胜区保护补助资金

三、自然保护地生态保护补偿的必要性

生态系统服务的空间流动是自然保护地生态保护补偿的理论基础，也是补偿主体确定、标准计算、资金筹措的重要依据。流是自然界和人类社会常见的一种现象。生态系统服务也可以通过某些途径在空间上流动到系统之外的地区并产生辐射效能（Liu et al.，2014）。

在自然和社会因素的影响下，自然保护地内生态系统的服务具有明显的方向性和区域性（图 3-6）。然而，不同类型的生态系统服务“溢出”的惠及范围不尽相同。例如，涵养水源的服务多为流域下游地区所享用，而固碳释氧的服务则可能惠及整个流域、国家甚至全球。同时，某些类型的生态系统服务可能被本地及系统外共同消费。例如，流域上游提供的生态系统服务除被当地利用外，还可供给流域下游甚至更大范围内的区域享用。因此，为了使自然保护地提供的生态系统服务的外部性内部化，需要对自然保护地进行生态保护补偿。

图 3-6　自然保护地生态系统服务的流动与消费

另外，《建立国家公园体制总体方案》明确规定了国家公园“国家所有、全民共享、世代传承”的基本原则，“部分国家公园的全民所有自然资源资产所有权由中央政府直接行使，其他的委托省级政府代理行使。条件成熟时，逐步过渡到国家公园内全民所有自然资源资产所有权由中央政府直接行使”。因此，从国家公园的事权角度来看，国家公园“本身”不存在“补偿”问题，更多的是“管理”问题。但国家公园范围内的“社区”，由于其发展的机会受到国家公园体制改革试点建设要求的限制，存在着“补偿”事宜。

四、自然保护地生态保护补偿的内涵

当前对自然保护地生态保护补偿内涵的研究较少。尽管已有一些针对自然保护地生态保护补偿的研究和实践探索，但尚没有关于自然保护地生态保护补偿的较为公认的定义（表 3-15）。

表 3-15　自然保护地生态保护补偿的内涵

文献	类型	生态保护补偿的内涵
杨桂华和张一群（2012）	自然遗产地	包括对损害资源环境的行为进行收费，对保护资源环境的行为进行补偿，以及对因环境保护丧失发展机会的区域内居民进行的补偿
韩鹏等（2010）	重点生态功能区	既包括对人的补偿，也包括对自然的补偿，是以改善生态环境、调整社会经济关系以持续获取生态系统服务为目的的一种手段
姚红义（2011）	三江源国家公园	对损害（或保护）资源环境的行为进行收费收税（或补偿），提高其行为的成本（或收益），从而激励损害（或保护）行为的主体减少（或增加）因其行为带来的外部不经济性（或外部经济性），来达到保护资源的目的
岳海文（2012）	三江源国家公园	包括水生态补偿、大气生态补偿、土壤生态补偿和生物多样性生态补偿等许多方面
高辉（2015）	三江源国家公园	以维护生态系统持续提供生态服务能力为目的的生态补偿，是对生态系统本身的补偿。对人类行为的补偿，包括对生态系统保护建设行为的正补偿，也包括对生态系统破坏行为的负补偿
张一群（2015）	自然保护地	维护保护地生态系统并促进其生态系统服务的可持续利用，调整保护或破坏旅游生态环境行为产生的生态及相关利益的分配关系

从表 3-15 可以看出，目前关于自然保护地生态保护补偿的概念主要集中于两个方面：一是对自然保护地生态保护补偿内容进行罗列式描述，但由于其补偿内容的复杂性，极易出现概括不全的问题；二是基于对自然保护地生态保护补偿本质进行抽象式提炼，但不足以展示自然保护地生态保护补偿的内容和边界，需要辅以更为详细的内涵剖析。

基于以上分析，自然保护地生态保护补偿是以保护和可持续利用生态系统服务为目的，以经济手段为主，调节相关者利益关系的制度安排。其内涵有二，一是以维护生态系统持续提供生态系统服务能力为目的的补偿，是对生态系统本身的补偿；二是对人类行为的补偿，包括对生态系统保护建设行为的补偿，也包括对维护生态系统放弃的机会成本的补偿。其主要目的是保护自然保护地生态系统并促进当地生态系统服务的可持续利用。

五、自然保护地生态保护补偿的政策框架

根据自然保护地生态保护的内涵，鉴于《关于健全生态保护补偿机制的意见》对“完善重点生态区域补偿机制”的要求，及《建立国家公园体制总体方案》对

“健全生态保护补偿制度”的要求，可以构建自然保护地生态保护补偿的政策框架（图 3-7）。

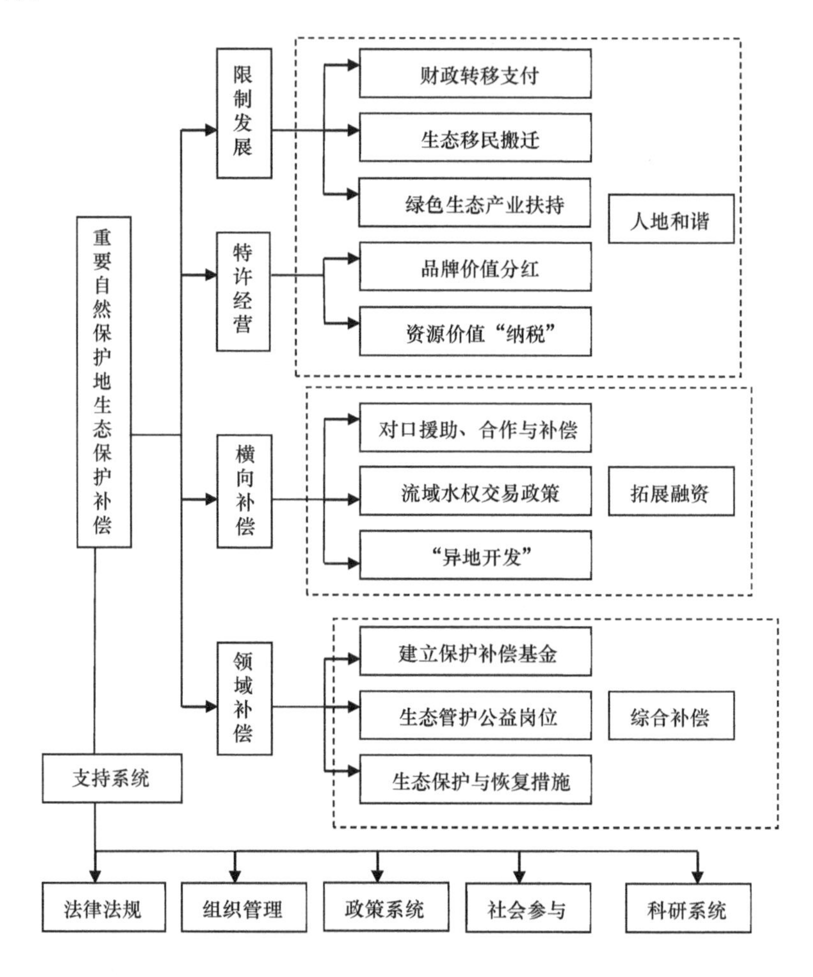

图 3-7　自然保护地生态保护补偿政策框架

总的看来，自然保护地生态保护补偿的政策机制包括四部分内容：一是建立健全森林、草原、湿地、荒漠、海洋、水流、耕地等领域生态保护补偿机制，整合补偿资金，探索综合性补偿办法；二是鼓励受益地区与自然保护地所在地区通过资金补偿等方式建立横向补偿关系，同时加大重点生态功能区转移支付力度，拓展保护补偿的融资渠道；三是协调保护与发展的关系，对自然保护地内或周边发展受限制的社区就其发展的机会成本给予生态保护补偿，同时对特许经营的主体根据其对资源、景观等的利用方式和占有程度收取补偿资金；四是加强生态保护补偿效益评估，完善生态保护成效与资金分配挂钩的激励约束机制，加强对生态保护补偿资金使用的监督管理。

六、自然保护地生态保护补偿的技术要点

在自然保护地生态保护补偿的政策框架内，构建自然保护地的生态保护补偿机制还需解决以下几点关键技术，包括识别补偿的主体、构建补偿的方式、确定补偿的标准、拓展融资的渠道等。

（一）生态保护补偿的主体识别

自然保护地生态保护补偿的主体应根据利益相关者在特定生态保护事件中的义务和地位加以确定，可以总结为以下三个原则。

使用者付费原则：生态资源属于公共资源，具有稀缺性。应该按照使用者付费原则，由生态环境资源占用者向国家或公众利益代表提供补偿。该原则可应用在资源和生态要素的特许经营管理方面，企业或农户在取得资源开发权或使用权时，需要缴纳资源占用费。

受益者付费原则：在区域之间或者流域上下游间，应该遵循受益者付费原则，即受益者应该对生态环境服务功能提供者支付相应的费用。区域或流域内的公共资源，由公共资源的全部受益者按照一定的分担机制承担补偿的责任。

保护者得到补偿原则：对生态建设保护做出贡献的集体和个人，对其投入的直接成本和丧失的机会成本应给予补偿和奖励。

（二）生态保护补偿的方式构建

生态保护补偿的方法和途径很多，按照不同的准则有不同的分类体系。按照补偿方式可以分为资金补偿、实物补偿、政策补偿和智力补偿等；按照补偿条块可以分为纵向补偿和横向补偿。

补偿实施主体和运作机制是决定生态保护补偿方式本质特征的核心内容，按照实施主体和运作机制的差异，针对重点领域补偿、横向生态补偿、机会成本补偿以及特许经营补偿，本书提出了相关的补偿方式（图 3-8），大致可以分为政府补偿和市场补偿两大类型。

政府补偿方式。根据中国的实际情况，政府补偿机制是目前开展自然保护地生态保护补偿最重要的形式，也是目前比较容易启动的补偿方式。政府补偿方式中包括下面几种：财政转移支付、差异性的区域政策、生态保护项目实施、环境税费制度等。

市场补偿方式。交易的对象可以是生态环境要素的权属，也可以是生态系统服务。通过市场交易或支付，兑现生态系统服务的价值。典型的市场补偿机制包

括下面几个方面：公共支付、一对一交易、市场贸易、生态（环境）标记等。

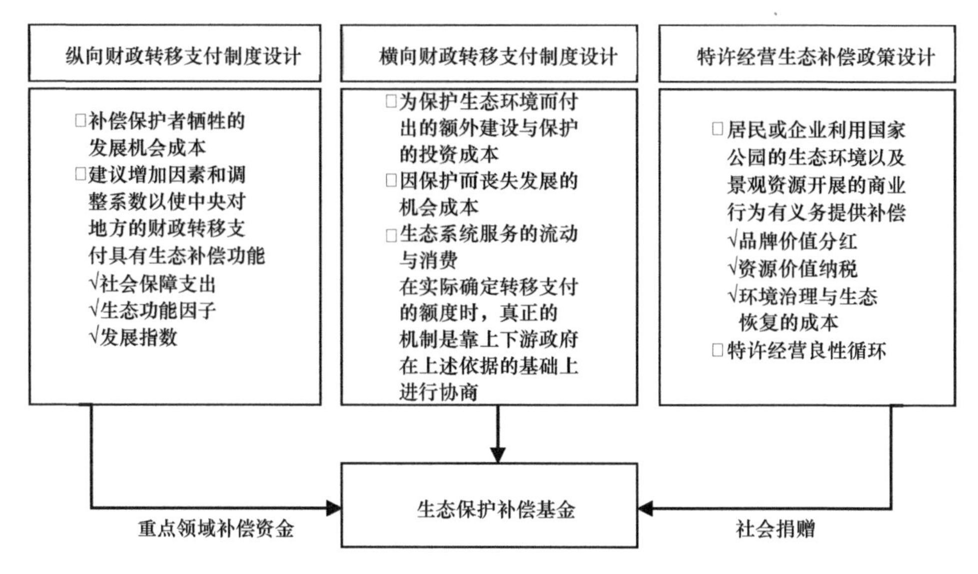

图 3-8　自然保护地生态保护补偿的融资渠道

应重视基于绿色产业发展扶持的“造血型”补偿方式。现金补贴是可以有效激励自然保护地社区居民参与生态保护、转变生产方式的手段。另外，需要通过资金引导、政策扶持、技术支持、品牌建设等手段，建立可以促进绿色产业发展的长效机制。例如，可以通过补贴自然保护地社区居民从事有机生产的前期投入，提供必要的技术支持，创建自然保护地农产品的统一品牌等方式建立农业可持续发展的长效机制。

（三）生态保护补偿的标准确定

自然保护地生态保护补偿标准的确定涉及公平与效率的权衡。

1. 基于“公平”的补偿标准

从公平角度讲，应该按照生态系统服务的流动与消费来进行确定，主要是通过评估自然保护地内生态系统产生的水土保持、水源涵养、气候调节、生物多样性保护、景观美化等生态服务价值的流向和流量来进行综合评估与核算。国内外对生态系统服务的价值评估已经进行了大量的研究，但生态系统服务的流动研究尚处于初级阶段。就目前的实际情况，在采用的指标、价值的估算等方面尚缺乏统一的标准。同时，从公平角度计算的补偿标准与现实的补偿能力方面有较大的差距，因此，一般按照生态系统服务流动计算出的补偿标准只能作为补偿的参考和理论限值。

2. 基于“效率”的补偿标准

从效率角度讲，只要激励保护者“愿意”进行生态保护的投入或转变生产方式，就可以达到保护生态系统、持续提供生态系统服务的目的。那么根据不同情况，可以参照以下 3 个方面的价值进行初步核算。

按生态保护者的直接投入和机会成本计算。生态保护者为了保护生态环境，投入的人力、物力和财力应纳入补偿标准的计算之中。同时，由于生态保护者要保护生态环境，牺牲了部分的发展权，这一部分机会成本也应纳入补偿标准的计算之中。从理论上讲，直接投入与机会成本之和应该是生态补偿的最低标准（Liu et al.，2018）。

按生态受益者的获利计算。生态受益者没有为自身所享有的产品和服务付费，使得生态保护者的保护行为没有得到应有的回报。因此，可通过产品或服务的市场交易价格和交易量来计算补偿的标准。通过市场交易来确定补偿标准简单易行，同时有利于激励生态保护者采用新的技术来降低生态保护的成本，促使生态保护的不断发展（刘某承等，2017）。

按生态破坏的恢复成本计算。自然保护地特许经营等资源开发活动会造成一定范围内的植被破坏、水土流失、水资源破坏、生物多样性减少等，直接影响区域的水源涵养、水土保持、景观美化、气候调节、生物供养等生态系统服务。因此，可以通过环境治理与生态恢复的成本核算作为生态补偿标准的参考。

参照上述计算，综合考虑国家和地区的实际情况，特别是经济发展水平和生态状况，通过协商和博弈确定当前的补偿标准；最后根据生态保护和经济社会发展的阶段性特征，与时俱进，进行适当的动态调整。

（四）生态保护补偿融资渠道的拓展

自然保护地生态保护补偿的融资渠道，除了接受社会捐赠之外，还应重视以下三个制度的改善和设计（图 3-6）。

一是纵向财政转移支付制度设计。财政转移支付是生态保护补偿最直接的手段，也是最容易实施的手段。建议在财政转移支付中增加生态环境影响因子权重，增加对生态脆弱和生态保护重点地区的支持力度，对重要的生态区域或生态要素实施国家购买等，建立生态建设重点地区经济发展、农牧民生活水平提高和区域社会经济可持续发展的长效投入机制。

二是横向财政转移支付制度设计。自然保护地生态保护补偿的横向转移支付主要是在流域上下游地区之间发生。其补偿制度可以分三个步骤设计：首先是由两地政府议定本底权利（如水权等）分配方案，建立动态调整机制；其次是达成补偿协议，界定清楚生态保护补偿的主客体、补偿方式、补偿标准、相关方的权利和责任等内容；最后是建立保障机制，包括建立跨界断面生态数据监测体系以及加强相关生态系统服务流动的测算方法研究。

三是特许经营生态补偿政策设计。政府手段仍是我国目前生态补偿的主要措施，同时应积极探索使用市场手段补偿生态效益的可能途径。在自然保护地特许经营制度下，居民或企业利用自然保护地的生态环境以及景观资源开展的商业行为有义务提供补偿，可以通过品牌价值分红、资源价值纳税等手段来进行，以弥补环境治理与生态恢复的成本，形成特许经营的良性循环。

在这套制度体系下，应探索建立自然保护地体制试点区生态保护补偿基金，授权自然保护地体制试点区管理机构整合不同渠道来源的生态保护补偿资金（森林、草地等重点领域补偿资金，重点生态功能区转移支付资金，横向生态保护补偿资金以及特许经营费等），探索综合性补偿办法。

第四节　典型自然保护地生态保护补偿

一、三江源国家公园生态功能协同提升的补偿标准测算

生态保护补偿标准是直接影响生态保护补偿政策实施效果的重要因素，其测算方法是生态保护补偿政策设计的核心技术之一。一般而言，生态保护补偿标准的测算方法主要包括：①按受偿者的保护成本计算。受偿者为了保护生态环境更改先行的生产方式或采取保护方式，需要投入人力、物力和财力，还可能使得生产行为的投入产出比降低，甚至可能损失一部分经济收入。②按激励受偿者的受偿意愿计算。受偿者作为生态保护的主体，其行为具有相当的主观性。同时，意愿调查获得的数据也能够反映受偿者自主提供优质生态系统服务的成本。③按受偿者产生的生态效益计算。这是目前使用较多的方法。总的看来，目前的核算方式都是基于单个要素去考虑补偿的标准，而没有将成本投入与效益产出、生态保护补偿的受偿意愿与补偿意愿、生态系统服务的供给与消费耦合起来，导致从某个方面核算的标准很难得到另一方的认可，降低了补偿标准的可操作性。

因此，为了耦合受偿者的受偿意愿与生态环境效益供给的机会成本，本书构建了以生态功能协同提升为导向的国家公园生态保护补偿标准测算模型，并在三江源国家公园进行了案例研究。

（一）研究区概况

三江源国家公园包括长江源、黄河源、澜沧江源 3 个园区，总面积 $12.31\times10^4km^2$，其中：草地 $8.68\times10^4km^2$、湿地 $2.98\times10^4km^2$、林地 $495.2km^2$、冰川雪山 $883.4km^2$。

三江源国家公园地处青藏高原腹地，是高原生物多样性最集中的地区，是亚洲、北半球乃至全球气候变化的敏感区和重要启动区。同时，三江源国家公园是中国淡水资源的重要补给地。特殊的地理位置、丰富的自然资源、重要的生态功能，使三江源国家公园成为中国乃至亚洲的重要生态安全屏障。

21 世纪初期以来，受自然和人为因素，尤其是过度放牧影响，青藏高原草地退化沙化、生物多样性锐减、水土流失严重。为保护生态环境，中国政府于 2017 年建立三江源国家公园体制改革试点，试点区涉及治多、曲麻莱、玛多、杂多四县和西北部的可可西里地区，共 12 个乡镇、53 个行政村，19 109 户、72 074 名藏族牧民。因此，如何制定有效的生态保护补偿政策，在国家公园范围内遏制过度放牧乃至禁止部分放牧，对于协调该地区的生态保护和牧民的生活发展十分重要。

本书研究数据主要来源于以下两个途径。

1）来源于三江源国家管理局，以及青海省果洛州和玉树州获取草原生态保护补助奖励机制政策实施方案、草场相关数据、气象数据、“退牧还草”工程实施方案和总结报告等，从中提取出研究所需要的数据来估算草地水源涵养量、实施成本和交易成本。

2）通过调查问卷的方式获取估算机会成本的数据。作者团队于 2018 年 7～8 月、2019 年 7～8 月分别对青海省玉树州和果洛州展开调查，调查对象均为拥有草场且从事牧业产业活动的藏族家庭，调查内容主要包含牧民承包的可利用草地面积、禁牧草地面积、近年来全年畜牧业支出及收入情况、畜牧业之外的收入等。为避免调查中的语言障碍及阻力，保证数据的真实性和可靠性，邀请了当地大学生作为翻译人员，对调查内容及问题进行逐一翻译。因调查区域地域辽阔、牧户居住分散，在国家公园内 12 个乡镇分别随机抽选 20 户进行调查，共调查了 240 户，收取有效问卷 223 份。

（二）研究思路与方法

研究基本思想是基于生态系统服务供给的机会成本，推导生态系统服务的供给曲线，通过曲线做出分析决策。一方面，从单个受偿者的微观经济决策视角，探讨生态系统服务供给机会成本的空间分布；另一方面，从区域的宏观经济行为的视角，探讨补偿标准与受偿者愿意提供的生态环境效益的关系。

1. 假设与前提

假定每块土地可采取两种行为：生产行为（a）与保护行为（b）。当受偿者没有得到额外激励时，当前的生产行为（a）有一个初始的生态系统服务供给；为了在此基础上增加生态系统服务供给，必须给农户提供经济激励，以使农户的行为转换成保护行为（b）。为简单起见，假设这种转换的成本为 0。

假设在地块 s 采用生产行为（a）时，每年每公顷地块能产生 e_0 单位的生态系统服务；若采用保护行为（b），可增加 e 单位的生态系统服务供给。理性的受偿者是否愿意采用保护行为（b），实施保护行为的决策目的是经济收益最大化，获得最大化收益期望价值为 $v(p, s, z)$，其中 p 为产出的产品价格，s 表示不同的地块，z 表示土地利用方式（a 或 b）。如果，生产行为（a）的最大化收益期望价值高于保护行为（b），即当

$$v(p, s, \mathrm{a}) \geqslant v(p, s, \mathrm{b}) \tag{3-1}$$

农户将选择生产行为（a），反之就会选择保护行为（b）。

2. 新增生态系统服务

生态系统服务价值是从货币价值量的角度对生态系统服务进行的定量评价。我们可以参照目前较为成熟的物质量-价值量方法，通过两种行为方式 a（生产行为）和 b（保护行为）下的样地观测和采样化验得到物理量相关数据；其次采用不同生态经济学方法对该地块的生态系统功能及其价值进行评估。

其中，生态系统服务价值测算的指标根据不同国家公园的实际情况及其生态保护补偿的需求进行选择，比如：大气调节（生态系统与大气中 CO_2、O_2 和 CH_4 的交换过程）；水调节（生态系统存蓄水量、调节径流、净化水质）；水土保持（生态系统防治水土流失、保持土壤）；养分物质循环（N、P 营养元素在生态系统的输入和输出）等。

因此，新增生态系统服务价值（e）为由生产行为（a）转为保护行为（b）后单位面积地块多提供的服务价值，其计算公式

$$e = \mathrm{ES_b} - \mathrm{ES_a} = \sum_{j=1}^{n} \mathrm{ESVI}_{\mathrm{b}_j} - \sum_{j=1}^{n} \mathrm{ESVI}_{\mathrm{a}_j} \tag{3-2}$$

式中，ES 为生产行为（a）或保护行为（b）下单位面积地块提供的生态系统服务价值，ESVI_j 为第 j 种生态系统服务类型的单位面积服务价值（元/hm^2），j 为生态系统服务类型。

3. 生态功能协同提升的补偿标准

如果已知 $\omega(p, s)$的空间分布概率密度函数 $\varphi(\omega)$，在不存在其他经济激励的条件下，采用保护行为（b）的地块的比例 $r(p)$为

$$r(p) = \int_{-\infty}^{0} \varphi(\omega)\, \omega \qquad 0 \leqslant r(p) \leqslant 1 \tag{3-3}$$

如果实施生态保护补偿政策，每年向受偿者支付一定的补偿（p_e），促使受偿者增加生态系统服务的供给[即从生产行为（a）转为保护行为（b）]。p_e 为提供

单位生态系统服务的价格，即受偿者多提供 1 单位生态系统服务，就可以获得 p_e 的补偿。

在实施生态保护补偿政策的情况下，如果受偿者采用生产行为（a），单位面积地块可以获得期望收益 $v(p,s,a)$；如果采用保护行为（b），因多提供 e 单位生态系统服务可获得价值 p_e 的补偿，这时单位面积地块可获得期望收益 $v(p, s, b)+ep_e$，其中 $v(p, s, b)$是农户直接从采用保护行为（b）中获得的收益，ep_e 是受偿者提供生态系统服务而获得的补偿。从而，如果

$$v(p,s,\mathrm{a})-v(p,s,\mathrm{b})-ep_e=\omega(p,s)-ep_e\geqslant 0 \tag{3-4}$$

则受偿者将选择生产行为（a）。反之，如果 $\omega(p,s)-ep_e<0$，即 $\omega/e<p_e$，受偿者则会选择保护行为（b）。ω/e 是受偿者提供单位生态系统服务的机会成本，根据 ω 的密度函数，$\varphi(\omega)$可以定义 ω/e 的空间分布 $\varphi(\omega/e)$。从而，在补偿价格为 p_e 时，机会成本在 0 到 p_e 的地块将从生产行为（a）转为保护行为（b），这部分土地的比例为

$$r(p,p_e)=\int_0^{p}\varphi(\omega/e)\,\mathrm{d}(\omega/e) \tag{3-5}$$

如果研究区域内总面积为 H，则没有生态保护补偿时可提供的总的生态系统服务

$$S(p)=r(p)\times H\times e \tag{3-6}$$

在有生态保护补偿的激励下，新增的生态系统服务供给量

$$S(p_e)=r(p,p_e)\times H\times e \tag{3-7}$$

则此时生态系统服务的供给总量

$$S(p,p_e)=S(p)+r(p,p_e)\times H\times e \tag{3-8}$$

（三）计算结果与分析

1. 三江源国家公园的水源涵养服务

三江源国家公园是长江、黄河、澜沧江的发源地，三条河流的年均径流量达到 499 亿 m^3。同时，草地生态系统是三江源国家公园主要的自然生态系统，占总土地面积的 70.54%。因此，本书选取降水贮存法测算的草地水源涵养服务来表征三江源国家公园的生态功能。

首先，利用调查的草地植被覆盖度数据，估算草地的地表径流量。其次，利用获取的气象数据，计算最近 10 年的年均降水量。最后，结合草地的地表径流量和年均降水量计算三江源国家公园草地水源涵养量。由三江源国家公园单位面积放牧草地和禁牧草地的平均水源涵养量可以得到，禁牧后新增的单位面积水源

涵养量 e=4529.65m^3/hm^2。

2. 牧民禁牧的机会成本

通过问卷调查获得放牧和禁牧两种生产方式下的牧民收益。根据统计软件，可以得出三江源国家公园禁牧草地机会成本（ω）的平均值为 846.9 元/hm^2，标准差为 214.2 元/hm^2。

作为牧民个体而言，其更改耕种方式的微观经济行为决策建立在个人的机会成本之上。不同个体的机会成本不同，大样本量下不同个体的机会成本呈现正态分布。利用 Matlab 对数据进行正太分布检验，结果显示：h=0，在显著性水平 P=0.05 下接受原假设，说明单位面积禁牧草地机会成本（ω）数据符合正态分布。

3. 生态功能协同提升的补偿标准

根据生态功能协同提升的补偿标准测算模型，我们分析以下三种情景（表 3-16）。

表 3-16　不同补偿标准下新增生态系统服务供给

情景	补偿标准 /（元·hm^{-2}·a^{-1}）	行为转换比例 /%	新增水源供给 /（百万 m^3·a^{-1}）	补偿投入 /（百万元·a^{-1}）
I	96.0	0.20	82	1.67
II	846.9	49.99	19 400	3 670
III	1 751.7	99.99	38 700	15 200

2010 年，中国政府开始实施草原生态保护补助奖励机制，禁牧草地的补偿标准为 96 元/hm^2（p_e=0.02 元/m^3）。通过模型可以发现，该标准能够激励牧户自愿禁牧的比例仅为 0.20%，只能够新增水源涵养量 8.20×10^7 m^3，而此时需要支付的补偿经费为 1.67×10^6 元。

当禁牧草地的补偿标准提高为 846.9 元/hm^2（p_e =0.19 元/m^3）时，能够激励牧户自愿禁牧的比例为 49.99%，新增水源涵养量为 1.94×10^{10}m^3，此时需要支付补偿经费 3.67×10^9 元。

若继续提高补偿标准，达到最高补偿标准 1751.7 元/hm^2（p_e =0.40 元/m^3）时，能够激励牧户自愿禁牧的比例达到 99.99%，新增水源涵养量为 3.87×10^{10}m^3，此时需要支付补偿经费 1.52×10^{10} 元。

二、北京-张承生态功能区基于生态系统服务消费的补偿模式构建

生态系统服务的空间流动是生态保护补偿主体确定、标准计算、资金筹措的重要依据。考虑生态系统服务在区域内的自我消费和向区域外的“溢出”，并为整

合多渠道资金以系统开展补偿措施，目前我国区域间的横向生态保护补偿实践中，多采取利益相关方共同出资构建生态保护补偿基金的方法，以达到资金使用效率的最大化。如我国首个国家层面的跨省界水环境补偿试点——新安江流域水环境生态补偿，由中央财政、浙江省、安徽省共同出资构成补偿基金。然而，这种出资比例来源于三方的博弈和经济承受能力，无法反映生态保护补偿的构成机理，也缺乏坚实的科学支撑。

因为缺乏依据，造成了当前“横向生态保护补偿机制”构建的尴尬困境：生态保护者都在呼吁要得到补偿，但如何确定补偿方和补偿标准？

本书认为，生态系统服务具有明显的方向性和区域性，不同类型的生态系统服务“溢出”的惠及范围不尽相同，生态保护补偿基金的构成比例应以生态系统服务的流动和消费为基础。因此，本书以北京-张承生态功能区生态保护补偿为例，以不同类型生态系统服务在两地之间的流动及其消费为基准，探讨北京-张承生态功能区生态保护补偿基金的构成比例。

（一）研究区概况

张承生态功能区（张承）地处“四河之源（滦河、潮河、辽河、大凌河）、两库上游（密云水库、潘家口水库）、沙区前沿（内蒙古科尔沁、浑善达克沙地）和京津上风头、上水头”，是“京津水源地水源涵养重要区”和“阴山山麓—浑善达克沙地防风固沙重要区”，肩负着为京津冀“涵水源、阻沙源、构筑生态屏障”的重要使命和政治任务，被列为北京生态保护与建设合作的重点地区。

但另一方面，张承地区承担的生态功能对其所带来的发展限制和政策致贫，更进一步对区域的经济发展、人口就业和财政收入带来了持久而长期的影响，缺乏进行生态建设和环境保护的动力和能力。

在国家层面，对密云水库上游潮河流域的生态保护补偿主要通过财政转移支付的方式，实施了《21世纪初期（2001—2005年）首都水资源可持续利用规划》、《京津风沙源治理工程规划》（多期次）和《海河流域水污染防治规划》（多期次）。此外，在张承生态功能区实行的“退耕还林”、“退牧还草”和“中央财政森林生态效益补偿”等也属于国家财政转移支付开展的生态保护补偿措施。

北京市与张承的生态合作始于1995年，北京和张承共同组建经济技术合作、水资源保护合作等七个专业合作小组，建立对口支援关系。2006年，北京市与河北省签订了《北京市人民政府、河北省人民政府关于加强经济与社会发展合作备忘录》，明确在密云水库上游的潮白河流域“共同实施‘稻改旱’工程”。2014年7月，京冀两地签署了七份区域协作协议及备忘录，进一步推动京冀地区的协同发展，共同加快张承地区生态环境建设。

然而，以项目形式推动的生态保护补偿措施，存在着重建设、轻管理、难持续、缺乏顶层设计等问题，同时也不利于整合中央、北京、张承等各方资金并进行统筹安排。因此，通过建立北京-张承生态功能区生态保护补偿基金，整合各方资金系统开展生态保护补偿措施，成为张承生态功能区生态保护补偿的重要途径。而生态保护补偿基金的构成比例，则是其生态保护补偿机制的关键问题之一。

（二）研究思路与方法

首先，借鉴生态系统服务供给单元概念，提出区域环境条件和生态资源特征相对一致的生态系统服务供给同质单元概念及划分方法；其次，以生态系统服务同质单元的空间差异及其变化为基础，评估区域生态系统服务的空间差异及其动态变化，借助 GIS（地理信息系统）技术模拟大气和水流等介质条件下生态系统服务的空间扩散方向、路径和强度。从而通过生态系统服务流动探明横向生态保护补偿的机理，并通过其流向和范围确定补偿主体，通过其流量确定补偿标准，建立基于生态系统服务流动与消费的生态保护补偿基金构建模式。

1. 主要生态系统服务价值测算

通过生态系统服务物质量评估、识别生态系统服务供给的热点和冷点，结合供给区和消费区的评价指标的自然地理单元与行政单元相互嵌套，将生态系统服务流动研究区划分为若干斑块。采用区域生态系服务自给率，即供给量与消费需求量间的比值来测度各斑块生态系统服务的流动倾向和不同的流动平衡类型，从而得到生态系统服务流动的供给区和受益区。

生态系统服务价值是从货币价值量的角度对生态系统服务进行的定量评价。我们首先参照目前较为成熟的物质量-价值量方法，计算承德市单位面积生态系统水源涵养、土壤保持、固碳释氧等 6 种生态系统服务的价值，然后乘以相应类型土地覆被面积得到生态服务总价值。计算公式为：

$$\mathrm{ES}_j = \sum_{j=1}^{n} \mathrm{ESVI}_j \times A_j \tag{3-9}$$

式中，ES_j 为第 j 种生态系统的服务价值；ESVI_j 为第 j 种生态系统类型的单位面积服务价值（元/m^2）；A_j 为第 j 种生态系统类型的面积（m^2）；j 为生态系统类型（j=4）。

2. 基于断裂点模型和场强模型的生态系统服务流动分析

可以通过以下两条途径识别生态系统服务的消费区域：①通过自然因素识别。基于重力、温度、气压、浓度等梯度差作用下，以水、空气为代表的生态因子的空间自然扩散性导致生态系统服务的跨区域消费。②通过社会因素识别。借助交通运输工具，以人流和物流为代表的社会因子的流动和扩散导致生态系统服务的跨区域消费。

首先，明晰各类型生态系统服务流动的空间属性，包括流向、流量、流动距离、主要影响因子、介质等，以此为依据，辨识各类型生态系统服务流动空间位移的特征和规律。

其次，借鉴康弗斯 P.（Converse P.）在引力模型基础上提出的断裂点公式，得到生态系统服务流动的断裂点模型，据此计算受益区的界线和范围，运用 GIS 的缓冲区分析可估算其生态系统服务转移面积：

$$D_l = \frac{D_{lj}}{1 + \sqrt{V_j / V_l}} \tag{3-10}$$

式中，D_l 为供给区核心点到断裂点的距离；D_{lj} 为供给区核心点与受益区核心点间的距离；V_l、V_j 分别为供给区和受益区生态系统服务的物质量；l 代表生态系统服务的供给区；j 代表生态系统服务的受益区。

最后，基于生态系统服务流动的距离衰减特性，引入物理学中的场强模型，结合 GIS 的空间分析功能，计算生态能的空间转移量：

$$V_{lj} = f_{lj}(a, b, c, \cdots) \times I_{lj} \times A \tag{3-11}$$

式中，V_{lj} 为从 l 区域到 j 区域转移的生态系统服务总量；I_{lj} 为生态系统服务由 l 区向 j 区转移的平均强度；$f_{lj}(a, b, c,\cdots)$为生态系统服务随距离的衰减函数，由影响流动的因子，如坡度、降水、风向、风频等决定；A 为转移的生态系统服务的辐射面积。

3. 基于生态系统服务流动的生态保护补偿基金模式

生态系统结构决定生态系统服务，这一过程在同一空间上实现；但是从生态系统功能产生到生态系统服务消费却可能发生在不同的空间上，使之成为横向生态保护补偿的理论基础。其次，不同类型生态系统服务溢出的惠及范围不尽相同，需要基于生态系统服务流向和范围识别横向生态保护补偿的主体。最后，基于消费不同种类生态系统服务的范围及其消费量确定中央、北京、张承三地的出资比例。

（三）计算结果与分析

1. 主要生态系统服务类型及其消费区域

基于张承地区的生态功能定位，针对北京-张承生态保护补偿机制建立的需要，本书选择评估的主要生态系统服务包括水源涵养、防风固沙、土壤保持、空气净化、固碳释氧和生境维护等 6 种类型。

同时，根据北京-张承地区的海拔和温度梯度，以及风向、水流等因素，可以识别出张承辖区内生态系统提供服务的消费区域（表 3-17）。

表 3-17　张承生态功能区提供生态系统服务的消费区域

生态系统服务	生态系统服务的消费区域				
	张承	北京	天津	河北	全国
水源涵养	√-	√+	√+	√-	
防风固沙	√-	√+	√+	√-	
空气净化	√+	√-	√-	√-	
土壤保持	√				
固碳释氧	√+	√+	√+	√-	√-
生境维护	√	√	√	√	√

注：√-表示相对较少的消费区域；√+表示相对较多的消费区域。

2. 主要生态系统服务的价值及其消费

利用北京-张承生态功能区 2015 年地表覆被数据（分辨率 90m×90m），根据不同类型生态系统服务价值的计算方法，可以得出张承 2015 年主要生态系统服务的价值为 76.45 亿元/年。其中，生境维护价值最高，为 25.89 亿元/年；其次，为水源涵养价值和固碳释氧价值，分别为 19.23 亿元/年和 15.35 亿元/年；防风固沙价值和空气净化价值较低，分别为 9.54 亿元/年和 3.29 亿元/年；最低的为土壤保持价值，为 3.15 亿元/年。

根据生态系统服务流动距离衰减特性和场强公式，可以计算不同类型生态系统服务在不同区域内的消费量。水源涵养价值、防风固沙价值和空气净化价值主要为张承生态功能区、北京市及张承周边区域所消费。其中，水源涵养价值张承生态功能区本地消费 12.17%，北京市主要消费了密云水库上游流域的水源涵养服务，占 41.03%；防风固沙价值，张承生态功能区本地消费 33.23%，根据风向及其影响范围计算，北京市消费量占 42.14%；空气净化价值，张承生态功能区本地消费 62.31%，根据张承周边区域的地理范围和风向影响下空气扩散的强度计算，北京市消费量占 20.36%。此外，土壤保持价值基本都在本地消费；而固碳释氧、生境维护价值则充分体现了生态系统服务的公共属性，不仅可以使张承生态功能区、北京市及承德周边区域受益，更在国家层面上也具有重要意义。其中，固碳释氧价值，张承生态功能区本地消费 26.84%，根据张承周边区域的地理范围和风向影响下空气扩散的强度计算，北京市消费量占 24.17%，而根据大气环流和空气扩散的弥散性计算，全国层面上的消费占 23.45%；生境维护价值，张承生态功能区本地消费 21.75%，根据对生物多样性保护的支付意愿计算，北京市消费量占

20.43%，全国层面上的消费占 41.41%（图 3-9）。

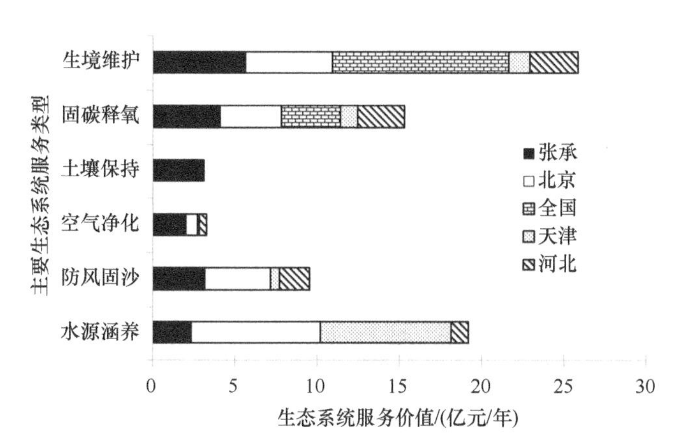

图 3-9 张承生态功能区生态系统服务的消费区域及数量

3. 北京-张承生态功能区生态保护补偿基金的构成比例

根据以上计算可知，张承生态功能区 2015 年主要生态系统服务的价值为 76.45 亿元/年。其中，26.76%为张承生态功能区本地消费，28.22%为北京市消费，14.30%为天津市消费，11.98%为河北省消费，其余 18.74%为全国共享（表 3-18）。因此，若在北京-张承生态功能区生态保护补偿的框架下，根据生态系统服务价值的消费量来构成生态保护补偿基金，则中央、北京、天津、河北、张承生态功能区的出资比例为 1.9∶2.8∶1.4∶1.2∶2.7。

表 3-18 张承生态功能区生态系统服务的价值及其消费（单位：亿元/年）

生态系统服务	总量	张承	北京	天津	河北	全国
水源涵养	19.23	2.34	7.89	7.96	1.04	–
防风固沙	9.54	3.17	4.02	0.56	1.79	–
空气净化	3.29	2.05	0.67	0.11	0.46	–
土壤保持	3.15	–	–	–	–	–
固碳释氧	15.35	4.12	3.71	1.05	2.87	3.6
生境维护	25.89	5.63	5.29	1.25	3	10.72
占总量的比例/%	100.00	26.76	28.22	14.30	11.98	18.74

第四章　自然保护地经济与生态协同发展创新技术*

在当前自然保护地规范、整合与优化的背景下，协调自然保护地生态保护与经济发展是亟待研究的重要内容。这是因为，同西方发达国家自然保护地内几乎无人居住的情况不同，我国自然保护地内大都居住着一定数量的人口，如果对区域内资源进行封闭式或半封闭式保护，会导致当地的经济发展受到严重影响，自然保护地的生态保护和经济发展之间的矛盾已是无法回避的问题。因此，针对这一问题，在分析区域经济建设与生态保护协调度的基础上，首先，从宏观视角构建生态承载力核算模型，提出生态承载力约束下的经济结构、规模优化调控技术；其次，从微观视角出发，识别自然保护地农牧民生态行为，构建自然保护地农牧民生态保护行为与生计政策调控理论模型；最后，进一步集成研究成果，为自然保护地设计经济建设与自然生态保护协同发展路线图。

第一节　自然保护地区域经济建设与生态保护发展协调度分析

一、自然保护地区域空间冲突识别

（一）基于管理目标的空间用地冲突识别

不同类型自然保护地的管理目标存在诸多差异（解钰茜等，2018），由于现存的各类型自然保护地存在一定程度的空间和用地交叉重叠，导致重叠区域存在管理目标的矛盾。自然保护地管理目标矛盾将直接引起用地冲突，用地冲突主要体现为自然保护地不同功能区对土地保护和开发的限定程度不同，同一地块承担不同层级的开发权限。这类矛盾的研究重点在于梳理各类型保护地现行的法律、条例与规定，按照保护优先的原则，来识别空间冲突。保护地土地利用应遵循“面积不减少、性质不改变、功能不降低”的原则，空间矛盾主要源

* 本章执笔人：曾维华、马冰然、张丽荣、毛显强、席建超、孟锐、王正早、胡官正、刘孟浩、王慧慧、潘哲。

自各类违法违规活动。根据对“绿盾 2017”“绿盾 2018”问题清单的梳理（表 4-1），自然保护地内违法违规活动类型主要包括：采石采砂、工矿用地、违规旅游设施和水电设施四大类。土地用途的矛盾主要表现为：植被破坏、土地退化、水土流失、生物多样性丧失等。这类矛盾的研究重点在于人类活动程度、生态系统变化及冲突产生的热点区域。

表 4-1　“绿盾 2017”和“绿盾 2018”焦点问题统计表

问题类型	采石采砂	工矿用地	核心区缓冲区旅游设施	核心区缓冲区水电设施	其他
数量	1443	5715	450	289	321
比例/%	18.27	72.37	5.70	3.66	4.06

从自然保护地管理目标和土地利用两个方面出发，建立多类型自然保护地空间冲突识别技术流程。首先，理清管理目标冲突，梳理《中华人民共和国自然保护区条例》《风景名胜区条例》《森林公园管理办法》《国家湿地公园管理办法》等法律法规。在此基础上，依据法条层级与管制目标，对国家公园、自然保护区和自然公园 3 类自然保护地进行土地管制限定的分级排序。在土地开发限制方面可以分为 5 级（图 4-1），最严格等级为 G1，实施严格保护，禁止人类活动，这类土地开发限制存在于国家公园的严格保护区和自然保护区的核心区；G2 等级准许科考观测人员进入，禁止其他活动，该等级包括自然保护区缓冲区、森林公园生态保育区、湿地公园的保育区以及地质公园的一级保护区；G3 等级允许科研考察、旅游、物种驯化、原住居民生活，但是禁止产业项目的开展；G4 等级允许旅游接待、游客服务、旅游基础设施建设；G5 等级与周边社区衔接，可以开展旅游管理服务，附属及配套产业工程建设等。其次，利用空间分析技术识别冲突，应在数据可达的前提下对人类活动程度、生态系统变化进行量化评估，并识别冲突的热点区域（张丽荣等，2019）。

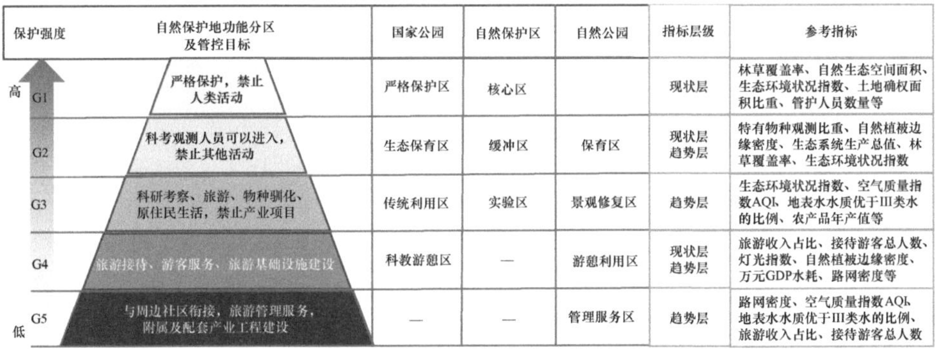

保护强度	自然保护地功能分区及管控目标	国家公园	自然保护区	自然公园	指标层级	参考指标
高 G1	严格保护，禁止人类活动	严格保护区	核心区		现状层	林草覆盖率、自然生态空间面积、生态环境状况指数、土地确权面积比重、管护人员数量等
G2	科考观测人员可以进入，禁止其他活动	生态保育区	缓冲区	保育区	现状层 趋势层	特有物种观测比重、自然植被边缘密度、生态系统生产总值、林草覆盖率、生态环境状况指数
G3	科研考察、旅游、物种驯化、原住民生活，禁止产业项目	传统利用区	实验区	景观修复区	趋势层	生态环境状况指数、空气质量指数AQI、地表水水质优于III类水的比例、农产品年产值等
G4	旅游接待、游客服务、旅游基础设施建设	科教游憩区	—	游憩利用区	现状层 趋势层	旅游收入占比、接待游客总人数、灯光指数、自然植被边缘密度、万元GDP水耗、路网密度等
G5 低	与周边社区衔接，旅游管理服务，附属及配套产业工程建设	—	—	管理服务区	趋势层	路网密度、空气质量指数AQI、地表水水质优于III类水的比例、旅游收入占比、接待游客总人数

图 4-1　多类型自然保护地土地功能限定分级矩阵图

（二）基于土地利用/覆盖变化的空间冲突识别

随着经济的不断发展，空间资源的高强度开发越来越强烈，并衍生出了一系列“空间冲突”问题（彭佳捷，2011；贺艳华等，2014）。空间冲突必然伴随着空间资源的开发与利用，进而引起空间格局、功能和过程的改变，导致生境破碎化、生物多样性下降等一系列生态环境问题（Jia et al.，2018），最终威胁整个区域的生态安全，对区域经济-社会-生态复合系统的稳定性与可持续性造成影响。生活空间、生产空间和生态空间（简称“三生空间”）的划定是开展空间冲突研究的基础。由于土地是生产功能、生活功能和生态功能相互关联与统一的整体，每一种土地利用方式并不是只具有唯一的单项功能。因此，基于土地利用的主导功能并结合其多功能性质进行三生空间的分类（表 4-2）。

表 4-2　三生空间的类型划分

空间类型	对应的土地利用类型
生活生产空间	城镇用地、农村居民点、厂矿、工业区、交通道路等
生产生态空间	水田、旱地、苗圃、茶园、果园、未成林造林地等
生态生产空间	有林地、灌木林地、疏林地、草地、水库坑塘水面
生态空间	河流、滩地、裸岩石质地

结合相关研究（彭佳捷，2011）构建空间冲突指数以衡量空间冲突的情况。空间冲突综合水平可表示为：

$$\mathrm{SCCI}=\mathrm{CI}+\mathrm{FI}-\mathrm{SI} \tag{4-1}$$

式中，SCCI 为空间冲突综合指数；CI、FI、SI 分别为空间复杂性指数、空间脆弱性指数以及空间稳定性指数。

第一，空间复杂性指数（CI）。面积加权平均斑块分型指数（AWMPFD）在一定程度上反映了人类活动对空间景观格局的影响，一般来说，受人类活动干扰小的自然景观的分形值高，而受人类活动影响大的人为景观的分形值较低。AWMPFD 的表达式为：

$$\mathrm{AWMPFD}=\sum_{i=1}^{m}\sum_{j=1}^{n}\left[\frac{2\ln(0.25P_{ij})}{\ln(a_{ij})}\left(\frac{a_{ij}}{A}\right)\right] \tag{4-2}$$

式中，P_{ij} 为斑块周长；a_{ij} 为斑块面积；A 为空间类型总面积；ij 为第 i 个空间单元格内第 j 种空间类型；m 为研究区总的空间评价单元数；n 为三生空间类型总数。获得计算结果后，进一步标准化到 0 和 1 之间。

第二，空间脆弱性指数（FI）。土地利用系统脆弱性主要来自于外部压力的影响，不同土地利用类型对外界干扰的抵抗能力也不同。空间脆弱性指数可用来表示土地利用系统的脆弱度，是度量土地利用空间单元对来自外部的压力和土地利用过程响应程度的指标。

$$\mathrm{FI} = \sum_{i=1}^{n} F_i \times \frac{a_i}{S} \tag{4-3}$$

式中，F_i 为第 i 类空间类型的脆弱度指数；n 为空间类型总数，根据三生空间分类个数，$n = 4$；F_i 根据相关参考文献通过转移矩阵分析的方法来确定，其中向其他类型转移概率高的空间类型脆弱性高，赋较大值，转移概率低的空间类型脆弱性低，赋较小值；a_i 为单元内各类景观面积；S 为空间单元总面积。转移矩阵的获取需要在 ArcGIS 中运用叠置分析的方法构建。获得计算结果后，进一步标准化到 0 和 1 之间。

第三，空间稳定性指数（SI）。土地利用稳定性可用景观破碎度指数来衡量，公式如下：

$$\mathrm{SI} = 1 - \mathrm{PD} \tag{4-4}$$

$$\mathrm{PD} = \frac{n_i}{A} \tag{4-5}$$

式中，PD 为斑块密度；n_i 为各空间单元内第 i 类空间类型的斑块数目；A 为各空间单元面积。PD 值越大，表明空间破碎化程度越高，而其空间景观单元稳定性则越低，对应区域生态系统稳定性亦越低，并将各空间单元的稳定性指数计算结果标准化到 0 和 1 之间。

利用 ArcGIS 的渔网功能生成 1000m×1000m 的格网，作为划分空间冲突评估的单元。对于研究区边界处未布满整个方格面积的空间斑块，按一个完整方格参与计算，即在研究区边界外但同研究区同处于一个方格内的地物也进行了提取并参与计算，以保证边界计算结果的准确性与可比性。进而将三生空间分类数据与格网数据叠加，并利用 ArcGIS 的分析工具进行统计。将反映每个空间单元网格复杂性、脆弱性和稳定性的相关景观生态指数计算结果代入空间冲突指数模型，并将测算结果标准化处理至[0，1]范围内，得到每一网格的空间冲突水平值。

根据冲突的倒“U”形曲线模型，可将空间冲突的可控性分为稳定可控、基本可控、基本失控和严重失控 4 个层次，其对应的空间冲突指数范围分别为[0, 0.4)、[0.4, 0.6)、[0.6, 0.8）和[0.8, 1.0]四个区间。

（三）物种栖息地与人类活动空间相互作用识别

在自然保护地及其周边区域，人类和野生动物不可避免地相互作用。这些相互作用中有些是正向的，有些是中性的，有些是负向的（Lischka et al.，2018）。“人兽冲突”（HWC）是典型的负面相互作用。从空间可视化的角度出发，将野生动物活动强度（以野生动植物栖息地的适宜性来表达，WHS）和人类影响强度（HII）结合起来，提出“人与野生动物空间相互作用指数”（HWSII），旨在描述不同地理区域中的人和野生动物相互作用的程度(马冰然,2021;薛英岚等,2020)。进一步对于可能的负向作用甚至冲突采取缓解措施。

WHS 是通过 MaxEnt 模型（Hill et al.，2016）使用物种分布坐标数据和环境因子（气候、地形、资源）计算。HII 则是从居民的居住、放牧和旅游三个方面选择指标，通过熵权法确定每个指标的权重进而加权求和得到。对于 WHS 高、HII 高的地区，HWSII 的程度就很高；对于 WHS 较高但 HII 较低的地区，HWSII 程度不高；对于 WHS 较低的地区，即使 HII 高，HWSII 仍然低；对于 WHS 和 HII 都低的地区，HWSII 最低。因此，可以通过将 WHS 和 HII 的两个变量相乘来表示 HWSII。此外，不同物种的摄食习惯和保护水平的特征可能导致它们与人类的相互作用不同。应根据不同的摄食习惯以及不同的保护水平对它们进行评分。因此，对于单个物种的 $HWSII_{species\_i}$ 的构建过程如式（4-6）所示（Ma et al.，2021）。对于区域综合 $HWSII_{final}$ 则同时考虑多个物种的平均值和最大值［式（4-7）～式（4-9)］。

$$HWSII_{species\_i} = (w_{feedhabits\_i} \cdot w_{value\_i} \cdot WHS_i \cdot HII)^{\frac{1}{4}} \tag{4-6}$$

$$HWSII_{mean} = \frac{\sum_1^n HWSII_{species\_i}}{n} \tag{4-7}$$

$$HWSII_{max} = \max_n(HWSII_{species\_i}) \tag{4-8}$$

$$HWSII_{final} = \sqrt{\frac{HWSII_{max}^2 + HWSII_{mean}^2}{2}} \tag{4-9}$$

式中，WHS_i 为第 i 个野生动物栖息地适宜性；$w_{feedhabits\_i}$ 为野生动物 i 的摄食习惯评估结果；w_{value_i} 为物种 i 的保护水平的评估结果；HII 为人类影响强度的值；n 为物种数。$HWSII_{species\_i}$ 为第 i 个物种的空间相互作用指数；$HWSII_{mean}$ 和 $HWSII_{max}$ 分别为所有物种和人类活动的空间相互作用指数的平均值和最大值。$HWSII_{final}$ 是研究区域的 HWSII 的最终值。HWSII 的范围是 0～1。

二、自然保护地区域社会经济与生态保护发展协调度评价

（一）协调度评价指标体系

自然保护地的存在意义在于发挥生态产品功能，核心管护目标在于保证自然保护地内生态系统完整性（包括典型物种）和生态服务功能的优势，进而良性维持游憩、文教等其他功能，涉及可持续发展、社会经济发展评价、生态环境质量评价等多个方面。因此，需要对国内外在可持续发展评估领域（张志强等，2002)、社会经济发展领域（张丽君，2004；周龙，2010；国家发改委和国家统计局，2017)

和生态环境评估领域（张江雪等，2010；赵霞等，2014）等应用较为广泛的代表性指标及其构成情况进行综合比较，为提出自然保护地社会经济与生态保护发展协调度评价指标体系提供借鉴参考。其中，可持续发展评估代表性指标体系包括人文发展指数（HDI）、OECD 可持续发展指数、UNSDC 可持续发展指标体系、可持续性晴雨表、UNSD 可持续发展指标体系、国际竞争力评估指标体系、可持续发展能力评估指标体系、绿色发展指数、中国生态现代化的监测指标等；社会经济发展评估代表性的指标体系包括“国家财富”和 “真实储蓄”、可持续经济福利指数（IESW）、真实进步指标（GPI）、综合环境经济核算体系（SEEA）、环境退化与经济增长脱钩指标、循环经济评价指标体系、生态经济（城市）综合评价指标体系和低碳功能区动态评价指标体系等；环境可持续性指标（ESI）、环境绩效指数（EPI）、生态足迹指标（EF）、生态效率、生态需求指标（ERI）、能值分析指标、生态服务指标体系（ESI）、自然资本指数（NCI）、碳效率指数（USCEI）、资源承载力等。

可持续发展评估指标体系关注环境、生态和福利指标较多，指标体系中评价指标的数量较多、研究类指标较多，影响了应用的范围。评价尺度相对宏观，集中在全球、国家、地区，也有到城市的尺度；社会经济发展指标多从福利、财富等角度探讨宏观社会和经济的发展绿色化，在文化、制度等方面考虑不多，评价尺度可大可小，但在数据可获取性、指标统计上存在不足；生态环境类指标以资源、环境、生态的承载力为主，研究性指标较多，在认可度以及可操作性方面需要加强。

综合对比国内外应用较为广泛的代表性指标，以社会经济系统和自然生态系统两部分作为评价维度，形成以核心管护目标为重点的协调度评价指标体系（表 4-3），应用到具体保护地时提供参考范围。衔接多类型保护地空间用地的限制分级体系，指标相应呈现出较为明显的层级和特征，现状层指标的核算数据不会出现相对明显的年度变化，可作为定性评价的辅助参考；趋势层指标会随年度呈现不同变化趋势，需要针对不同用地类型筛选不同的评价指标进行分区评价。

（二）协调度评价方法

采用耦合协调度评价模型，主要集中自然生态和社会经济两个维度，对多类型保护地经济与生态的发展协调度进行评价。评价过程包括极差标准化、熵权法确定指标权重、分维度综合发展指数计算、耦合度与协调度计算。针对目标案例区的特点和功能区设定情况，在协调度评价指标体系中选取评价指标，假定自然生态维度有 m 个指标，社会经济维度有 n 个指标。

表 4-3　经济与生态协调度评价参考指标体系及指标适用范围

核心目标	评价因素	评价指标	适用保护地类型	指标层级
自然生态质量	生态质量	林草覆盖率	共性	现状+趋势
		自然生态空间面积	共性	现状+趋势
		生态环境状况指数	共性	现状+趋势
		管护人员数量	共性	现状
		特有物种观测比重	国家公园、自然保护区	现状+趋势
		土地确权面积比重	共性	现状
	干扰胁迫	自然植被边缘密度	共性	趋势
		灯光指数	共性	趋势
		陡坡面积比例	共性	现状
	调节功能	空气质量指数	共性	趋势
		地表水水质优于 III 类水的比例	共性	趋势
		生态系统生产总值（GEP）	共性	趋势
社会经济发展	经济效益	居民人均可支配收入	共性	现状+趋势
		人均主要农产品年产值	国家公园	现状+趋势
		生态补偿类财政收入占比	共性	现状
		旅游收入占地区 GDP 比例	国家公园、自然公园	现状+趋势
		接待游客总人数	国家公园、自然公园	现状+趋势
	发展压力	人均生活污染物排放量	共性	现状+趋势
		万元 GDP 能耗	国家公园	现状+趋势
		万元 GDP 水耗	国家公园	现状+趋势
		禁牧（减畜退耕）减收比	国家公园、自然保护区	现状+趋势
		野生动物侵害损失比例	国家公园、自然保护区	现状+趋势
		游览路网密度	国家公园、自然公园	现状+趋势
	公共服务	客房年度出租率	国家公园、自然公园	现状+趋势
		生态产业从业人员占比	国家公园、自然公园	现状+趋势
		新农合医疗覆盖率	国家公园	现状+趋势
		义务教育人口比例	国家公园	现状+趋势
		助农（公益）贷款覆盖率	国家公园	现状+趋势

第一，初始化数据处理。各指标原始数据存在量纲不同，为了更好地对数据进行比较，需要对数据进行无量纲化和正向化处理，采用极差法对数据进行标准化处理，同时区分正向、逆向指标。

$$Z_i^x = \frac{X_i - \min(X_i)}{\max(X_i) - \min(X_i)} \qquad X_i \text{为正向指标} \tag{4-10}$$

$$Z_i^x = \frac{\max(X_i) - X_i}{\max(X_i) - \min(X_i)} \qquad X_i\text{为逆向指标} \qquad (4\text{-}11)$$

式中，i=1，2，…，m，max（X_i）、min（X_i）分别为 X_i 的最大值和最小值，同理，对社会经济发展维度指标 Y_j 也进行相应的极差标准化处理得到 $Z_j^Y(j=$，2，…，n)。

$$Z_j^Y = \frac{Y_j - \min(Y_j)}{\max(Y_j) - \min(Y_j)} \qquad Y_j\text{为正向指标} \qquad (4\text{-}12)$$

$$Z_j^Y = \frac{\max(Y_j) - Y_j}{\max(Y_j) - \min(Y_j)} \qquad Y_j\text{为逆向指标} \qquad (4\text{-}13)$$

第二，分维度的综合发展指数计算。用 $f(x)$、$g(y)$ 分别表示自然生态维度和社会经济的综合发展指数，$f(x) > g(y)$ 表示社会经济发展滞后型，$f(x) = g(y)$ 表示两者同步发展型，$f(x) < g(y)$ 表示生态保育发展滞后型。

$$f(x) = \sum_{i=1}^{m} a_i z_i^X,\ \sum_{i=1}^{m} a_i = 1 \qquad (4\text{-}14)$$

$$g(y) = \sum_{j=1}^{n} b_i z_j^X,\ \sum_{j=1}^{n} b_j = 1 \qquad (4\text{-}15)$$

式中，a_i、b_j 分别为自然生态各指标和社会经济各指标的权重。

第三，熵值法确定指标权重。生态保育维度，设有 m 个指标，k 个年份，经标准化后得到的数据矩阵为 $\boldsymbol{Z}=(z_{ij})_{m\times k}$

第 j 个指标的熵权计算：

$$P_{ijp} = \frac{M_{ijp}+1}{\sum_{i=1}^{m}(M_{ijp}+1)} \qquad (4\text{-}16)$$

式中，当 $P_{ij}=1$ 时，$\ln P_{ij}$ 是没有意义的，因此修正为式（4-17）。

第 j 个指标的熵值计算：

$$H_j = -\frac{1}{\ln k}\sum_{j=1}^{m} P_{ijp} \ln P_{ijp} \qquad (4\text{-}17)$$

式中，k 为年份数，m 为指标个数，H_j 为第 j 项指标的熵值，熵值越大，指标间的差异越大，则该指标越重要。

第 j 个指标的权重设定：

$$w_j = w_j = \frac{1-H_j}{\sum_{j=1}^{m}(1-H_j)} \qquad (4\text{-}18)$$

$$0 \leqslant w_j \leqslant 1,\ \sum_{j=1}^{m} w_j = 1$$

耦合度计算：

$$C = C = \left\{ \frac{f(x) \cdot g(y)}{\left[f(x) + g(y)/_2 \right]^2} \right\}^{e=1} \tag{4-19}$$

式中，$C \in [0,1]$为协同发展耦合度，C 值越大，表示系统之间相互影响程度越高，e 为调节系数，根据维度确定，2 个维度 e=2。

协调度计算：

$$T = \alpha f(x) + \beta g(y),\ D = \sqrt{C \cdot T} \tag{4-20}$$

式中，T 为复合系统的综合协调指数，反映协同发展效应；α、β 为两个维度综合发展指数的权重，需要根据专家打分法和指标权重法进行单独设定，$\alpha+\beta=1$；$D \in [0,1]$表示复合维度的耦合协调度，D 值越大表明维度之间的耦合作用有序程度越高，协同发展状态越好。根据 D 值对生态-经济协同发展的阶段进行初步划分，建立两系统协调发展的评价标准（表 4-4）。

表 4-4　耦合协调度量值及协同发展水平评价

耦合协调度	协同发展等级	耦合协调度	协同发展等级	耦合协调度	协同发展等级
0.00～0.39	失调	0.60～0.69	初级协同	0.90～1.00	优质协同
0.40～0.49	濒临失调	0.70～0.79	中级协同		
0.50～0.59	勉强协同	0.80～0.89	良好协同		

第二节　自然保护地区域生态承载力核算及经济发展模式优化调控

一、自然保护地区域生态承载力核算模型构建

（一）概念与内涵

生态承载力是指在一定区域范围内，作为子项的自然资源、生态环境以及社会经济等协调可持续发展的前提下，自然-经济-社会复合生态系统所能最大限度地容纳的人类活动强度（Donnelly et al.，2006）。生态承载力的核算逐渐侧重于将生态系统作为一个整体考虑，即“自然资源-生态环境-社会经济”复合生态系统承载能力与承载对象压力的反映（叶菁等，2017）。从生态系统整体的角度来说，保护地是生态系统服务价值较高和较为敏感的区域，即便不同类型保护地的保护对象、资源品质和利用强度有所差异，其最终目标都可以归为对生态系统服务价值的保护和管理。因生物多样性的自然属性差异，在一定地理空间内会有某一类生态系统服务处于优势地位，因此，自然保护地的地理空间可以依据不同优势生

态系统服务进行分类。此外，在国土空间规划理论中，生态系统的功能空间包括生态、生产和生活“三生空间”，分别对应生态系统的生态功能、生产功能、生活功能。其中生态功能是指生态系统与生态过程所形成的、维持人类生存的自然条件及其效用，对应于生态系统服务中的支持服务和调节服务；生产功能是指土地作为劳作对象直接获取或以土地为载体进行社会生产而产出各种产品和服务的功能，对应于供给服务；生活功能是指土地在人类生存和发展过程中所提供的各种空间承载、物质和精神保障功能，其中空间承载和物质保障对应于供给服务，精神保障对应于文化服务。此外，相对于其他类型的国土空间来说，自然保护地的游憩功能是其主导功能之一，对应于文化服务。综上所述，自然保护地的功能空间可以与生态系统服务相对应，从而划分为四类：生态空间、生产空间、生活空间和游憩空间。

自然保护地生态系统以提供生态系统服务为核心，具有一定的自我调节能力，当外力与人为干扰的程度超过生态系统本身的承载与调节能力范围时，系统平衡和生态系统服务功能会被破坏。因此，自然保护地内所承载的一切活动都必须限制在生态系统所能承载干扰的阈值之内，这一承载阈值即自然保护地生态系统的承载力。将自然保护地生态承载力定义为生态系统在自然保护地生态空间、生产空间、生活空间和游憩空间当中维持其重要生态系统服务功能的能力（图 4-2，刘孟浩等，2020）。

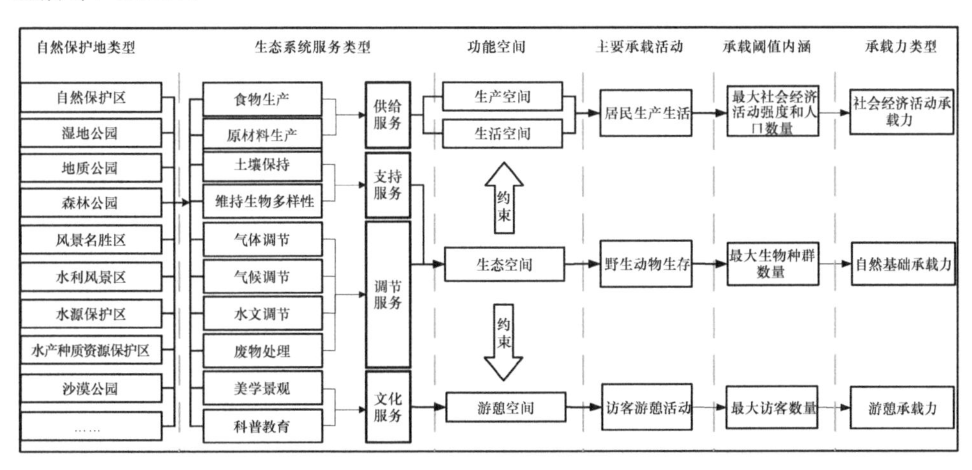

图 4-2 自然保护地生态承载力核算框架

（二）核算模型架构

自然保护地生态承载力核算模型（MPECC）可以表示为：

$$\mathrm{MPECC} = f(\mathrm{NCC}, \mathrm{SCC}, \mathrm{RCC}) \tag{4-21}$$

式中，NCC 为自然基础承载力；SCC 为当地社会经济活动承载力；RCC 为游憩承载力。$f(x)$ 是 NCC、SCC 和 RCC 的内部逻辑关系的数学表达式。

第一，自然基础承载力。参考国际通用的环境容纳量计算公式（Hobbs and Swift，1985），根据计算野生动物栖息地内营养供应量和个体的需求量计算自然基础承载力（NCC），可以表示为：

$$\mathrm{NCC}=\frac{\sum_{i}^{n}(B_i\times F_i)}{R_q\times D}\times\theta \tag{4-22}$$

式中，n 为主要食物种类；B_i 为主要食物 i 的可食食物量（kg）；F_i 为主要食物的营养含量；R_q 为野生动物个体每天需要摄入的营养量（kg/d）；D 为野生动物占据栖息地的天数（d）。考虑到季节因素、野生动物栖息地适宜度的不同与保护地保护目标的差异，将 θ 设为野生动物对栖息地食物资源的占有率。

第二，社会经济活动承载力。参考基于生态系统服务的生态承载力评估模型（曹智等，2015），根据保护地生态系统服务的供给量和人类活动（生活和生产）对生态系统服务的消耗量，取供给服务所能支撑的各类生产活动的经济规模和当地居民人口数量中的最小值作为社会经济活动承载力（SCC）。计算公式如下：

$$\mathrm{SCC_P}=\frac{\mathrm{TES}}{\mathrm{ESP}}=\frac{\mathrm{TES}}{\mathrm{LESP}+\mathrm{PESP}}=\frac{\mathrm{TES}}{\mathrm{LESP}+\mathrm{PGDP}+\mathrm{PPESP}} \tag{4-23}$$

$$\mathrm{SCC_P}=\min(\mathrm{SCC_{P1}},\mathrm{SCC_{P2}},\mathrm{SCC_{P3}},\cdots,\mathrm{SCC}_{\mathrm{P}i}) \tag{4-24}$$

$$\mathrm{SCC_E}=\mathrm{SCC_P}\times\mathrm{PGDP} \tag{4-25}$$

式中，$\mathrm{SCC}_{\mathrm{P}i}$ 为基于生态系统供给服务的生态承载力的人口规模；$\mathrm{SCC_E}$ 为基于生态系统服务的生态承载力的经济规模；TES 为保护地生态系统供给服务总量；ESP 为人类活动（生活和生产）对生态系统服务的人均消耗；LESP 为人类生活对生态系统服务的人均消耗；PESP 为人类生产活动对生态系统服务的人均消耗；PGDD 为人均生产总值；PPESP 为区域单位产值对应的生产活动对生态系统服务的消耗量。

第三，游憩承载力。参考国家标准中的旅游容量计算方法（住房和城乡建设部，2019），采用面积法、卡口法、游路法三种测算方法，因地制宜加以选用或综合运用，计算游憩空间访客容量，并结合各游憩空间所在区域的保护目标计算保护地总游憩承载力（RCC），计算公式如下：

$$C_{\mathrm{s}}=D\times N=\frac{t_1}{t_3}\times N=\frac{(H-t_2)\times N}{t_3} \tag{4-26}$$

$$C_{\mathrm{t}}=C_{t_1}+C_{t_2}\,\frac{M_1}{m}\times D+\frac{M_2}{m+m\times E/F}\times D \tag{4-27}$$

$$C_{\mathrm{a}}=\frac{A}{a}\times D \tag{4-28}$$

$$\mathrm{RCC}=\frac{t}{T}\times C \tag{4-29}$$

式中，C_s 为卡口法计算出的访客容量；D 为日周转率，D=游憩空间开放时间/游览所需时间；N 为每批游客人数（人次）；t_1 为每天游览时间（h），$t_1=H-t_2$；t_3 为两批游客相距时间（h）；H 为景区每天的开放时间（h）；t_2 为游完全程所需时间（h）。C_t 为线路法计算出的访客容量，即完全游道和不完全游道的访客容量之和；C_{t_1} 为完全游道法，其中 M_1 为游道全长（m）；m 为每位游客（或车辆）占用合理游道（或线路）长度（m）；C_{t_2} 为不完全游道法，其中 M_2 为游道全长，F 为游完不完全游道所需时间；E 为沿不完全游道返回所需时间。C_a 为面积法计算的日环境容量，A 为游憩空间的可游览面积（m^2）；a 为每位游人应占有的合理面积（m^2）。RCC 为该区域日游憩承载力（人次/d）；t 为游完某观光区或游道所需的时间；T 为游客每天游览最合理的时间；C 为日访客容量（人次）。

第四，适用范围与参数设定。对于三类承载力，分别搜集统计数据与调查数据，计算出每一类生态系统服务的供给量和承载对象的个体消耗量。由于不同类型自然保护地的保护目标和社会经济发展现状不一，达到承载力的精确核算较为困难，因此需要根据案例区的自然属性、生态价值和管理目标对承载力核算中生态系统服务消耗量设置相应的约束参数。部分参数可能会因保护地类型的不同而有所差异，在实际应用中应根据保护目标进行合理赋值。其中，在进行自然基础承载力的核算时，需要根据季节设定野生动物对食物资源占有率的 3 种情景，即 50%（低）、70%（中）、90%（高）；社会经济活动承载力的核算以当地人民生活水平发展目标作为约束条件；在游憩承载力的核算中，游憩活动的开展必须以服从生态保护目标为前提，因此游憩承载力的约束参数弹性较大，应结合自然保护地保护目标和生态系统服务的实际情况进行合理设定（表 4-5）。

表 4-5　多类型保护地生态承载力数据获取与参数设定

承载力类型	承载活动	供给量获取方法	消耗量获取方法	参数设定
自然基础承载力	野生动物生存活动	实地调样、遥感法计算保护地植被生物量	通过采集野生动物粪便分析其食性和摄入量	根据季节、食物共享等情景设置不同食物资源占有率：50%（低）、70%（中）、90%（高）
社会经济活动承载力	当地原住居民生产生活活动	调查收集当地食物、原材料产量；废物回收能力	调查统计当地居民生产生活对各类资源的消耗水平，废物排放量	根据当地人均 GDP 或人均纯收入目标进行经济规模计算
游憩承载力	访客游憩活动	调查收集保护地游憩空间面积、游览线路长度、开放时间	调查人均游览时间、线路占用长度	根据游憩空间所在区域的保护目标设定合理人均占有面积和线路长度

二、生态承载力约束下的自然保护地区域发展规模与结构优化

（一）不确定性多目标优化概念模型

多目标优化问题得到的是帕累托（Pareto）优化解集或非被占优解集。作为生态系统功能结构表征的生态承载力是由多个分量构成的，且总是存在诸多不确定性，因此在研究生态承载力优化时选择不确定性多目标优化方法（inexact fuzzy multi-objective programming，IFMOP）会更为有效，IFMOP 允许将不确定性作为区间直接引入到规划流程中（王开运等，2007）。生态承载力约束下的自然保护地区域发展规模与结构优化的概念模型的一般形式如下：

$$\max P = \sum_{j}^{n} p_i^{\pm} x_t^{\pm}$$

$$\max N = \sum_{l}^{m} q_l^{\pm} x_t^{\pm}$$

约束条件

$$x^{\pm} \in \vec{d}_j^{*}, j = 1,2,3,4; \tag{4-30}$$

$$x^{\pm} \in b_i^{\pm}, i = 1,2,3;$$

$$(I - A)x^{\pm} \in Z^{\pm}$$

$$x^{\pm} \in U^{\pm}$$

非负约束条件

$$x^{\pm} \geqslant 0$$

式中，$i = 1,2,\cdots;n$ 为待选产业；± 表征参变量的上下限；$x^{\pm}$ 为不确定性决策变量；$b_i^{\pm}$ 为不确定污染防治费用系数；p_i 为不确定单位决策变量人口数；N 为不确定单位决策变量载畜规模；$\vec{d}_j^{*}$ 为不确定性生态承载力约束条件；$q_l^{\pm}$ 为不确定各产业比例约束；I 为投入产出表单位矩阵；A 为投入产出表直接消耗系数；$Z^{\pm}$ 为不确定最终产品；$U^{\pm}$ 为不确定总产出。

（二）综合生态承载力约束下自然保护地发展规模与结构优化模型建立

通过设定目标函数和约束条件，其中目标函数包括适度人口规模、区域最大载畜量以及适度旅游规模三部分，约束条件考虑产草量约束、旅游环境承载力约束、土地资源等承载力分量约束、野生动物保护约束、人口规模约束以及旅游规

模约束等。构建模型如下（王慧慧等，2021）。

目标函数：

$$\max P = \sum_{i}^{m} \partial^{\pm} P_i^{\pm} + \sum_{j}^{n} (1-\partial^{\pm}) P_j^{\pm}$$
$$\max N = \sum_{k}^{l} N_k^{\pm} + N_{\text{wild}}^{\pm} \tag{4-31}$$

式中，$P_i^{\pm}$ 为居民人口规模（人）；$P_j^{\pm}$ 为旅游人口规模（人次）；$\partial^{\pm}$ 为居民人口占区域可承载人口规模比例（%）。$N_k^{\pm}$ 分别为第 i 种载畜规模（这里指牛、羊、马）（羊单位）；$N_{\text{wild}}^{\pm}$ 为野生动物规模（羊单位）。

约束条件：

野生动物规模约束：

$$\frac{1}{k^{\pm}} N_{\text{wild}}^{\pm} \leqslant Q_{\text{wild}}^{\pm} \tag{4-32}$$

式中，$N_{\text{wild}}^{\pm}$ 为野生动物规模（羊单位）；$k^{\pm}$ 为食物占有率（%）；$Q_{\text{wild}}^{\pm}$ 为最大承载野生动物规模（羊单位）。

产草量约束：

$$\sum_{i}^{m} \partial_i^{\pm} N_i^{\pm} + \partial_{\text{wild}}^{\pm} N_{\text{wild}}^{\pm} \leqslant GS^{\pm} \tag{4-33}$$

式中，$\partial_i^{\pm}$ 分别为第 i 种动物（这里指牛、羊、马）的可食用草量（kg/羊单位）；$\partial_{\text{wild}}^{\pm}$ 为野生动物的可食用草量（kg/羊单位）；$N_i^{\pm}$ 分别为第 i 种（这里指牛、羊、马）载畜规模（羊单位）；$GS^{\pm}$ 为最大可食用草量（kg）。

旅游资源约束主要包括生活垃圾、生活污水指标的约束：

$$\left(\frac{a_i^{\pm} \times t_i^{\pm}}{\lambda_i^{\pm}} \times P_i^{\pm}\right) + \left(\frac{a_j^{\pm} \times t_j^{\pm}}{\lambda_j^{\pm}} \times P_j^{\pm}\right) \leqslant D^{\pm} \times \left[e^{\pm} + \theta^{\pm}(1-e^{\pm})\right] \times h^{\pm} \tag{4-34}$$

式中，$a_i^{\pm}$ 和 $a_j^{\pm}$ 分别为当地居民和旅游者在相应满意度下平均每人日生产垃圾量或污水排放量［kg/（人·d）］；$t_i^{\pm}$ 和 $t_j^{\pm}$ 分别为当地居民和旅游者的平均逗留天数（天）；$\lambda_i^{\pm}$ 和 $\lambda_j^{\pm}$ 分别为相应情况下当地居民和旅游者的满意度（%）；$D^{\pm}$ 为生活垃圾或污水排放量（kg）；$e^{\pm}$ 为资源的实际利用率（%）；$\theta^{\pm}$ 为资源剩余部分的使用程度（%）；$h^{\pm}$ 为资源的周转率（%），h=开放时间/旅游时间，但在实际计算过程中要考虑某些资源的约束条件不具周转情形，因此，具体问题要具体分析。

以面积为限制性因子的计算公式如下：

$$\frac{S^{\pm} \times O^{\pm}}{A^{\pm} \times D^{\pm}} < E_1^{\pm}$$
$$\frac{S^{\pm}}{A^{\pm}} < E_1'^{\pm} \tag{4-35}$$

式中，$E_1^{\pm}$ 为时段旅游环境承载力（人）；$E_1'^{\pm}$ 为 $E_1^{\pm}$ 的瞬时值；$S^{\pm}$ 为游览区面积（m^2）；$O^{\pm}$ 为开放时间（h）；$A^{\pm}$ 为人均占用的合理面积（m^2/人）；$D^{\pm}$ 为游览区停留时间，即游览本区所需要的时间（h）。当 $O^{\pm}$ 为日有效开放时间时，$E_1^{\pm}$ 为日旅游环境承载力；当 $O^{\pm}$ 为年有效开放时间时，$E_1^{\pm}$ 为年旅游环境承载力。

以长度为限制性因子的计算公式如下：

$$\frac{L^{\pm} \times O^{\pm}}{L_0^{\pm} \times D^{\pm}} < E_2^{\pm}$$
$$\frac{L^{\pm}}{L_0^{\pm}} < E_2'^{\pm} \tag{4-36}$$

式中，$E_2^{\pm}$ 为时段旅游环境承载力（人）；$E_2'^{\pm}$ 为 $E_2^{\pm}$ 的瞬时值；$L^{\pm}$ 为游览线路长度（m）；$O^{\pm}$ 为开放时间（h）；$L_0^{\pm}$ 为游客间适当距离间隔（m/人）；$D^{\pm}$ 为游览完毕需要时间（h）。当 $O^{\pm}$ 为日有效开放时间时，$E_2^{\pm}$ 为日旅游环境承载力；当 $O^{\pm}$ 为年有效开放时间时，$E_2^{\pm}$ 为年旅游环境承载力。

旅游环境承载力综合值计算公式如下：

$$\frac{\sum_{i=1}^{n} E_i'^{\pm} \times O'^{\pm}}{D'^{\pm}} < \mathrm{TEC}'^{\pm} \tag{4-37}$$

式中，$\mathrm{TEC}'^{\pm}$ 为旅游地旅游环境承载力瞬时值；$E_i'^{\pm}$ 为第 i 个游区承载力瞬时值；$O'^{\pm}$ 为有效开放时间；$D'^{\pm}$ 为游客完成全部游览活动所需时间；n 为游区数。

草地面积约束：

$$\mathrm{GS}^{\pm} \leqslant \mathrm{GLA}^{\pm} \tag{4-38}$$

式中，$\mathrm{GLA}^{\pm}$ 为最大草地面积。

野生动物保护区约束：

$$Q_c^{\pm} \leqslant Q_{\text{wild}}^{\pm} \leqslant Q_c^{\pm} + Q_h^{\pm} \tag{4-39}$$

式中，$Q_{\text{wild}}^{\pm}$ 为野生动物保护区面积；$Q_c^{\pm}$ 为保护区核心区面积；$Q_h^{\pm}$ 为保护区缓冲区面积。

人口规模约束：

$$P_i^{\pm} \leqslant \mathrm{MAX}P_i^{\pm},\ \mathrm{MIN}P_i^{\pm} \leqslant P_i^{\pm} \tag{4-40}$$

式中，$\mathrm{MAX}P_i^{\pm}$为人口规模上限（人）；$\mathrm{MIN}P_i^{\pm}$为人口规模下限（人）。

旅游规模约束：

$$P_j^{\pm} \leqslant \mathrm{MAX}P_j^{\pm},\ \mathrm{MIN}P_j^{\pm} \leqslant P_j^{\pm} \tag{4-41}$$

式中，$\mathrm{MAX}P_j^{\pm}$为旅游规模上限（人）；$\mathrm{MIN}P_j^{\pm}$为旅游规模下限（人）。

非负约束：

$$P_i^{\pm} \geqslant 0,\ P_j^{\pm} \geqslant 0,\ N_k^{\pm} \geqslant 0 \tag{4-42}$$

三、自然保护地区域空间格局优化

（一）生物多样性重要性模拟

基于 MaxEnt 模型的物种栖息地适宜性模拟。物种需要选择研究区的代表性物种。选择这些重要的代表性物种进行研究，一方面是由于自然保护地所生存的物种种类繁多，调研过程中很难全面关注所有物种的分布情况并获取所有物种的分布数据；另一方面，物种之间是通过“食物链”等关系直接或间接联系起来的，对代表性物种进行保护可以起到“伞护”其他物种的作用。对于环境因子来说，主要选择地形因子、气候因子和资源因子。气候条件主要包括 19 个生物气候变量。资源因子方面主要选择 NDVI 这一因子。将物种点位坐标和环境因子坐标导入 MaxEnt 中得到物种分布模拟结果。

基于 InVEST 模型的生态系统服务计算。提供淡水是生态系统服务的重要功能之一。InVEST 软件通过产水量（water yield）模块计算。该模块是基于布德科（Budyko）理论（Sharp et al.，2020），即将实际蒸发与降水间的比率与潜在蒸发与降水间的比率建立联系。土壤保持度服务是指生态系统防止土壤流失的侵蚀调控能力以及对泥沙的储积与保持能力。土壤保持量为潜在和实际土壤侵蚀量的差值。通用水土流失方程（RULSE，Wischmeier and Smith，1978）计算。

基于 Fragstats（斑块统计）的景观多样性计算。景观多样性采用景观格局指数中的“香农多样性指数”（SHDI）来表征。如果土地利用/覆盖类型的数量增加或者不同土地利用/覆盖类型的面积比例变得越来越均衡，SHDI 值也会随着变得越来越大（Amaral et al.，2019）。景观格局指数的计算需要基于规划单元。

（二）基于系统保护规划的不可替代性计算与格局优化

系统保护规划（Margules and Presey，2000）的主要目的是在达到量化的保护目标同时成本最低的前提下，得到研究区域内的优先保护区范围。相比于传统的只偏重对保护对象进行保护的单一方面的规划，系统保护规划还进一步兼顾了保护区域的位置、大小、空间连通性、边界长度以及保护所需的保护成本。不可替代性是系统保护规划中的核心概念，它是指在区域生物多样性保护研究中，根据保护对象的空间分布，计算每个规划单元在实现这些保护对象之保护目标过程中的重要性，即体现特定规划单元实现保护目标的可能性，或者说如果这些规划单元没有被选中，会在多大程度上影响保护目标的实现。不可替代性值的计算可以使用 C-plan 或者 Marxan 软件完成。Marxan 相比 C-plan 考虑的因素更多，应用最为广泛。Marxan 模型的运行需要制作输入（input）文件，其中包含输入参数文件 input.dat，规划单元设置文件 pu.dat，保护对象与目标文件 spec.dat，各规划单元中保护对象信息文件 puvspr.dat，边界长度文件 bound.dat 等。以下是不可替代性计算的步骤（马冰然，2021）。

1）划定规划单元。规划单元是 Marxan 运算的基础，首先需要将研究区划分规划单元。规划单元一般采用自然生态单元（如汇水单元）。通过规划单元对物种栖息地适宜性、生态系统服务重要性和景观多样性进行统计（马冰然等，2019），进而设置物种惩罚因子（species penalty factor，SPF）和边界长度调节器（boundary length modifier，BLM）的值，运行 Marxan 可以得到研究区不可替代性和优先保护区的选址结果。

2）保护对象的识别与筛选。保护对象结合物种和生态系统通过查询国家重点保护野生植物名录（第一批和第二批）、中国珍稀濒危植物名录、中国物种红色名录、国家重点保护野生动物名录、中国物种红色名录、中国濒危动物红皮书、中国植物物种信息数据库，参考如国家、省和地方志书、专著、学术论文、标本记录、野外调查、自然保护地野外考察报告等数据资料，系统地收集和整理生态保护地珍稀濒危动植物种类，构建生态保护地珍稀濒危动植物数据库，并整理每个物种的拉丁名、中文名、保护级别、濒危等级、生活型、特有性、分布省（直辖市）、分布县（市）、具体位置、海拔上限、海拔下限、生境等（根据所能获得的数据情况具体确定）。根据所获取的数据，重要生态系统类型主要通过植被类型来确定。

3）保护对象分布情况的确定。如果能够获得保护对象（物种、生态系统）的具体分布点位，则结合降雨、温度、海拔等环境因子指标，利用 MaxEnt 软件对保护对象的分布进行模拟，获得保护对象的分布图。如果无法获得保护对象的分布点位数据，则可以根据物种分布的相关描述，确定海拔上限、海拔下限、适宜生存的植被类型等，利用叠置分析的方法确定保护物种的分布情况。重要生态系统则根据植被图和土地利用图确定其具体的分布情况。获得的保护对象分布图作为下一步计算不可替代性的准备数据。

4）保护目标的确定。保护目标就是指根据被选择的保护对象的重要程度的不同，选择不同的指标权重比例确定其对应的保护标准或保护水平。对保护目标进行量化是系统保护规划中重要的一环。量化保护目标的确定能够为保护决策提供依据，进而为科学利用有限的保护资金和资源、识别生物多样性保护优先区域奠定基础。

此处，指示物种保护目标计算方法为：

$$T_{\text{Species}} = (I_{\text{Level}}+I_{\text{Endangered}}+I_{\text{Endemic}}) / 3 \tag{4-43}$$

考虑物种的 3 个方面的特征，即物种的保护等级 I_{Level}、濒危程度 $I_{\text{Endangered}}$、特有性 I_{Endemic}。其中，物种的保护等级按一级、二级、三级分别赋分 1、0.7 和 0.3，濒危程度按极危、濒危、易危、近危、无危分别赋分 1、0.75、0.5、0.25 和 0，未列入赋分 0；特有性按中国特有赋分 1，非特有赋分 0。

5）成本值的确定。成本值可以是土地成本，也可以是基于任何数量的度量，在模型动态计算中会被作为解的成本值添加入目标函数中。根据保护区域实际情况，用某种相对成本计算方法，如社会、经济或环境生态措施，模拟当地的社会经济发展状况和建设管理成本。研究考虑的是将一个区域转化为保护区的成本大小，即如果该规划单元人类活动强度越高，转化为保护区所需的成本越高，人类活动强度越小，转化为保护区所需的成本越小。

6）规划单元状态设定。在 Marxan 软件中，可以设置规划单元的初始状态（status），即定义每个规划单元在模型运算过程中的状态。状态使用 0、1、2、3 这几个数字表示。0 表示单元不被保证出现在初始的输入单元中，取决于输入参数文件中制定的起始比例“prop”；1 表示规划单元将包含在初始的输入单元中，但可能不会出现在最终结果中；2 表示该规划单元被锁定，一定出现在最终结果中；3 表示该规划单元被剔除，一定不会出现在运行过程和结果中。

7）物种惩罚因子（species penalty factor，SPF）设定。SPF 是当优先保护区未达到所有保护目标时添加进目标函数的惩罚因子，可以知道未满足的剩余目标所需要的成本，目的是使目标函数的保护特征提升至达到所有目标水平的成本近似值，可在 spec.dat 文件中设置。在计算目标函数的值时，Marxan 首先会计算任何未达到目标的保护对象的罚分，将这些罚分乘以每个保护对象的 SPF 值，然后将这些值与所有保护对象的值相加。不同的保护对象可以设置不同的 SPF 值。例如，保护重要性越大的对象可设置更高的 SPF 值，表明不愿意在优先保护区选择中进行妥协。penalty 是指每次的运行方案若未达到所有保护目标时，添加到目标函数的惩罚值，penalty 值越小，表明保护目标达到的程度越高，若所有保护目标均被充分满足，则该次保护方案的 penalty 值为 0。在 Marxan 模型每次运行结束后的“output”结果中会输出100次运行方案的详细数据，包括每一次方案的penalty值。计算100次方案的平均penalty值可更利于了解该方案中剩余保护目标所需的成本，以及该物种惩罚因子SPF值对整体目标函数的影响。

8）边界长度调节器BLM设定。BLM用于确定边界长度在目标函数中的比重，以平衡边界长度与成本支出，从而得出建设成本低且边界长度短的解决方案。通过识别BLM因子可以保持所需的空间紧凑水平，同时保持有效的保护整体性。BLM值越大，目标函数越专注于边界长度的最小化。这将使得保护区域更加密集紧凑，但同时也导致保护成本的增加。在加载了bound.dat文件后可在Marxan模型自带的inedit.exe程序中进行BLM值的设置。为了保证一定空间连接性和适度的成本，需要选择适当的BLM值。当BLM=0时，即消除边界长度，说明完全不考虑保护区域的聚合度。通常BLM值的选取会预设一个初始值BLM_0（BLM_0不是BLM=0），然后按一个固定乘数进行递增，迭代探索出相对适宜的BLM值。BLM_0的选取也较为主观，但通常选用规划单元中最大成本值（cost）与最大边界长度值的比值进行试验，直到找到最适合的BLM值（彭涛，2019）。

$$\mathrm{BLM}_0 = \frac{\mathrm{Cost}_{\max}}{\mathrm{BoundaryLength}_{\max}} \tag{4-44}$$

$$\mathrm{BLM}_n = \mathrm{BLM}_n \times 2^n, n = 1, 2, 3, \cdots, N \tag{4-45}$$

将已有保护地空间分布图和通过模型计算的结果进行叠置分析，确定重叠和不重叠的部分，得到保护空缺分析结果。根据保护空缺在空间上的分布情况，提出优化建议。

（三）物种迁移廊道构建

第一，引入最小累积阻力模型。最小累积阻力模型（minimum cumulative resistance，MCR）是指物种从生态源地到目的地迁移运动的过程中所需要耗费的代价的模型，是描述水平生态过程的重要模型之一，它的贡献在于其认识到生物空间运动的潜在趋势与景观格局改变之间的关系，被广泛应用于景观生态学的相关研究中（Ma et al.，2020）。最小累积阻力模型的经典表达式如式（4-46）所示：

$$\mathrm{MCR} = f \min \sum_{j=n}^{i=m} D_{ij} \times R_i \tag{4-46}$$

式中，MCR为物种从源地移动到目的地所受到的最小累积阻力值；f为一个正函数，反映了空间中任意一点的最小阻力与其到所有源的距离及景观基面特征的正相关关系；D_{ij}为从源j到汇（目的地）单元i的空间距离；R_i为单元i对某物种运动的阻力系数；Σ 为源 j 与单元 i 之间所穿越所有单元的距离和阻力的累积；min 为单元 i 对于不同的源取累积阻力最小值；n 为源地的总数；m 为从源地到目的地单元所经过的景观单元的个数。

第二，构建生态廊道。生态廊道是相邻的生态源地之间最易联系的低阻力通道，为生物在不同栖息地间迁徙扩散提供通道。生态廊道能够保护生物的多样性、过滤污染物，促进自然界生态系统的物质和能量流动。在最小累积阻力模型中，生态廊道是两个相邻生态源地之间阻力最小的地方，是生物最容易穿过的区域。每个生态源地至少应建立一条通向其他生态源地的廊道，通常认为在可能的范围内廊道的数量越多越好，因为多一条廊道就等于为生物的扩散增加了一条可以选择的路径，以减少生物遇到被截留和分割风险的可能性。

第一是源地的选择。源是指物种向外迁移的源头，是物种生存繁育的基础，代表了一系列生态环境长期稳定和生态服务价值高的区域，如动物栖息地、湿地保护区、水源保护地、原始森林等。优先保护区是物种保护的核心区域，保证这些区域的联通也就保护了各物种核心区域的联通。因此在研究中将优先保护区作为生态源地。

第二是阻力因子的选择。阻力因子是指影响动物迁移水平生态过程的各类因素，包括土地利用/覆盖、地形等因素，各因子阻力的大小一般根据其对物种扩散过程的影响程度而定。 阻力因子选择高度、坡度、土地利用类型、公路和铁路等。

第三是阻力面的构建。阻力面由阻力因子的阻力大小累计叠加构成，阻力因子在空间上的分布并不均匀，根据其阻力大小赋以不同的值。一般地，每一类“源”的累积阻力表面可通过式（4-51）求得：

$$R_i = \sum_{i=1}^{n}(W_i Y_{ij}) \tag{4-47}$$

式中，R_i 为第 i 类资源单元的累积阻力；W_i 为 i 指标的权重；Y_{ij} 为第 j 类单元由指标 i 确定的相对阻力。

考虑生态学中普遍存在的最小限制性定律，一个景观单元的阻力由阻力值最大的那个阻力因子决定，因此在参考式（4-47）的基础上，使用最大值叠置分析的方法构建物种迁移的阻力面。

第四是生态廊道的构建。首先，通过 ArcGIS 的耗费距离（cost distance）工具计算成本距离表面和回溯链接（backlink），可认为是最小累积阻力模型的计算结果。生态廊道是相邻的生态源地之间最易联系的低阻力通道，通过前文计算的累积耗费距离表面和“汇”单元，运用 ArcGIS 的费用路径（cost path）工具，得到从“源”地向“汇”地迁移的廊道（表 4-6）。

表 4-6 最小累积阻力赋值

阻力因素（等级 1）	阻力因素（等级 2）	相对阻力值
土地利用类型	植被	1
	未利用地	3
	水域	100
	耕地	50
	建设用地	100
坡度	<2°	1
	2°～6°	5
	6°～15°	10
	15°～25°	30
	>25°	100
交通	高速路（0～0.5km）	80
	一级公路（0～0.5km）	80
	二级公路（0～0.5km）	60
	三级公路（0～0.5km）	40
	铁路（0～0.5km）	70
	高速路（0.5～1.5km）	40
	一级公路（0.5～1.5km）	30
	二级公路（0.5～1.5km）	20
	三级公路（0.5～1.5km）	10
	铁路（0.5～1.5 km）	40

第三节 自然保护地区域农户生计与保护行为识别及其影响模型构建

一、自然保护地区域农户生计与保护行为识别

（一）农户生计行为识别

生计（livelihood）是指一种谋生手段，包括能力、资产以及某种生活方式所需要开展的活动。它既包括工作，也包括收入、职业和更加广阔的外延。可持续生计（sustainable livelihood）是生计的理想情况，这意味着在不破坏自然资源基础的前提下，生计可以应对一定压力并在冲击中得以恢复，人的能力和资产在当前和未来都能得到维持或增强。利用英国国家发展部（Department for International

Development）的可持续生计分析框架（sustainable livelihoods framework），提出了自然保护地农牧民生计分析框架及量化方法，使用涵盖人力、物质、自然、金融和社会资本的客观生计资本变量反应农牧民家庭生活水平（表 4-7）。

表 4-7　自然保护地区域农户生计资本类型及对应属性变量

资本类型	属性变量
自然资本	草场面积、林地面积、耕地面积等
物质资本	家庭房屋/帐篷拥有情况及其面积、农用机械拥有数、交通工具拥有数、大型家电（冰箱、洗衣机、电视等）拥有情况、大型牲畜（牛、羊、马等）饲养量等
社会资本	家庭参与村合作社情况及具体形式、非纯牧业/农业工作从事者比例、家庭政府/事业单位工作人数等
金融资本	家庭年收入、生态补偿收入、户均贷款额等
人力资本	家庭人数、户均受教育年限、户均有劳动能力人数等

（二）农户保护行为识别

研究提出了多类型自然保护地农牧民生态行为与生计资本的识别与量化方法。行为即个体在满足自身需要、达到某一特定目标的动机驱动下，表现出来的一系列活动过程（Kaiser，1998）。生态行为的研究起源于 20 世纪 60 年代，来自环境科学、社会学、心理学等多学科交叉领域，形成了环境保护行为（environmental protection behavior）、环境友好行为（environmental friendly behavior）等多种名称及定义。广义的生态行为既包括保护行为又包括破坏行为，狭义的生态行为则特指保护行为，强调个体为解决和预防生态环境问题而积极参与和主动采取的行动。基于前人研究和实地调研，将农牧民对生态环境的影响或行为定义为生态破坏和生态保护两个方面。生态破坏行为包括资源过度利用行为、生产及污染排放行为，会造成诸如生境破坏、生态多样性减少等后果；生态保护行为包括减少资源利用量、种养殖量，清洁能源利用和参与保护活动，带来的效益主要体现在生物多样性恢复、水源涵养、防风固沙等生态系统服务的整体提升（表 4-8）。

第一，生态破坏行为。在我国，重要自然保护地往往与贫困地区重叠，这些社区地理位置偏僻，生产条件差。自然保护地内部及周边农牧民遵循自给自足的自然经济方式，长期依赖于区内的各种自然资源，农耕、狩猎、林木采伐、采药、放牧是他们传统的生产方式与生活来源，资源依赖型的初级产业占有较大比例。为维持生计，自然保护地农牧民可能会存在以下破坏行为。

资源过度利用行为：如为盖房自用材、薪柴采集而乱砍滥伐，过度采挖中草药、山野菜，偷猎盗猎，竭泽而渔等，造成生境破碎、生物多样性锐减。

生产及污染排放行为：利用农田、林地、草地、水域资源发展种植、养殖业，如种植粮食、蔬菜及其他经济作物，养殖（鸡、鸭、猪、牛、羊），放牧（牛、羊、马），养鱼等，造成地表、地下水污染，土壤污染等；或者在种植、养殖过程中过度使用农药、化肥，造成生态环境破坏，如土壤板结、草地退化、水域污染等。

表 4-8 农牧民破坏和保护行为识别

生态破坏行为		细化描述
资源过度利用行为	薪柴采集	乔木、灌木、草本植物如竹子、稻草等
	采挖活动	中草药、野菜、菌类
	偷猎盗猎	鸟类、哺乳类、爬行类等
生产及污染排放行为	种植业	粮食蔬菜、其他经济作物
	养殖业	圈养猪牛羊、鸡、鸭等，水产养殖等
	畜牧业	牛、马、羊等
	药剂使用	农药、消毒剂、抗生素等
	农膜使用	地膜、大棚等
	化肥使用	复合肥、单元肥等
生态保护行为		**细化描述**
减少资源利用量		减少薪柴采集 减少采挖活动 减少偷猎盗猎 减少过度捕捞
减少种植养殖		减少种植量、养殖量 减少药剂使用 减少农膜使用，使用可回收利用的农膜 减少化肥使用，施用有机肥、农家肥
清洁能源利用		使用太阳能、天然气
参与保护活动		保护、救助野生动植物 宣传生态保护知识

第二，生态保护行为。在传统生产生活过程中，一些与自然协调发展的理念也逐渐衍生出来，农牧民会自发的或者在政策指导下，开展如下自然生态保护。

减少资源利用量：如减少薪柴采集量，退耕还林、还草，退牧还草等；减少种植养殖量：如合理采伐、耕种、放牧、养鱼。

清洁能源利用：使用太阳能、天然气等清洁能源；参与保护活动：如担任管护员、护林员等生态公益岗位人员（王正早等，2019），参与保护宣讲等。

二、自然保护地区域农户行为影响模型构建

（一）相关理论基础

计划行为理论（Ajzen，1991）认为行为意向（intention，IN）是决定行为的直接因素，并受到行为态度、主观规范和感知行为控制的影响（图 4-3）。其中，行为态度（attitude towards behavior，AB）是指个体对行为的总体评价，是对执行某一特定行为喜欢或不喜欢的程度；主观规范（subjective norm，SN）是指个体

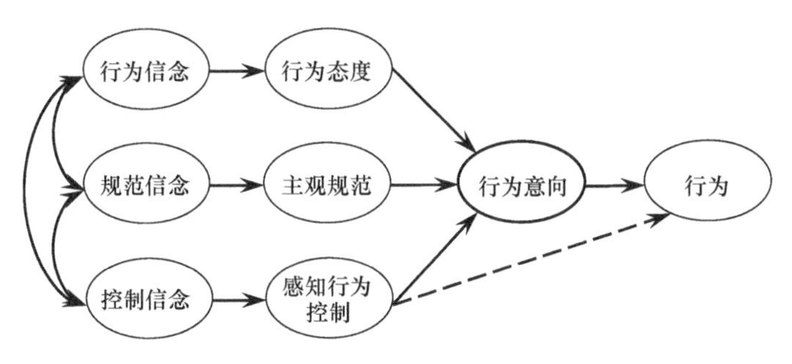

图 4-3　计划行为理论结构模型图

在决定是否执行某一特定行为时所感知到的社会压力；感知行为控制（perceived behavioral control，PBC）是指一个人所感知到的自己具有什么样的能力去执行行为。

中国的社会心理学理论研究者从 20 世纪 90 年代也开始关注有关理性行为理论和计划行为理论的研究（王正早，2021），并进行了实证研究，计划行为理论也逐渐引入生态保护领域，如运用计划行为理论的模型来分析自然保护意愿、雾霾治理行为和意愿、耕地保护行为等（李阳，2012；Zhang and Li，2017；汤艳，2018）。在计划行为理论模型的基础上，提出了一个扩展模型（表 4-9），以此构建潜变量及其测量变量，并建立模型结构。模型中共包含四个因素（潜变量）：农牧民的生态保护行为意向、家庭生计资本、当地生态经济政策效应和农牧民的具体保护行为。生态保护行为是指个人或家庭对周边生态环境直接和间接施加影响的活动；生计资本是指个人或家庭所拥有和获得的、能用于谋生和改善长远生活状况的资产、能力和有收入活动的集合；行为意向是指农牧民参与生态保护的意愿；生态保护政策即影响农牧民生计和行为的生态保护政策的落实及其作用。

表 4-9　扩展的农牧民行为影响理论模型

模型框架图	基本路径假设
生计资本 生态保护政策 计划行为理论 行为态度 主观规范 感知行为控制 行为意向 生态保护行为	行为态度、主观规范、感知行为控制对行为意向有正向影响 行为意向对生态保护行为有正向影响 感知行为控制对保护行为有正向影响 生计资本对行为态度、主观规范、感知行为控制有正向影响 生态保护政策落实对生态保护行为有正向影响 生态保护政策落实对行为态度、主观规范、感知行为控制有正向影响 生态保护政策落实对生计资本有正向影响

（二）基于结构方程模型的原住居民保护行为影响建模

结构方程模型（SEM）利用联立方程组求解，它没有很严格的假定限制条件，允许自变量和因变量存在测量误差。结构方程模型的建立，需要进行信度效度检验以及适配度检验。信度（reliability）是指测量结果（数据）一致性或稳定性的程度。一致性主要反映的是测验内部题目之间的关系，考察测验的各个题目是否测量了相同的内容或特质。稳定性是指用一种测量工具（如同一份问卷）对同一群受试者进行不同时间上的重复测量结果间的可靠系数。拟使用克龙巴赫 α（Cronbach's Alpha）系数进行信度检验。效度是指测量工具能够正确测量出所要测量的特质的程度。使用平均提取方差值（AVE）、收敛效度（CR）等指标进行效度检验。

模型拟合指数是考察理论结构模型对数据拟合程度的统计指标（表 4-10）。不同类别的模型拟合指数可以从模型复杂性、样本大小、相对性与绝对性等方面对理论模型进行度量。结构方程模型的拟合指标主要包括绝对适配度指数、增值（相对）适配度指数和简约适配度指数。选取绝对指标中的 χ^2、RMSEA、GFI、AGFI，相对指标中的 NFI 和 CFI，在简约指标中的 PGFI 和 χ^2/df，进行检验。这些指标在相关文献中的使用较为普遍，多数指标判断值的公认度也比较高。实际研究中，拟合指数的作用是考察理论模型与数据的适配程度，并不能作为判断模型是否成立的唯一依据，还需要根据所研究问题的背景知识进行模型合理性讨论。

表 4-10　SEM 部分拟合指数及其评价标准

指数名称		评价标准
绝对拟合指数	χ^2	越小越好
	GFI	大于 0.9
	RMSEA	小于 0.05，越小越好
相对拟合指数	NFI	大于 0.9，越接近 1 越好
	TLI	大于 0.9，越接近 1 越好
	CFI	大于 0.9，越接近 1 越好
简约拟合指标	PGFI	大于 0.05
	χ^2/df	1～3

在 SEM 中，潜变量是不能直接测量的假设，观察变量是收集来代表潜变量的指标。利用问卷收集数据（Wang et al.，2020），首先基于确定性因子分析，即 SEM 中的测量模型部分来明确观察变量与潜在变量之间的关系，进而利用 SEM 中的结构模型进行路径分析验证，建立潜在变量之间的关系模型，并据此提出以下基本假设。

H1. 农牧民的生态保护行为态度（AB）、主观规范（SN）和感知行为控制（PBC）等保护认知对其保护行为意向（IN）有积极影响（AB/SN/PBC→IN）。

H2. 农牧民的保护行为意向对其生态保护行为（ecological conservation behavior, ECB）有积极影响（IN→ECB）。

H3. 农牧民的感知行为控制对其生态保护行为有积极影响（PBC→ECB）。

此外，引入外在客观因素，探索家庭人口统计特征、社会经济特征以及保护地政策、措施等对农牧民保护意愿、行为的影响，首先引入“生计资本”（livelihood asset，LA）变量，由人力、物质、自然、金融和社会五种子资本共同表征并纳入计划行为理论，提出生计资本对认知因素存在正向影响，从而间接促进保护意向和保护行为提升，增加如下路径假设：

H4. 农牧民的生计资本对其保护行为态度、主观规范和感知行为控制有积极影响（LA→AB/SN/PBC）。

在生态环境保护领域，从历史上看，命令控制政策主导了政策发展过程，而近几十年来，根据动机的不同又出现了基于市场的激励和志愿服务，与命令控制政策并行。三者均旨在改变个体行为，但通过提供不同形式的奖励或惩罚来塑造行为动机及行为，具有不同的出发点。命令控制（command and control）是一种促使个体服从的基于法律和政府权力的规范性管理机制，必要时会实施处罚，如罚款、监禁及其他负面后果。当政策执行强制力和监管力度足够大，人们出于对惩罚性后果的恐惧就会产生顺从行为。因此，命令控制政策是通过强制力和公众的敬畏之情来促使群体行为向好转变。基于市场（market-based）的激励工具表现为对理性利己主义的激励（enlightened self-interest），即激发个体对经济报酬的渴望。当外部经济环境能使人们从行为改变当中看到收益或利益，那么出于对利润的渴望将激励行为的变化。志愿服务的出发点较为独特，所激发的动机通常被称为“社会责任规范”，即个体可能会改善自身环境行为，因为其行为会对他人产生积极影响。此时，即便可能会付出物质成本，但仍会寻求行为的改变。志愿服务不涉及强制力或经济刺激，而是争取更高的道德基础，试图通过对环境破坏行为的警告而不是惩罚、通过称赞积极的行为改变，来唤起社会责任规范。

基于绝大部分自然保护地的实际情况，将自然保护地各类保护政策（conservation policy，CP）的调控细化为三种功能，分别模拟、评估政策效果的显著性和直接、间接、总政策效应。宣传教育（propaganda and education，CPPE）功能：通过提高保护行为态度（AB）、主观规范（SN）和感知行为控制（PBC），从而间接调控农牧民保护行为意向与行为落实；命令控制（command and control，CPCC）功能：直接作用于激励农牧民的生态保护行为（ECB）；生态补偿（ecological compensation，CPEC）功能：通过增强农牧民的生计资本（LA）水平，从而间接调控其保护意向与行为。增加如下所示路径假设。

H5. 自然保护地保护政策对农牧民行为态度、主观规范和感知行为控制有正向影响（CPPE→AB/SN/PBC）。

H6. 自然保护地保护政策对农牧民的生态保护行为有正向影响（CPCC→ECB）。

H7. 自然保护地保护政策对农牧民的生计有正向影响（CPEC→LA）。

第四节　自然保护地区域经济与生态协调发展路线图设计

一、自然保护地区域经济与生态协调发展路线图的概念与特征

明确自然保护地发展路线图的内涵，可以帮助使用者明确保护地经济建设与生态保护协同方法的发展历程及未来的发展方向，并为后续研究提供准确的理论依据。目前，国家技术发展路线图中实际上涵盖了对资源、环境方面时序安排的部分，但是却没有给出明确的定义。立足自然保护地区域经济建设与生态保护实际，研究认为自然保护地区域经济建设与生态保护协同发展路线图是一种以满足自然保护地区域经济建设与生态保护协同发展整体需求为目的、以绘图形式呈现、指导协同发展措施体系有序落实的技术方法。而自然保护地区域经济建设与生态保护协同发展措施是针对自然保护地区域特定需求选取的、可按阶段性步骤实施的工程技术、政策制度或规模结构措施。自然保护地经济建设与生态保护协同发展路线图的特征主要表现为前瞻性、系统性、工具性、协同性。

（一）前瞻性

前瞻是人们对未来的预测和判断，这种预测和判断建立在现有信息的基础上，需要运用一定的经验、理论和方法。为自然保护地将来各发展阶段选择合适的政策、技术、规模措施来推动经济建设与生态保护协同向前发展是保护地发展路线图的主要目的，人们以此来指导自然保护地建设，最大限度地发挥政策、技术、规模措施的效力来为人与自然和谐发展服务。自然保护地发展路线图的绘制过程中将云集许多领域专家的意见，听取当地居民的心声，经过反复讨论，达成共识，因此所绘制的自然保护地发展路线图给出的未来一段时间内的变化趋势的预测具有超前性。

（二）系统性

自然保护地发展路线图的绘制涉及许多方面，如未来生态、经济、环境等多目标的预测、政策技术方法的分析、自然保护地目前的环境状况与经济基础等。在绘制自然保护地发展路线图时，常用的预测方法有德尔菲法、信息挖掘法、头脑风暴法等，其中德尔菲法为比较常用的预测方法。除了预测未来发展外，绘制自然保护地发展路线图还需进行系统的思考，详细讨论其内部的各要素及要素之间的联系，这是一种需求驱动的系统规划过程，建立在对相关要素进行互动、筛选、组合和评价的基础之上。自然保护地发展路线图的绘制能够在保护区内部对

有限的资源进行合理的分配，提高资源利用率，围绕这一目标，使政府管理人员能够根据自然保护地发展路线图的指引及时地发现问题，解决问题。

（三）工具性

自然保护地发展路线图是管理工具。其绘制可多种方法相互结合，最后的结果以简捷的形式表现，但综合了大量的信息和内容。保护地发展路线图作为一种战略工具，首先需要在各种政策、技术、规模措施中筛选出推动经济建设与生态保护协同发展的最优方案，其次需要指出各措施实施的时间安排。

（四）协同性

自然保护地发展路线图制定的一个重要准则便是实现经济建设与生态保护发展的协同。在自然保护地建设中，既不能一味地追求自然生态的美好而忽视了当地居民生存和发展的需要，更不能一味地追逐经济发展而无限制地挥霍自然生态资源，没有物质、精神生活的相对满足，居民就不会自觉地保护绿水青山，而没有自然生态资源的支持，经济就无法持续发展。自然保护地发展路线图以专家建议和居民协商的方式，寻求自然生态与社会经济的平衡点，通过采取各项政策、技术、规模措施，达到两者的协同，实现永续发展，既要绿水青山，又要“金山银山”。

二、自然保护地区域经济与生态协调发展路线图的作用与意义

自然保护地区域经济建设与生态保护协同发展路线图绘制的首要任务是在遏制遭到人类活动严重干扰地区自然生态环境的进一步恶化、自然保护未受人类活动干扰或干扰程度较低地区不受破坏的前提下，实现区域生态环境的恢复和向前发展。自然保护地发展路线图所特有的前瞻性能够对未来可能危害自然生态系统的因素进行识别和及时的处理解决，尽可能地减少生态环境保护恢复的阻碍，从而起到在付出代价最小的情况下加速自然生态系统破坏趋势遏制、加速自然生态系统修复进程的作用。

自然保护地发展路线图所针对的地区大都是一些由于经济发展滞后没有大规模干扰而使原有的自然生态景观保留下来的地区，因此这些地区往往存在信息闭塞、人均收入低、教育设施简陋、基础市政设施缺乏的问题，要解决这类问题，经济发展是必不可少的。

自然保护地发展路线图在确保自然生态景观不受到破坏的前提下，尽可能兼顾了经济发展的需要，如通过建立各自然保护地之间共享的数据库，实现各地区之间相互借鉴发展模式，使其他地区的成功经验为我所用，加速了经济发展的进

程；通过建设国家公园配套设施，吸引大批游客观光游览，用效益更高的第三产业逐步取代效益较低的第一、第二产业，从而在短时间内获取更多的经济利益，并在此过程中加强了与外界的沟通交流，用于观光游览所建设的运输设施同时也可引进更多的外地资源，包括基础旅游设施、教育资源，从而实现生态良好情况下的经济发展。

三、自然保护地区域经济与生态协调发展路线措施的厘定

（一）协同发展措施概述

所谓自然保护地经济建设与生态保护协同发展措施，是指为实现自然保护地经济建设与生态保护协同发展的目的，而需采取的推动、促进措施，涉及从宏观到微观、从整体到局部、从理论到实践、从当前到未来等各个层面的应对手段，是一个由政策制度、规模结构、工程技术等多方面、多角度入手，形成的系统性方案、手段、对策。

生态系统服务是生态系统所形成及所维持的人类赖以生存的自然环境条件与效用。如今，由于人类对自然资源的利用已经超过了生态系统本身的提供限度，造成对某一服务功能的需求是以牺牲其他服务功能为代价，不同生态系统服务之间相互影响，导致很难甚至不可能同时达到利益最大化，因此集成研究生态系统服务，探究最合理的生态系统管制措施，对实现自然保护地协同发展举足轻重。

“权衡”是指某类型生态系统服务的供给由于其他类型生态系统服务使用的增加而减少的情形，“协同”是指两种或多种生态系统服务同时增强或减少的情形。各类生态系统服务之间的相互作用，在不同尺度（时间与空间）的利益需求不同，几乎所有生态系统服务的决策都涉及利益权衡，因此权衡协同关系在全球范围内的生态系统服务之间普遍存在，但又表现出明显的地域差异性与动态变化性。研究生态系统服务的集成，探究最合理的生态系统管制措施，首先要依据研究区的实际情况，弄清各服务功能间的协同与权衡关系。

生态系统服务功能协同与权衡，作为一种平衡和抉择，可以理解为对生态系统服务间关系的一种综合把握。生态系统服务间的关系包含权衡（负向关系）、协同（正向关系）和兼容（无显著关系）等多个表现类型。从语义上来直观理解，“生态系统服务权衡”一词既可以指生态系统服务供给此消彼长的权衡关系，也可强调生态系统服务消费取舍的权衡行为。

因此，自然保护地生态系统服务功能协同与权衡的措施，即是为实现供给功能、调节功能、支持功能、文化功能四大生态系统功能及其子功能的最大化，而采取的措施。一般而言，为实现生态服务功能的最大化所采取的措施，主要包括协同调节、支持、文化三大功能的措施和为权衡供给功能与这三大功能而提出的

措施。但是这只是指大部分情况，并不是绝对的，如减少工农业推进旅游业发展就能同时提升供给功能和调节、支持、文化功能，这时供给功能又与其他三大功能呈现协同关系；此外，四大功能的子功能之间也往往存在着协同与权衡关系，如受制于供给功能的有限性，畜牧养殖与农业生产就存在一定的权衡关系。

党的十九大报告为我们国家下一步的发展提出了新的目标，即到 21 世纪中叶，把我国建成富强、民主、文明、和谐、美丽的社会主义现代化强国。为了实现国家的富强，就必须以经济建设为中心，推动经济不断向前发展；而要实现国家的美丽，则要保护生态环境，在经济发展时兼顾生态保护。然而在实际工作中，这两个方面的要求往往存在矛盾之处，如若想尽快实现经济发展最大化，以牺牲环境为代价，向自然生态无节制地索取服务功能是最简单快捷的方法；而若想保持美好的生态环境，尽量减少人类活动，减少对生态系统的影响又是较关键的。因此，如何推动两者同时向前发展，就成为当前比较关键的问题。

经济建设与生态保护协同发展，就是针对该问题提出的一种解决方案。该方案旨在通过合理调整产业结构，减少第一产业、第二产业，增加第三产业，从而实现地区经济的提升，同时辅以自然生态管护措施，逐渐减少自然保护地的人类干扰，从而推动自然保护地生态环境的恢复和改善。

由于前人尚没有对哪些措施属于经济建设与生态保护协同发展措施做出明确定义，研究将经济建设与生态保护协同发展措施分为狭义和广义两类。狭义的经济建设与生态保护协同发展措施仅指实施后同时影响经济建设与生态保护两个方面的措施，而广义的经济建设与生态保护协同发展措施除了包含同时影响经济建设与生态保护两个方面的措施外，还包括仅有助于推动自然保护地经济建设而不对生态环境造成影响的措施和仅能推动生态环境保护恢复而不对经济建设造成影响的措施。

为给出推动保护地在生态和经济方面共同发展的相关措施，无论是对经济发展有利而不影响生态环境的措施还是对生态环境保护有利却不影响经济发展的措施，都有助于目标的实现，故下文所指的经济建设与生态保护协同发展措施都为广义的措施。在自然保护地经济建设与生态保护协同发展路线图设计方法研究中，协同发展措施大致可分为以下几类。

第一，政策制度措施。所谓政策制度措施，就是国家或地方政府为了实现自然保护地经济建设与生态保护协同发展，而制定的一系列法律法规、部门规章，包括强制性措施和非强制性措施两类。其中强制性措施是通过国家强制力保障实施的，如禁止过度放牧政策，如发现过度放牧的问题，就采取行政措施加以干涉阻止，而非强制性措施往往是通过经济、政策等方面的优惠方式来激励的，如为鼓励保护区内居民减少农牧业活动并同时保证居民的生活水平，出台了一系列对旅游业发展的优惠政策。政策措施往往作用于单个牧民农户、个体农家乐经营者，通过经济手段迫使经营主体努力实现人与自然的和谐共处。

第二，规模结构布局调整措施。自然保护地经济建设与生态保护协同发展的规模结构布局调整措施，是指基于自然保护地整体布局规划，对自然保护地所在区域各子区域依据现有的经济发展水平、气候地理因素、自然环境条件，得出的合理的结构布局和规模调整措施手段，如通过对自然保护地的野生生物栖息地、自然环境条件、气候地理因素的考察，所给出的核心保护区、一般控制区等区域的合理划分，从而为下一步在各不同的分区单元采取不同的政策、工程措施提供前期准备。该类措施是从宏观规划上给出的，能直接影响其他措施的执行以及最终结果。

第三，工程技术措施。工程技术措施主要包括为实现自然保护地经济建设与生态保护协同发展，而采取的工程项目、技术引进等措施，针对自然保护地协同发展需求，有步骤地、有选择地引进先进的环境保护、生态治理技术，实施环境保护、生态治理工程项目，如废水处理工程、旅游业垃圾分类处理处置技术等。此类措施作用于具体的生态环境问题或人类与自然的冲突问题，在实际应用中，是落地生效速度最快、效力最大的措施。

（二）协同发展措施的特性

第一，多样性。自然保护地经济建设与生态保护协同发展措施名目繁多，大致可划分为规模结构、政策制度、工程技术措施三类，每类措施下针对不同的生态环境现状、气候地理条件、经济发展水平、民族风俗习惯等的不同，又存在各不相同的处理对策，各措施还有经典型和创新型等具有不同思想和技术要求的措施。这就要求在收集协同发展措施时，需尽可能全面，在筛选协同发展措施时，要尽可能涵盖具有相关知识、经验者的建议意见。

第二，相关性。各经济建设与生态保护协同发展措施并不全是相互独立作用的，在考虑相关措施的适用性时要着重关注各措施间的相互作用。具体而言，各协同发展措施的作用机制可分为独立作用、加和作用、协同作用、拮抗作用。其中独立作用，即指这两项或多项措施间基本没有互相影响，如农田面源污染控制措施与城市工业点源污染控制措施间就没有明显关联，但是大部分措施是相互影响的。所谓加和作用，即指两种或两种以上措施在应用时具有叠加效益，与独立作用的区别在于独立作用的两项措施若能在一定程度上解决同一问题，同时施用这两项措施实际上是取了所获效益的并集，而两项具有加和作用的措施同时应用于某一问题时，其影响程度是两项措施单独应用之和。协同作用，是指两项或多项措施同时应用于解决同一问题时，产生的效果甚至大于两项措施单独应用之和，即实现了一加一大于二的设想，因此，如两项措施存在协同作用，则在应用某一项时最好把另一项也投入应用。拮抗作用，是指两项或多项措施若同时施用，其作用效果将大打折扣，互相干扰，因此如措施间存在拮抗作用，就应该结合经济发展情况、地理气候条件、生态环境状况、地方风俗习惯等方面的因素，从中择取其一，而不是同时应用。

第三，特异性。每一种或一类经济建设与生态保护协同发展措施都具有其特定的作用范围，如果不符合其应有的应用环境，应用效果就会大打折扣，由于各类措施都是要落地实施的，各地各发展阶段所需的措施相差甚远，因此不存在放之四海而皆准的措施，需依据各地的经济发展情况、地理气候条件、生态环境状况、地方风俗习惯，合理选择应对措施，依据本地区实情创造性转化，而不能直接把其他地区的成功经验生搬硬套、直接照抄。

四、自然保护地经济建设与生态保护协同发展路线图的绘制

自然保护地区域经济建设与生态保护协同发展路线图绘制方法为：首先，对各主要生态系统服务间的协同关系和权衡关系进行识别；其次，依据维持协同关系和逆转权衡关系的原则筛选协同发展措施；最后，再对协同发展措施的分阶段落实方案进行合理的时序安排，由此完成协同发展路线图的绘制（图 4-4）。

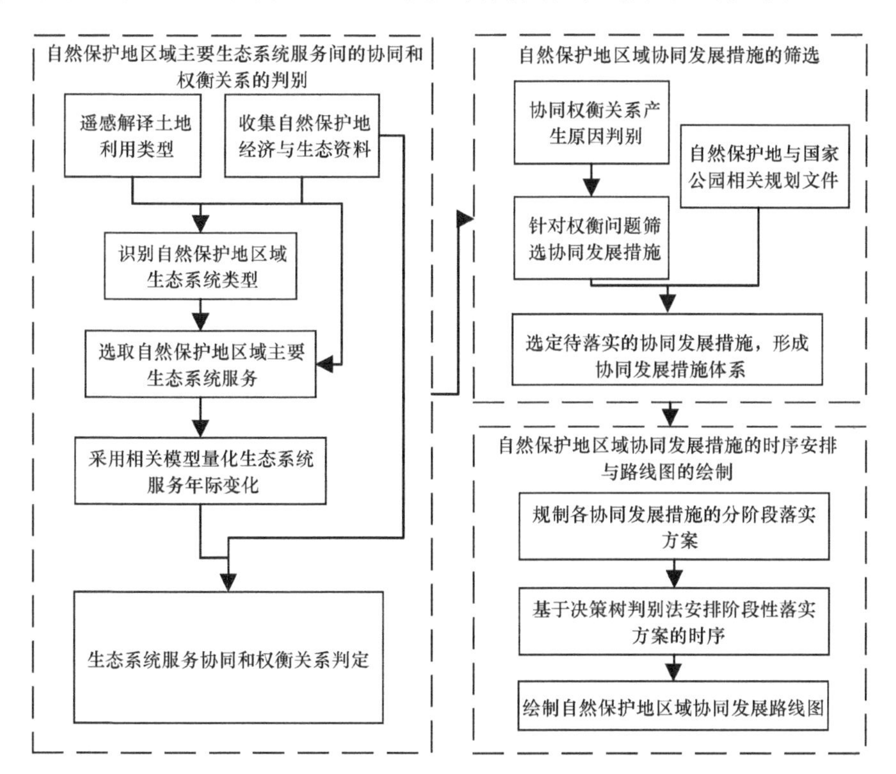

图 4-4　自然保护地区域经济建设与生态保护协同发展路线图的绘制方法设计

（一）主要生态系统服务的协同权衡关系判别

基于遥感解译分析保护地区域各类土地利用类型面积、占比及空间分布，并结合相关资料识别对应的生态系统类型。不同的生态系统类型能提供不同的生态系统服务，选取其中较关键的生态系统服务，采用 InVEST 模型定量分析。

为有针对性地提出促进经济与生态协同发展的措施，不但需把握研究区经济与生态间的相关关系，还需识别驱动相关关系变化发展的内在因素。采用遥感解译结合相关文献资料分析研究区占主导地位的生态系统类型、该生态系统所能提供的关键经济效益和生态效益，量化所对应的生态系统服务，对各生态系统服务间权衡和协同关系进行分析，即可整体把握经济与生态的关系并得出驱动其变化的主导生态系统服务。

在自然保护地区域，居民主要通过农业生产和生态旅游来获取经济效益。一般而言，农业生产和生态旅游所带来的经济效益可通过区域国民生产总值来描述，而受到通货膨胀的影响，同样的 GDP 总量在不同的时间所对应的货物价值并不一致，考虑到在中国合理的宏观调控下，通货膨胀导致的 GDP 增长率基本稳定，因此可通过判别 GDP 变化率的增减分析经济效益的变化趋势，GDP 变化率的计算如式（4-48）所示。考虑系统生态学理论，生态效益主要来源于生物量的增长、生态网络的增强和信息量的增加。碳总量能较好地反映生物量的大小，生境质量能较好地反映生态网络的强弱和信息量的大小。此外，不同的生态系统还各自有其他相对关键的生态系统服务，如具体到三江源地区，作为中华水塔，其生态系统水电生产的经济效益也不可忽视。

$$R_i = \frac{\text{GDP}_{i+1} - \text{GDP}_i}{\text{GDP}_i} \tag{4-48}$$

式中，R_i 为第 i 年 GDP 变化量的变化率；GDP_i 为第 i 年的 GDP 变化量；GDP_{i+1} 为第 i+1 年的 GDP 变化量。

碳总量可以采用 InVEST 模型（Sharp et al.，2020）的碳储存和固持（气候调节）模块求得，该模型将环境中的碳总量划分为地上生物量、地下生物量、土壤和死亡的有机物质，其中地上生物量包括土壤以上所有存活的植物材料，如树皮、树干、树枝、树叶等；地下生物量包括植物的根系统；土壤库通常被限制为矿质土壤的有机碳，但也包括有机土壤；死亡的有机物质包括凋落物、倒立或站立着的已死亡的植物，如式 4-49 所示。

$$C_{\text{total}} = C_{\text{above}} + C_{\text{below}} + C_{\text{dead}} + C_{\text{soil}} \tag{4-49}$$

式中，C_{total} 为碳总量；C_{above} 为地表碳总量；C_{below} 为地下碳总量；C_{dead} 为死亡碳总量；C_{soil} 为土壤碳总量。

而生境质量可以采用 InVEST 模型的生境质量模块求得，该模型将生境定义为“一个地区为特定生命有机体提供的用于生存和繁殖的栖息用地及其他资源条件”，而生境质量则是指生态系统满足个体和种群繁殖与生存的可获得性资源及生存条件需求的能力，计算方法如式（4-50）所示。

$$Q_{xj}=H_j\left[1-\frac{\left(\sum_{r=1}^{i}R\sum_{y=1}^{y_r}\left(\frac{w_r}{\sum_{r=1}^{R}w_r}\right)r_y i_{rxy}\beta_x s_{jr}\right)^2}{\left(\sum_{r=1}^{i}R\sum_{y=1}^{y_r}\left(\frac{w_r}{\sum_{r=1}^{R}w_r}\right)r_y i_{rxy}\beta_x s_{jr}+k^2\right)}\right]_j \quad (4\text{-}50)$$

式中，Q_{xj} 为土地利用类型 j 中 x 栅格的生境质量；H_j 为土地利用类型 j 设定的生境适合性参数；k 为半饱和常数；R 为威胁因子总数；i 是距离参数，即威胁因子 r 的最大影响距离；β_x 为生境栅格 x 的距离可达水平；w_r 为威胁因子 r 的威胁强度；s_{jr} 为生境对威胁因子的敏感性。

年产水量可以用 InVEST 模型的水电生产模块求解，该模块不做地表水、地下水、基流的区分，估算每栅格单元降水量减去实际蒸散发后的水量，作为水源供给量，如式（4-51）所示。

$$Y(x)=\left(1-\frac{0.408\times0.0013\times \mathrm{RA}\times(T_{\mathrm{avg}}+17.8)\times(\mathrm{TD}-0.0123P)^{0.76}}{P(x)}\right)P(x) \quad (4\text{-}51)$$

式中，$Y(x)$ 为年产水量；$P(x)$ 为年降水量；RA 为太阳辐射；T_{avg} 为年均气温；TD 为气温年较差。

各项生态系统服务增减趋势相关性的判定可采用相关系数法或权衡协同度法，其中生态系统服务权衡协同度计算公式如下：

$$\mathrm{ESTD}_{ij}=\frac{\mathrm{ESC}_{ib}-\mathrm{ESC}_{ia}}{\mathrm{ESC}_{ib}-\mathrm{ESC}_{ia}} \quad (4\text{-}52)$$

式中，ESTD_{ij} 为第 i、第 j 种生态系统服务权衡协同度；ESC_{ib} 为 b 时刻第 i 种生态系统服务的变化量；ESC_{ia} 为 a 时刻第 i 种生态系统服务的变化量；ESC_{ib}、ESC_{ia} 与此相同。ESTD 代表某两种生态系统服务变化量相互作用的程度和方向，ESTD 为负值时，表示第 i 与第 j 种生态系统服务为权衡关系；ESTD 为正值时，表示两者之间为协同关系；ESTD 绝对值代表相较于第 j 种生态系统服务的变化，第 i 种生态系统服务变化的程度。

通过相关系数或权衡协同度得到的相关关系属于统计相关，还需结合实际分析是否为逻辑相关，将其中符合逻辑的作为主要的生态系统服务间的协同或权衡关系。

（二）协同发展措施的筛选

对存在协同或权衡关系的生态系统服务，首先判别是否存在某生态系统服务的变化能直接或间接导致其他生态系统服务的变化；如存在则该服务即为影响因素，否则表明存在同时影响几类生态系统服务的外界影响因素。进一步，针对这些影响因素选取协同发展措施，所选取的协同发展措施应涵盖工程技术措施、规模结构措施、政策制度措施等各个层面。所选取的协同发展措施可能存在落实难度大、费效比过高等问题，可采用德尔菲法（袁勤俭等，2011）对每个协同发展措施进行评价赋值。最后，将所有措施按评价数值由大到小排序，依据实际选取评价数值较大的那部分作为最终选定的协同发展措施，形成协同发展措施体系。

（三）协同发展措施的时序安排与路线图的绘制

筛选出的协同发展措施需要分阶段落实，可采用决策树（母亚双，2018）分析方法，依据措施的可行性（即措施实施的前提条件是否满足）、迫切性（即是否迫切需要）和可操作性（即是否需要消耗大量的人力和资金、措施是否成熟等）三个方面来确定每一协同发展措施时序安排（图 4-5）。基于决策树分析方法确定的各协同发展措施的时序安排，绘制自然保护地区域经济建设与自然生态保护协同发展路线图。

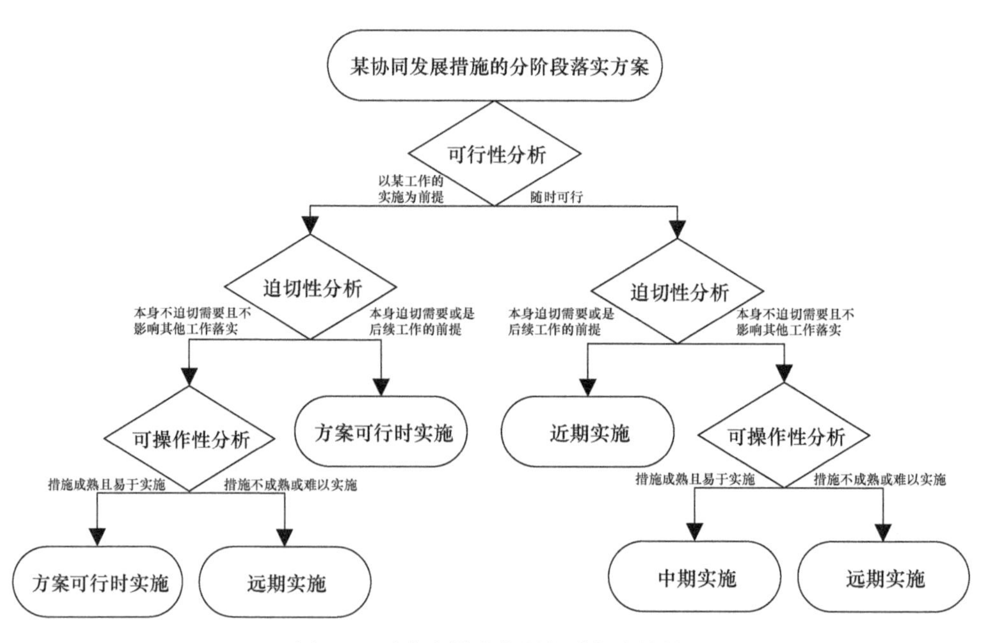

图 4-5　时序安排决策逻辑过程决策树

第五章　国家公园建设与优化综合管理技术*

国家公园是生态文明建设的重要内涵。自 2013 年十八届三中全会首次提出“建立国家公园体制”的目标任务以来，我国共设立 10 个国家公园体制试点区（其中 5 个已经于 2021 年 10 月正式宣布为国家公园）。虽然这些国家公园体制试点取得了一定成效，但建设具有中国特色的国家公园是一项长期、艰巨且复杂的系统工程，还面临诸多亟待解决的困难和问题。国家公园的管理不单是对自然和文化资源的管理，还需要考虑自然灾害、人类活动等多重因素的影响。面对多样化的管理目标和复杂的管理环境，国家公园的管理者如何在科学理论与方法的指导下实现统一、规范、高效的综合管理，是目前国家公园管理急需解决的现实问题。

第一节　国家公园重要保护对象与关键生态系统服务监测技术

监测特别是生态监测在促进国家公园科学规划与管理中发挥着重要作用。国家公园诸多管理目标的实现，都需要大量监测数据和信息作为支持。国家公园管理者需要通过大量监测数据和信息，识别出生态系统的动态变化和威胁因素，并揭示管理活动的影响，从而为管理决策的制定和实施提供有用信息（Gaston et al.，2006；Anderson et al.，2016；Théau et al.，2018）。

然而，我国的国家公园试点由各类型自然保护地整合设立，因此目前国家公园监测多沿用原自然保护地的常规监测，或依托科研项目开展专题监测。不同类型自然保护地的监测对象和监测内容差别较大，国家公园监测面临不同类型之间的整合，存在缺乏统一的监测指标体系、有效的监测数据管理、健全的监测实施机制等问题（叶菁等，2020）。尽管一些国家公园试点通过整合各方面资源，在监测技术上取得一定突破，但从整体上看，我国国家公园试点的监测工作尚处于初级阶段，且与国家公园的管理需求还存在较大差距，急需建立一整套科学有效的国家公园监测体系。

借鉴国际监测实践与经验，综合考虑国内监测现状与需求，我国国家公园应

---

* 本章执笔人：闵庆文、焦雯珺、何思源、曹巍、高峻、王国萍、张碧天、李巍岳、马楠、刘显洋、姚帅臣、杨蕾、郭鑫、李杰、付晶。

建立以生态监测为核心的监测体系。基于此，提出了我国国家公园生态监测体系构建的理论框架，构建既统一又因地制宜的监测指标体系，不断完善监测数据的管理和使用，并建立自上而下的监测实施机制，为我国国家公园监测体系的构建提供科学支撑。

一、国家公园生态监测体系构建的理论框架

保护生态系统的完整性和原真性是我国建立国家公园的首要目标，因此，我国国家公园监测是针对“山水林田湖草人”的全面监测，也是国家公园生态保护与资源管理的重要内容及评价其管理有效性的重要手段。生态监测为管理人员提供充足的数据和信息，识别生态系统的动态变化和威胁因素，揭示管理计划和生态保护行动的影响，从而为管理决策的制定和实施提供基础。国家公园监测体系中还应包括自然资源清查、自然与人为干扰监测和管理有效性监测（图 5-1）。在国家公园的整个监测体系中，生态监测是主体，占据核心地位，自然资源清查起到支撑作用，为生态监测奠定数据基础，自然与人为干扰监测为生态监测提供辅助性和相关性分析，而管理有效性监测则是生态监测结果的主要服务对象。

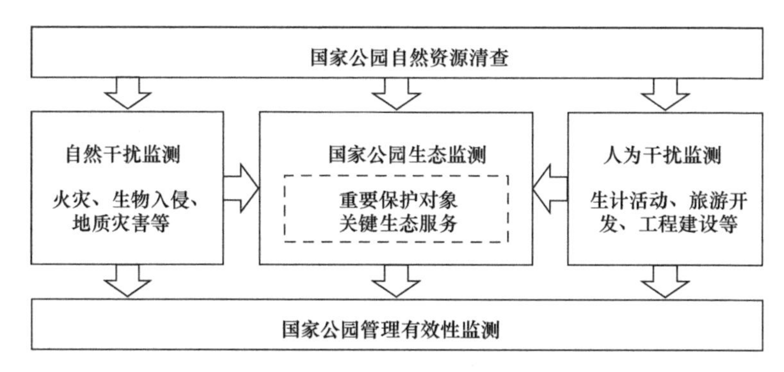

图 5-1　国家公园生态监测与其他监测类型的关系

为了更好地服务于国家公园的保护、规划与管理，我国国家公园生态监测应建立自上而下的监测实施机制，构建既统一又因地制宜的监测指标体系，不断完善监测数据的管理和使用。这就需要从国家层面上制定统一的生态监测体系，为各国家公园开展生态监测、制定监测指标提供指导。为此，提出以重要保护对象与关键生态系统服务识别为基础、以管理目标与关键生态过程匹配为核心、以遥感监测和地面调查相结合为监测手段的理论框架（图 5-2）。该框架由五部分组成：①监测目标确定；②监测对象识别；③监测指标体系构建；④监测技术选择；⑤监测数据管理（焦雯珺等，2022）。

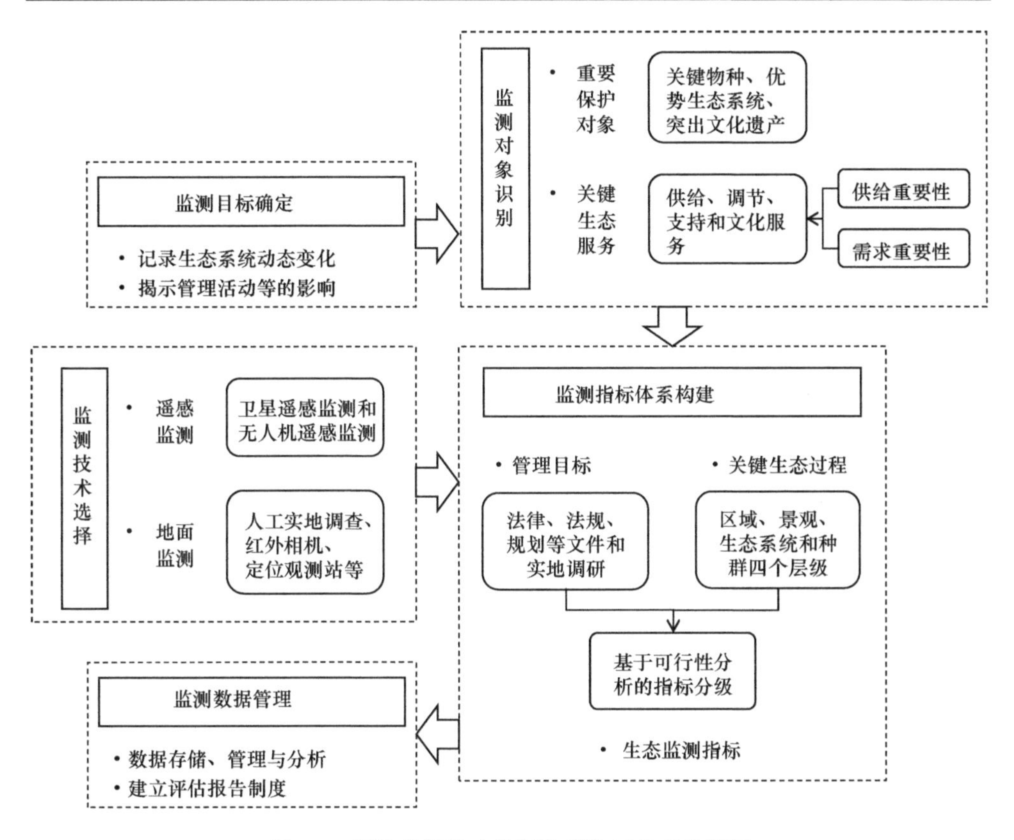

图 5-2　国家公园生态监测体系构建的理论框架

（一）监测目标确定

国家公园生态监测的目标主要有两个：第一，识别国家公园内生态系统的动态变化，为生态系统的保护与管理提供必要的数据和信息；第二，揭示管理活动的影响，为管理决策的规划和实施提供有用信息。

（二）监测对象识别

国家公园生态监测的主要对象可分为物种、生态系统等保护对象和生态系统所能提供的生态系统服务。考虑到监测的成本和可操作性，应识别出重要的保护对象和关键的生态系统服务。

重要保护对象可进一步细分为具有重要指示意义或保护象征意义的关键物种、作为生态系统完整性典型代表的优势生态系统和具有重要价值的突出文化遗产。关键物种、优势生态系统和突出文化遗产的识别多依赖对现有资料的梳理，具体的识别过程则可通过专家咨询、认知调查等方法进行。

国家公园的生态系统服务可分为供给服务、调节服务、文化服务和支持服务四种主要类型。国家公园的管理目标具有多元性，当管理目标之间产生冲突时，管理者就必须从供给-需求角度对生态系统服务进行权衡管理（He et al.，2018b；Zhang et al.，2020；张碧天等，2021）。因此，国家公园关键生态系统服务的识别可通过从供给和需求两个方面判断生态系统服务的重要性来完成。

（三）监测指标体系构建

为了更好地服务于管理工作，国家公园生态监测指标的识别和选取首先要与国家公园的管理目标相匹配，这样监测数据才能更好地服务于对管理目标实现程度的评估。具体来说，就是国家公园监测指标必须与国家公园对监测对象的管理要求相匹配。其次，生态监测指标的选取应当以国家公园的关键生态过程为基础，特别是涉及监测对象的关键生态过程，从而从不同的尺度反映出生态系统的变化和管理活动的影响。

生态系统是基于结构和功能的不同层级结构的复合体，层级的关系反映在不同的时间和空间尺度上（O'Neill et al.，1992；Klijn and De Haes，1994）。通过分层的方法来描述一个区域的生态功能，可以将生态过程归纳到它们所发生的尺度内。因此，识别国家公园中关键的生态过程就可以采用这种分层的方法，从区域、景观、生态系统和种群四个层级识别国家公园中关键的生态过程（Mezquida et al.，2005）。

（四）监测技术选择

国家公园生态监测数据的获取必须依赖遥感监测与地面监测技术的有机结合。遥感监测包括卫星遥感监测和无人机遥感监测，地面监测则包括人工实地调查、红外相机、无线电项圈、定位观测站及其他自动监测系统，其中人工实地调查包括样线样方调查、实物取样、定点观测、手持设备定点监测等。在国家公园生态监测的具体开展中，应注重多途径、多类型监测技术的优势整合，构建从卫星遥感到无人机遥感再到地面调查自上而下的完整调查监测技术链，从而在整个国家公园或更大尺度上实现生态过程的监测。此外，与之相匹配的是要加快开展多源数据的融合技术研究和推动自然保护地精细化监管理念的实现和实施。

（五）监测数据管理

监测数据的管理和转化利用对实现国家公园有效管理至关重要。为加强国家公园生态监测数据管理，提出国家公园生态监测实施及数据管理利用的主要机制，由三级管理网络、数据存储与处理、保护成效评估 3 部分构成（图 5-3）（焦雯珺等，2022）。

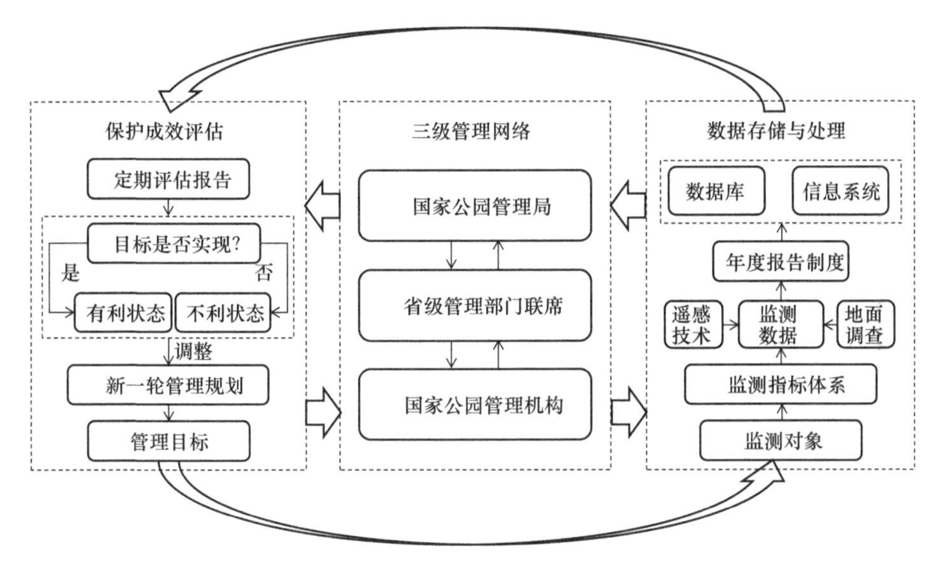

图 5-3　国家公园生态监测实施和数据管理机制

首先，国家公园管理局、省级管理部门和各国家公园管理机构是国家公园生态监测的实施主体，因此应建立国家、省和国家公园三级管理网络。其次，国家公园管理局应建立国家公园生态监测数据库与信息系统，将各国家公园提交的监测数据及时入库，并通过功能模块对国家公园生态保护成效进行反馈，推动国家公园生态监测工作的信息化与业务化。最后，国家公园管理局应建立统一、规范的国家公园生态保护成效评估制度，定期对国家公园生态监测结果进行评估，使其成为国家公园管理成效评估的重要组成部分，进一步促进生态监测服务于国家公园的保护、规划和管理。

二、国家公园关键生态系统服务识别技术

生态系统服务是指自然为人类提供的物品和惠益，是人类社会生存和发展的基础，被视为连接自然与社会的桥梁。生态系统服务的分类方式众多，借鉴已有研究成果，国家公园的生态系统服务也可分为供给服务、调节服务、文化服务和支持服务四种主要类型。

就我国国家公园的生态监测而言，关键生态系统服务的识别不仅需要从供给角度去判断生态系统服务的重要性，还要从需求角度来考虑生态系统服务的重要性。在供给与需求两个方面都具有较高重要性的生态系统服务，对实现生态保护和社区发展目标都有很高的贡献度，自然被作为国家公园的关键生态系统服务。在供给与需求两个方面的重要性差异显著的生态系统服务，集中反映生态保护和社区发展目标间的冲突关系，也应被作为国家公园的关键生态系统服务进行监测

与管理。在此基础上，提出国家公园关键生态系统服务的识别技术，包括以下 4 个方面：①供给重要性计算；②需求重要性计算；③供给-需求权衡分析；④关键生态系统服务确定（图 5-4）。

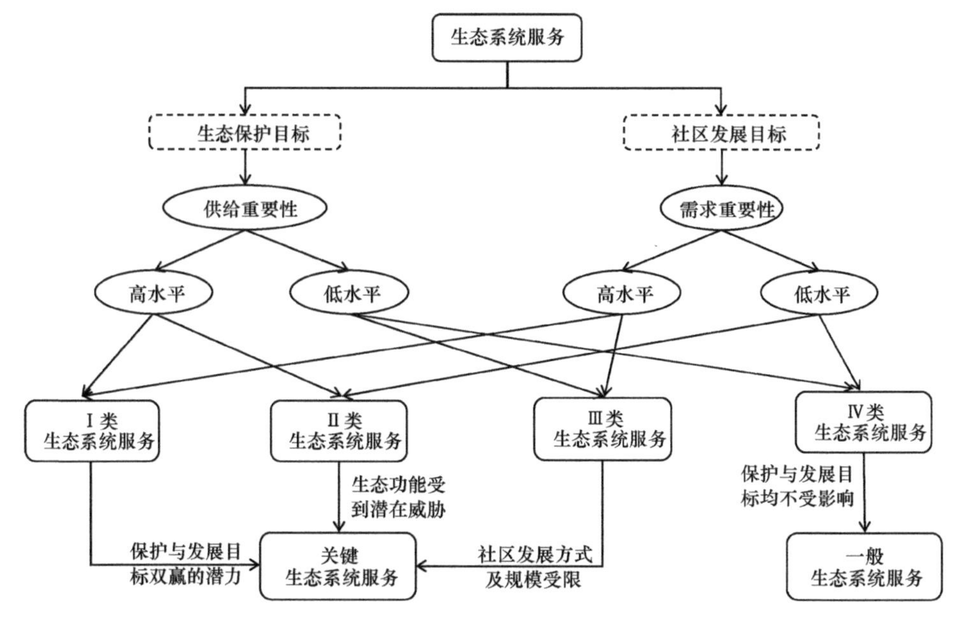

图 5-4　国家公园关键生态系统服务识别

（一）供给重要性计算

从供给角度对国家公园生态保护目标下生态系统服务的重要性进行计算。利用客观的当量价值法、主观的专家咨询法或生态模型与价值化技术相结合的方法，计算生态系统服务的价值量或重要性分数。对各项生态系统服务的价值量或重要性分数进行总和归一化处理，将得到的数值作为各项生态系统服务的供给重要性。

（二）需求重要性计算

从需求角度对国家公园社区发展目标下生态系统服务的重要性进行计算。国家公园内的社区居民是对生态系统最有影响力的使用者，也是最直接受到生态保护影响的群体（Turkelboom et al.，2018）。但其话语权相对较弱，容易出现在生态保护上承担的成本和获得的收益不对等问题（Cernea et al.，2006；Oldekop et al.，2016）。因此，可利用主观的陈述偏好法或客观的揭示偏好法对园内社区居民进行偏好调查，计算其对生态系统服务的偏好价值或偏好分数。对各项生态系统服务的偏好价值或偏好分数进行总和归一化处理，将得到的数值作为各项生态系统服务的需求重要性。

（三）供给-需求权衡分析

对供给重要性和需求重要性分别进行聚类分析，得到高供给重要性、低供给重要性、高需求重要性和低需求重要性四组生态系统服务。对这四组生态系统服务进行供给-需求权衡分析，得到四类生态系统服务。第Ⅰ类是具有高供给重要性和高需求重要性的生态系统服务，对实现生态保护和社区发展目标双赢具有积极作用。第Ⅱ类是具有高供给重要性和低需求重要性的生态系统服务，因社区居民的忽视而面临被破坏的风险。第Ⅲ类是具有低供给重要性和高需求重要性的生态系统服务，往往因生态保护要求而在一定程度上被牺牲。第Ⅳ类是具有低供给重要性和低需求重要性的生态系统服务，对生态保护和社区发展目标没有显著影响。

（四）确定关键生态系统服务

第Ⅰ类生态系统服务体现了生态保护和社区发展之间的协同关系，理应被作为关键生态系统服务予以监测和管理。第Ⅱ类和第Ⅲ类生态系统服务体现了生态保护与社区发展之间的冲突关系。社区对生态保护认识的不足可能诱发负面行为，进而威胁生态系统的结构和功能；而僵化的生态保护策略致使当地人不得不做出牺牲，使得社区的生存和发展需求难以满足。因此，这两类生态系统服务应被作为关键生态系统服务进行监测和管理。

在以神农架国家公园的大九湖、木鱼、神农顶和老君山管护小区为例。根据生态系统服务的供给和需求重要性权衡分析，得到大九湖管护小区的关键生态系统服务为生物多样性保护、水文调节、气体调节、气候调节、环境净化；木鱼管护小区的关键生态系统服务为美学景观、食物生产、生物多样性保护、水文调节、气体调节、气候调节、环境净化；神农顶管护小区的关键生态系统服务为生物多样性保护、水文调节、气体调节、气候调节、环境净化；老君山管护小区的关键生态系统服务为美学景观、食物生产、原料生产、水资源供给、生物多样性保护、水文调节、气体调节、气候调节、环境净化（姚帅臣等，2021）。

三、国家公园生态监测指标体系构建技术

根据国外国家公园监测实践与经验，我国国家公园必须构建既统一又因地制宜的生态监测指标体系。统一是指国家层面应提出统一的生态监测指标制定方法，便于出台规范性文件，指导各国家公园开展实际监测工作；因地制宜是指各国家公园应在规范性文件的指导下，根据自身实际情况制定具体的监测指标，开展实际监测工作。为此，提出基于管理目标-关键生态过程相关性分析的监测指标体系构建技术，包括以下 4 个方面：①明确管理目标；②识别关键生态过程；③确定需要监测的生态过程并制定初始监测指标清单；④确定最终监测指标清单

并进行分级（图 5-5）（焦雯珺等，2022）。

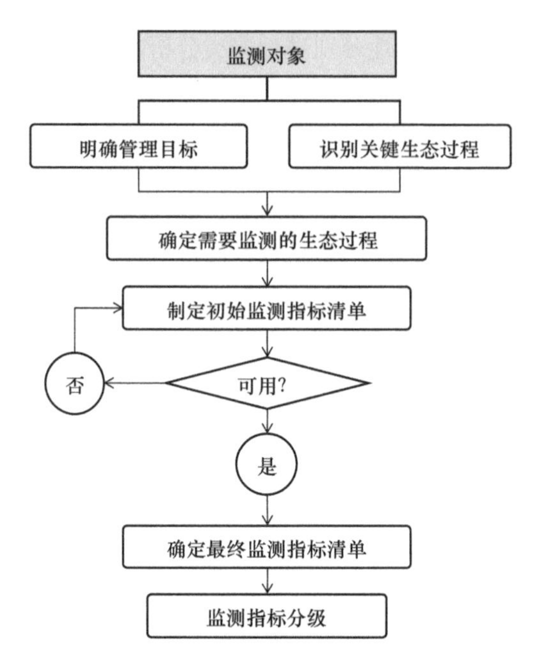

图 5-5　国家公园生态监测指标体系构建

（一）明确管理目标

由于生态系统类型及区域地理特征差异显著，不同国家公园对其监测对象的管理目标存在显著差异。因此，管理目标的确定必须基于每一个国家公园内重要保护对象与关键生态系统服务的重要特征及价值。这些管理目标通常可以在国家公园的法律法规、管理计划、规划方案等相关文件中找到，但是用于监测指标设计的管理目标还需要进行深入研究。开展实地调研、访谈相关管理和研究人员等有助于在文件的基础上识别出更加具体的管理目标。

（二）识别关键生态过程

监测国家公园内发生的所有生态过程是不可行的，因为这意味着需要在不同的尺度上确定数百个生态过程。因此，构建监测指标体系的关键在于确定一小套指标以反映生态系统在多个尺度上的总体功能。为了确定这一小套指标，从每个相应的层级内识别出与监测对象密切相关的关键生态过程对于监测内容的确定至关重要。

关键的生态过程通常需要从生态系统的一般知识和特定国家公园的特定知识中归纳总结，对其的识别有赖于现有研究成果与深度访谈和实地调研工作的结合。

首先应对已有研究成果和访谈调研所获数据进行整理分析，形成四个层级的生态过程清单，然后经由管理人员和研究人员组成的专家小组的探讨论证，通过参与式方法确定所有关键生态过程并赋予它们真正的重要性。

（三）确定需要监测的生态过程并制定初始监测指标清单

在识别管理目标和关键生态过程后，可以建立管理目标与关键生态过程的相关性分析矩阵。通过分析管理目标与关键生态过程的相关性，确定出需要监测的生态过程以及这些生态过程发生的时间尺度和空间尺度。在此基础上，可以为需要监测的关键生态过程制定一份初步的监测指标清单。需要监测的关键生态过程的潜在指标可通过文献查阅或专家咨询确定。

（四）确定最终监测指标清单并进行分级

在确定最终监测指标清单之前，需要对初始监测指标进行可行性分析，剔除可行性较低的监测指标。可行性分析主要考虑现有监测基础的可用性、与其他机构合作的可能性等方面。对于那些自身进行监测较为困难或成本较高的指标，可以通过合作的方式由其他机构完成。对于那些监测成本高但是被认为重要的指标，可以通过降低监测频率等方式来纳入监测指标体系。在确定最终监测指标清单之后，需要对监测指标进行分级，使不同层级的指标适用于不同的监测基础和阶段，以增强监测指标的可行性、提高监测效率。

在三江源国家公园，通过对管理目标和关键生态过程进行相关性分析，确定了需要监测的生态过程，并构建了由两级共 98 个指标构成的生态监测指标体系（姚帅臣等，2019）。在神农架国家公园，通过对不同管护小区管理目标和关键生态过程进行相关性分析，构建了由两级共 57 个指标构成的大九湖管护小区生态监测指标体系、由两级共 77 个指标构成的木鱼管护小区生态监测指标体系、由两级共 64 个指标构成的神农顶管护小区生态监测指标体系和由两级共 69 个指标构成的老君山管护小区生态监测指标体系（姚帅臣等，2021）。

第二节 国家公园灾害预警与人为胁迫管理

一、国家公园灾害风险管理研究与实践基础

国外国家公园灾害风险研究与管理实践表明，灾害风险管理是国家公园管理的组成部分，在国家公园管理中具有三个特点。首先，灾害风险管理体现在国家公园法定规划中，一般以分区规划与人员行为管控开展。其次，灾害风险管理往往融合在国家公园核心管理目标中，包括自然资源管理、生态系统管理、文化资

源管理、旅游管理、社区管理等。最后，灾害风险管理的目的是维持系统理想状态，它用来形容国家公园各种属性，反映出国家公园的长期管理成效，确定管理对象的理想状态成为设定灾害风险管理目标的关键（李禾尧等，2021）。

我国自然保护地灾害风险研究与管理实践表明，各类自然保护地因管理目标、保护的严格等级的不同，在灾害风险管理上各有侧重和特点，大致表现为三类。一是基于区域自然灾害风险管理的灾害风险管理，其灾害风险管理的重点和目标在于通过一定的管理措施，减少自然灾害对于保护地所在区域的社会系统的威胁，尤其是对于人的危害；二是基于区域生态风险评估与管理灾害风险管理，其风险管理的重点和目标在于减少各种风险源对于生态系统的威胁；三是基于多元风险受体的保护地灾害风险管理，其风险管理的目标不仅要考虑减少灾害风险对于社会系统的威胁，同时也要考虑减少自然和社会风险源对于旅游资源的破坏，其风险受体是一个复合社会-生态系统（王国萍等，2019）。

二、国家公园综合灾害风险理论与管理框架

国家公园管理目标的多样性决定了其暴露在致灾因子下的承灾体多样性，既包括物种与关键生态系统，也包括进入国家公园的管理者、游客、其他在国家公园内从事相关合规工作的人以及社区居民，甚至国家公园内的建筑、道路和设备设施。相应地，这些社会-生态系统组分面临的致灾因子也呈现多样性。

面对国家公园内致灾因子与承灾体的多样化，及其在系统内的相对性和转化性，研究提出国家公园综合灾害风险：国家公园范围内及其所在区域的自然灾害或人为灾害与国家公园内各组分所固有的易损性之间相互作用而导致国家公园生态价值、经济价值和社会价值降低的可能性；提炼国家公园成灾机制（图 5-6）。国家公园灾害风险源主要由人、环境、生物 3 类因子组成；灾害风险受体主要由人、环境、生物、设施 4 类因素构成。承灾体脆弱性（包括暴露性、敏感性和适应能力）与致灾因子危险性共同构成国家公园综合灾害风险（王国萍等，2021）。

基于国内外自然保护地与国家公园灾害风险管理理论与实践，面向我国国家公园多元管理目标，构建面向国家公园管理目标和灾害风险的管理模型（图 5-7）（王国萍等，2021）。

这一管理模型立足于国家公园灾害风险的综合性新视角，逐级分解国家公园管理内容，将传统生态风险评价对象扩展到以国家公园管理目标确定的多类型承灾体，聚焦于社会-生态系统的灾害风险；在服务于国家公园管理目标时，将对风险监测的客观科学性与风险可接受性的主观价值判断相结合，使得国家公园综合灾害风险管理成为一种前瞻的策略性管理，而不是应对性管理。

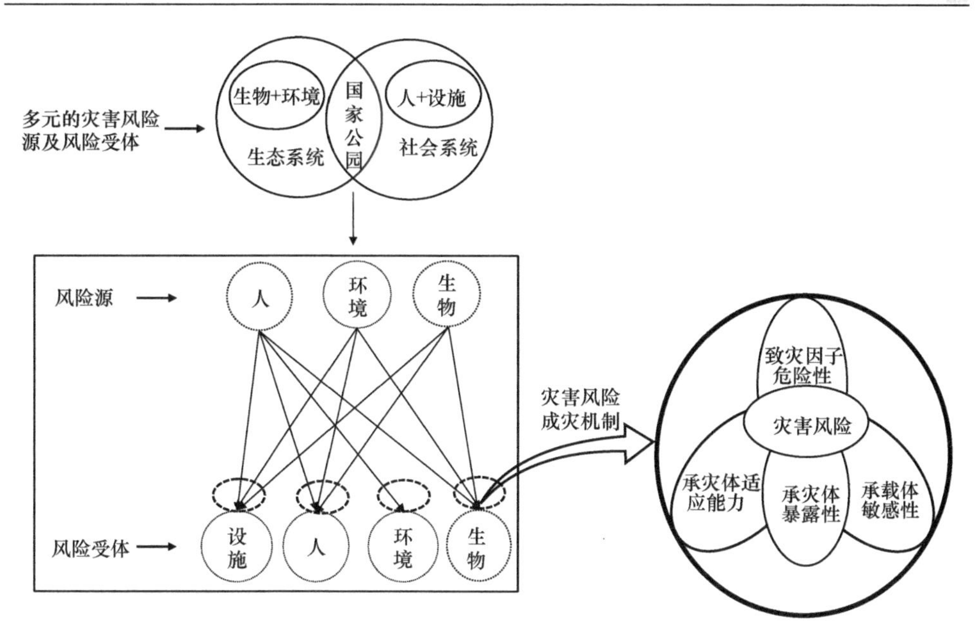

图 5-6　基于国家公园管理目标的综合灾害成灾机制概念模型

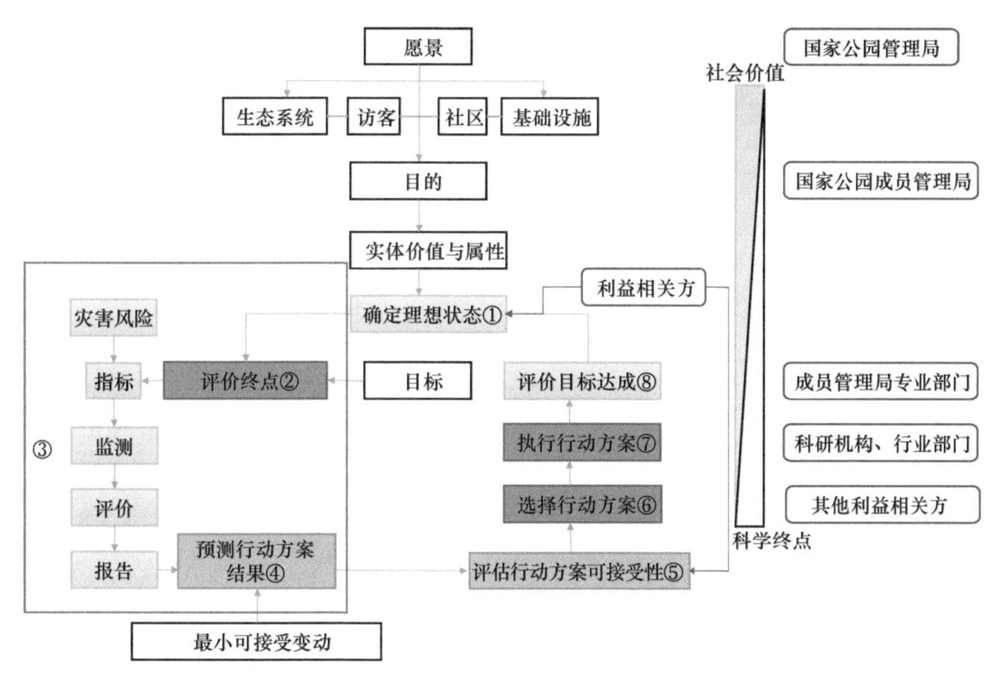

图 5-7　国家公园灾害风险管理的“层级式”概念模型

综合灾害风险管理嵌入了国家公园“层级式”管理，“层级式”管理目标始于管理愿景，它是国家公园管理局的核心管理目标，不以人事变动和组织架构更新而改变，在具有科学性的前提下，很大程度上反映了一般政策中的社会价值取向。将国家公园实体视为一个社会-生态系统，其运行时的关键组分包括生态系统、社区、访客以及设备设施。针对这些组分，将愿景进一步分解为目的，它们是对愿景中所定义的价值与管理单位的运行原则的定性陈述。在目的基础上形成定量可执行的目标，决定了国家公园整体管理中灾害风险的评价终点，针对生态系统、社区、访客以及设备设施等关键组分的多样化目标。

确定评价终点的一个关键是确定管理对象的“理想”状态，即对管理的最终目的进行描述。从“层级式”管理中的管理目的上来看，它们一方面涵盖保护与保障供给社会-生态系统服务所需的自然资本与其他资本，另一方面包括保障受益人获得服务的权利和渠道。因此，社会-生态系统视角的综合灾害风险识别针对整个社会-生态系统服务供需链条，任何影响资本投入与服务获得的因素都可能打破整个链条的完整和畅通，使国家公园管理的关键组分远离理想状态。

“层级式”管理强调科学与管理的联动，适应性管理既具有科学基础，也需要利益相关方共同协作，从灾害风险管理体制优化与机制构建来推动综合灾害风险管理。一方面，将国家公园灾害风险管理纳入区域自然灾害风险管理框架下，将区域灾害风险管理与国家公园总体规划对接，在国家公园管理机构与行业部门间形成协同管理机制，特别是在常规监测、发布预警、应急处置等方面，需要充分发挥气象、水文、地质等相关管理机构的作用；另一方面，鉴于国家公园承灾体的综合性，在风险识别、应对、灾后评估与恢复等方面，利益相关方的认知、决策、行动都关系着灾害风险管理的成败，应当充分借鉴综合自然灾害风险管理的系统性理念，在风险管理伊始就确定不同利益相关方在风险管理中的角色，从而明确灾害风险管理中的主动方、被动方，评估其风险应对的资源和能力并予以发展（何思源等，2020a）。

从上述两个方面出发，考虑灾害风险管理的周期性和国家公园管理目标的综合性，“层级式”管理模型中的利益相关方应当协作成为国家公园综合风险适应性管理主体，形成以国家公园管理局为灾害风险管理核心，生态系统及其受益人为风险管理对象，行业部门参与监测评价管理，地方政府协同应急恢复管理，科研机构提供底层数据和第三方评估支持的多利益相关方参与的管理模式（图 5-8）（王国萍等，2021）。

三、国家公园综合灾害风险评估体系

基于国家公园综合灾害风险概念，国家公园综合灾害风险评估是对国家公园范围内自然灾害或人为灾害风险源的危险性，及区域内灾害所危及的对象所固有的脆弱性进行综合评估。研究创新性地将灾害风险的“危险性”与承灾体的“脆弱性”与压力-状态-响应（pressure-state-response，PSR）模型框架体系对接来诠释国家公园综合灾害风险。

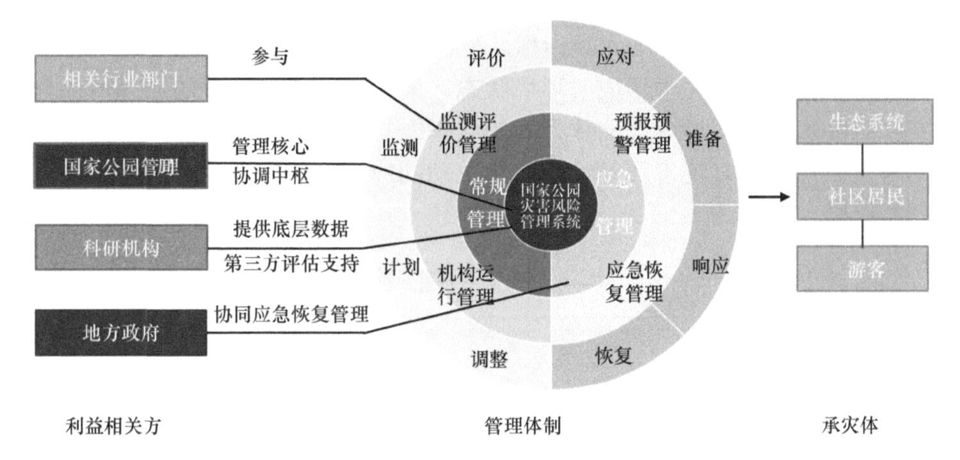

图 5-8　国家公园综合灾害风险适应性管理体制机制框架

首先，基于 PSR 模型的国家公园综合灾害风险评估提出对国家公园综合灾害风险的界定流程（王国萍等，2019）（图 5-9）。

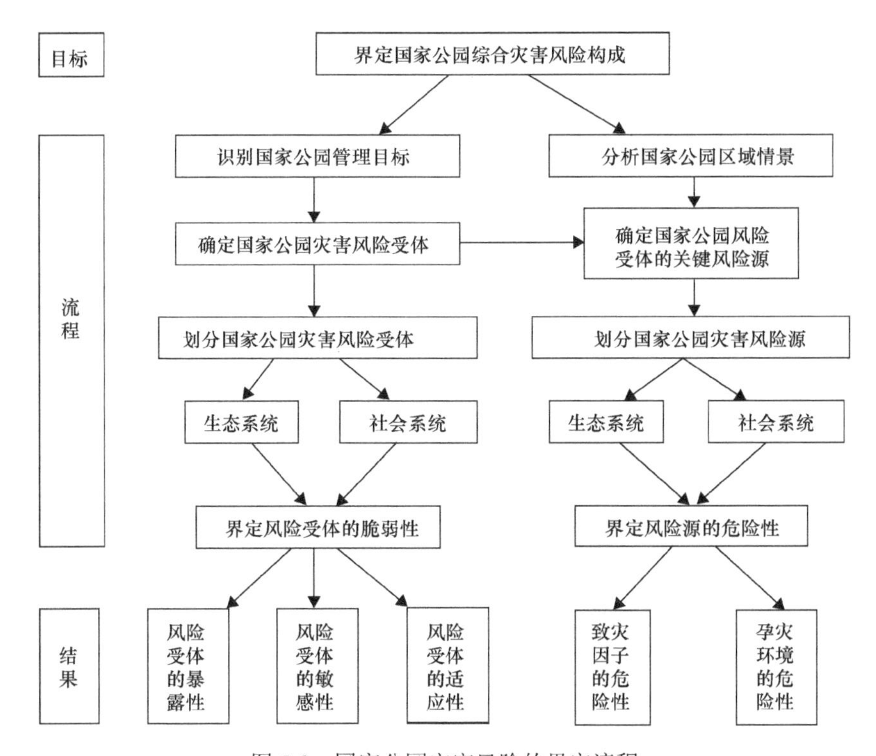

图 5-9　国家公园灾害风险的界定流程

其次，将 PSR 模型与国家公园灾害风险受体的脆弱性和风险源的危险性进行结合，从而构建基于 PSR 模型的国家公园综合灾害风险评估概念框架（图 5-10）。国家公园灾害风险的危险性主要指的是致灾因子和孕灾环境状态的危险性，构成该评估体系的压力类指标。孕灾环境的危险性主要是指致灾因子形成的环境条件，强调灾害形成的环境状态，同承灾体脆弱性中的物理暴露性、承灾体的敏感性共同构成评估体系中的状态类指标。承灾体的适应性主要是指区域内人类社会面对灾害及其风险时的主动回应，也即社会适应能力，视其为响应类指标。

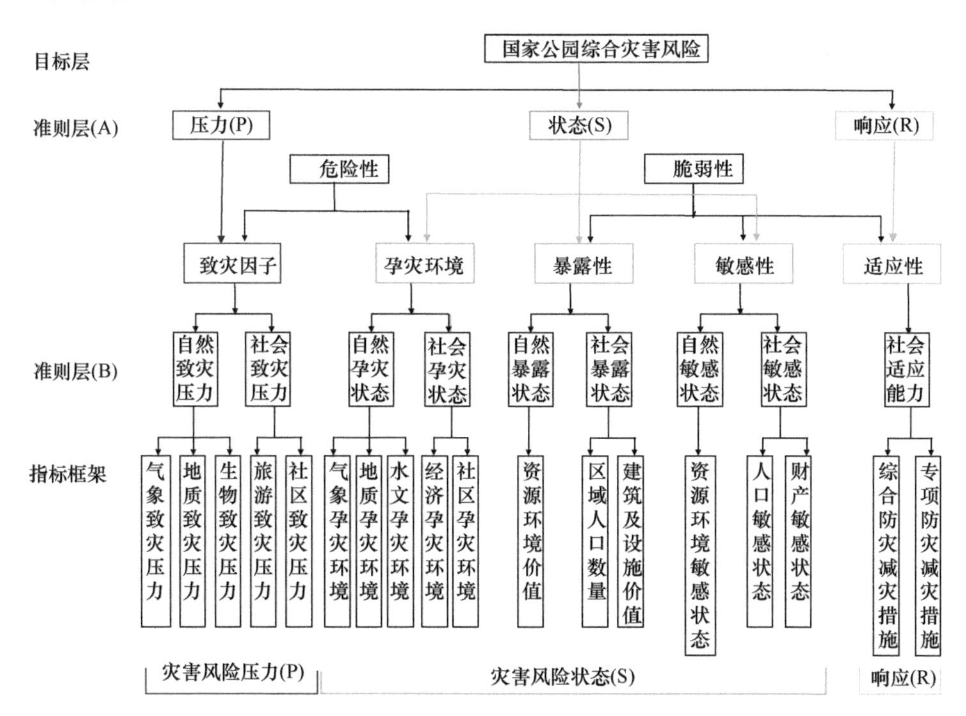

图 5-10　基于 PSR 模型的国家公园综合灾害风险评估概念框架

在科学性、全面性、代表性、可操作性和独立性原则指导下，研究采用主客观综合分析方法构建评估指标体系。首先，评估指标的选取以国家公园管理目标为导向，由此确定国家公园的主要灾害风险受体即生态系统和区域内的社会系统。其次，针对这两大类的灾害风险受体，确定了生态系统的灾害风险评估的具体指标选取以区域生态风险评估指标为依据。社会系统的灾害风险评估指标的选取以旅游地生态风险综合评估指标为依据，以旅游地生态风险评估为依据是因在承担游憩功能的其他类型保护地研究中，从旅游地的角度出发，能很好地体现社会系统及其组分（社区、游客、设施等）作为承载体的综合性。最后，基于已构建的国家公园灾害综合评估概念框架，借鉴文献综述和相关研究成果，进行灾害风险指标的选取和筛选，并选择了具有典型性和代表性的指标反映国家公园综合灾害风险，构建包括目标层、准则层、指标层在内的 39 个具体指标的国家公园灾害风险综合评估指标体系（表 5-1）（王国萍等，2019）。

表 5-1 国家公园灾害风险综合评估指标体系

目标层	准则层（A）	准则层（B）	指标层	正负性
国家公园综合灾害风险指数	压力指标（P）	自然致灾压力	地震频度 P_1	正
			极端气候频率 P_2	正
			地质灾害频率 P_3	正
			生物入侵度 P_4	正
			生物疫病虫害度 P_5	正
		社会致灾压力	环境污染程度 P_6	正
			火灾频度 P_7	正
			人为干扰强度 P_8	正
	状态指标（S）	自然孕灾状态	年均降水量 S_1	正
			年均气温 S_2	正
			风力等级 S_3	正
			陡坡面积比 S_4	正
			水质等级 S_5	正
			人口压力 S_6	正
			高干扰土地比 S_7	正
		社会孕灾状态	第一、第二产业占比 S_8	正
			旅游开发强度 S_9	正
			水资源量 S_{10}	正
			土地资源量 S_{11}	正
		自然暴露状态	生物丰度指数 S_{12}	正
国家公园综合灾害风险指数	状态指标（S）	社会暴露状态	人口密度 S_{13}	正
			建筑设施量 S_{14}	正
			耕地面积比重 S_{15}	正
			文化遗迹价值 S_{16}	正
		自然敏感状态	植被盖度 S_{17}	负
			敏感物种丰度 S_{18}	正
			土地退化程度 S_{19}	正
			景观破碎度 S_{20}	正
		社会敏感状态	农业 GDP 贡献率 S_{21}	正
			老幼龄人口占比 S_{22}	正
			建筑老化程度 S_{23}	正
			人口文盲率 S_{24}	正
	响应指标（R）	社会应对适应能力	生态保护资金比 R_1	负
			应急救援人力指数 R_2	负
			每千人病床数 R_3	负
			交通可达性 R_4	负
			电话普及率 R_5	负
			专项防灾措施 R_6	负
			人均 GDP R_7	负

在进行指标赋值时（表 5-2），因评估指标体系中各指标的量纲不统一，可采用极差法和专家分级对指标进行标准化处理，将其量化到 0～5，以消除指标量纲不统一对综合评价带来的影响。针对正向和负向指标的极差标准化的量化公式为：

表 5-2 国家公园综合灾害风险评价指标数值来源及赋值方法

指标名称	数据来源	赋值方法	指标名称	数据来源	赋值方法
地质频度	地质部门统计数据	极差标准化 0～5 分	人口密度	统计部门数据	专家分级 0～5 分
极端气候频率	气象部门统计数据	极差标准化 0～5 分	建筑及设施量	城建部门统计数据	专家分级 0～5 分
地质灾害频率	地质部门统计数据	极差标准化 0～5 分	耕地面积比例	农业部门统计数据	专家分级 0～5 分
生物入侵度	林业部门统计数据	极差标准化 0～5 分	文化及遗产价值	统计资料及经验	专家分级 0～5 分
生物疫病虫害度	林业部门统计数据	极差标准化 0～5 分	植被盖度	遥感解译	极差标准化 0～5 分
环境污染程度	环保部门统计数据	专家分级 0～5 分	敏感物种的丰富度	保护区统计资料	专家分级 0～5 分
火灾频度	林业部门统计数据	极差标准化 0～5 分	土地退化程度	统计部门数据	专家分级 0～5 分
人为干扰强度	地方统计部门数据	专家分级 0～5 分	景观破碎度	遥感解译	极差标准化 0～5 分
年均降水量	气象部门统计数据	极差标准化 0～5 分	农业 GDP 贡献率	农业部门统计数据	极差标准化 0～5 分
年均气温	气象部门统计数据	极差标准化 0～5 分	老幼龄人口占比	民政部门统计数据	极差标准化 0～5 分
风力等级	气象部门统计数据	极差标准化 0～5 分	建筑老化程度	统计部门数据	专家分级 0～5 分
水质等级	水利部门统计数据	专家分级 0～5 分	人口文盲率	统计部门数据	极差标准化 0～5 分
陡坡面积比	DEM 数据	极差标准化 0～5 分	生态保护资金比	国家公园管理部门	极差标准化 0～5 分
人口压力	统计部门数据	极差标准化 0～5 分	应急救援能力指数	统计部门数据	极差标准化 0～5 分
高干扰土地比	统计部门数据	专家分级 0～5 分	每千人病床数	统计部门数据	极差标准化 0～5 分
一二产业占比	统计部门数据	专家分级 0～5 分	交通便捷性	交通部门数据	专家分级 0～5 分
旅游开发强度	地方统计部门数据	专家分级 0～5 分	电话普及率	民政部门统计数据	专家分级 0～5 分
土地资源价值量	统计资料及经验	专家分级 0～5 分	专项防灾措施力度	地方统计部门数据	专家分级 0～5 分
水资源价值量	统计资料及经验	专家分级 0～5 分	人均 GDP	财政部门统计数据	极差标准化 0～5 分
生物丰富度	保护区统计资料	专家分级 0～5 分			

$$赋值=(X_i-X_{\min})/(X_{\max}-X_{\min})\times 5 \tag{5-1}$$

$$赋值=5-(X_i-X_{\min})/(X_{\max}-X_{\min})\times 5 \tag{5-2}$$

式中，X_i 为实际统计值；$X_{\min}$ 为统计最小值；$X_{\max}$ 为统计最大值。

根据各个单项指标的评价值，采用综合指数法计算基于多风险源的灾害风险综合指数为：

$$R=\frac{1}{n}\sum_{i=1}^{n}X_i \tag{5-3}$$

式中，R 为国家公园灾害风险综合指数；n 为指标总数；X_i 为各指标的标准值，i=1，2，3，…，n。根据计算的综合风险指数的大小，可将国家公园灾害风险划分为 5 个等级（表 5-3）。

表 5-3　国家公园综合灾害风险评价等级

灾害风险等级	Ⅰ级（高风险）	Ⅱ级（较高风险）	Ⅲ级（中等风险）	Ⅳ级（较低风险）	Ⅴ级（低风险）
灾害风险指数值	≥4.5	4.0～4.5	3.0～4.0	2.0～3.0	<2.0

在特定国家公园进行综合灾害风险评价时，可以依据管理对象和目标进行指标体系的细化和筛选（图 5-11）。

四、国家公园灾害风险监测预警与管理

我国多类型自然保护地、行业部门存在不同层级的灾害风险监测预警体系，国家公园灾害风险监测预警系统可以充分与现行体系进行优化融合、技术多元提升和数据增删整合。国家公园灾害风险监测预警体系构建核心步骤包括以下三点。

第一，国家公园灾害风险监测需求识别。针对国家公园综合灾害风险，这一识别可分为自然灾害监测需求识别、人为胁迫监测需求识别和访客安全监测需求识别三部分。

第二，国家公园灾害风险监测指标选取。国家公园综合灾害风险监测能够采用的主要指标总结如表 5-4 所示。这一选取过程可以遵照“层级式”综合灾害风险管理过程，会同行业部门，对接相关监测平台，形成自身监测网点。

第三，运行灾害风险监测预警系统。研究提出一个国家公园灾害风险预警系统运行模式（图 5-12），针对国家公园综合灾害风险特征和多元管理目标，提出国家公园灾害监测预警体系中的灾害风险预警阈值设定和信息发布原则。

1）基于标准制定预警阈值。区域自然灾害风险预警阈值参照国家、地方和

行业标准、指南设定不同级别，并联动区域自然灾害风险预警发布平台进行信息发布。

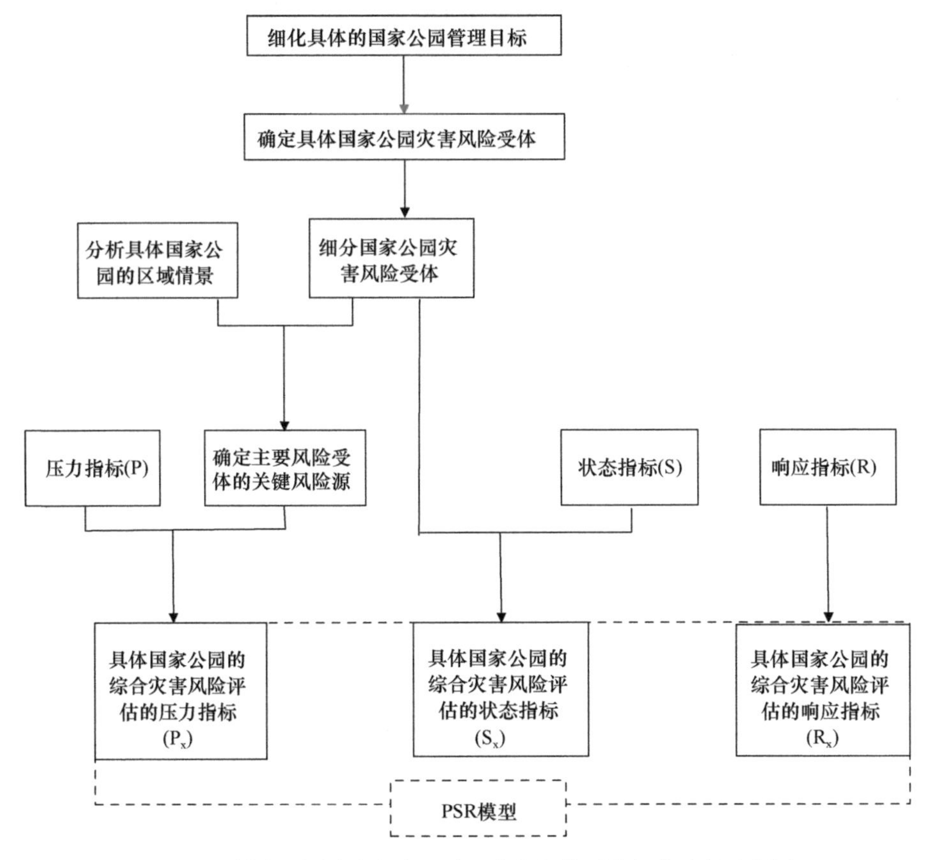

图 5-11　国家公园综合灾害风险评估指标体系的细化路径流程图

表 5-4　国家公园常见灾害类型及其监测范围与指标

灾害类型	致灾因子监测及直接指标	孕灾环境监测及直接指标
干旱	降水量、温度、湿度、连续无雨日数、土壤相对湿度、作物受害面积、作物成灾面积、积雪、牧草返青面积、饮水困难人数、蒸散量、水库蓄水量、河道来水量或径流量、地下水埋深、湖泊水量等	致灾因子监测为主
洪涝	洪水水位、滞洪时间、蓄洪量、流速、上游来水量、降水量等	高程、河流级别、过境洪水、土地利用等
台风	范围、风力、降水量等次生灾害风险	高程、河水水位等
暴雨	风向、风速、温度、相对湿度、露点温度、降水、暴雨持续时间、蒸散量、渗漏、径流	河网等级、河网密度、湖泊大小、土地利用、地形特征等

续表

灾害类型	致灾因子监测及直接指标	孕灾环境监测及直接指标
大风	极大风速、持续时间（日数）	海拔、河网密度、森林覆盖率
冰雹	冰雹粒径大小、冰雹持续时间、冰雹发生频率以及冰雹覆盖区域面积	积雨云厚度、风切变、海拔、地形起伏
雷电	雷电次数、时间、经纬度、强度、陡度、地闪回击的时间、位置、峰值强度、放电电荷量、峰值辐射功率	暴雨、冰雹、龙卷风、台风等
低温冷害	降温幅度、低温强度、低温持续日数、积温、有害积寒等	以致灾因子监测为主
冰雪	积雪面积、积雪深度、积雪日数、气温、降水	入冬前枯草群高度、家畜掉膘期负积温、草场利用强度、草场退化面积比例、雪草高度比等
高温	温度、风速、湿度、强高温过程持续天数和强度、强高温过程期间日平均风速变化，日平均相对湿度变化	地形、水系、地表覆盖类型
沙尘暴	瞬间极大风速、最小能见度	地表质地类型、植被覆盖状况、土地资源利用方式、水土流失状况和沙漠化状况等
大雾	能见度、大雾范围	湿度（场）、温度（场）、风场
地震	地震频次、地震波形、形变观测、流体观测（气体释放、水化）、重力观测、红外观测等	风速
火山	岩浆房位置、岩浆活动、火山地震的位置、火山地震类型、地震频率、岩浆囊的形变（膨胀与收缩）、火山气体组分、火山气体扩散速率、火山气体丰度变化、熔岩流流动速率、喷发时间、火山灰体积、喷发柱高度、地震波速、热流值、地壳构造应力场	
塌陷	地下水动态监测、黄土的含水量和饱水性	孕灾环境监测为主，包括地质、水文、工程等
滑坡、泥石流	深部监测、地表变形监测、地下变形监测、次声报警仪监测、地下水动态监测、地声监测、地应力监测等	高程、坡度、剖面曲率、平面曲率、地形起伏度、地层岩性、构造、植被覆盖、水系、人类工程活动、降雨
风暴潮	潮水增水水位和持续时间、台风（成灾台风）的空间、强度、时间特征	热带气旋（台风、飓风）、温带气旋、强冷空气、海域和防御地形环境
海浪	波长、波高、波速	海域和防御地形环境
海冰	流冰范围、冰期、海冰返冻、单层冰厚、海冰外缘线	大气环流形势、气温、冷空气活动、海水温度、盐度、海流
赤潮	赤潮生物的种类、生物密度、发生范围、持续时间、水色	营养盐（主要是氮和磷）、微量元素（如铁和锰等）、特殊有机物（如维生素、蛋白质等）、海水的温度、盐度、日照强度、径流、涌生流、海流、溶解氧（DO）、化学耗氧量、pH、微量重金属铁和锰、叶绿素 a
病害和虫害	分布面积、发生面积、受灾面积、成灾面积、种群特征	天敌数量、气温、降水

续表

灾害类型	致灾因子监测及直接指标	孕灾环境监测及直接指标
鼠害	越冬基数、开春密度、繁殖强度、不同时期年龄组成	气候变化、食物条件、天敌数量、农事活动和是否灭鼠
森林、草原火灾	森林或人工林（草地）面积、森林覆盖率等	枯草期可燃物量（含水率）、人工林面积、气温、降水量、历史森林火灾发生次数、火场面积等
水土流失	坡长、坡度、坡向、风力等级、风速、表土湿度、植被盖度等	各类气候因素
盐渍化	地下水埋深、地下水矿化度、地形因子、土壤温度、土壤水分、地表阻抗、土壤母质以及植被类型	植被特征
石漠化	以孕灾环境监测为主	气象要素、土壤要素、水文要素、生物要素

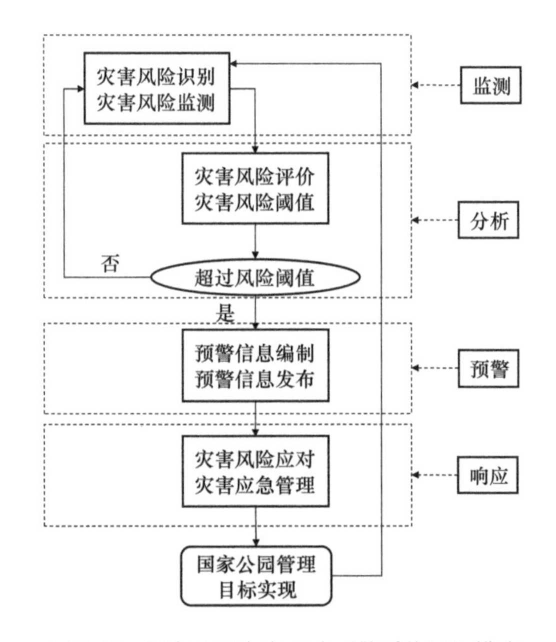

图 5-12　国家公园灾害风险预警系统运行模式

2）根据国家公园管理目标设定预警阈值。在参照标准的基础上，根据国家公园管理目标，为同一灾害风险的不同受体设定不同（或相同）阈值，为不同受体或其管理者发布差异化的预警信息。

3）根据国家公园管理过程调整预警阈值。根据国家公园管理对象的历史和实时受灾状况，判断是否根据管理目标调整预警阈值，提高灾害风险管理意识或者节约灾害风险管理成本。

4）针对不同的预警信息接收者采用区别化语言。区分专业管理者、社区居民、国家公园访客等不同群体，确保预警信息内容明确、指令清晰、语言适宜。

人为胁迫是传统灾害风险管理中很少涉及的部分，在国家公园综合灾害风险概念下，人类活动对生态环境的胁迫可以表现为多种形式的灾害风险（表 5-5）。

表 5-5　国家公园人为胁迫因素分类表

胁迫类型	具体内容	主要生态影响	内生/外生	制度/个别	合法/非法	直接/间接	固有/新生	区域/局地
伐木	木料薪材	水源涵养功能降低	内生	制度	合法/非法	直接	固有	区域/局地
土地利用转变	保护用地变为居民点 保护用地变为道路 保护用地变为农业用地 保护用地变为工矿用地 保护用地变为养殖场 保护用地变为单一经济林 开垦荒地 湿地围垦	土地退化 土地荒漠化 土壤污染 生物多样性减少 林地与草地面积减少	内生/外生	制度	合法/非法	直接/间接	新生	区域
农耕	种植作物 人工灌溉 田间施肥 使用农药	农业面源污染	内生	制度	合法	直接	固有	区域
采石	采石 挖沙	土壤污染 水土流失	内生	制度/个别	合法/非法	直接	固有	区域/局地
工矿发展	钻井 采矿 地下勘探 产生废料	土壤污染 水土流失 林地与草地面积减少	内生	制度	合法/非法	直接/间接	固有/新生	区域
放牧	牲畜饲养 饲料收集 啃食踩踏 草药采挖 机动车放牧碾压	草地面积减少 土地退化	内生	制度	合法	直接	固有	区域
风电工程	娱乐 能源设施 环境污染	水源涵养功能降低	内生/外生	制度	合法	间接	新生	区域
水利工程	娱乐 捕鱼 饮用水 水电 能源设施	林地与草地面积减少	内生/外生	制度	合法	间接	新生	区域
交通	道路 航运	水源涵养能力降低 林地与草地面积减少	内生/外生	制度	合法	间接	固有/新生	区域
捕捞	有害渔具 捕捞方式（捕捞亲鱼）	生物多样性减少 水体污染	内生	制度/个别	合法/非法	直接	固有	区域/局地

续表

胁迫类型	具体内容	主要生态影响	内生/外生	制度/个别	合法/非法	直接/间接	固有/新生	区域/局地
狩猎	合法狩猎 非法贸易盗猎 生计性狩猎	生物多样性减少	内生	制度/个别	合法/非法	直接	固有	区域/局地
非木材森林产品采集	药用植物 观赏植物 食用植物 建筑材料 树脂 蜂蜜 木耳 真菌类	生物多样性减少 土壤污染	内生	个别	合法/非法	直接	固有/新生	局地
旅游、娱乐、科考、宗教	垂钓 游泳 漂流 徒步 露营 滑雪 骑马 划船 聚会 采摘 极限运动 使用摩托化交通工具 惊吓和驱赶动物 随意投喂野生动物 乱扔垃圾 攀折花草 踩踏植被 交通工具噪声污染 废气、废水排放 生火、烧香 旅游设施 交通设施 人工设施	空气、水体、土壤污染 水源涵养能力降低 土壤污染 林地与草地面积减少 林地与草地面积降低	内生/外生	制度/个别	合法	直接/间接	固有/新生	区域
废物处理	不当行为产生的废物 非法活动产生的废物	土壤、水体污染	内生/外生	制度/个别	合法/非法	直接/间接	固有	区域
其他特定人员进入	火灾隐患	林地与草地面积减少	内生/外生	个别	合法/非法	直接/间接	固有/新生	局地

续表

胁迫类型	具体内容	主要生态影响	内生/外生	制度/个别	合法/非法	直接/间接	固有/新生	区域/局地
被人为干预放大的自然过程	大火（做饭、取暖、吸烟等火源危险） 长期抑制导致的虫害暴发	生物多样性降低 林地与草地面积减少	内生	个别	非法	直接/间接	固有/新生	区域/局地
城镇发展的跨界影响	地方/区域污染 水资源需求 酸化 富营养化 不当土地管理造成的洪水 全球变化下的天气异常	水源涵养能力降低 生物多样性降低 土壤、水体污染 林地与草地面积减少	外生	制度	合法/非法	直接/间接	新生	区域
港口与海岸线开发	港口建设 海岸旅游区建设	海洋污染 生物多样性降低	内生/外生	制度	合法	直接/间接	新生	区域
入侵性外来物种	人为有目的或无意引入的植物 人为有目的或无意引入的动物	生物多样性降低	内生/外生	制度/个别	合法/非法	直接	固有/新生	区域/局地

人为胁迫主要通过遥感监测、地面监测和巡护监测开展，其中遥感监测主要针对国家公园范围内及其周边地区社区人口生产和生活的土地利用与设备设施的景观尺度状态与变化。地面监测主要采用红外相机与视频探头监测访客容量和活动。巡护监测则直接采用人力进行日常巡护与稽查巡护监测环境状况、人类活动和生态状况。

基于国家公园管理目标与前述的人为胁迫分类，国家公园人为胁迫管理应遵循“预防为主、恢复为辅”的原则，在制度建设、资金保障与宣传教育等方面进行预防性管理，在游客监管、生态抚育等方面进行恢复性管理。重点管控国家公园区域内的内生性行为，对于外生性行为则进行区域性管控。具体管理措施如下。

1）法律建设：建立健全生产生活用水与排放标准、本地居民生育措施等法律法规体系，严格执行规章制度，加大执法检查力度。

2）行政监管：加强巡护队伍建设，建立巡护工作激励机制与信息共享机制，建立综合性巡护监测体系（生物多样性、生态环境、人为活动等），落实退牧、退田、还林、还草政策，严密监控人为因素导致的林火、病虫害等灾害。

3）制度建设：促进保护地与地区进行联防巡护与联合执法、跨行政区域保护与资源利用的协商管理与协作联防，与科研院所联合进行科研监测，建立问责与奖惩制度，优化国土空间开发格局、规定生态保护红线、编制主体功能区划、指导保护规划的分区管理。

4）资金保障：设立专项科研资金投入，设立野生动物损害补偿基金，设立污染防治与生态修复专项资金、增加监测巡护资金投入，改善基础设施、巡护设备。

5）资源管护：进行国家公园范围内的自然资源确权登记，实施封山禁牧、封育轮牧、退耕还林、封山育林、植树造林等政策，确保工程性资源利用实行统一调度，确保资源本底质量，科学匹配本地资源特征与国家公园周边区域产业发展优势。

6）生态保育：进行自然修复、人为修复（湿地修复、荒漠化修复、人工封育、坡耕地治理、生态工程治水、灌木治沙、防护林）等生境修复与重建，进行环境污染评价、污水治理等企业污染评价与治理，对企业事故进行及时控制与响应。

7）社区动员：建立生态产业与特色农业，开展生态旅游特许经营等生计转型，促进社区居民通过社区共管、传统知识应用、社区生态保护项目等方式参与保护管理，对严格保育区内的居民进行生态补偿与生态移民，社区能源结构调整，农村环境污染防治：化肥、农药管控，垃圾分类管理，开展社区扶贫。

8）游客管理：宣传生态旅游管理理念与方式，对游客的休憩空间与游览模式进行限制，通过承载力测算、进入登记政策、人车分流等方式严格管控游客容量。

9）科普宣教：面向公众与社区开展环境科普教育，面向公众与社区的生态管理教育，推广与应用相关科学研究成果。

第三节　国家公园可持续管理的机制与政策

一、国家公园社区管理的理论、方法与实践

中国国家公园内及周边地区有着数量庞大的人口规模和相对复杂的土地权属，使得国家公园的建设不仅需要关注生态系统和生物多样性保护，而且要关注长期生活在那里、与当地自然生态环境和资源相生相伴、融为一体的当地居民的生存与发展。社区居民是国家公园建设管理中的重要利益相关者，国家公园的发展进程中必须要处理好与当地社区发展的关系。

（一）基于地役权的社区土地管理方法与应用

协调国家公园与其周边的居民的关系，是在中国国情下建立和管理国家公园所必须要面临和应对的核心议题。国家公园体制建立过程中需要探索社区土地管理的新视角，寻求社区生计与生态保护协同发展的土地管理方式的制度化途径（何

思源等，2017）。保护地役权制度特征从三个方面契合了国家公园生态保护需求：①保护地役权契合生态系统的保护管理需求；②保护地役权契合社区合理、可持续的生计发展诉求；③保护地役权契合国家公园在统一制度下开展差异化管理的目标。

国家公园保护地役权实现路径：①确定三个边界，即依保护对象与保护目标设定的生态边界，根据需役地人提出的保护需求并考虑具有资源利用诉求的供役地人生计活动的生产边界，在识别与匹配生态边界与生产边界基础上经平等协商构成的管理边界；②针对供役地人限制与保护不相兼容的生产活动和鼓励生态保护行为；③政府或公益机构的监督权利与履行激励机制。

武夷山国家公园体制试点区主要保护对象是亚热带常绿阔叶林，同时也是社区生产生活集中分布区域。实现国家公园管理目标所面临的主要矛盾之一是对森林资源的物质获取、茶叶种植及大众旅游活动与维持森林生态系统并发挥其生态公益性功能的矛盾（He et al.，2018a）。武夷山已经开展的山林“两权分离”的管理模式在不改变土地所有权的情况下将其与经营权分离（何思源等，2017）。但对于实现保护目标与发展社区生计而言，“两权分离”未能针对具体保护目标，无法满足社区土地收益需求。从本质上讲，已经使用的征收、赎买、租赁都会切断农民与土地的联系，中止业已形成的有利人地关系，也不利于地域文化的传承。相对的，保护地役权理论上能够规避上述方式带来的社会不稳定因素与高额经济成本，以差异化管理提高农民参与国家公园管理的积极性。因此，武夷山保护地役权设计可以通过确定多层面空间边界开展统一管理。

（二）基于保护兼容性原则的社区生计保障与产业发展

产业作为社区生计来源中最重要的一种形式，对于协调国家公园保护生态系统完整性的管理目标和当地社区居民的生计发展之间的矛盾具有重大意义。从目前国家公园体制试点的产业发展情况来看，当地居民重要的生计来源还是主要依赖于国家公园内的自然文化资源，形式上以传统产业为主，主要包括种养殖业、畜牧业、林业、渔业、采集、狩猎、初级加工和家庭手工业。这些产业虽然具有较长的发展历程，承载着一定的文化内涵，但规模一般较小，并且多数是劳动、自然资本密集型产业，产业系统与国家公园的生态系统之间存在大量的物质、能量流动交互，对于国家公园的生态系统稳定具有较为明显的影响。

社区参与国家公园特许经营是国家公园带动社区发展、社区分享国家公园红利的途径。社区通过特许经营的方式参与国家公园内资源的统一管理和利用，不仅可以直接实现“造血式”的产业发展，还能在自然和文化的双重作用下，持续助力国家公园内保护目标的实现，并成为环境解说窗口，活态展示国家公园内独特的人地关系。虽然目前大部分国家公园内并未全面实现完善的特许经营制度，基于风景名胜区等自然保护地经验，其主要模式有：①社区居民受雇于特许经营企业；②社区居民以个体工商户形式经营摊位；③社区集体举办企业参与经营（陈涵子和吴承照，2019）。

以武夷山国家公园为例。茶产业是当地的主导产业，范围内有茶园 51 817 亩*，在册茶企 98 家，茶叶合作社 23 家，涉及茶农家庭 700 余户。针对当前所存在的问题，一是要引导资源使用者了解具体保护对象和保护原因，发展生态产业，保证生态产业发展的环境基底；二是为了确保茶产业的健康发展，国家公园管理局在野生动物损害方面设置了生态补偿，帮助居民抵御风险；三是管理者对茶山面积、作业方式、产销渠道的标准化方法也给出了相关指示，以“合作社+茶农+互联网”的运作模式，促进分散农户与市场紧密对接，实现标准化生产、规模化经营；四是将旅游经营纳入特许经营。

（三）国家公园建设的社区参与模式与实践

国家公园试点区内的居民，与大自然相依共存、协同演化，是一个有机整体。他们在脆弱的环境里形成了敬畏自然、保护生态的自然观，形成了固有的生态保护理念，创造出充满生态智慧的生产和生活方式。根据治理主导角色和管理目标的不同，可以将中国自然保护实践中的社区参与模式划分为三种：①以生物多样性和生态系统保护为主要目标的社区参与式管理（community participatory management）；②协调自然资源使用，以达到保育目标的社区共同管理（community co-management）；③基于多目标集体行动的社区主导管理（community dominant management）（He et al.，2020）。

在三江源国家公园设立之后，三江源地区将生态管护与精准扶贫结合起来，实施“一户一岗”标准，由牧户选择 1 位牧民申请生态管护员，经国家公园管理机构岗前培训后入岗，每月获得固定的岗位工资。结果表明，生态管护公益岗位不仅对于当地社区居民的生计发展具有重要的补充作用，而且有助于增强文化自信，提高参与国家公园建设和生态保护的主动性和积极性。未来可以制定更加规范的生态管护员选拔制度，设置较为严格的生态管护考核标准，鼓励社区为主体的保护与民间机构的参与，理清“权、责、利”关系，在自然保护中给予社区更大的空间（闵庆文，2020a）。

二、国家公园文化遗产保护与利用

自然遗产与文化遗产相生相伴，许多物质、非物质文化遗产都与自然生态环境融为一体并对生态保护具有重要价值。国家公园中存在着数量众多、类型丰富

---

* 1 亩≈667m²，下同。

的文化遗产，直接影响着国家公园建设、园区内居民的生产生活和生态保护。

（一）传统知识的生态价值及保护与利用

传统知识研究目前已经成为生物多样性保护研究的热点领域，并对生态系统服务管理、社区可持续发展等领域产生了重要影响。通过文献调研可以发现，与生物资源管理、生物多样性保护、生态系统服务和人类福祉、政策管理等相关的传统知识研究是未来该领域的重要方向（丁陆彬等，2019）。

传统知识具有重要的生态保护价值，并在国家公园建设中具有重要的现实意义。传统知识作为一种敬畏生命的朴素的生态伦理观，在一定程度上可以保证当地生态系统的稳定性和持久性，起到生物多样性保护的作用。传统生态知识在自然保护中的潜在作用，包括提供新的生物学知识与生态学见解，提供可持续的资源管理模型，开展保护地与自然保护教育，支持发展规划以及用于环境评价。

以神山信仰与三江源国家公园建设为例。神山崇拜具有显著的生态学意义，在藏区生态环境、文化等方面有着不可替代的作用，神山以及山崇拜促进了生物多样性，宗教信仰与生物多样性之间形成了良性循环。位于澜沧江源头的昂赛乡，藏族人民崇拜自然、信奉万物有灵，且祭祀仪式多样，包括宗教仪式和独特的生活方式、风俗习惯，依赖自然资源生活、与土地保持密切关系，形成了关于自然、人生的基本观念以及生活方式，创造了与自然环境相适应的生态文化，也形成了他们自己的神山信仰，呈现出“神山-水源-草场-牧户”的结构特征（于晴文，2019）。

在国家公园建设中，应当进一步完善三江源国家公园功能分区，细分核心保育区，增设文化景观保护区；发展基于神山信仰的休闲游憩，将一些转山路径组织到国家公园旅游系统里，作为景观观赏、旅游教育的重要基地。

（二）农业文化遗产的价值及保护与利用

从当前自然保护地体系建设目标来看，重要农业文化遗产地的全部或部分空间可能是国家公园等自然保护地的一部分，重要农业文化遗产地既能以所保护的关键核心要素来服务于自然保护地社区生计与保护协调发展，也能以自然保护地的一种特殊类型，在开展生物多样性和生态系统保护的同时，有序开展自然资源的农业可持续经营（何思源等，2019a）。

我国国家公园体制试点区分布范围广，因此其范围内的地方社区在不同环境、场所中基于不同生存或生活的目的所形成的农业文化遗产类型也丰富多样（表5-6）。包括神农架国家公园内的中华蜂养殖系统、武夷山国家公园内的武夷岩茶种植系统、普达措国家公园内的藏族草原游牧系统等均是具有意义和价值的农业文化遗产。

表 5-6 国家公园体制试点区及周边的部分代表性农业文化遗产

名称	区域及周边部分代表性的农业文化遗产
三江源	四川石渠扎溪卡游牧系统
钱江源-百山祖	浙江开化山泉流水养鱼系统、浙江庆元香菇文化与系统、浙江云和梯田农业系统
大熊猫	甘肃迭部扎尕那农林复合系统、陕西凤县大红袍花椒栽培系统、四川郫都林盘农耕文化系统等
祁连山	甘肃永登苦水玫瑰农作系统
海南热带雨林	海南琼中山兰稻作文化系统
南山	广西龙胜龙脊梯田系统

农业文化遗产具有重要的生态保育和资源可持续利用思想、生态循环技术和生态服务功能，在国家公园建设中具有重要意义。

农业文化遗产作为一种特殊的遗产类型，其动态保护、整体保护和适应性管理的管理理念可以为国家公园的本地社区管理提供参考，并且其作为一种特殊类型保护地，可以为我国国家公园的一般控制区在开展生物多样性和生态系统保护的同时有序开展自然资源的农业可持续经营提供保护和发展的经验。而传统生态知识所蕴含的文化资源和生态智慧，对于保护生物多样性、维持地区生态平衡、维护生态安全、实现人与自然和谐发展，具有重要的价值和意义。国家公园内传统利用区可以看作一个融合生态、环境、景观、文化和技术等物质和非物质遗产特质的“社会-经济-自然”复合生态系统。国家公园传统利用区的整体保护是指将社区的农业景观、生态环境、文化、土地利用状况等都纳入保护范围（何思源等，2019a）。

通过农业文化遗产发掘与保护，将有助于建立国家公园产品价值增值机制和体系，可以发展低产量、高附加值、生态友好型产业，形成保护的有效激励机制；有助于促进国家公园社区生计多样化，在提高传统生计产品生态附加值的基础上，可以结合社区的资源特色与环境条件，选择生态旅游、有机农业、民宿、农耕体验、乡村手工艺等多种方式；有助于构建多方参与的协同管理模式，带动社区发展。

以位于钱江源-百山祖国家公园范围内的“庆元林-菇共育系统”这一中国重要农业文化遗产为例。庆元先民创造并不断发展的生态保护与经济发展的协同模式，在获得经济收入、维持生计安全的同时，很好地保护了原来的生态系统，实现了“天人合一、林菇相济”的经济与生态的良性循环，蕴含着丰富的爱山护林的农业开发理念、爱山护林的知识体系、生态循环的传统技术组合、育菇树种的多样性、敬畏自然的菇神文化，具有很重要的精神信仰价值、生态保护价值、文化传承价值、技术创新价值（朱冠楠和闵庆文，2020）。

三、国家公园管理评价方法研究与应用

在系统梳理国际上应用较为广泛的评价框架和评价方法的基础上，重点从管理能力、管理有效性和保护成效三个方面，构建了国家公园管理评价的思路和方法，并以三江源、钱江源、神农架国家公园体制试点区为例进行了应用。

（一）基于最优实践的国家公园管理能力评价方法及应用

借鉴国际经验并结合我国特点，提出了国家公园管理能力评价指标体系（图 5-13），并界定了各项指标的最优标准（表 5-7）（刘显洋等，2019）。

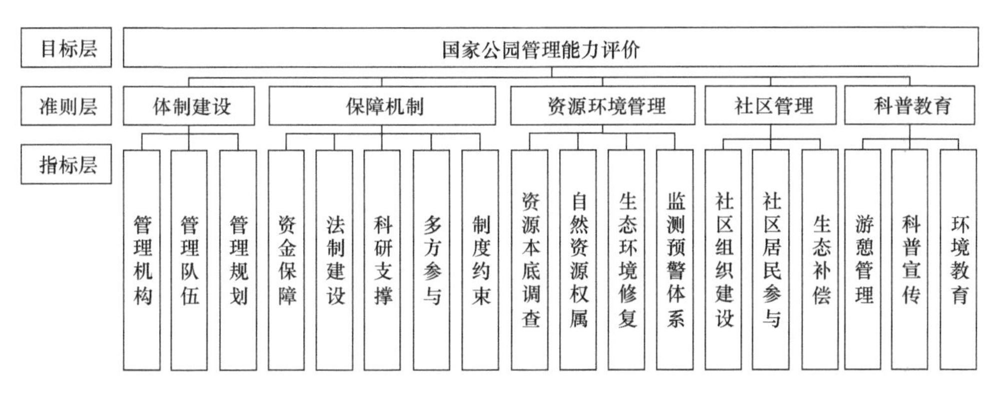

图 5-13　基于最优实践的国家公园管理能力评价指标体系

表 5-7　国家公园管理能力评价指标的最优标准

序号	指标	最优标准
1	管理机构	有独立的管理机构，且部门设置合理、任务分工明确，能够实现高效有序运转
2	管理队伍	管理队伍具有过硬的专业知识和综合素质，经常参加专业技能培训
3	管理规划	管理规划科学合理，符合国家公园管理需求，注重动态调整，形成完善的修订机制，且实现多规合一
4	资金保障	有充足的资金投入，有多元、稳定的融资渠道，有完善的资金管理制度
5	法制建设	法律体系健全，法律位阶清晰，执法队伍专业
6	科研支撑	有科研队伍长期、稳定地开展科学研究，研究成果服务于国家公园建设
7	多方参与	有企业、社会组织、社区居民等多方力量参与国家公园管理，支持作用显著
8	制度约束	实施自然资源资产离任审计、生态环境损害责任追究等制度，效果显著
9	资源本底调查	全面完成自然与人文资源清查，形成完备的自然与人文资源数据库
10	自然资源权属	全面完成自然资源资产确权，自然资源权属明晰
11	生态环境修复	采取科学、长期的生态恢复举措，生态恢复效果显著
12	监测预警体系	监测预警机制健全、设施完善，可监测完整生态要素，并对自然灾害进行准确预警
13	社区组织建设	有社区管理组织，且结构完整、机制健全、管理规范，能够支持社区居民参与国家公园管理

续表

序号	指标	最优标准
14	社区居民参与	有完善的社区共管机制，社区居民有可行的渠道对国家公园的管理提出建议，有充分的机会参与国家公园的日常维护
15	生态补偿	形成多元、稳定的生态补偿机制，补偿方式灵活多样，受偿者对补偿方案十分满意
16	游憩管理	有完善的游憩管理规定，形成了规范的游客管理制度，能够满足公众的游憩需求
17	科普宣传	开展丰富多样的科普宣传活动，有完备的科普宣传设施和精美的科普宣传资料
18	环境教育	开展丰富多样的环境教育活动，社区居民、游客及社会大众的生态环境保护意识得到显著提升

基于该方法，对三江源国家公园体制试点区进行管理能力评价，结果表明三江源国家公园各项管理能力较为均衡，其薄弱环节为自然资源权属确定、资源本底调查、社区组织建设和游憩管理，并从完善顶层设计、强化科研支撑、健全多方参与机制等方面为我国国家公园建设提出建议（张碧天等，2019）。

（二）基于管理周期的国家公园管理有效性评价方法及应用

世界自然保护地委员会（World Commission on Protected Areas，WCPA）提出的保护地管理有效性评价框架具有重要影响力。在系统分析其构建思路和优势与不足的基础上，提出了综合考虑管理周期和管理要素的评价思路，构建了包括管理基础、管理过程和管理结果 3 个环节的国家公园管理有效性评价框架（表 5-8），进而构建了包括管理基础、管理行动和管理成效 3 个一级指标、9 个二级指标、22 个三级指标的国家公园有效性评价指标体系，提出了基于专家评议的快速记分评价法，并通过专家咨询法和层次分析法计算权重和分级赋值，形成了综合评价方法（刘伟玮等，2019）。

表 5-8　国家公园管理有效性评价框架

关注问题	管理环节	关注要点
支撑管理的条件和能力如何	管理基础	范围界线、土地权属等
实现管理目标过程中的管理能力如何	管理过程	体制建设、保障机制、资源环境管理、社区管理、科普宣传行动等
管理行动所产生的服务和产品	管理结果	生物多样性水平、经济效益增量、公众认可度等

对钱江源国家公园的评价结果表明，该试点区 2018 年管理水平得到一定程度的提升，提升幅度由高到低依次是管理行动、管理基础和管理成效，说明经过试点，试点区管委会高度重视管理行动和管理基础方面的工作，取得了一定效果，同时，管理成效也有所提升（刘伟玮等，2019）。

（三）国家公园保护成效评价方法及其应用

研究确定了包括构建评估指标体系、计算指标权重、建立评估方程、进行成效分析等在内的国家公园管理有效性评价框架（图 5-14），在借鉴国内外自然保护地保护成效评价指标和结合我国国家公园自身特点的基础上，构建了包括生态保护成效、游憩与环境教育成效和协调发展成效三个方面的国家公园保护成效评价体系，包含系统层、因素层和指标层 3 个层次。其中，系统层和因素层为共性指标，以便于不同国家公园之间的比较，指标层则为个性指标，根据不同国家公园资源禀赋和管理目标的差异进行独立设置，以更好地反映不同国家公园的实际情况。各指标的权重，利用德尔菲法和层次分析法进行确定。

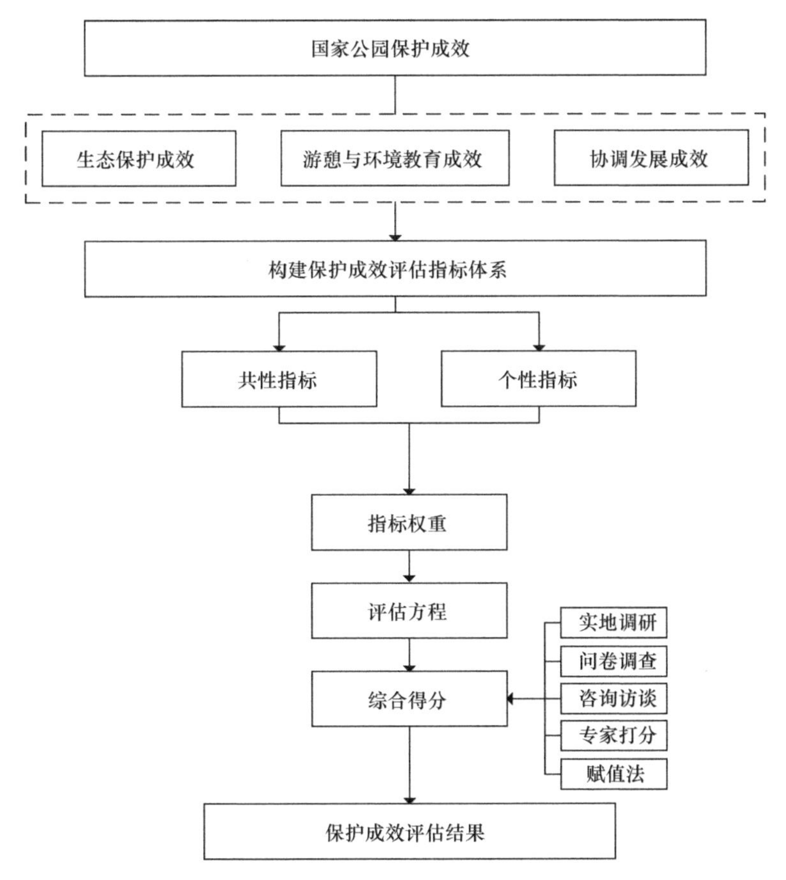

图 5-14　国家公园保护成效评估框架（姚帅臣等，2021）

对神农架国家公园的评价结果表明，其保护成效评价得分为 86.3 分（优），生态保护成效、游憩与环境教育成效和协调发展成效的得分分别为 86.8 分（优）、86.12 分（优）和 84.7 分（良）。

第四节　国家公园自然与文化资产保护与综合管控技术

一、国家公园综合管控分区

（一）综合管控分区的概念与技术框架

综合管控分区是以实现强制性的资源保护为目标，结合国家公园最严格保护的管理目标和资源分布的实际情况以及综合考虑保护生态系统的完整性，运用多种分区技术方法，将国家公园及毗连地区划分成具有不同主导功能、实行差别化管控的空间单元。具体体现为“2+1”的一级管控分区和细化分类等级的二级管控分区（图5-15）。

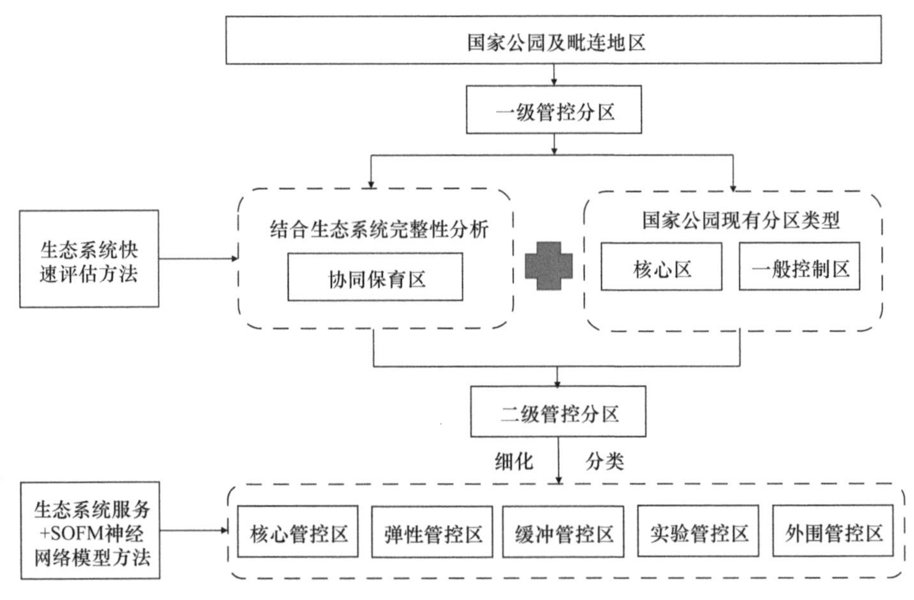

图5-15　国家公园及毗连地区综合管控分区技术框架

SOFM（self-orgnizing feature mapping）含义为“自组织特征映射”

国家公园及毗连地区自然资源资产和文化资产保护与利用管理需求主要呈现在强度和方式两个方面。强度主要是指对人类活动的管控，根据实施资源保护对人类活动的要求来划分管控区，该分区应具有稳定性和强制性，一经划定，必须制定严格的管制措施，兼具法律保障；而方式主要是指在国家公园及毗连地区自然资源资产和文化资产发挥的功能和提供的生态服务方面，对应的分区区划应根据各资源本底特征及其发挥的功能来划分相应的功能区，并通过制定资源的专项规划和管理计划实施管理（陈妍等，2020）。由此可见，对国家公园及毗连地区进行管控分区，既能实现常规化、强制性的资源保护，又能个性化地发挥国家公园的生态服务功能（代云川等，2019c）。

（二）跨界协同保育区的概念与划定技术

协同保育区是指在行政划分范围之外，考虑到生态系统的完整性和生物多样性，为控制毗连范围内的生产经营活动，以期降低行政区划对生态系统的割裂与影响，以书面或非书面形式所达成的合作保护与培育的区域。协同保育区是国家公园在空间地理上的拓展，它在功能上起着补充体现国家公园生态系统完整性和多样性的作用。

协同保育区强调协同合作的运行方式，对边界弹性要求，即小至行政区划内的村与村之间，大至国家或区域之间的合作，都可以称为协同（何思源和苏杨，2019）。

国家公园协同保育区的边界划分，应遵循生态系统完整性、小流域（分水岭）和整体村庄划入三大原则。既考虑生态系统完整性尺度，又要考虑突出其典型性，综合考虑社区村庄、流域特点、地形地貌等特征，运用卫星遥感和无人机技术，在典型区域开展相应的地面调查，综合协同保育区地势走向、水系分布、植被覆盖度等因子，对协同保育区的空间范围做出基本划分，并依据植被生长状况划分协同保育区的核心区域和缓冲区域（图 5-16）。

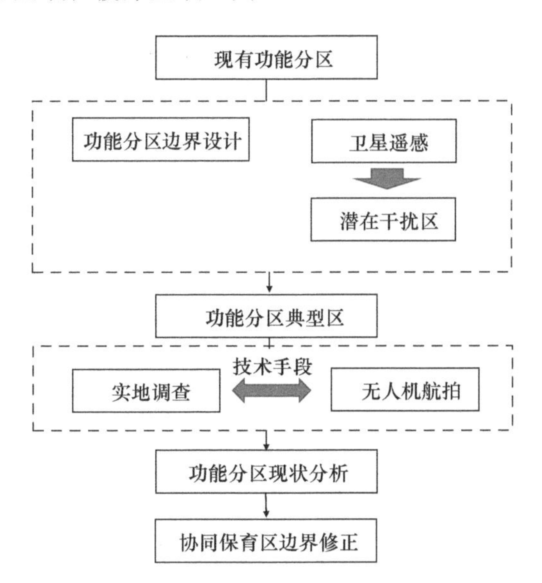

图 5-16　基于近低空遥感技术的协同保育区划分方法技术路线图

协同保育区边界划分的方法步骤包括生态系统快速评估和协同保育区边界识别。

1. 生态系统快速评估

选择国家公园具有代表性的典型区域是利用近低空遥感技术进行生态系统快

速评估的前提。由于无人机航拍区域一般较小，选择合适的研究区尤为重要。按照处于功能分区边界和存在较大干扰两个原则，同时排除河流和道路等明显的干扰因子，在国家公园范围内筛选出典型区，并对其进行植被、地形、人为干扰等因子的实地考察，配合无人机航拍对重点地区进行判别。

2. 协同保育区边界识别

国家公园协同保育区边界识别分析主要通过以下 8 个步骤确定管控分区界线（图 5-17）。

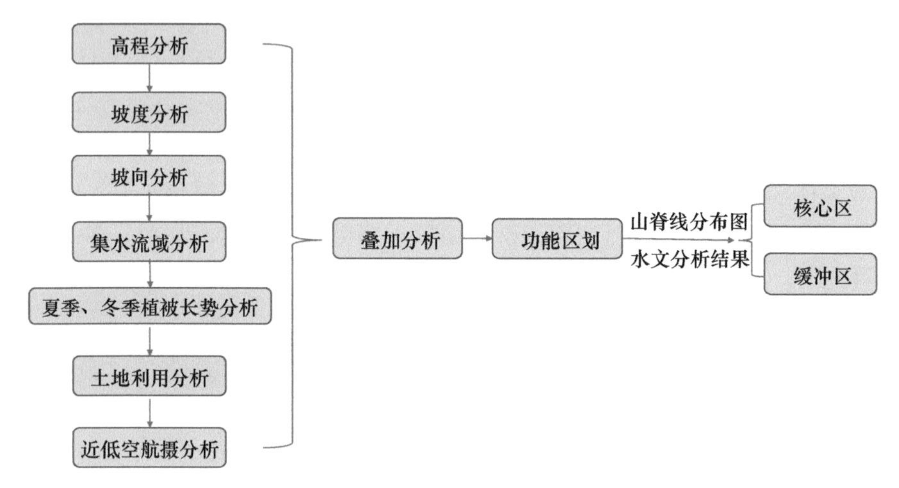

图 5-17　国家公园协同保育区划分步骤流程图

高程分析：利用 30m 分辨率的 DEM（数字高程模型）数据生成间隔 25m 的等高线，再利用 DEM 和等高线数据生成不规则三角网（TIN）。

坡度分析：利用 30m 分辨率的 DEM 数据，在 ArcGIS 中进行坡度分析。

坡向分析：利用 30m 分辨率的 DEM 数据，在 ArcGIS 中进行坡向分析，可得到研究区域的坡向情况。

集水流域分析：基于 DEM 的地表水文分析的主要内容是利用水文分析工具提取地表水流径流模型的水流方向、汇流累积量、水流长度、河流网络（包括河流网络的分级等）以及对研究区的流域进行分割等。

夏季、冬季植被长势分析：将冬季遥感影像和夏季进行比对，分析植被分布等。

土地利用分析：利用 30m 分辨率的 Landsat8 数据在 ENVI 软件中进行监督分类，生成研究区域的土地利用现状图。

近低空航摄分析：在部分重点区域，使用近低空航摄结合现场实测的方式对区域考察，导入 ArcGIS 后进行配准与谷歌地球（Google Earth）精确配准。

叠加分析：根据管控区和毗邻地区的高程分析图，坡度、坡向分析图，植被覆盖图进行叠加分析，得到的叠加图进行协同保育区内部的管控区划分。

协同保育区内部的管控区划分同时结合了山脊线分布图和水文分析结果（包括集水流域和河网），进一步细化为核心区和缓冲区。

（三）二级管控分区划分技术及管控要求

1. 划分技术方法

与一级管控分区强调禁止人为活动与限制人为活动不同，二级管控分区是进一步对国家公园内不同区域承载的保护级别进行的分区。

针对研究区的生态环境现状，结合遥感与 GIS 技术，结合研究区土地利用变化情况，利用 InVEST 模型对该区域主要的生态系统服务进行量化与可视化（土壤保持、水源供给、生境质量）；探讨生态系统服务间的相互关系（偏相关分析），再利用 SOFM 模型对研究区进行分区研究（利用 ArcGIS、Matlab 等软件，基于 SOFM 神经网络模型，将土壤保持服务功能、水源涵养服务功能、生境质量、土壤保持与生境质量的偏相关性、土壤保持与水源涵养的偏相关性、水源涵养与生境质量的偏相关性具有 6 种影响因素的栅格图层的地理坐标统一化，提取 6 个栅格图层的属性点数据，利用 Matlab 软件基于属性点数据，构建 SOFM 神经网络，设置训练次数为 1000，对属性点进行欧氏距离分析，划分属性点等级，得到聚类结果）。最后将得到的结果在 ArcGIS 软件中进行插值处理，再将插值结果进行重分类得到最后的二级管控分区结果，即核心管控区、弹性管控区、缓冲管控区、实验管控区和外围管控区 5 种类型（图 5-18）（杨蕾，2020）。

2. 管控要求

（1）核心管控区

核心管控区是国家公园生境质量最好，区域典型生态系统保存最为完好的区域，也是开展自然资源资产和生物多样性集中保护的重要区域。

管控要求：对草原、河湖、湿地等自然资源资产实施最严格保护，严禁任何破坏性的人为活动；在不破坏区域典型生态系统的前提下，可进行观察和监测，不能采用任何实验处理的方法；禁止新建与生态保护无关的所有人工设施，除必要巡护道路外，不规划和新建道路。

（2）弹性管控区

弹性管控区为核心区以外的自然生态系统保育区域，其地形、土地利用方式等条件与核心区相似，生境质量相对较高，生态系统功能相对较好。

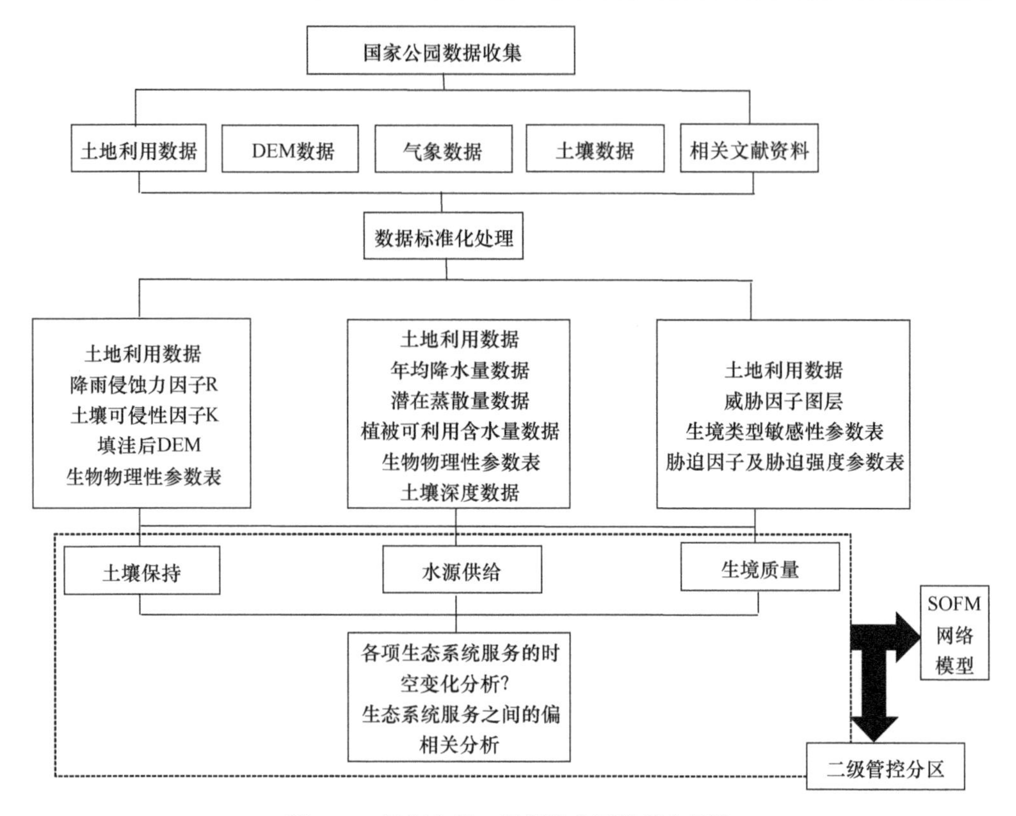

图 5-18　国家公园二级管控分区的基本思路

管控要求：为野生动物提供栖息环境，防止和减少人类、灾害性因子等外界干扰因素对核心区造成破坏；在不导致生态系统逆行演替的前提下，可进行实验性或生产性的科学研究工作；涉及季节性迁徙的野生动物在迁出的季节，可进行低环境影响的生产经营性活动；在野生动物迁入时段按核心管控区管理，在其他时段，按缓冲管控区管理；禁止新建与生态保护无关的所有人工设施，除必要巡护道路外，不规划和新建道路。

（3）缓冲管控区

缓冲管控区各项生态系统服务相对较好，可以保护核心管控区和弹性管控区的自然资源和生态环境，为科考活动等提供有利条件。

管控要求：加强野生动物监测，实行野生动物保护和补偿制度；严禁人类活动对野生动物造成影响；不得修建人工设施，除必要巡护道路外，不规划新建道路，合理建设动物通道，及时生态恢复；可以适度开展科学考察、生态体验和环境教育活动。

（4）实验管控区

实验管控区内生态环境良好，生态结构较为完善，人类活动对自然生态环境的影响不是特别严重，可以为开展生态旅游、生态教育等提供有利条件。

管控要求：针对自然资源资产制定地文、水域、生物等景观的专项保护计划，尽可能减少对自然生态系统的干扰行为；针对文化资产制定文化景观专项保护计划，对文化遗产等不可移动文物遵循不改变文物原状和最小干预原则；对非物质文化遗产进行创新性利用，避免非物质文化遗产过度商业化；制定防火、避雷、防洪等针对性保护措施，并根据需要制定针对性应急预案；经批准，适度利用自然与文化资产开展生态旅游活动；生活垃圾无害化处理率达标。

（5）外围管控区

外围管控区的人类活动频繁，大部分区域耕地或居民点较为集聚，区域内人工建筑较多且生态系统结构较为破碎，生态恢复能力很低。

管控要求：合理利用建设用地，建设国家公园综合管理服务相关的设施；现有耕地面积不增加或有所减少；建立空天地一体化监测体系、生态环境数据服务平台、协同办公综合平台等智能化、精细化管理平台；社区允许开办国家公园特许经营范围的所有项目，生活垃圾无害化处理率达到50%；社区完善通信、电力、水利及环保相关设施，完善防火、防洪减灾、饮用水水源地保护设施；完善基层医疗、教育文体等设施。

二、国家公园综合管控技术

（一）综合管控概念及关键技术

管控的基本解释为“管理控制”，是在既有的框架下对特定资源和行为所进行的约束和组织，管控具有既定的目标，并且需要一定的权力赋予作为实施管控行为的保障。从管控的基本解释可以看出，“管”即为定性的方法措施，“控”即为定量的指标和技术。

国家公园综合管控是指在国家公园及毗邻地区，通过设计可量化评估和可标准化的综合管控技术，以自然与文化资产及其自然与人为胁迫因素为管控对象，确保国家公园管理的过程控制与风险主动防范，最大限度地实现国家公园及毗邻地区经济、社会和环境福利以及生态系统的完整性和原真性。

自然资产是指可以为自然生态系统的维持以及社会经济系统的发展提供独特作用的自然资源，包括土地、森林、草原、河流、矿藏、野生动植物等。国家公园内的自然资产类型丰富多样，对于维护国家公园生态系统的可持续发展具有重要意义。文化资产是指具有历史、文化、艺术、科学等价值并经权威认定机构指定或登录之下列有形及无形文化资产，包括古迹、历史建筑、纪念建筑、聚落建筑群等。国家公园内的文化资产可分为地方风物、历史遗迹、建筑设施和园林景观四个大类，是独具文化特色的人文资源。

国家公园综合管控的原则包括以下几个方面。

1）生态系统完整性。整合优化国家公园各类资源资产，促进人与自然、社会经济与生态环境的和谐发展。

2）保护与利用协同。在保护为主的前提下兼顾利用，保障国家公园内及周边属地社区居民的利益。

3）多方共同参与。实施以政府为主导、科研团队为支撑、社区居民协作、企业和社会组织共同资助的多方参与模式。

4）跨界协同保护。构建跨行政边界国家公园的连接对话机制，加强国家公园与周边地区之间的协同保护与发展。

5）分级分区管控。对国家公园内的不同地域进行功能划分，针对不同功能区的目标实施差别化的管控措施。

国家公园综合管控采用“分区、分类、分级”的思路，以管控分区为基础，集生态监测、灾害风险管理、社区管理等于一体，实施面向管理周期的管控有效性评价，制定面向国家公园管理者的综合管控手册，并制定相应技术标准（图 5-19）。

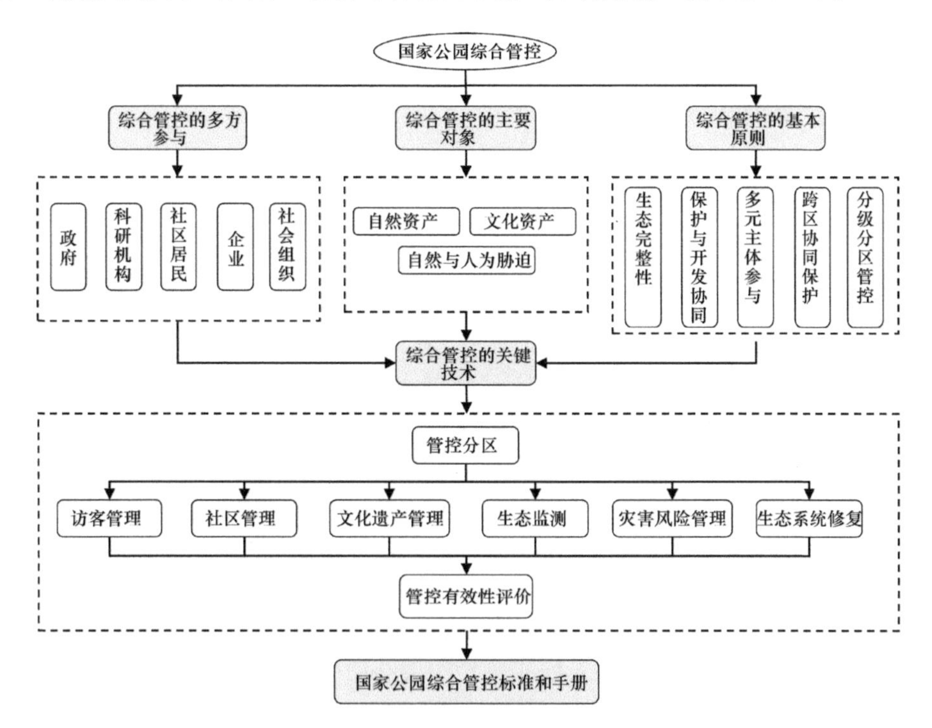

图 5-19　国家公园综合管控的实施思路

国家公园综合管控的特点体现在以下几个方面。

1）管控目标具有综合性。管控目标既要实现生态保护，也要兼顾科研、教育、游憩等功能；既要生态保护优先，也要促进社区发展。

2）管控范围具有综合性。管控范围不仅包括国家公园内，还包括国家公园周边地区；不仅包括生态系统所在地理空间，还包括社区所在地理空间。

3）管控对象具有综合性。管控对象既包括国家公园内的自然与文化资产，也包括影响这些资产的自然与人为因素。

4）管控参与者具有综合性。管控的参与者不仅包括综合资源、环保、农业、水利等多个职能的政府部门，还有科研机构、社区居民、企业和社会组织。

5）管控手段具有综合性。管控手段不再是单一的技术手段，而是综合技术手段、立法手段、行政手段和经济手段。

综合管控的关键技术包括管控分区技术、生态监测技术、灾害风险管理技术、社区管理技术、自然与文化资产管理技术、访客管理技术与协同联动等定量和定性的管理手段与控制方法（表 5-9）。

表 5-9　国家公园综合管控的关键技术

技术名称	技术内容
管控分区技术	在现行二元分区法的前提下，引入跨界保护治理理论，划定国家公园协同保育区，形成“核心区+一般控制区+协同保育区”的一级管控分区模式。在此基础上，细化国家公园内的管控分区，形成核心管控区、弹性管控区、缓冲管控区、实验管控区和外围管控区 5 种类型的二级管控分区
生态监测技术	以重要保护对象与关键生态系统服务识别为基础，以管理目标与关键生态过程匹配为核心，以遥感监测和地面调查相结合为监测手段，构建我国国家公园生态监测体系，建立既统一又因地制宜的监测指标体系，建立自上而下的监测实施和数据管理机制
灾害风险管理技术	识别和管控影响生态保护与生态服务的胁迫因子，开展灾害风险管理，对威胁国家公园物种、栖息地、生态系统以及进入其中的各类人群、维持国家公园运行的建筑、道路与其他基础设施的灾害风险进行全面管控，形成有效的管理体制、运行机制和综合性管控措施
自然与文化资产管理技术	国家公园自然与文化资产管理技术包括建立国家公园自然资产普查数据库、建立非物质文化遗产保护四级名录体系、认定和保护非物质文化遗产代表性传承人、建设文化生态保护区，实现档案化、数字化管理等
社区管理技术	面向国家公园管理需求，将社区土地利用管理、社区生计发展与社区参与保护纳入到国家公园综合管控中，对国家公园内不同权属土地进行统一管理，通过识别社区居民利益诉求，构建各利益相关方的“协商空间”，通过深入挖掘传统生态知识的作用，赋权社区在国家公园的主体地位，推动社区在国家公园保护与管理中的积极作用
访客管理技术	国家公园访客管理技术包括核定与调控接待容量、建立预约制度、发布并提供访客行为指南、发布访客管理制度等

（二）综合管控技术规范编制

以国家公园自然与文化资产保护为出发点，将综合管控体系和技术作为重点，编制《国家公园综合管控技术规范》，推动国家公园在综合管控技术标准方面实现突破，为建立国家公园生态保护和综合优化管理提供技术支撑。

结合 2019 年 6 月中共中央办公厅、国务院办公厅印发的《关于建立以国家公园为主体的自然保护地体系的指导意见》（以下简称《指导意见》）中提出的“建立统一调查监测体系；探索公益治理、社区治理、共同治理等保护方式；自然保护地范围并勘界立标；国家公园和自然保护区实行分区管控；分级分类开展受损自然生态系统修复；建立健全特许经营制度；加强评估考核”等具体要求，进一步梳理国家公园已有相关规范标准内容，构建国家公园综合管控指标体系，并完成国家公园综合管控技术规范的编制（图 5-20）。

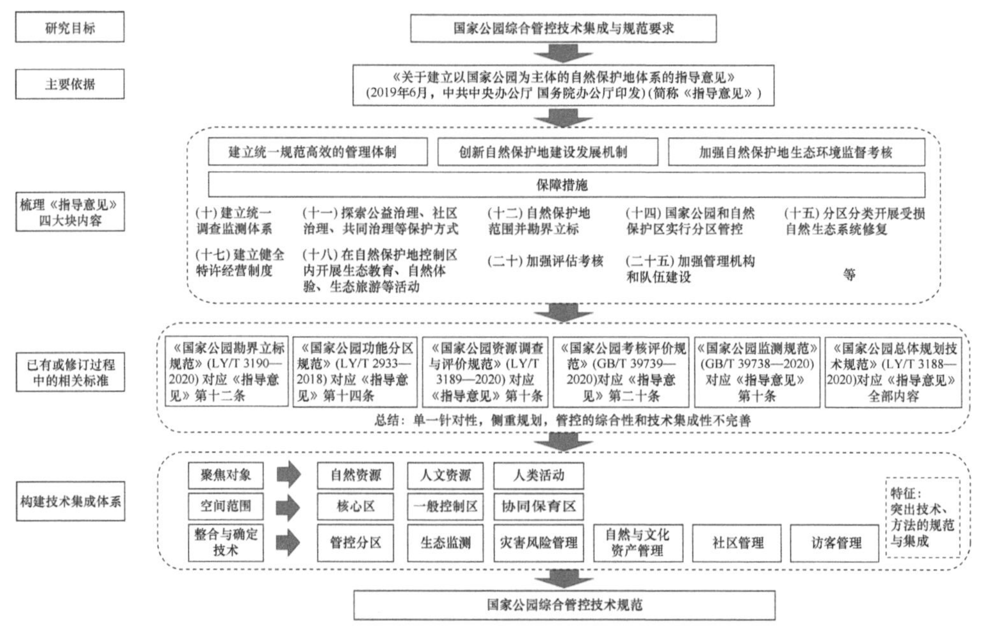

图 5-20　国家公园综合管控技术规范研究思路

国家公园综合管控技术规范的指标选取主要依据《指导意见》。对《指导意见》进行梳理，分为“建立统一规范高效的管理体制”、“创新自然保护地建设发展机制”、“加强自然保护地生态环境监督考核”和“保障措施”四大模块，并对四大模块中的 17 条具体内容总结归纳为“调查监测、社区共管、范围勘界立标、分区管控、生态修复、特许经营、人类活动、考核评估、风险与灾害预警、管理机制”十大具体要求。

综合考虑国家公园管控的“目标对象（自然资源、人文资源和人类活动）”、“空间范围（核心区、一般控制区和协同保育区）”以及“《指导意见》十大要求”，结合多类型的定性与定量技术方法，确定出调查监测、风险防范与灾害管控、分区管控、生态保护与修复和综合管理 5 项指标，重点突出管控技术方法的规范与集成性。

第五节　国家公园优化综合管理系统平台

国内外国家公园或自然保护地管理信息系统的发展呈现几个特征：第一，由传统的 C/S 模式向 B/S 模式转变，用户通过浏览器就能访问世界各地开放的数据资源；第二，管理信息系统的信息共享度、数据内容和结构等都发生了较大的变化，除了单一的文本属性数据，还融入了图片、影像、空间等数据，数据类型逐步多样化，内容也更加丰富；第三，系统功能趋向于信息整合并使其相互关联，由数据输入、查询、报表打印等简单功能增加了结构分析、动植物分布监测、生境监测、保护效果评估评价等功能，提高了数据和信息的管理水平。

然而，在现有的自然保护地管理系统中，大多只侧重于管理的某一个方面，如自然资源监测、野生动物保护或者植物物种保护等，这主要与保护地的管理职能有关。随着国家公园体制的建立，国家公园在我国自然保护地体系中处于主体地位，在国家公园管理中需要整合现有相关自然保护地的管理职能，由一个部门统一行使国家公园自然保护地管理职责，现有平台的设计思路或者功能模块均无法完全满足国家公园的综合管理。

本节将探索搭建一个国家公园综合管理平台，集成生态、环保、农业、水利、国土等多领域的专题数据集，实现信息整合、数据共建共享，将生态监测管理、气象环境监测、草地资源管理、水文监测管理、野生动物监测等功能集成于统一的管理平台，为开展国家公园区生态保护与监管提供技术支撑，为国家公园管理人员实现真正意义的综合管理提供参考。

一、国家公园综合管理数据库的设计与构建

（一）数据库总体设计

为了开展国家公园综合管理，构建国家公园综合管理数据库，实现对生态、环保、农业、水利、国土等多领域专题数据集的综合集成管理是前提与关键所在。

国家公园综合管理数据库是一个综合性的数据库，其管理的数据来源广泛，数据之间没有统一的标准。从数据形式来看，主要包括矢量数据、栅格数据以及表格数据；从专题类型来看，主要包括气象数据、地形数据、植被覆盖度数据、

生态系统类型数据、服务功能数据等。因此，为了数据得到高效的利用，方便数据库的建立和管理，需要将这些多源异构的数据按照统一标准进行分类、整理与合并。本研究通过空间数据库引擎 ArcSDE 和关系型数据库 SQL Server 开展国家公园综合管理数据库的构建，针对三江源国家公园和神农架国家公园分别建立 2 个空间数据库，以及 1 个统一的系统管理数据库（图 5-21、图 5-22）。

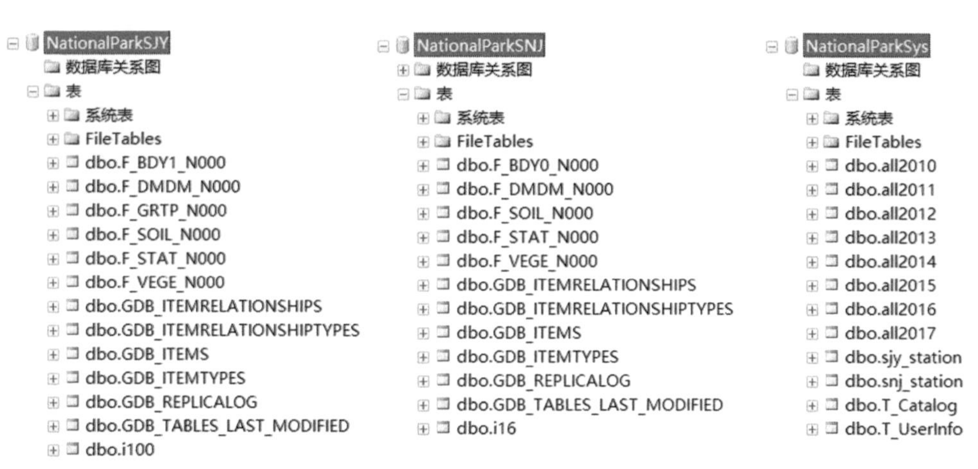

图 5-21　三江源与神农架国家公园综合管理数据库后台

（二）多源时空数据库构建

本研究集成了涉及气象、国土、生态、水文、草地、野生动物等多个方面的数据资源，基于 ArcSDE，结合 SQL Server 完成了多源时空数据库的构建，为实现对国家公园区的综合监测与管理提供数据保障，具体数据资源如表 5-10 所示。

二、国家公园数据管理与分析子系统的研发

（一）系统架构设计

为了有效管理和利用上述多源时空数据集，本系统采用 C/S 模式进行设计，基于 Visual Studio.NET、ArcGIS Engine、DevExpress 等开发组件研发了国家公园数据管理与分析子系统，为用户存储、浏览、查询以及分析各类数据资源提供技术支撑。

系统的最底层为数据层，它是由 SQL Server 数据库及 ArcSDE 空间数据引擎组成，它们是多源时空数据集的存储载体，各类要素按照数据类型（空间或表格）、数据专题（基础地理、生态服务、气象、水文等）、数据时间（年、月、日等）等分类进行存储和管理。

图 5-22 国家公园数据管理系统主要数据库表结构

表 5-10 国家公园数据资源列表

数据名称		数据格式	比例尺/分辨率	数据时段
基础地理	行政边界	矢量（*.shp）		2000 年
	植被类型	矢量（*.shp）	1∶100 万	
	土壤类型	矢量（*.shp）	1∶100 万	
	DEM	栅格（*.tif）	90m	2010 年
	生态系统类型	栅格（*.tif）	1km	2015 年
植被监测	植被覆盖度	栅格（*.tif）	250m	2000～2020 年
	净初级生产力	栅格（*.tif）	500m	2000～2020 年
生态系统服务	水源涵养量	栅格（*.tif）	250m	2000～2020 年
	土壤保持量	栅格（*.tif）	250m	2000～2020 年
	防风固沙量	栅格（*.tif）	250m	2000～2020 年
气象监测	气温	栅格（*.tif）	1km	2000～2020 年
	降水	栅格（*.tif）	1km	2000～2020 年
	风速	栅格（*.tif）	1km	2000～2020 年
草地监测	草地类型	矢量（*.shp）	1∶100 万	1996 年
	产草量	栅格（*.tif）	1km	2000～2015 年
	草地盖度	表格（*.xls）		2015 年
	草地高度			2015 年
	总鲜重			2015 年
水文监测	径流量	表格（*.xls）		2000～2015 年
	泥沙含量			2000～2015 年
	输沙量			2000～2015 年
水质监测	叶绿素 a	表格（*.xls）		2017 年
	总氮			2017 年
	硝态氮			2017 年
野生动物监测	物种数量	表格（*.xls）		2017 年
	监测点位			2017 年

采用的系统开发组件包括用于数据库访问的 ADO.NET 组件、用于空间数据操作和分析的 ArcGIS Engine 和 IDL 组件、用于界面个性化定制的 DevExpress 组件等。通过各类组件功能的集成和定制，实现数据管理（表格、矢量或栅格等数据的导入和导出）、空间数据 GIS 操作（地图放大、地图缩小、地图漫游等）、数据检索与浏览（条件查询、地图查询等）、数据时空统计与分析（算术统计、分区统计、趋势分析等）以及专题制图等功能的研发。

最后以较为友好的用户操作界面呈现给各类用户使用。

系统整体架构见图 5-23。

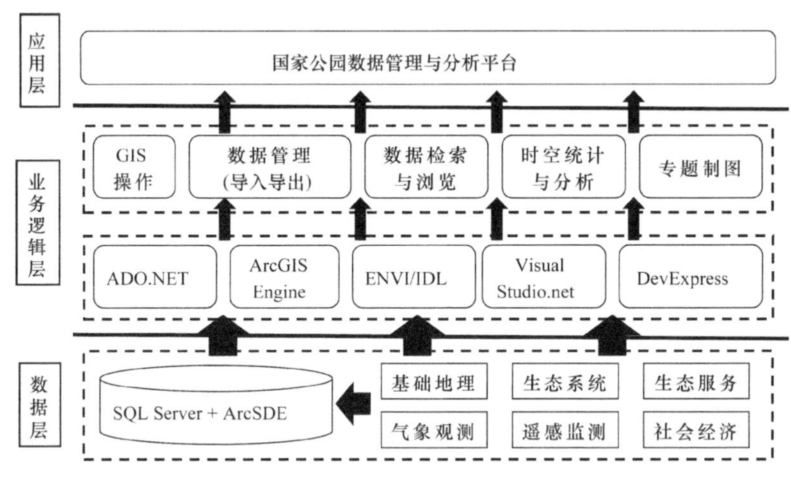

图 5-23 国家公园数据管理系统架构设计图

（二）系统运行环境

目前我国的办公系统主要采用 Windows 操作系统，为了保障系统稳定运行，本研究主要以 Windows 操作系统为参考，结合研发过程中用到的相关开发组件，列出了系统运行的硬件和软件环境，具体如表 5-11～表 5-13 所示。

表 5-11 国家公园数据管理系统硬件环境

名称	详细信息
主机	Intel（R）Core（TM）i7-4790 CPU 计算机或者更高
CPU	主频 3.60GHz 或更高
内存	不少于 8GB，推荐 16GB
硬盘	不少于 500GB
其他	以太网卡、高性能显示系统，推荐 100Mbps 网卡

表 5-12 国家公园数据管理系统服务器端软件环境

名称	详细信息
操作系统	Windows7 操作系统
数据库	SQL Server 2014
支持软件	ArcServer 10.3、 ArcGIS Desktop 10.3

（三）系统功能模块

国家公园数据管理与分析子系统由菜单栏、数据浏览窗口、地图显示窗口、

表 5-13　国家公园数据管理系统客户端软件环境

名称	详细信息
操作系统	Windows7 操作系统
支持软件	.Net Framework 4.5、ArcGIS Engine Runtime 10.3

表格显示窗口、状态栏五个部分组成。系统主要包括地图操作、数据管理、数据检索与浏览、时空统计与分析、专题制图以及系统管理等子模块。

1. 地图操作

地图操作子模块主要实现对数据进行基本的地图操作的功能，方便在地图浏览过程中精准查看地图数据内容，具体功能介绍如下。

1）新建：新建地图文档。

2）打开：打开地图文档，添加 MXD 等由 ArcMap 生成的专题图文档。

3）保存：将当前系统的专题图视图保存成为 MXD 格式的专题图文档。

4）添加数据：添加数据可以将当前系统的图层文件加入地图显示窗口。

5）指针：单击“指针”子菜单项时，地图窗口恢复到指针选择状态。

6）放大：系统自动地将整个地图视图的内容放大到用户所画范围。

7）缩小：系统自动地将整个地图视图的内容缩小到用户所画范围。

8）平移：系统自动地根据拖动的轨迹显示地图图层范围。

9）全景：系统自动全图显示。

10）中心放大：该功能将实现地图文档进行固定比例的放大。

11）中心缩小：将实现地图文档进行固定比例的缩小。

12）前一视图：系统显示前一视图。

13）后一视图：系统显示后一视图。

2. 数据管理

数据管理子模块主要负责实现将国家公园的监测数据导入到数据库管理系统中，或将已有的监测数据导出至本地等功能，具体包括矢量数据的导入/导出，栅格的导入/导出，以及空间数据查询等。数据导入可以实现系统信息的更新，保证系统数据的实效性。同时，在数据导入过程中，系统提供编程管理，即根据选择导入的数据类型，系统自动提供新增数据的文件命名方式，方便数据的统一、标准化管理。

1）矢量导入：将 ShapeFile 格式数据导入到数据库中。在矢量导入的对话框中，通过选择要导入的数据分类和导入数据的路径，系统会将该路径下所有符合要求的数据选出，在选出的数据中勾选要导入的空间数据，单击确定数据就可以导入到指定的空间数据库中。

2）矢量导出：将矢量数据格式导出到本地。在矢量导入的对话框中，通过选择要导出的空间数据，系统会将该数据分类下所有符合要求的数据选出，在选出的数据中勾选要导出的空间数据，并选择导出数据的路径，单击确定数据就可以导出到指定的路径下。

3）栅格导入：将 TIFF、GRID 格式数据导入到数据库中。在栅格导入的对话框中，通过选择要导入的数据分类和导入数据的路径，系统会将该路径下所有符合要求的数据选出，在选出的数据中勾选要导入的空间数据，单击确定数据就可以导入到指定的空间数据库中。

4）栅格导出：将栅格数据格式导出到本地。在栅格导出的对话框中，通过选择要导出的空间数据库，系统会将该数据分类下所有符合要求的数据选出，在选出的数据中勾选要导出的空间数据，并且选择导出数据的路径，单击确定数据就可以导出到指定的路径下。

5）空间数据查询：在空间数据查询的对话框中，通过选择所要查询的数据库、查询方式，以及查询条件，即可查询出指定的空间数据。

3. 数据检索与浏览

数据检索与浏览子模块负责对存储于数据库中的各类数据资源进行检索和浏览，主要包括地形、气温、降水、土地利用、植被类型、植被覆盖度、生态系统服务等。用户选择对应的数据库和查询条件，就能查询、浏览以及导出相应的数据集。

4. 时空统计与分析

根据不同的分区边界，对数据库中各类空间数据进行分区统计，统计要素包括算术平均值、最小值、最大值、变化斜率等，统计结果存入数据库中。用户可以通过统计结果查询功能，选择数据库、数据类型、数据时间等信息，查询统计结果，相关结果以折线图、柱状图或表格形式进行展示。

5. 专题制图

系统根据不同要素的类型（植被、气候、土壤等）设置了不同的制图模板，用户选择需要制图的数据，以及相应的制图模板，即可完成专题图的制作。

6. 系统管理

系统管理子模块主要包括修改密码、用户管理、数据库连接设置、SDE 连接设置等功能。

1）修改密码：修改用户登录的密码。在修改密码的对话框中，输入修改密码和确认密码，即可完成修改登录密码。

2）用户管理：主要包括查询用户、添加用户、修改用户、删除用户等操作（管理员用户才能操作，高级用户和普通用户不能操作）。

3）数据库连接设置：管理员配置远程 SQL 数据库的连接。

4）SDE 连接设置：管理员配置远程 SDE 空间数据库的连接。

三、国家公园综合管理平台的研发

（一）系统架构设计

国家公园综合管理平台采用面向服务的架构（SOA）进行设计，主要由以下 4 部分组成：基础设施层、数据资源层、应用支撑层、应用层（图 5-24）。

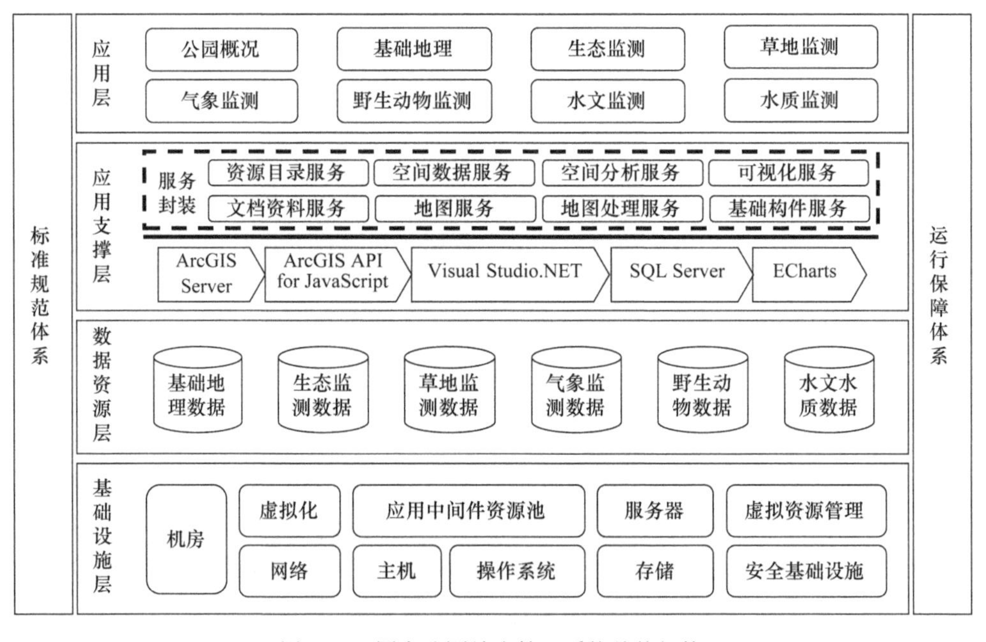

图 5-24　国家公园综合管理系统总体架构

1. 基础设施层

系统的基础设施层是系统高效、稳定、安全运行的重要保障。根据系统运行的实际需求，系统基础设施包括硬件设施、软件设施和网络设施。

（1）硬件设施

硬件设施包括文件服务器、数据库服务器、GIS 应用服务器、Web 服务器、管理服务器。

1）文件服务器部署具备文件上传、下载、导入和格式转换等功能的文件管理系统，以及多源异构数据。

2）数据库服务器部署数据库管理系统、空间数据库引擎以及数据库数据。

3）GIS 应用服务器用来部署整个平台的基础后台应用组件和服务，执行对 Web 服务的请求，承载并运行空间数据的导入、转换，GIS 数据业务处理，地图制图、切片、缓存和发布等服务。

4）Web 服务器用来托管 Web 应用程序，为 ArcGIS Server 10.X 站点提供可选、安全和负载均衡的访问。

5）管理服务器用来部署服务器管理软件，提供云服务器的基础运维，包含数据迁移、环境配置、故障排查、安全运维等类型服务。

（2）软件设施

软件设施包括操作系统、数据库管理系统、GIS 平台软件、遥感数据处理与数值计算等。这些基础软件提供系统需要的基础功能。

1）操作系统，采用 Windows Server 2012 R2 等操作系统，为平台运行提供良好的系统支撑。

2）数据库管理系统，提供海量数据存储、访问功能，采用 Microsoft SQL Server 2014L。

3）GIS 平台软件，提供基于位置信息的数据管理、查询、分析与显示功能。采用 ArcGIS Server10.X 与桌面开发平台（包括平台软件、扩展模块、开发平台等）。

（3）网络设施

网络设施包括路由器、防火墙、智能网络入侵检测网关、交换机、代理服务器、负载均衡器等。网络设施是部署系统局域网以及为增强系统安全所必需的基础设施。

2. 数据存储层

数据存储层主要存储系统所需要的各类数据，是整个平台的基石，包括但不限于以下数据库：基础地理子数据库、生态监测子数据库、草地监测子数据库、气象子数据库、水文水质子数据库、野生动物监测子数据库等。上述数据库数据是各系统的核心数据，将严格做好版本控制、防灾、备份处理。允许各业务系统，在符合数据库设计规范要求的前提下自定义数据库，但资源名称和数据内容上避免和上述数据库产生冲突或冗余。数据库选择 MS SQL Server 2014。

3. 应用支撑层

应用支撑层封装了全部需要在应用服务器上运行的功能模块，包括数据检查、导入、转换、导出、传输功能的文档资料服务，数据检索、查询等空间数据服务，资源目录服务，地图制图、切片、缓存和发布等地图服务，空间分析服务，影像处理等地理处理服务，日志处理，资源管理，专家知识库系统配置等服务，BI/报表，统计分析，可视化服务等各种核心业务服务模块。通过模块、基础构件和业务构件之间的相互组合和调用，可以实现复杂的业务应用逻辑。应用支撑层通过 RESTful Web Service 接口，为应用层提供服务。

4. 应用层

应用层是在应用支撑层及其提供的统一数据库和数据访问接口的基础上，开发的业务模块（或子系统），能够满足用户层的各项业务需求。应用层包括了所有需要人机交互操作的子系统或业务模块，包括国家公园概况子模块、基础地理子模块、生态监测子模块、草地监测子模块、气象监测子模块、水文监测子模块、水质监测子模块。

5. 标准规范体系

在系统开发和运行的过程中，要遵循和制定统一的技术标准和规范，保障平台未来可持续发展。本研究需要制定遵循的规范主要包括存档产品元数据标准规范、本系统运行管理规范。

6. 运行保障体系

为了保障本系统的长期高效运行，需要建立用户、服务节点、运维管理方等多方参与的协作、沟通机制，特别是服务节点与平台运维方的协作体系和管理体系。

（二）系统运行环境

目前我国的办公系统主要采用 Windows 操作系统，为了保障系统稳定运行，本研究主要以 Windows 操作系统为参考，结合研发过程中用到的相关开发组件，列出了系统运行的硬件和软件环境，具体如表 5-14～表 5-16 所示。

表 5-14　国家公园综合管理系统硬件环境

名称	详细信息
主机	Intel（R）Core（TM）i7-4790 CPU 计算机或者更高
CPU	主频 3.60GHz 或更高
内存	不少于 8GB，推荐 16GB
硬盘	不少于 500GB
其他	以太网卡、高性能显示系统，推荐 100Mbps 网卡

表 5-15　国家公园综合管理系统服务器端软件环境

名称	详细信息
操作系统	Windows7 操作系统
数据库	SQL Server 2014
支持软件	ArcSDE 10.3、 ArcGIS 10.3 Server

表 5-16　国家公园综合管理系统客户端软件环境

名称	详细信息
操作系统	Windows7 操作系统
支持软件	IE 浏览器、搜狗浏览器等

（三）系统功能模块

国家公园综合管理平台主要包括公园概况、基础地理、生态状况、草地状况、气候状况、野生动物监测、水文状况、水质监测以及评估分析等功能模块。针对三江源国家公园和神农架国家公园的管理功能定位差异，部分功能略有调整。具体功能模块见表 5-17。

表 5-17　国家公园综合管理系统系统功能列表

模块	子模块
公园概况	公园简介
基础地理	地形地貌
	植被类型
	土壤类型
生态状况	生态系统类型
	植被覆盖度
	净初级生产力
	水源涵养
	土壤保持
	防风固沙
草地状况	草地类型
	草地产草量
	草地地面监测
气候状况	地面监测
	空间插值
野生动物监测	野生动物监测
水文状况	水文监测
水质监测	水质监测
评估分析	生态系统宏观结构评估
	植被质量评估
	生态系统服务功能评估
	气象评估
	水文评估

1. 公园概况

公园概况主要是以文字和图表的形式对三江源国家公园和神农架国家公园的基本建设情况进行介绍，包括公园建设的过程、建设目标、管理方式等，让用户对两个国家公园有基本的认识。

2. 基础地理

基础地理信息主要对国家公园的地形地貌、植被类型、土壤类型等数据进行空间展示，并配有相应的文字说明，让用户了解和掌握国家公园内地形地貌、植被类型、土壤类型等不同空间分布特征、面积占比等信息。

3. 生态状况

生态状况主要展示国家公园区内的生态状况信息，具体包括生态系统类型、植被覆盖度、净初级生产力、生态系统服务（水源涵养、土壤保持、防风固沙）等指标。

生态系统类型：主要向用户展示不同时段、不同区域的生态系统类型空间分布以及面积占比，用户可以对比发现国家公园内生态系统类型的变化规律。

植被覆盖度：主要向用户展示不同时段、不同区域的植被覆盖度空间分布以及多年变化趋势，为用户进一步评价国家公园内植被变化状况提供支撑。

净初级生产力：主要向用户展示不同时段、不同区域的净初级生产力空间分布以及多年变化趋势，为用户进一步评价国家公园内植被生产力变化状况提供支撑。

水源涵养：主要向用户展示不同时段、不同区域的生态系统水源涵养量的空间分布以及多年变化趋势，同时根据长时间序列水源涵养量数据集识别出国家公园区内水源涵养服务重要性空间分布规律，为用户进一步评价国家公园水源涵养服务时空变化特征提供支撑。

土壤保持：主要向用户展示不同时段、不同区域的生态系统水蚀模数、土壤保持量的空间分布以及多年变化趋势，同时根据长时间序列土壤保持量数据集识别出国家公园区内土壤保持服务重要性空间分布规律，为用户进一步评价国家公园土壤保持服务时空变化特征提供支撑。

防风固沙：主要向用户展示不同时段、不同区域的生态系统风蚀模数、防风固沙量的空间分布以及多年变化趋势，同时根据长时间序列防风固沙量数据集识别出国家公园区内土壤保持服务重要性空间分布规律，为用户进一步评价国家公园防风固沙服务时空变化特征提供支撑。

4. 草地状况

草地类型：主要对国家公园的草地类型等数据进行空间展示，并配有相应的文字说明，让用户了解和掌握国家公园内不同类型草地的空间分布特征、面积占比等信息。

草地产草量：主要向用户展示不同时段、不同区域的草地产草量的空间分布以及多年变化趋势，为用户进一步评价国家公园草地生产力时空变化特征提供支撑。

草地地面监测：主要向用户展示不同时段、不同区域的草地地面监测信息，可以为用户进一步结合遥感产品开展草地生态状况时空变化特征的评价提供数据支撑。

5. 气候状况

地面监测：主要向用户展示不同时段、不同区域的气象观测站的地面监测信息，主要包括气温、降水、风速、相对湿度等，可以为用户进一步结合气象空间产品开展气候状况时空变化特征的评价提供数据支撑。

空间插值：主要向用户展示不同时段、不同区域的气象插值数据集，主要包括气温、降水等，同时对不同地区不同时段的气候变化态势进行了统计分析，可以为用户进一步结合地面监测资料开展气候状况时空变化特征的评价提供数据支撑。

6. 野生动物监测

野生动物状况主要用于展示国家公园区域内野生动物的监测情况，以地图形式展示各类野生动物出现的空间点位以及数量，同时系统自动将对应点位的海拔、植被状况、土壤类型、气候状况等信息提取出来，以此作为反映动物栖息地的环境特征信息，为管理人员进一步更好地监测野生动物提供数据支撑。

7. 水文状况

水文状况主要向用户展示不同时段、不同区域的水文观测站监测信息，主要包括径流量、输沙量、含沙量、水温、流速等，可以为用户进一步开展流域水文状况时空变化特征的评价提供数据支撑。

8. 水质监测

水质状况主要向用户展示不同时段、不同区域的水质监测信息，主要包括叶绿素 a、TN 以及 NO_3-N 等，可以为用户进一步开展流域水文状况时空变化特征的评价提供数据支撑。

9. 评估分析

评估分析主要通过对长时间序列生态系统宏观结构、植被质量、生态系统服务功能、气象以及水文监测数据，进行时空变化分析，对各要素的多年平均状况及其变化进行评估，基于评估结果编制相应的评估报告。

第六章　三江源国家公园社会经济和生态功能协同提升技术与管理*

三江源国家公园是我国提出“建立国家公园体制”以来，第一个得到批准建设的国家公园体制改革试点，也是第一批正式设立的 5 个国家公园之一，是中国国家公园的象征，它承载着全民族对自然保护和生态文明的希望。三江源国家公园分为长江源、黄河源、澜沧江源 3 个园区，总面积为 12.31 万 km^2，是所有试点中面积最大的一个，其地处青藏高原腹地，平均海拔 4000m 以上，是全球生物多样性最集中、气候变化反应最敏感的区域之一，其生态系统服务功能、自然景观、生物多样性具有全国乃至全球意义的重要保护价值。三江源国家公园试点建设遵循“创新、协调、绿色、开放、共享”的发展理念，拟建成青藏高原生态保护修复示范区，三江源共建共享、人与自然和谐共生的先行区和青藏高原大自然保护展示和生态文化传承区。

以三江源国家公园体制改革试点区为对象，基于获得的相关基础数据，从生态保护与社会经济发展的主要矛盾入手，形成了园区内社会经济和生态功能协同提升的技术与管理体系。围绕三江源国家公园体制试点区生态资产评估、畜牧业与生态协调发展、人兽冲突等典型的生态和社会问题，在调研、监测和评估的基础上，编制了生物多样性价值实现与生态功能协同提升技术方案，构建了畜牧业与生态保护协调发展模式，建立了人兽冲突调控综合管理技术体系，通过在三江源国家公园体制试点区开展应用示范，为脆弱生态修复与保护、国家生态安全屏障建立、国家公园体制改革提供重要的科技支撑。

第一节　三江源国家公园生态功能分区

一、气候变化情景下三江源国家公园空间范围

研究设置的时间为当前时期（2000～2017 年），未来时间为 2030 年（2021～2040 年平均）和 2050 年（2041～2060 年平均）。情景分别为 SSP1-2.6 情景和

---

* 本章执笔人：张同作、蔡振媛、薛亚东、曾维华、高峻、高红梅、代云川、马冰然、焦雯珺、江峰、张婧捷、覃雯、李巍岳、姚帅臣、张碧天、杨蕾、郭鑫、李杰、付晶、迟翔文、宋鹏飞、刘道鑫、毛显强、席建超、王正早、刘孟浩、解钰茜、胡官正。

SSP5-8.5 情景。优先保护区为可以达到所设定保护目标的规划单元的集合；不可替代性是在试验中一个规划单元被选做优先保护区的次数。

从图 6-1 可以看出，这两者所覆盖的区域并不一定完全重合，但是相关性很高，一个区域的不可替代性值越高，越可能被选为优先保护区。当前时期，共有 485 个规划单元被选为优先保护区，面积为 95 267.12km^2。从不可替代性来看，研究区规划单元中 0 次被选为优先保护区的共有 473 个，1～200 次的有 727 个，201～400 次的有 126 个，401～600 次的有 176 个，601～800 次的有 124 个，801～999 次的有 178 个，1000 次的有 102 个；SSP1-2.6 情景 2030 年，共有 560 个规划单元被选为优先保护区，面积为 110 860.12km^2。研究区规划单元中 0 次被选为优先保护区的共有 641 个，1～200 次的有 608 个，201～400 次的有 98 个，401～600 次的有 55 个，601～800 次的有 58 个，801～999 次的有 255 个，1000 次的有 191 个。SSP1-2.6 情景 2050 年，共有 705 个规划单元被选为优先保护区，面积为 138 298.70km^2。研究区规划单元中 0 次被选为优先保护区的共有 599 个，1～200 次的有 519 个，201～400 次的有 84 个，401～600 次的有 36 个，601～800 次的有 94 个，800～999 次的有 251 个，1000 次的有 323 个。

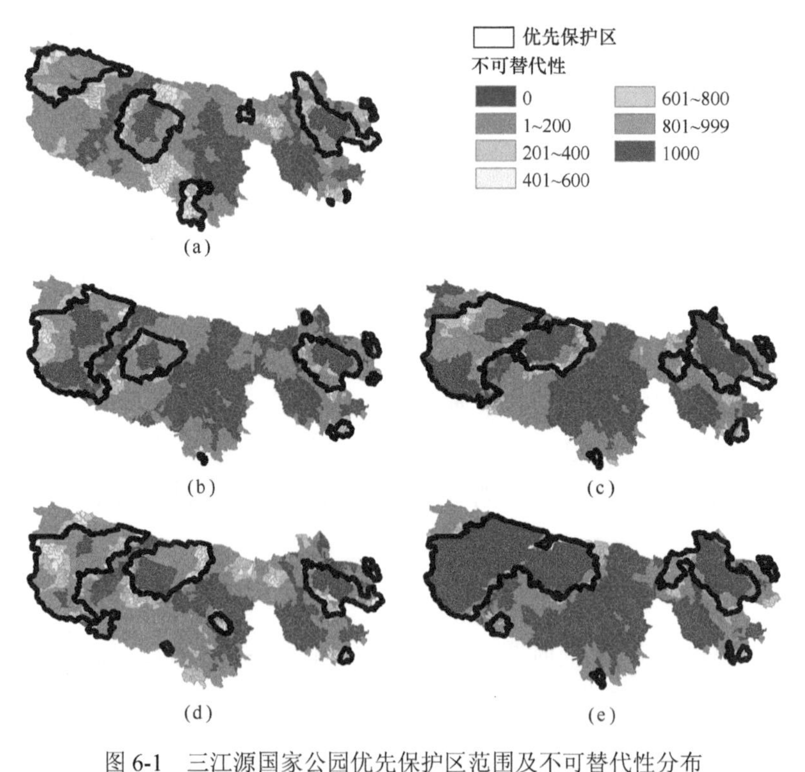

图 6-1　三江源国家公园优先保护区范围及不可替代性分布

（a）当前时期；（b）SSP1-2.6 情景 2030 年；（c）SSP1-2.6 情景 2050 年；（d）SSP5-8.5 情景 2030 年；（e）SSP5-8.5 情景 2050 年

SSP5-8.5 情景 2030 年，共有 544 个规划单元被选为优先保护区，面积为 111 775.47km^2。研究区规划单元中 0 次被选为优先保护区的共有 418 个，1～200 次的有 717 个，200～400 次的有 161 个，401～600 次的有 120 个，601～800 次的有 105 个，801～999 次的有 247 个，1000 次的有 138 个。SSP5-8.5 情景 2050 年，共有 741 个规划单元被选为优先保护区，面积为 144 761.36km^2。研究区规划单元中 0 次被选为优先保护区的共有 659 个，1～200 次的有 425 个，201～400 次的有 67 个，401～600 次的有 30 个，601-800 次的有 45 个，801～999 次的有 122 个，1000 次的有 558 个。相比于当前时期，研究区西部的优先保护区面积增大，这与气候变化影响物种栖息地中高适宜性区域向西北方向变化有关（马冰然，2021）。

将不可替代性值>400的区域以及优先保护区划入国家公园范围，这样所划定的国家公园面积与已有国家公园面积更为接近，有助于进行对比。从图6-2可以看出，当前时期，SSP1-2.6情景下2030年、2050年，SSP5-8.5情景下2030年、2050年，三江源地区划为国家公园的面积分别为125 360.83km^2、120 023.25km^2、145 153.18km^2、135 111.75km^2、150 652.40km^2。

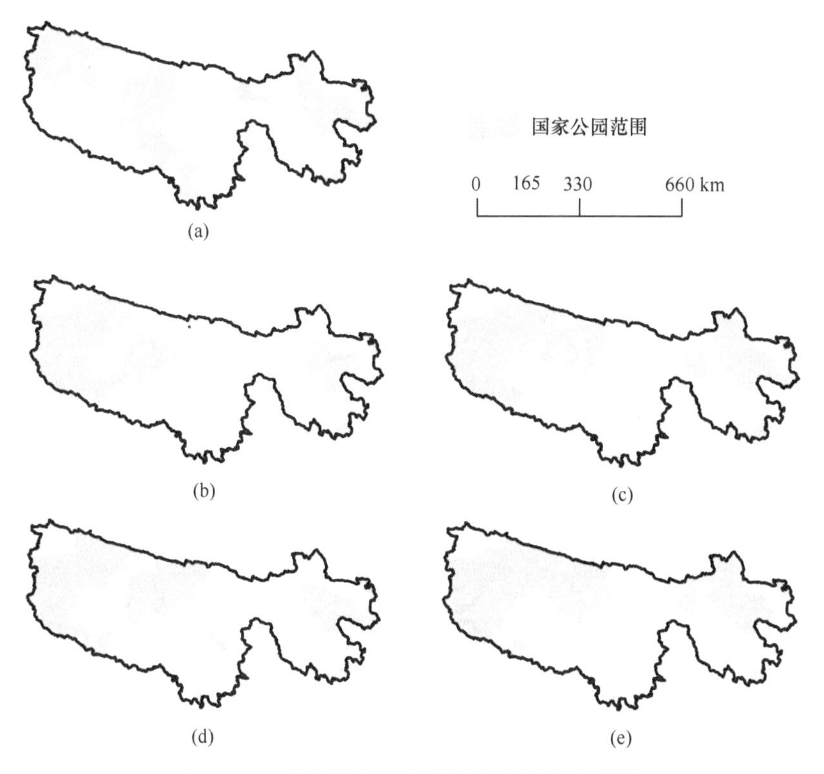

图 6-2　变化环境下三江源国家公园划定范围

（a）当前时期；（b）SSP1-2.6 情景 2030 年；（c）SSP1-2.6 情景 2050 年；（d）SSP5-8.5 情景 2030 年；（e）SSP5-8.5 情景 2050 年

二、气候变化环境下三江源国家公园动态功能分区

分区采用分级分区方式。一级区根据获得的不可替代性结果，将不可替代性值为801～1000的高值区作为“核心保护区”，不可替代性值为401～600的中等和601～800的中高等区域作为“一般控制区”（图6-3）。对于当前时期，核心保护区面积为59 495.37km^2，一般控制区面积为65 865.46km^2；SSP1-2.6情景下2030年，核心保护区面积为90 857.31km^2，一般控制区面积为29 165.95km^2；SSP1-2.6情景下2050年，核心保护区面积为111 533.01km^2，一般控制区面积为33 620.17km^2；SSP5-8.5情景下2030年，核心保护区面积为79 708.07km^2，一般控制区面积为55 403.67km^2；SSP5-8.5情景下2050年，核心保护区面积为134 159.06km^2，一般控制区面积为16 493.34km^2。总体来说，两种情景下核心保护区面积比例随时间呈增加趋势，一般控制区面积比例随时间呈下降趋势（表6-1）（马冰然，2021）。

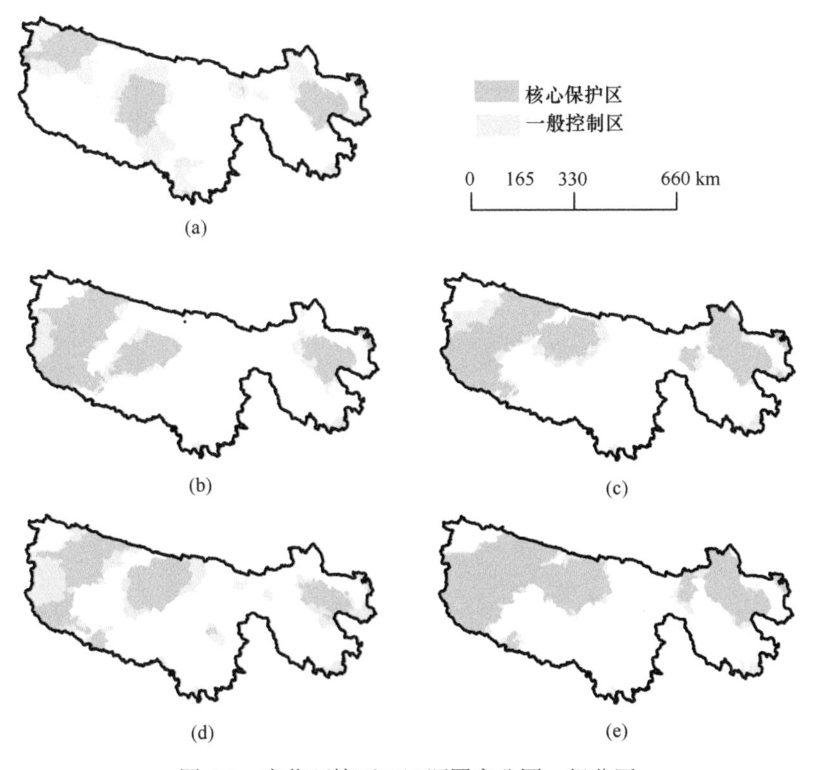

图 6-3　变化环境下三江源国家公园一级分区

（a）当前时期；（b）SSP1-2.6 情景 2030 年；（c）SSP1-2.6 情景 2050 年；（d）SSP5-8.5 情景 2030 年；（e）SSP5-8.5 情景 2050 年

表 6-1　变化环境下三江源国家公园一级分区面积统计

情景	时间	核心保护区		一般控制区	
		面积/km^2	占比/%	面积/km^2	占比/%
	当前	59 495.37	47.46	65 865.46	52.54
SSP1-2.6	2030 年	90 857.31	75.70	29 165.95	24.30
	2050 年	111 533.01	76.84	33 620.17	23.16
SSP5-8.5	2030 年	79 708.07	58.99	55 403.67	41.01
	2050 年	134 159.06	89.05	16 493.34	10.95

表 6-2　变化环境下三江源国家公园二级分区面积

一级分区	二级分区	当前时期	SSP1-2.6 2030 年	SSP1-2.6 2050 年	SSP5-8.5 2030 年	SSP5-8.5 2050 年
核心保护区	重要脆弱区	42 074.98（70.72%）	68 995.70（75.94%）	95 068.55（85.24%）	61 242.10（76.83%）	107 757.37（80.32%）
	一般脆弱区	17 420.39（29.28%）	21 861.61（24.06%）	16 463.20（14.76%）	18 465.98（23.17%）	26 400.43（19.68%）
一般控制区	游憩-放牧-居住区	10 254.27（15.57%）	5 919.30（20.30%）	3 462.87（10.30%）	11 237.38（20.28%）	2 600.99（15.77%）
	放牧-居住区	14 236.26（21.61%）	3 050.22（10.46%）	4 210.23（12.52%）	7 924.85（14.30%）	3 023.71（18.33%）
	居住区	16 086.15（24.42%）	3 182.65（10.91%）	10 448.88（31.08%）	9 661.91（17.44%）	2 803.5（17.00%）
	居住-游憩区	12 692.45（19.27%）	6 432.55（22.06%）	5 101.88（15.18%）	5 805.76（10.48%）	5 947.38（36.05%）
	游憩区	6 043.10（9.17%）	5 245.37（17.98%）	7 708.22（22.93%）	10 066.85（18.17%）	1 177.56（7.13%）
	其他区域	6 553.21（9.95%）	5 335.83（18.29%）	2 688.09（8.00%）	10 707.72（19.33%）	940.18（5.70%）

注：面积单位为平方千米。

对于核心保护区来说，由于通过 AHP 加权求和后脆弱性只有一个分量，不能够确定最佳分组数量，因此对脆弱性直接指定分区数量。过多的区域并不适合管理，因此对核心保护区按照脆弱性分两个区，即重要脆弱区和一般脆弱区。而对于一般控制区来说，通过 AHP 加权求和后则有放牧适宜性、游憩适宜性和居住适宜性三个分量，可以确定最佳分组数量。需要说明的是，一般控制区不能被简单地分为放牧区、居住区和游憩区三个类别，而是在分区时考虑不同功能区的多功能性，在保护第一的前提下，注意对一般控制区所具有的多功能性进行管理。通过 Evaluate Optimal Number of Group，将一般控制区分为 6 个区域是合适的（图 6-4）。这 6 个区分别是游憩-放牧-居住区、放牧-居住区、居住区、居住-游憩区、游憩区和其他区域（对放牧、游憩和居住都不够适合）。

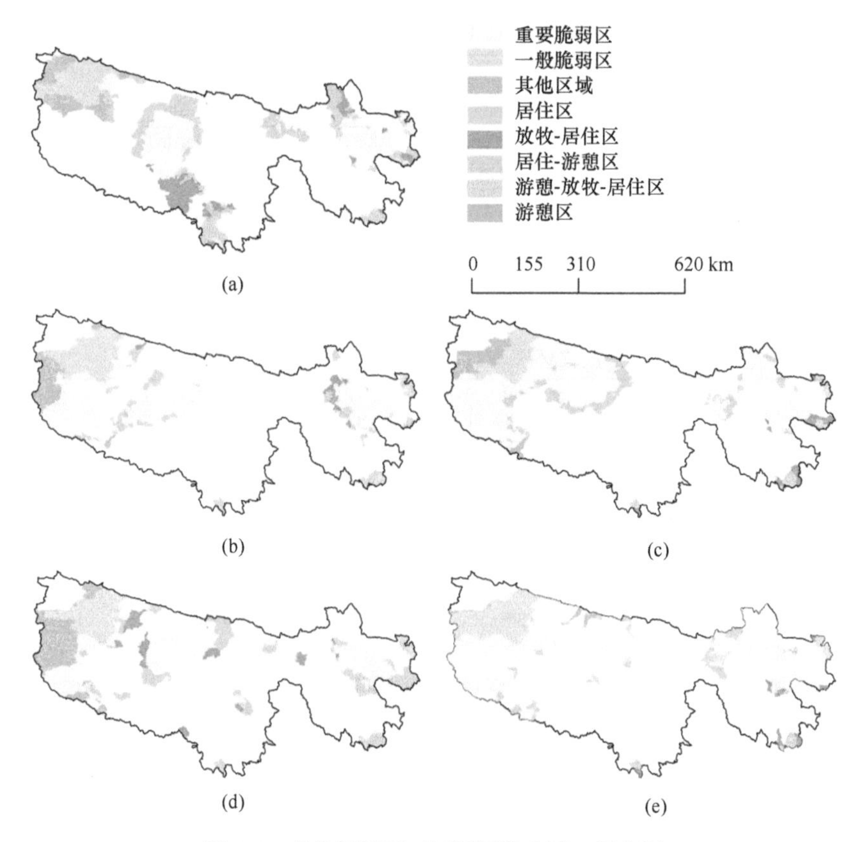

图 6-4　变化环境下三江源国家公园二级分区

（a）当前时期；（b）SSP1-2.6 情景 2030 年；（c）SSP1-2.6 情景 2050 年；（d）SSP5-8.5 情景 2030 年；（e）SSP5-8.5 情景 2050 年

综合相关参考文献和实地调研，各分区的具体管理措施如下。

1）核心保护区：这里的不可替代性值最高，对保护物种-生态系统-景观三个层次的生物多样性保护具有极为重要的作用。根据《关于建立以国家公园为主体的自然保护地体系的指导意见》，核心保护区理论上不允许人类进入，可以进一步分为两个区域。

一是重要脆弱区。该区域正承受气候变化或人类活动的影响，且影响较大；而其又是生物多样性保护的核心区域，需要加强对生物多样性的监测与保护力度，最大限度地减少人类活动。受到破坏或者退化的区域需要加强修复力度。

二是一般脆弱区。该区域主要位于研究区的西北部，原可可西里自然保护区。该区域位置较为偏僻，海拔较高，由于自然气候恶劣，相应的人类活动的影响也难以到达，属于一般脆弱区域。可以开展一般性的生物多样性监测。受到破坏或者退化的区域需要开展修复工作。

2）一般控制区：一般控制区为研究区不可替代性值为中等的区域，其对生物多样性保护也具有重要贡献，因此在保护第一的前提下，可以适当开展生产生活活动，保证原住居民生活，也为来三江源国家公园的游客展示三江源之美。但是对于开矿等会对生态环境造成极大破坏的活动必须取消并严格管理。一般控制区可以进一步分为 6 个区域。

①游憩-放牧-居住区。这一区域对游憩、放牧和居住都适合。游憩区内的活动以生态旅游为主，在游憩区的部分区域（尤其是距离景点、基础设施较近的区域），可以进一步规划基础或者必需的设施。而对于如大型娱乐设施、餐饮、宾馆等设施以及针对旅游的管理服务设施建议规划在距离较近的非保护区内，以减少较为剧烈的人类活动。对于牧业活动来说，这些区域所从事的牧业活动需要选择适宜当地种植和驯养的农作物和牲畜，其面积需要根据原住居民的人口数量和需求严格控制。而居住则是指为原住居民提供居住的区域。当地原住居民可以根据需要开展旅游或者放牧活动。

②放牧-居住区。这一区域对放牧和居住的评价值较高，而对游憩的评价值较低，当地的原住居民可以利用放牧资源优势，在不造成生态破坏的前提下开展一定的放牧活动；但是由于此区域存在野生动物活动，需要加强对野生动物的保护以及野生动物在伤害牲畜或原住居民时的补偿工作。

③居住-游憩区。这一区域对游憩和居住的评价值较高，而对放牧的评价值较低，当地的原住居民可以利用游憩资源优势，开展生态旅游活动，培训生态旅游解说员。

④游憩区。这一区域主要位于研究区的西部，不太适合居住和放牧，但是具有独特的高原景观，主要开展生态旅游活动。

⑤居住区。这一区域相对来说游憩和放牧的评价值都不高，而居住的评价值相对较高。在这一区域内的原住居民一方面由于资源条件的限制，也可能存在食肉动物的潜在威胁，只能开展小规模的放牧活动，但可以通过成为生态管护员以增加收入。

⑥其他区域。这一区域的放牧、居住和游憩的评价值均较低，对以上生产生活活动的适宜性较差。这些区域也主要位于研究区西部可可西里自然保护区内。这些区域本身自然环境恶劣，资源匮乏，可能只能进行小规模的放牧活动和生态旅游活动，建议保持原始状态。

三、基于自组织特征映射网（SOFM）神经网络模型的三江源地区二级管控分区

根据第五章的基于生态系统服务功能评估的二级管控分区技术方法，利用

InVEST 模型，对三江源地区的土壤保持、生境质量、水源涵养以及生态系统服务之间的权衡与协同关系进行评估。在此基础上，利用 Matlab 软件构建 SOFM 神经网络模型，将土壤保持、生境质量、水源涵养这三种生态系统服务之间的权衡与协同关系的图层构建矩阵，输入 SOFM 神经网络模型中，运行模型。将研究区分为 5 个区域，再将其与现有的规划结果叠加。利用 ArcGIS 软件，将土壤保持、生境质量、水源涵养 3 种生态系统服务的均值与表示它们之间偏相关关系的图层进行地理坐标统一化，并且统一栅格图层的分辨率，再将栅格数据转点，将得到的属性点数据导入 Matlab 软件中，构建 SOFM 神经网络对点数据进行欧氏距离分析，将属性点数据作为输入层神经元，在 SOFM 神经网络中进行训练，设置训练次数为 1000，将输入数据划分成 5 个类别。最后将得到的结果在 ArcGIS 软件中进行插值处理，再将插值结果进行重分类得到最后的管控分区图（图 6-5），即核心管控区、弹性管控区、缓冲管控区、实验管控区和外围管控区 5 种类型。

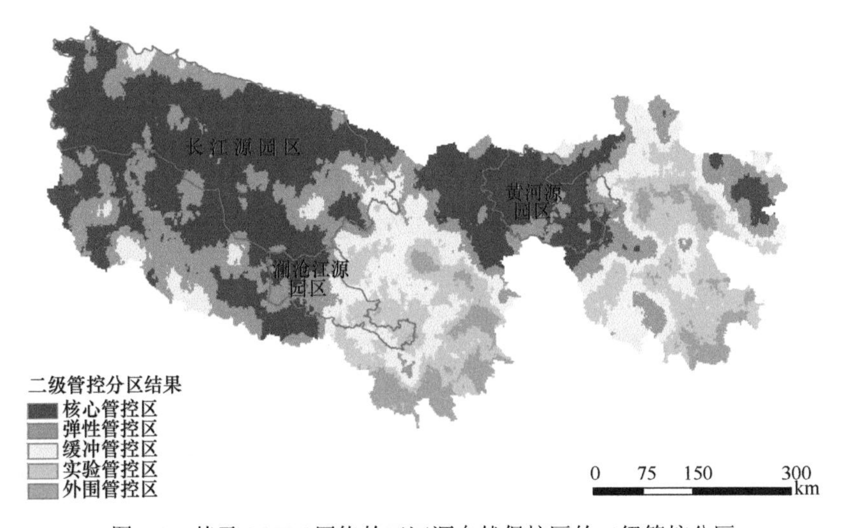

图 6-5　基于 SOFM 网络的三江源自然保护区的二级管控分区

根据原有的《三江源国家公园规划》，三江源的功能分区采用的是传统的“核心区-缓冲区-实验区”的三区模式，虽然该模式直观、简洁，但是过于机械、刻板，难以适应保护区未来的发展，会对保护区的未来发展产生不利影响。

新的分区方法将保护区划分成 5 个等级，在新的分区方案中核心管控区面积占比为 38.09%，比原核心区面积增加 23.93%；新增弹性管控区面积占比为 24.11%；缓冲管控区面积占比 16.63%，比原缓冲区面积减少 2.85%；实验管控区面积占比为 15.36%，比原实验区面积减少 8.65%；新增外围管控区面积占比为 5.81%。各二级管控分区的面积对照如表 6-3 所示。

表 6-3 三江源国家公园不同功能分区面积对照表

二级管控分区	面积对照表	
	新功能分区/km²	原有功能分区/km²
核心管控区	134 009.585	49 799.400
弹性管控区	84 828.149	—
缓冲管控区	58 492.086	68 518.911
实验管控区	54 057.049	84 492.009
外围管控区	20 437.530	—

注：一表示无此项数据。

第二节 三江源国家公园生态资产评估与生态监测

一、三江源地区生态系统服务功能评估

（一）土壤保持功能

为了反映三江源国家公园及周边区域生态系统服务的基本情况，采用三江源区县级统计数据，运用 InVEST 模型进行生态系统服务功能评估。

InVEST 模型土壤保持模块经过相关数据的运行，可以得到三江源地区 2000 年、2005 年、2010 年、2015 年的土壤保持情况。总体来看，2000～2015 年，三江源的土壤保持呈下降趋势，土壤保持多年平均量为 1.92×10^9t，且多年来以 0.82t/（hm^2·a）的速率递减。

从表 6-4 来看，2000～2005 年，班玛县、达日县、玉树县、杂多县、称多县、囊谦县的土壤保持功能下降，其中囊谦县的占比下降最多，为 3.29%。2005～2010 年，班玛县、甘德县、达日县、久治县、玉树县、囊谦县的土壤保持功能下降，其他县域的土壤保持功能呈上升趋势。2010～2015 年，泽库县、河南蒙古族自治县、同德县、兴海县、玛沁县、玛多县、杂多县、称多县、治多县、曲麻莱县、格尔木市的土壤保持功能下降，其他几个县的土壤保持功能呈上升趋势。整体来看，班玛县、达日县、玉树县、杂多县、称多县、囊谦县的土壤保持与其他地区呈现此消彼长的发展态势，而且南部地区的囊谦县、玉树县、杂多县的变化幅度最大，说明了三江源南部地区的土壤保持能力的稳定性差，生态环境脆弱易变（张恒玮，2016），容易影响三江源的整体环境情况。

表 6-4　不同时期三江源地区各县/市土壤保持量占土壤保持总量的比例　（%）

地区	2000 年	2005 年	2010 年	2015 年
泽库县	1.276	1.300	1.993	1.421
河南蒙古族自治县	1.192	1.616	1.672	1.538
同德县	1.288	1.710	2.265	2.014
兴海县	3.567	4.619	6.221	4.644
玛沁县	5.323	7.337	7.565	7.466
班玛县	4.785	4.686	3.176	7.175
甘德县	2.224	2.930	2.306	3.082
达日县	4.573	4.085	3.262	5.014
久治县	4.483	6.311	3.865	7.355
玛多县	1.657	1.880	2.924	2.208
玉树县	15.623	11.726	11.119	11.938
杂多县	12.181	10.160	10.879	9.469
称多县	5.239	4.540	4.882	4.709
治多县	10.236	13.791	14.488	10.031
囊谦县	18.546	12.432	9.941	12.877
曲麻莱县	3.424	6.110	6.649	4.477
格尔木市	4.383	4.765	6.796	4.581

（二）土壤保持功能的空间变化特征

由图 6-6 可以看出，2000～2015 年三江源地区的土壤保持服务功能在空间上较为稳定。

由图 6-7 可以看出，三江源的土壤保持服务呈现东南高、西北低的分布态势。可以发现 2000～2015 年整个研究区的土壤保持量有增有减。

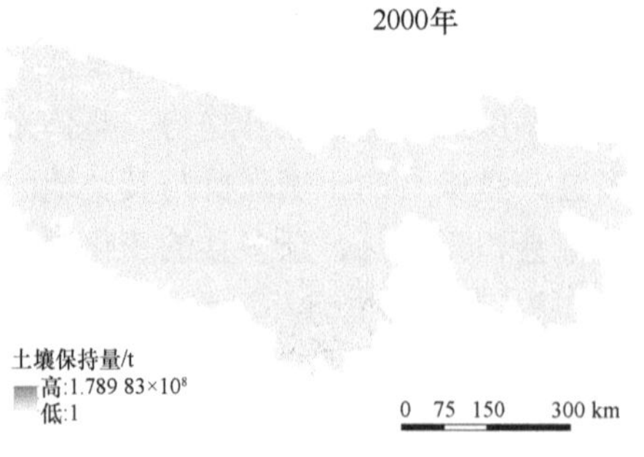

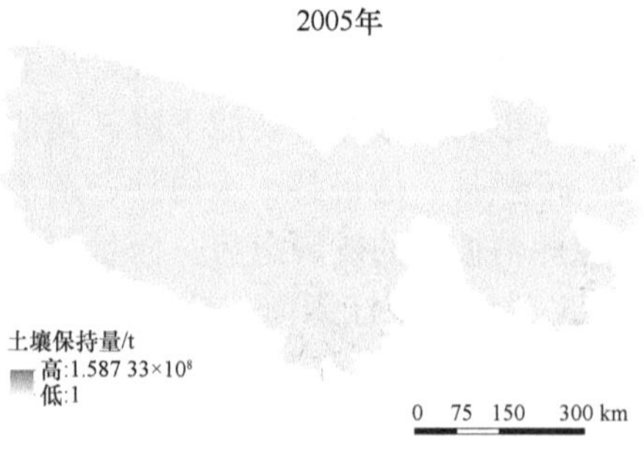

2000年
土壤保持量/t
高:1.789 83×10⁸
低:1
0 75 150 300 km

2005年
土壤保持量/t
高:1.587 33×10⁸
低:1
0 75 150 300 km

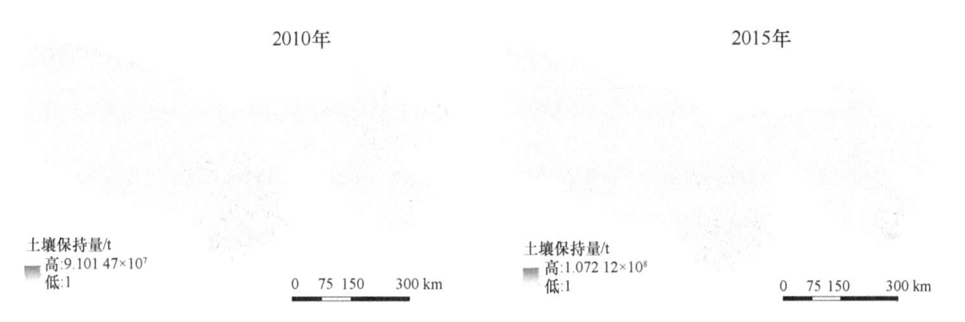

图 6-6　2000～2015 年三江源地区土壤保持服务功能空间分布图

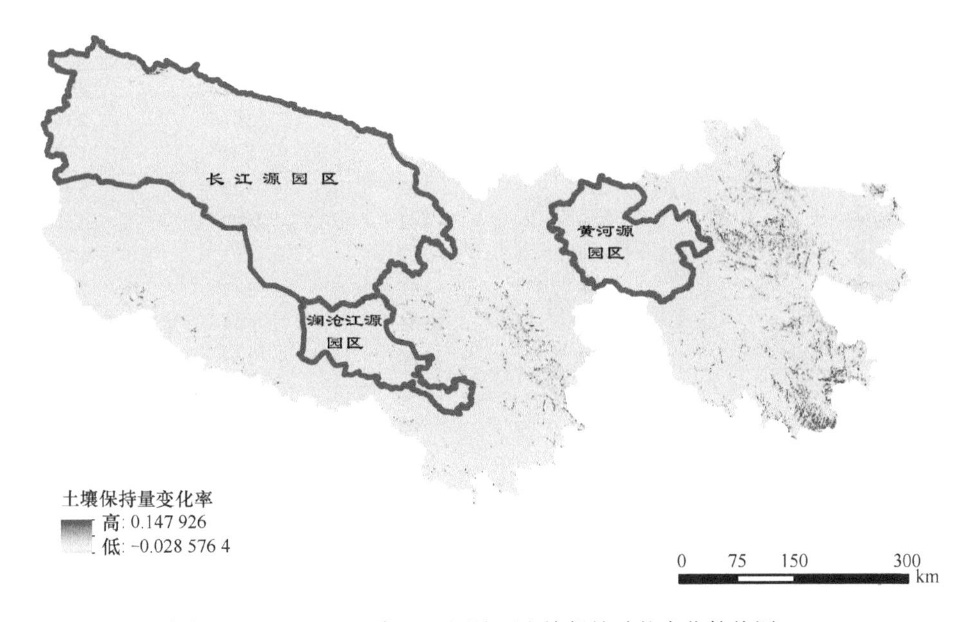

图 6-7　2000～2015 年三江源地区土壤保持功能变化趋势图

（三）不同土地利用类型的土壤保持功能分析

由表 6-5 可以看出，建筑用地和林地的土壤保持功能最强，耕地和草地次之，裸地和湿地最弱。经过分类统计，三江源地区的平均土壤保持能力从高到低依次为：建筑用地、林地、耕地、草地、裸地、湿地。建筑用地和林地的土壤保持能力远超其他的土地利用类型。人为的工程加固措施和较高的植被覆盖率增强了土壤的水土保持能力（孙兴齐，2017）。

经统计分析，研究区 2000 年、2005 年、2010 年、2015 年的平均产水量为 259.63mm、378.94mm、328.11mm、292.11mm，区域总产水量为 8.98×10^7mm、1.31×10^8mm、1.13×10^8mm、1.01×10^8mm（表 6-6）。

表 6-5 不同时期三江源地区各土地利用类型平均土壤保持量 （单位：t/km^2）

土地利用类型	2000 年	2005 年	2010 年	2015 年
草地	622 111.027	839 916.376	627 228.114	516 356.763
建筑用地	3 664 591.338	3 099 913.431	2 476 381.807	1 586 496.833
林地	1 953 226.621	2 813 353.793	1 825 334.502	1 873 273.745
耕地	1 059 244.802	1 032 313.684	740 372.444	624 866.714
湿地	174 263.672	310 604.747	289 143.614	171 204.143
裸地	319 450.365	465 542.708	390 589.319	255 319.741

表 6-6 不同时期三江源地区各县/市水源涵养量占水源涵养总量的比例 （%）

县/市	2000 年	2005 年	2010 年	2015 年
泽库县	1.50	1.88	1.98	2.02
河南蒙古族自治县	1.75	2.21	2.01	2.16
同德县	0.94	1.43	1.37	1.59
兴海县	2.10	3.37	3.22	3.34
玛沁县	3.59	4.82	3.92	4.62
班玛县	3.04	2.67	1.93	2.73
甘德县	2.36	2.91	2.11	2.73
达日县	5.84	5.49	4.44	5.70
久治县	3.33	3.86	2.59	3.66
玛多县	5.80	6.82	7.38	6.78
玉树县	6.27	5.04	4.64	5.03
杂多县	12.10	9.72	9.58	9.66
称多县	4.31	4.44	4.39	4.37
治多县	21.79	20.80	22.97	20.71
囊谦县	6.06	4.42	3.77	4.34
曲麻莱县	6.70	8.46	10.99	8.32
格尔木市	12.53	11.65	12.71	12.22

从表 6-6 看出，治多县和格尔木市的水源涵养量占水源涵养总量的比例最大，杂多县次之，同德县最小。从时间变化来看，2000～2005 年，班玛县、达日县、玉树县、杂多县、治多县、囊谦县、格尔木市的水源涵养量占比下降；2005～2010 年，泽库县、玛多县、治多县、曲麻莱县、格尔木市的水源涵养量占比呈上升趋势，曲麻莱县水源涵养量的占比上升最大，其他县的水源供给量占比呈下降趋势；2010～2015 年，玛多县、称多县、曲麻莱县、格尔木市的水源供给量占比呈下降趋势，其他县的水源供给量占比呈上升趋势。总体来看，曲麻莱县、杂多县和囊谦县的总体变化幅度较大，说明三江源地区水源涵养总量的变化主要与这几个县有关。

（四）水源供给功能的空间变化特征

从图 6-8 可以看出，2000 年、2005 年、2010 年、2015 年的三江源地区水源涵养服务的空间分布呈现东南地区高、西北地区较低的分布态势。水源涵养的高值区主要位于囊谦县、玉树县、达日县、班玛县、久治县等地，低值区主要位于曲麻莱县、玛多县、称多县、治多县等地。

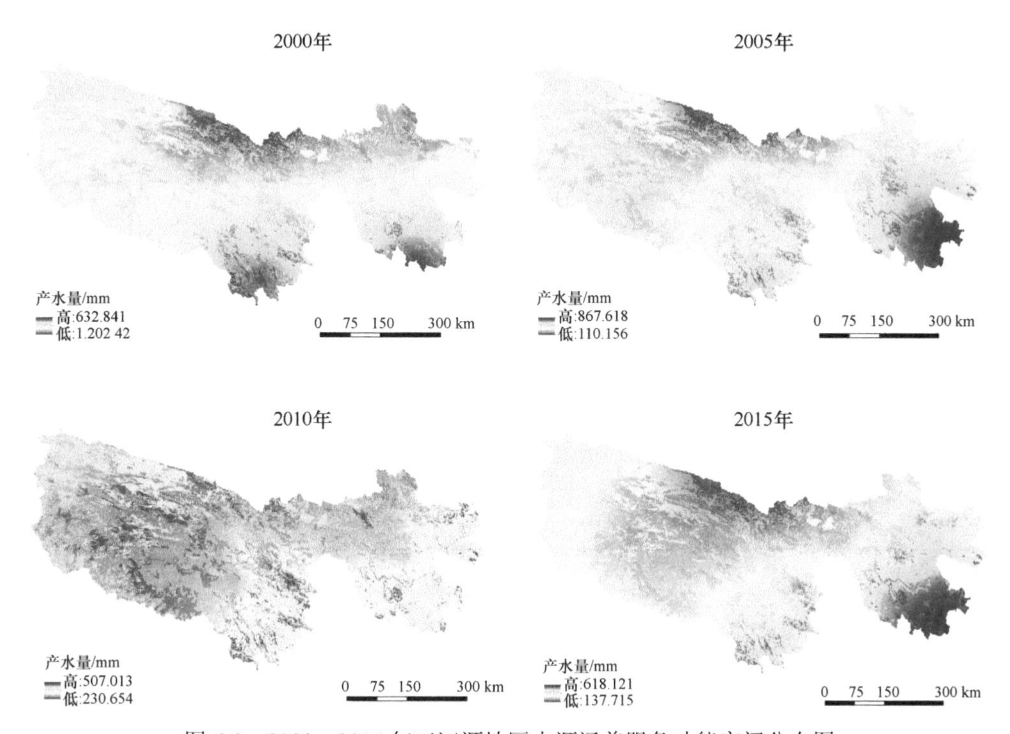

图 6-8　2000～2015 年三江源地区水源涵养服务功能空间分布图

结合图 6-9 可以看出，三江源地区的水源涵养服务呈现东南地区高、西北地区较低的分布态势。降水量大、蒸散发量小是这些地区水源供给量高的主要原因。基于栅格尺度，利用 ArcGIS、Matlab 等软件对 2000～2015 年的水源涵养服务进行变化趋势的分析，可以看出三江源地区的产水能力呈现从西北到东南递减的趋势。

（五）不同土地利用类型的水源供给功能分析

三江源地区产水量最大的土地利用类型是草地，约占 68%；其次为裸地，约占 25%；再次为湿地和林地，占比约为 5%，耕地和建筑用地的产水量最小。由此可见，对三江源地区的水源涵养贡献最大的是草地、湿地和林地，维护草地、林地、湿地等自然生态系统的稳定与健康，对三江源地区的生态环境建设与社会经济发展意义重大（张恒玮，2016）（表 6-7）。

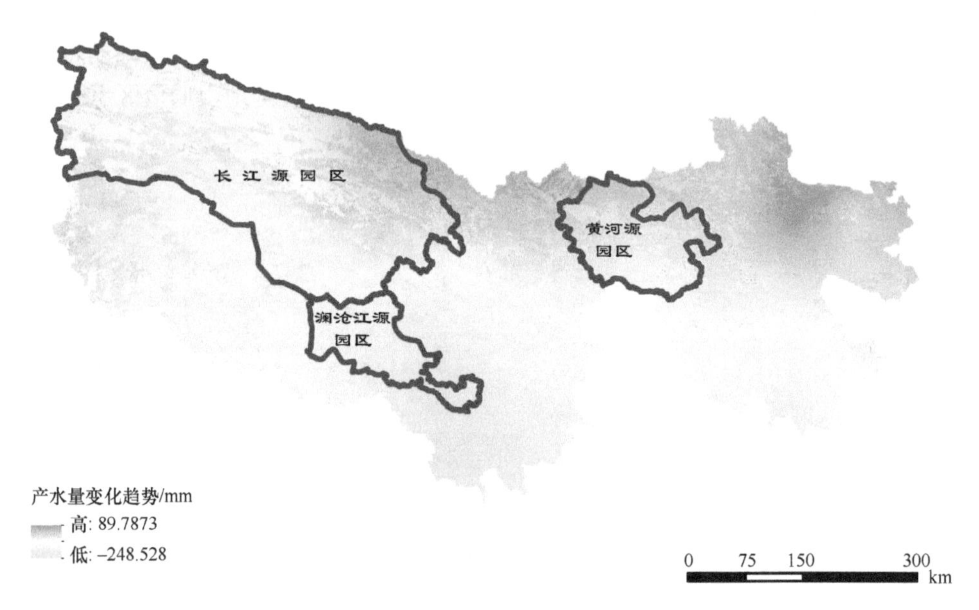

图 6-9　2000～2015 年三江源地区水源涵养服务功能变化趋势图

表 6-7　不同年份的不同土地利用类型的水源涵养量占水源涵养总量的比例　（%）

土地利用类型	2000 年	2005 年	2010 年	2015 年
草地	64.20	65.74	63.67	68.21
建筑用地	0.02	0.02	0.02	0.03
林地	5.07	5.22	4.30	4.59
耕地	0.20	0.25	0.24	0.25
湿地	5.43	4.97	5.51	4.64
裸地	25.08	23.79	26.26	22.28

（六）生境质量的空间变化特征

经统计分析得到三江源地区 2000 年的平均生境质量指数是 0.6512，2005 年的平均生境质量指数为 0.6516，2010 年的平均生境质量指数是 0.6481，2015 年的平均生境质量指数是 0.6484。三江源的生境质量总体上呈现先增加后减小又增加的趋势，可知近些年来，三江源地区的生态环境是不断恶化的。2000～2015 年，整个研究区域的不同地区生境质量呈现有增有减的变化趋势（图 6-10）。

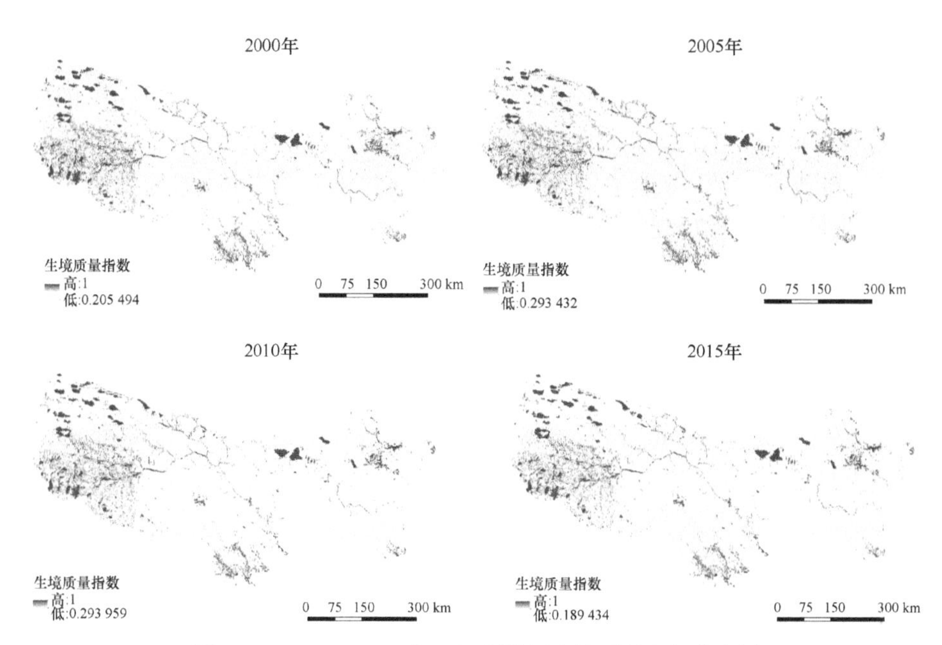

图 6-10 2000～2015 年三江源地区生境质量空间分布图

2000～2015 年，三江源地区多数区域的生境质量处于较好水平，区域均值为 0.6 左右。基于栅格尺度对三江源地区的生境质量变化进行分析，可以看出，三江源地区生境质量的总体变化不大（图 6-11）。

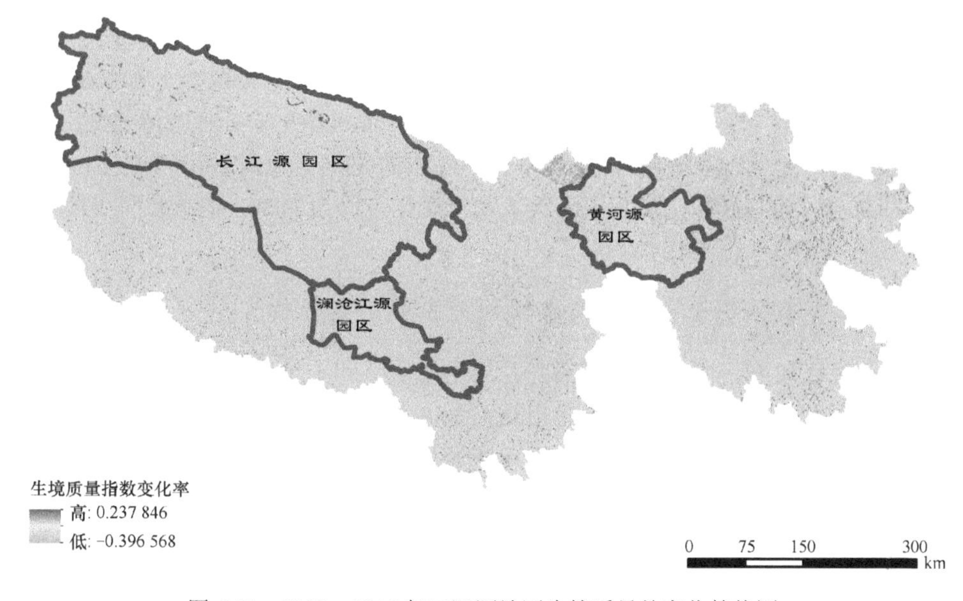

图 6-11 2000～2015 年三江源地区生境质量的变化趋势图

（七）不同土地利用类型的生境质量分析

对不同土地利用类型进行平均生境质量指数分析比较，通过 ArcGIS 的区域统计功能统计出了三江源地区的平均生境质量指数。经过分类统计，三江源地区的耕地生境质量指数>湿地生境质量指数>林地生境质量指数>裸地生境质量指数>草地生境质量指数>建筑用地生境质量指数（表 6-8）。

表 6-8　三江源地区不同年份各土地利用类型的生境质量指数

土地利用类型	2000 年	2005 年	2010 年	2015 年
草地	0.599 260	0.599 249	0.600 008	0.600 008
建筑用地	0.294 780	0.294 787	0.290 657	0.290 377
林地	0.844 002	0.843 963	0.838 816	0.838 799
耕地	0.997 960	0.998 033	0.995 602	0.995 625
湿地	0.985 974	0.985 944	0.983 388	0.983 631
裸地	0.699 999	0.700 000	0.699 103	0.699 116

（八）生态系统服务功能热点区识别

综合来看，三江源地区的土壤保持高值区、水源涵养高值区、生境质量高值区 3 个生态系统服务的高值区重合的比例很低，三项服务的高值区互相重叠的栅格数占栅格总数的比例从 2000 年的 2%，增加为 2005 年的 3%，2010 年相较 2005 年未发生变化，2015 年下降为 2%，总体来说变化不大；某两项服务的高值区互相重叠的比例从 2000 年的 15%，下降为 2005 年的 14%，再增加为 2010 年的 15%，但是 2015 年下降为 13%，总体呈下降趋势；只有一项服务的高值区从 2000 年的 14%增加为 2005 年的 16%又下降为 2010 年的 15%，2015 年又增加到 17%，总体呈增加趋势。非生态系统服务高值区从 2000 年的 69%下降到 2005 年的 67%，又增加为 2010 年的 68%，2015 年比例未发生变化，仍为 68%，但总体呈下降趋势（张恒玮，2016）（图 6-12）。

（九）生态系统服务间权衡与协同关系的定量分析

基于像元尺度，固定产水量不变，求生境质量和土壤保持量之间的偏相关关系。生境质量与土壤保持量之间的相互关系，在空间上权衡关系的像元个数占比 66%，在空间上协同关系占比 29%。三江源地区西北部的长江源园区、南部澜沧江源园区两种服务的相互关系以协同为主，东部黄河源园区两种服务的相互关系以权衡为主（图 6-13）。

固定土壤保持服务不变，求生境质量和产水量的偏相关关系。生境质量与产水量之间的相互关系，在空间上协同关系的像元个数占比 81%，在空间上权衡关

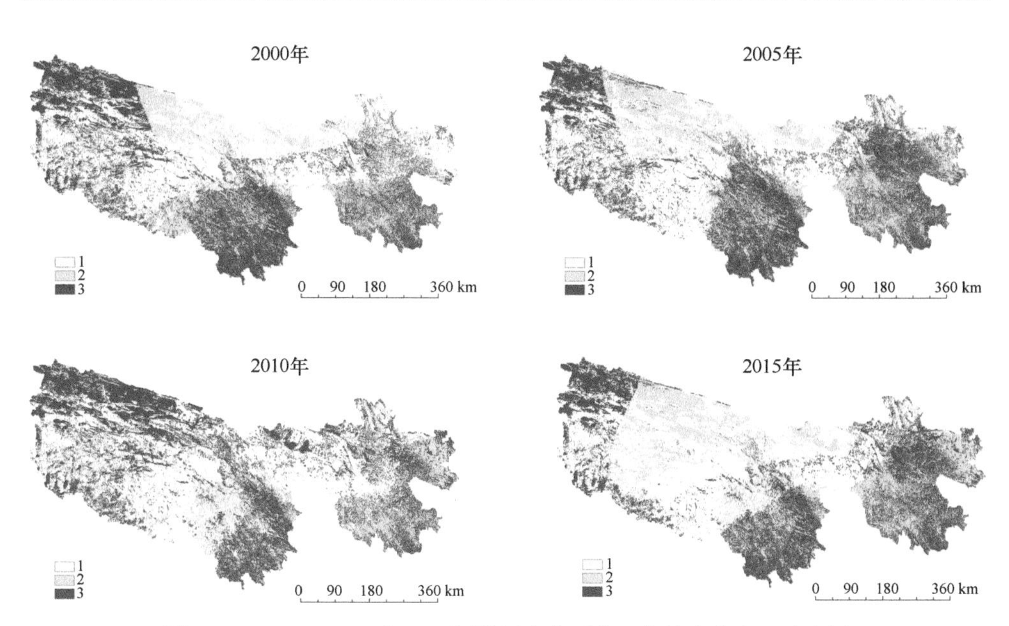

图 6-12　2000～2015 年三江源地区生态系统服务综合热点区分布图

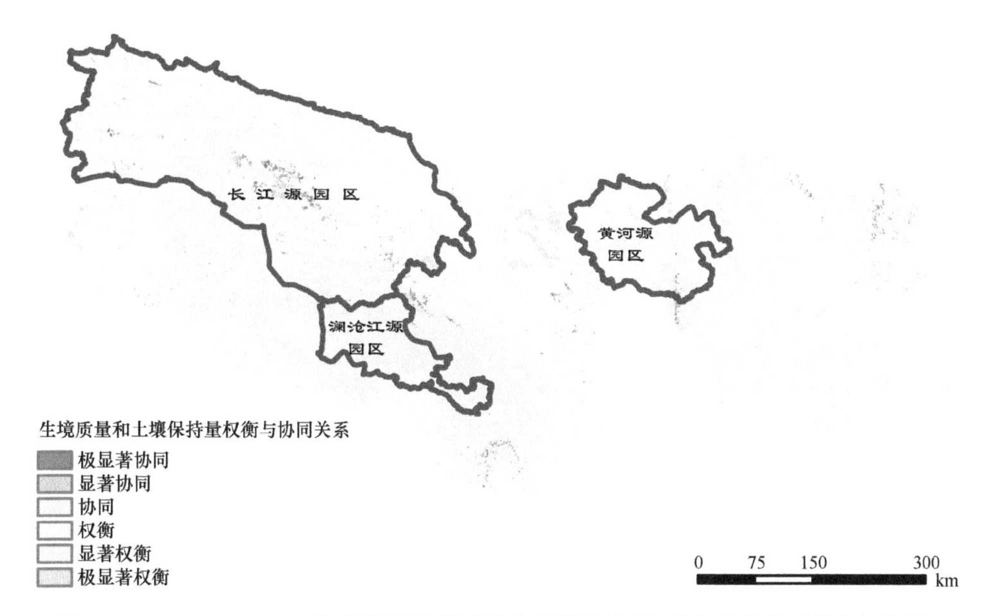

图 6-13　2000～2015 年三江源地区生境质量和土壤保持量权衡与协同关系的空间格局

系的像元个数仅占比 13%。三江源地区东北部、西北部和澜沧江源园区西北部的生境质量和产水量的权衡关系尤其显著（图 6-14）。

产水量与土壤保持量之间的相互关系，在空间上呈协同关系的像元个数占比

51%，呈权衡关系的像元个数占比 44%。长江源园区的绝大部分、澜沧江源园区产水量和土壤保持量的相互关系以权衡为主，黄河源园区东部和西北部地区两种服务的协同关系极其显著（图 6-15）。

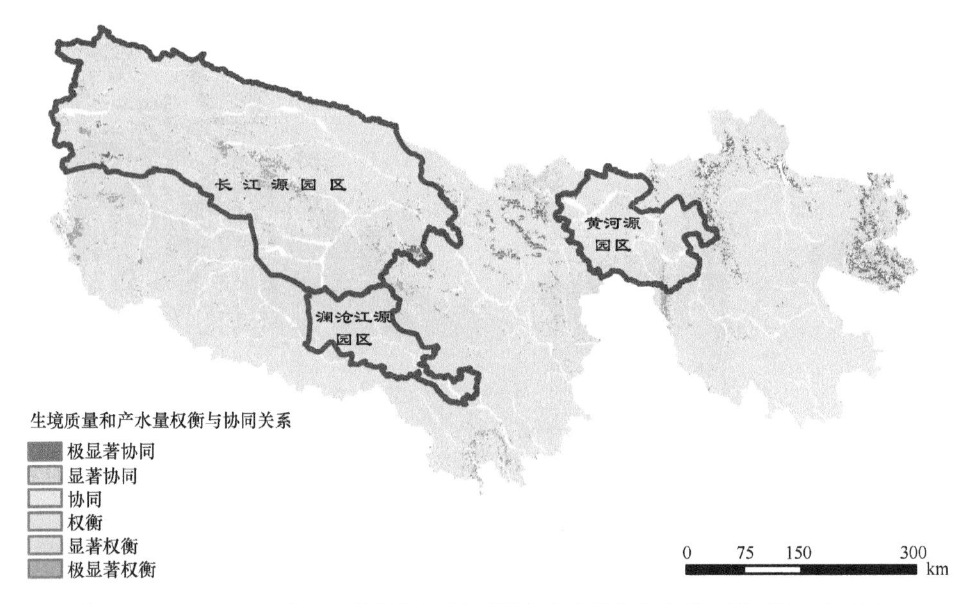

图 6-14　2000～2015 年三江源地区生境质量和产水量权衡与协同关系的空间格局

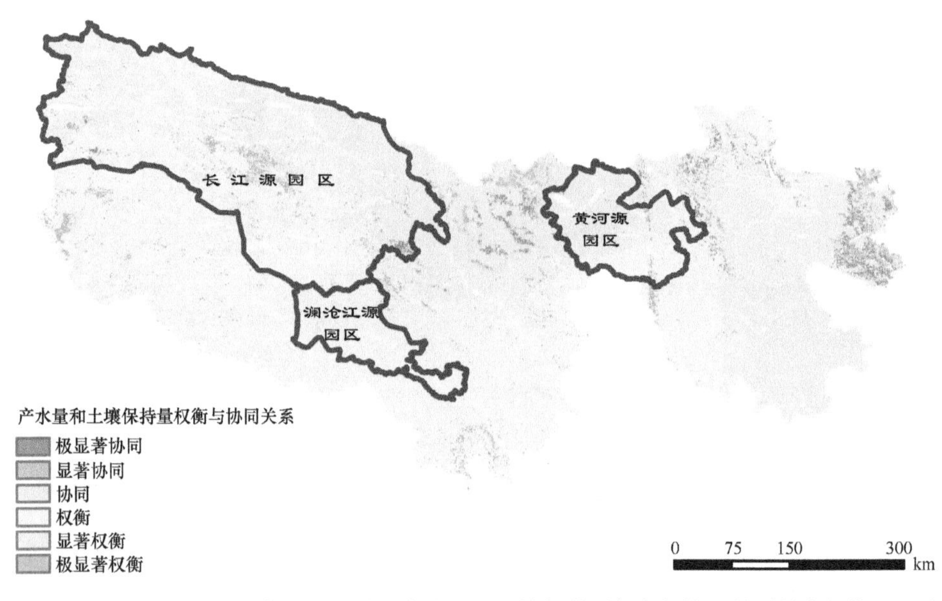

图 6-15　2000～2015 年三江源地区产水量和土壤保持量权衡与协同关系的空间格局

综上可以看出：①在长江源园区，土壤保持量与生境质量以协同关系为主，生境质量与产水量以协同关系为主，土壤保持量与产水量以权衡关系为主；②在澜沧江源园区，土壤保持量与生境质量以协同关系为主，生境质量与产水量以协同关系为主，土壤保持量与产水量以权衡关系为主；③在黄河源园区，土壤保持量与生境质量以权衡关系为主，生境质量与产水量以协同关系为主，土壤保持量与产水量以协同关系为主。

综合来说，生境质量与土壤保持量间相互权衡，生境质量与产水量以协同关系为主，但是耕地的生境质量与产水量之间呈权衡关系的占比却接近68%；产水量与土壤保持量之间以协同关系为主，但是草地的这两个服务之间呈权衡关系的占比却达57%。

对每个土地利用类型的不同种类的生态系统服务的特征（图6-16）进行统计和分析。综上所述，不同土地利用类型中，林地、湿地、建筑用地和裸地呈现土壤保持量和生境质量在空间上相互权衡，产水量与生境质量、产水量与土壤保持量在空间上相互协同的分布格局；仅耕地表现为生境质量和产水量的权衡关系，草地表现为产水量与土壤保持量的权衡关系。

二、三江源国家公园生物多样性特征

采用的调查方法有样线法、样点法、样方法，以及红外相机和无人机调查法，样线总长为15 475km（图6-17）。

根据调查，三江源国家公园内共分布野生陆生脊椎动物270种，隶属4纲29目72科，其中兽类8目19科62种，鸟类18目45科196种，两栖类2目5科7种，爬行类1目3科5种。

黄河源园区共有陆生脊椎动物21目50科127种，其中兽类7目17科38种，鸟类13目32科87种，爬行类1目1科2种。黄河源园区分布有国家一级重点保护野生动物13种，国家二级重点保护野生动物32种，省级保护动物13种。其中国家一级重点保护野生动物有马麝、野牦牛、白唇鹿、雪豹、黑颈鹤和胡兀鹫等；国家二级重点保护野生动物有棕熊、阿尔泰盘羊、岩羊、猞猁和高山兀鹫等。

长江源园区共有陆生脊椎动物29目71科238种，其中兽类8目19科54种，鸟类18目45科174种，两栖类2目5科6种，爬行类1目2科4种。长江源园区分布有国家一级重点保护野生动物21种，国家二级重点保护野生动物49种，省级保护动物21种。其中国家一级重点保护野生动物包括雪豹、白唇鹿、藏羚、野牦牛、藏野驴、黑颈鹤和金雕等，国家二级重点保护野生动物有藏原羚、阿尔泰盘羊、岩羊、猞猁和兔狲等。

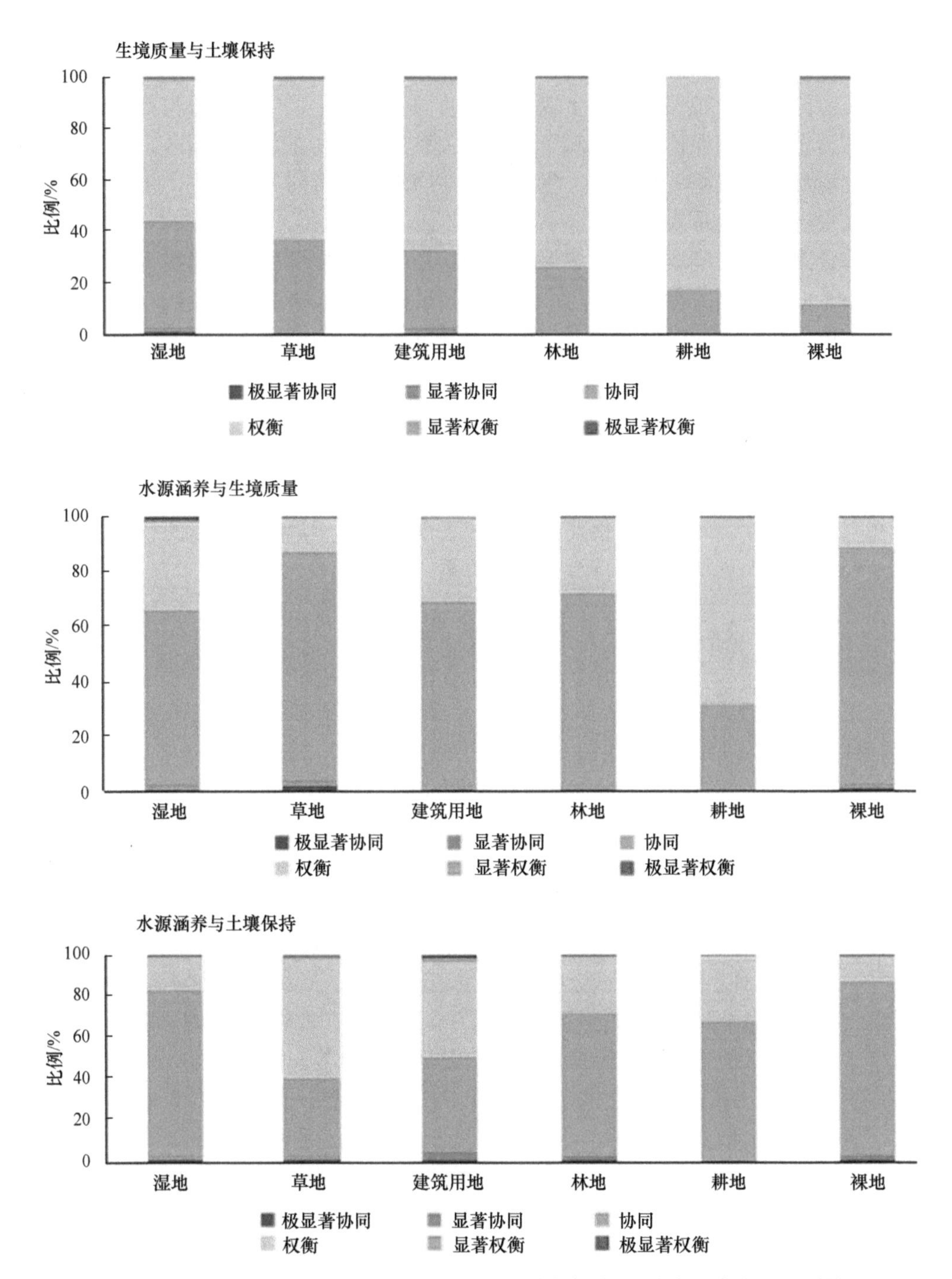

图 6-16　2000～2015 年三江源地区不同土地类型生态系统服务权衡与协同关系统计

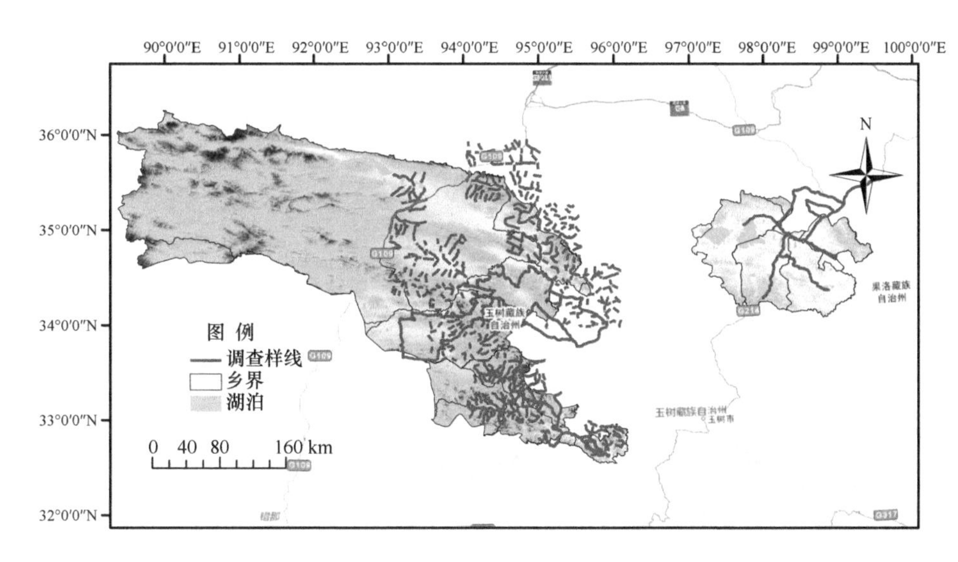

图 6-17　三江源国家公园野生动物调查样线

澜沧江源园区共有陆生脊椎动物 23 目 57 科 167 种，其中兽类 6 目 17 科 44 种，鸟类 14 目 33 科 115 种，两栖类 2 目 4 科 5 种，爬行类 1 目 3 科 3 种。澜沧江源园区分布有国家一级重点保护野生动物 16 种，国家二级重点保护野生动物 45 种，省级保护动物 13 种。其中国家一级重点保护野生动物有雪豹、白唇鹿、野牦牛、金钱豹、黑颈鹤和胡兀鹫等；国家二级重点保护野生动物有岩羊、中华鬣羚、猞猁、高山兀鹫和雕鸮等。

（一）三江源国家公园兽类组成及多样性水平

三江源国家公园内的野生兽类共有 62 种，分别隶属 8 目 19 科 44 属。其中食肉目的种类最多，有 19 种，占 30.65%；其次是啮齿目和偶蹄目，分别为 14 种和 12 种，占 22.58%和 19.35%；再次是兔形目，有 9 种，占 14.52%；劳亚食虫目 5 种，占 8.06%；翼手目、灵长目、奇蹄目均为 1 种（蔡振媛等，2019）。

黄河源园区共有兽类 7 目 17 科 38 种，园区内藏原羚、藏野驴的分布最广泛，且两者的分布范围基本一致，在各个乡镇范围内均有大量的分布，但藏野驴分布位点的数量少于藏原羚（图 6-18）。

长江源园区分布兽类 8 目 19 科 54 种，优势种为藏原羚、藏野驴、岩羊、野牦牛、盘羊和藏羚等食草动物（图 6-19、图 6-20、图 6-21）。

澜沧江源园区分布兽类 6 目 17 科 44 种，主要大型兽类为藏原羚、藏野驴、白唇鹿和岩羊等，藏原羚数量最多，为 5140～7253 头，其次是藏野驴，为 3813～

3919 头，白唇鹿为 1840～2058 头，岩羊为 1358～2245 头。常见的啮齿动物为喜马拉雅旱獭，藏狐和艾虎等小型兽类在澜沧江源分布相对较少（图 6-22）。

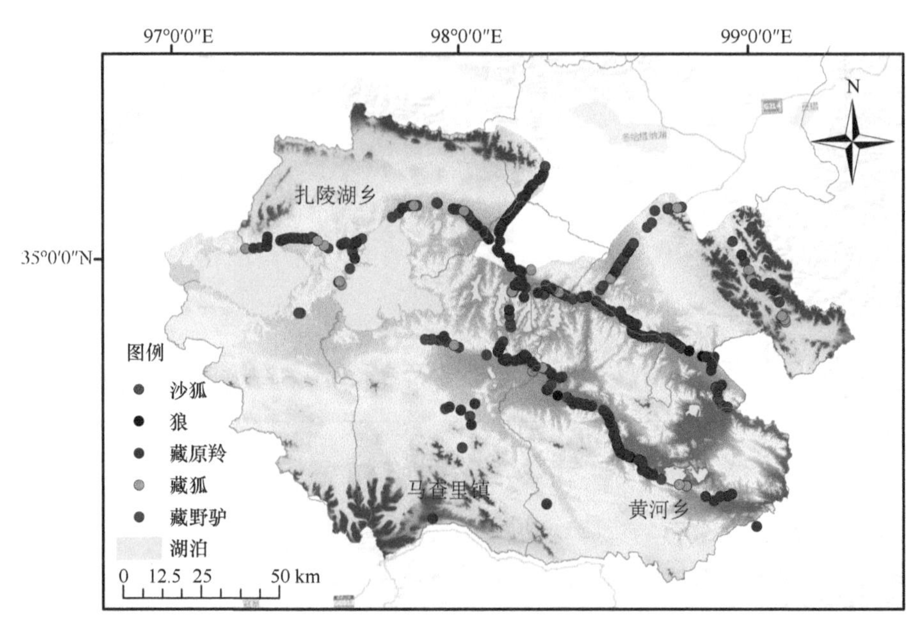

图 6-18　黄河源园区主要兽类物种分布图

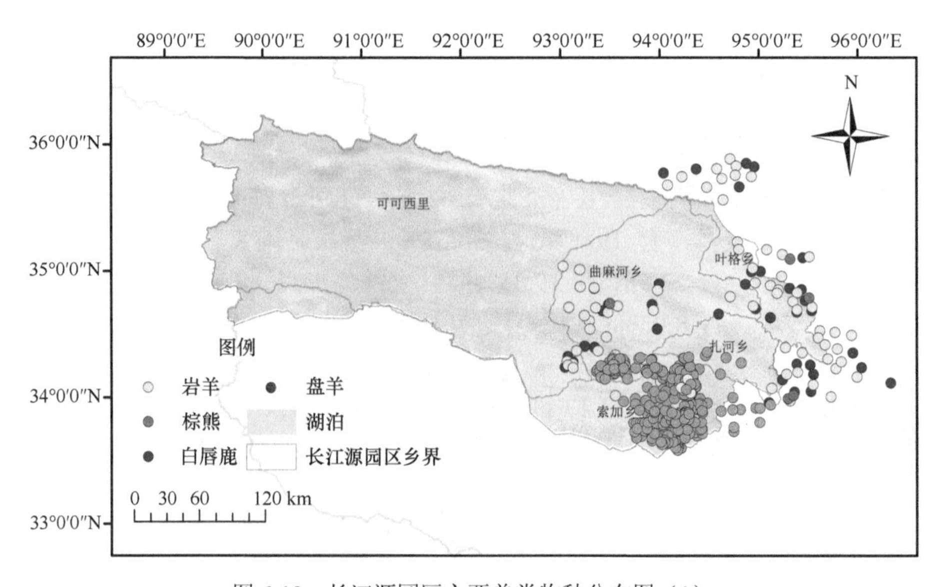

图 6-19　长江源园区主要兽类物种分布图（1）

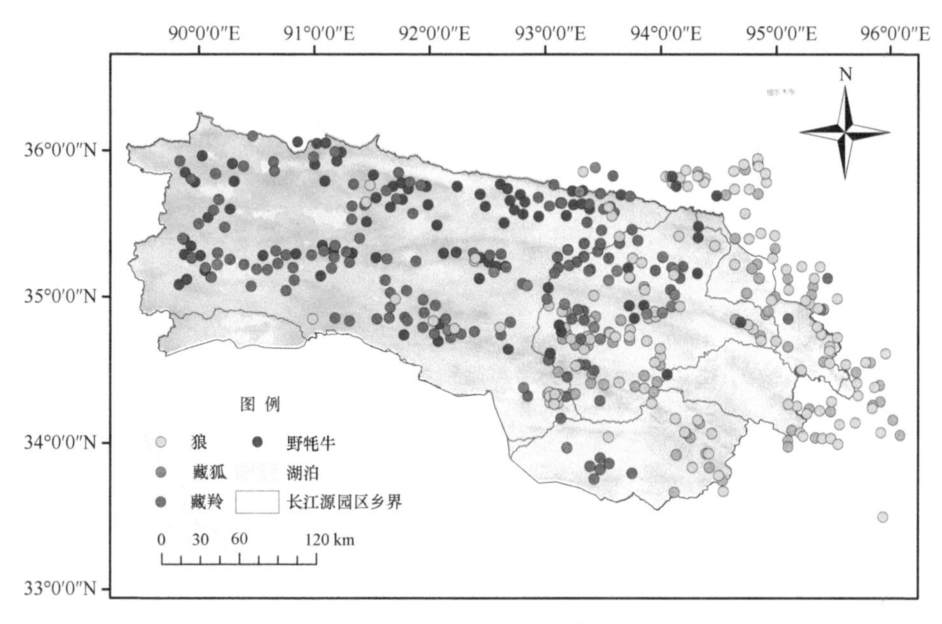

图 6-20　长江源园区主要兽类物种分布图（2）

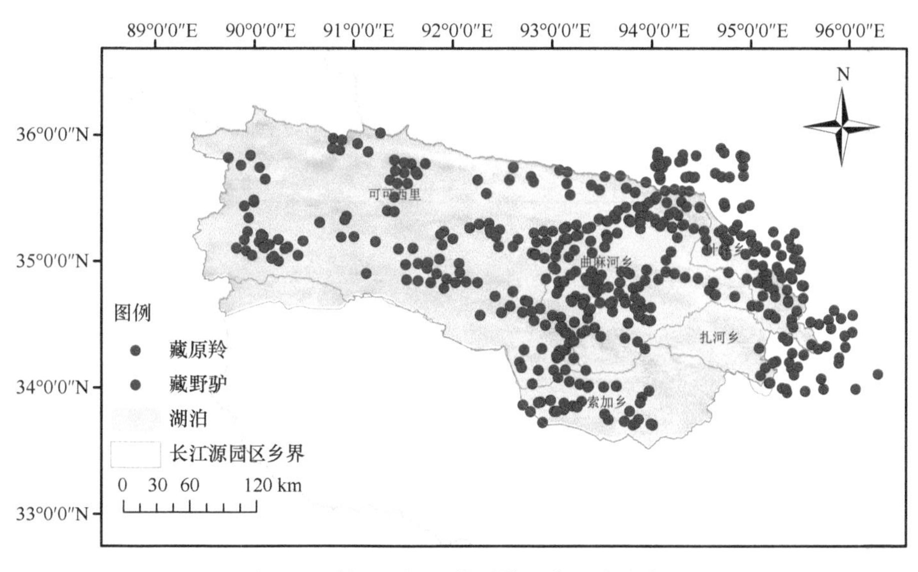

图 6-21　长江源园区藏原羚和藏野驴分布图

（二）三江源国家公园鸟类组成

三江源国家公园内共分布野生鸟类 196 种，隶属于 18 目 45 科 121 属，占青海省所有鸟类总数的 51.58%。雀形目鸟类 94 种，占公园鸟类总数的 47.96%；鸻形目、雁形目和鹰形目分别有 22 种、19 种和 15 种，分别占公园鸟类总数的 11.22%、

9.69%和 7.65%；剩余 12 目，占比均小于 5%。

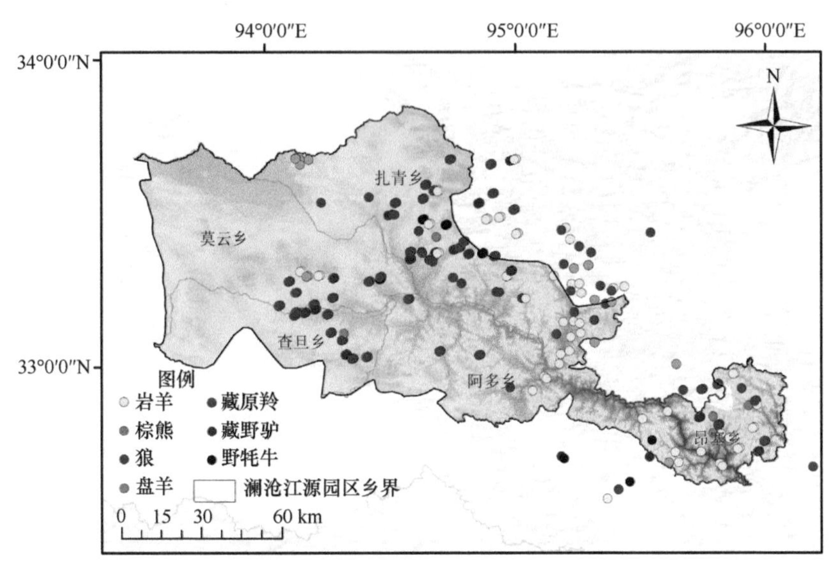

图 6-22　澜沧江源园区主要兽类物种分布图

黄河源园区分布鸟类 13 目 32 科 87 种。园区内草原雕、猎隼、大鵟、地山雀、长嘴百灵和角百灵等较为常见，黄河源园区重点保护鸟类的优势类群为猛禽，如大鵟、草原雕和猎隼，其中大鵟的分布数量最多（图 6-23）（高红梅等，2019）。

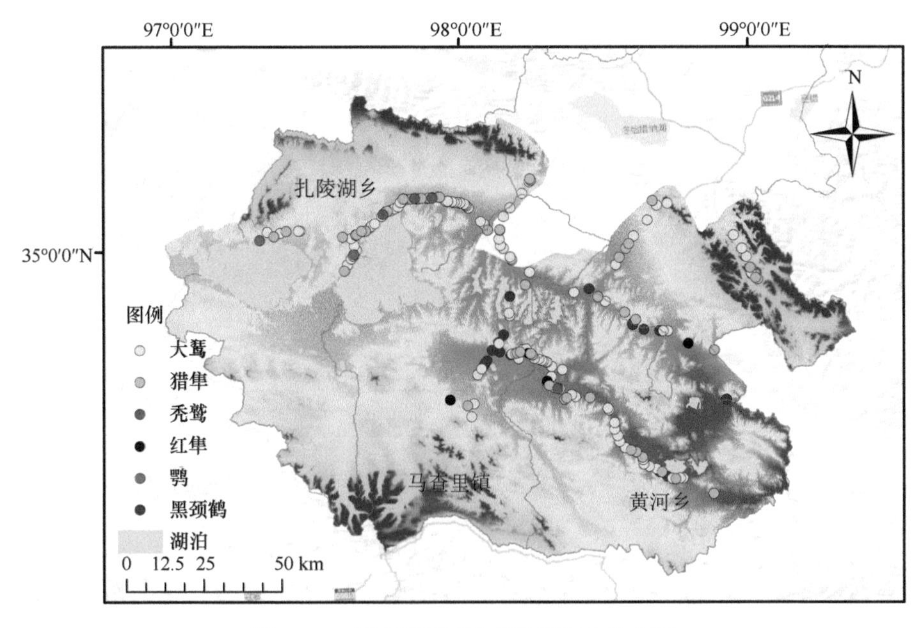

图 6-23　黄河源园区重点鸟类物种分布图

长江源园区分布鸟类 18 目 45 科 174 种。园区内大鵟、猎隼、白肩雕、赤麻鸭、斑头雁、长嘴百灵和棕头鸥等较为常见（图 6-24）。

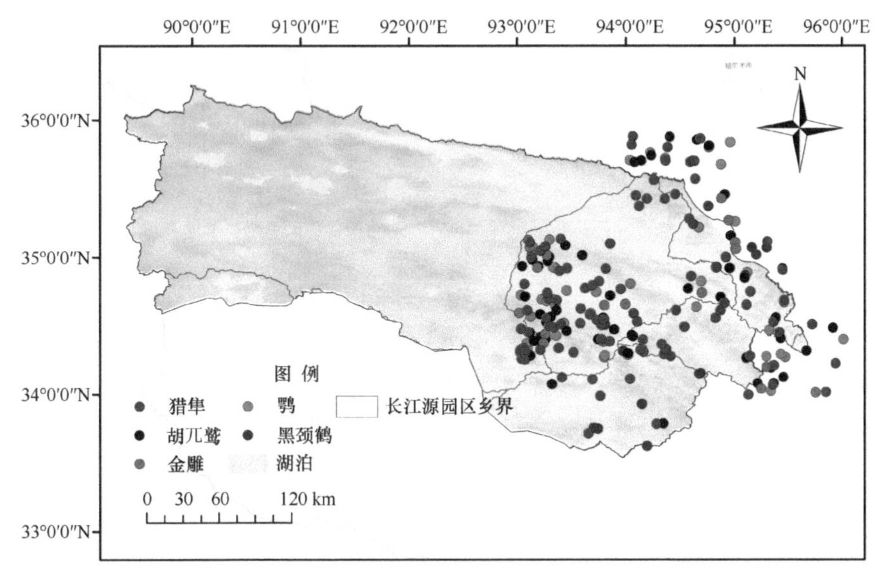

图 6-24　长江源园区重点鸟类分布图

澜沧江源园区分布鸟类 14 目 33 科 115 种。园区内大鵟、高山兀鹫、小云雀、岩鸽和蒙古百灵等为常见鸟类（图 6-25）。澜沧江源园区大型鸟类中数量最多的是高山兀鹫，为 1232～1432 只。

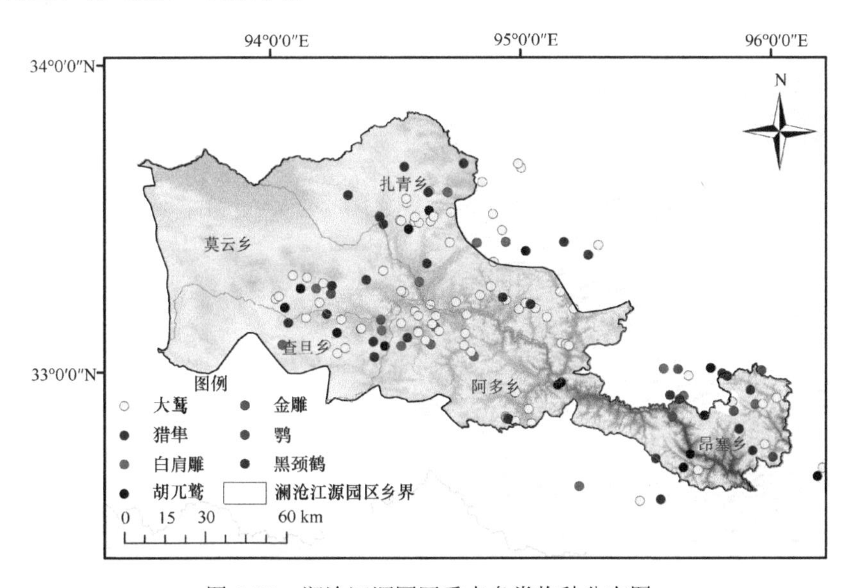

图 6-25　澜沧江源园区重点鸟类物种分布图

（三）三江源国家公园两栖爬行动物多样性

三江源国家公园内的野生两栖类共有 7 种，分别隶属 2 目 5 科 5 属；爬行类共 5 种，分别隶属于 1 目 3 科 3 属。

长江源园区共发现两栖爬行类 5 种，其中分布数量较多的物种为红斑高山蝮和青海沙蜥。因为两栖类的生存离不开水，所以两栖类的生境面积较小，数量也相对爬行类少。

三、三江源国家公园重点野生动物栖息地适宜性评估

（一）雪豹和岩羊生境适宜性分布

雪豹高适宜区主要分布于长江源园区的东南部区域，以及澜沧江源园区东北部、中部和东部区域；中适宜区主要分布于长江源园区的东南部和中部局部区域，澜沧江源园区东北部、中部和东部区域，雪豹的中适宜区和高适宜区交错分布；低适宜区主要分布于长江源园区中部、澜沧江源园区西部以及黄河源园区南部；不适宜区则主要位于长江源园区的中部及西部区域以及黄河源园区的西部、中部及东部区域［图 6-26（a)］。而岩羊高适宜区主要分布于长江源园区东南区域和澜沧江源园区大部分区域；中适宜区主要分布于长江源园区中部、南部和东北部区域；低适宜区主要分布于长江源园区中北部和黄河源园区大部区域；不适宜区则主要位于长江源园区的西部［图 6-26（b)］（迟翔文等，2019）。

统计分析显示，三江源国家公园分别有 6802km^2、12 444km^2、19 497km^2 和 84 357km^2 区域为雪豹的高适宜、中适宜、低适宜和不适宜的栖息地类型（图 6-26）。三个园区之间的栖息地组成也有所差别，澜沧江源园区适宜雪豹生存的比例和面

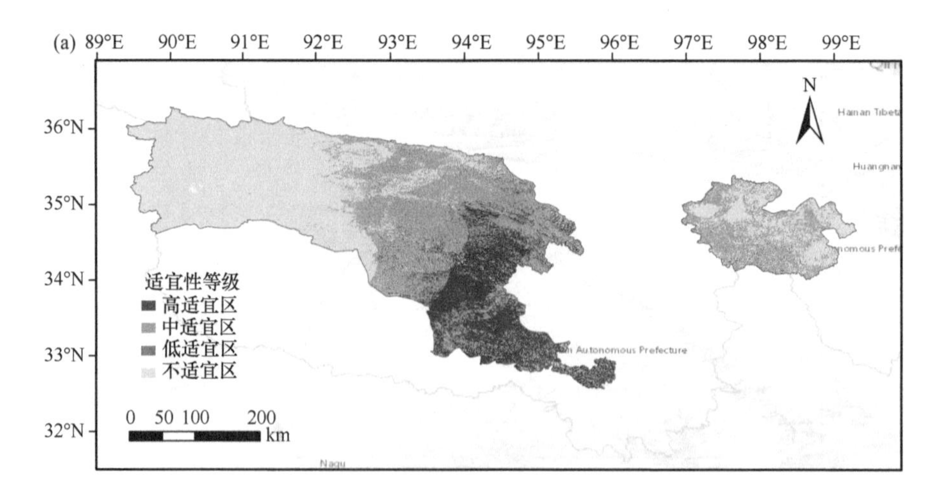

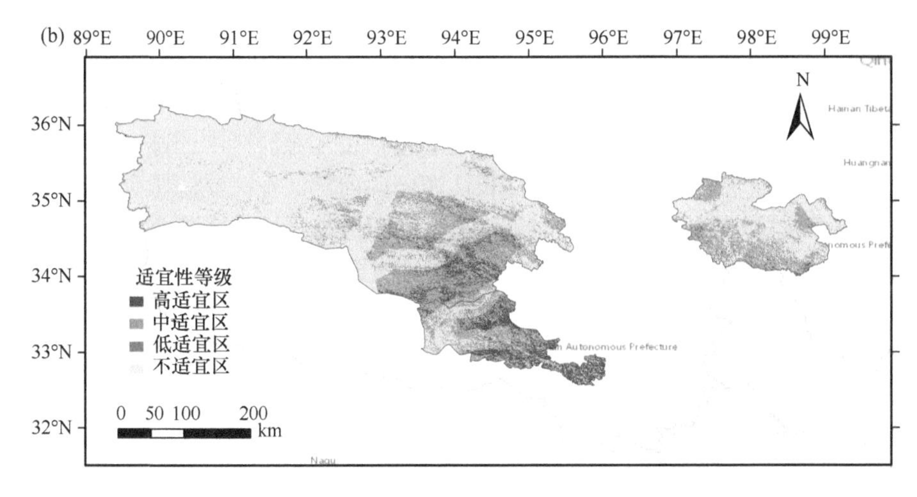

图 6-26　三江源国家公园雪豹（a）和岩羊（b）栖息地适宜性分布图

积较高，高适宜区域面积分别占该园区的 26.48%和 26.08%；长江源园区的高适宜区域比例和面积次之，但高适宜、中适宜区域的面积之和高于其他两个园区。而对于岩羊，国家公园分别有 18 897km^2、21 080km^2、25 229km^2 和 57 893km^2 区域为其高适宜、中适宜、低适宜和不适宜区域类型。

对三江源国家公园雪豹和岩羊各适宜等级叠加分析可知，高适宜重叠区域主要分布于长江源园区东南部区域，澜沧江源园区东北部、中部和东部区域；中适宜重叠区与高适宜重叠区交错分布，主要分布于长江源园区东南部和中部局部，澜沧江源园区的东北部、中部和东部区域；低适宜分布区主要分布于长江源园区中部、澜沧江源园区西部和黄河源园区西部、中部和东部区域（图 6-27）。

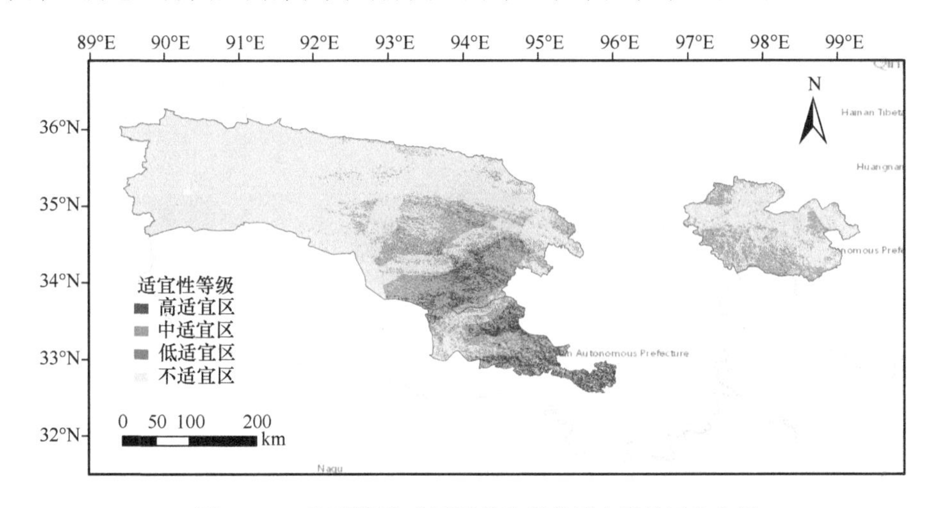

图 6-27　三江源国家公园雪豹和岩羊适宜重叠区分布图

（二）藏原羚生境适宜性评价

藏原羚高适宜的区域主要包括黄河源园区大部、澜沧江源园区中部和西南部及长江源园区东部。藏原羚中适宜的区域主要包括长江源园区中西部和澜沧江源园区东南部。低适宜的区域主要分布在长江源园区西部。在三江源国家公园高和中适宜区域（优先保育区）的比例高于低适宜和不适宜区域的面积总和。

在长江源园区，藏原羚高适宜和中适宜的面积分别为 36 169.66km^2 和 24 223.49km^2。从西向东，长江源园区的适宜性逐渐增加。在黄河源园区，藏原羚高适宜和中适宜的面积分别占黄河源园区总面积的 88.65%和 3.55%。在澜沧江源园区内，从东南到西北藏原羚高适宜和中适宜区域的适宜性逐渐增加（图 6-28）。

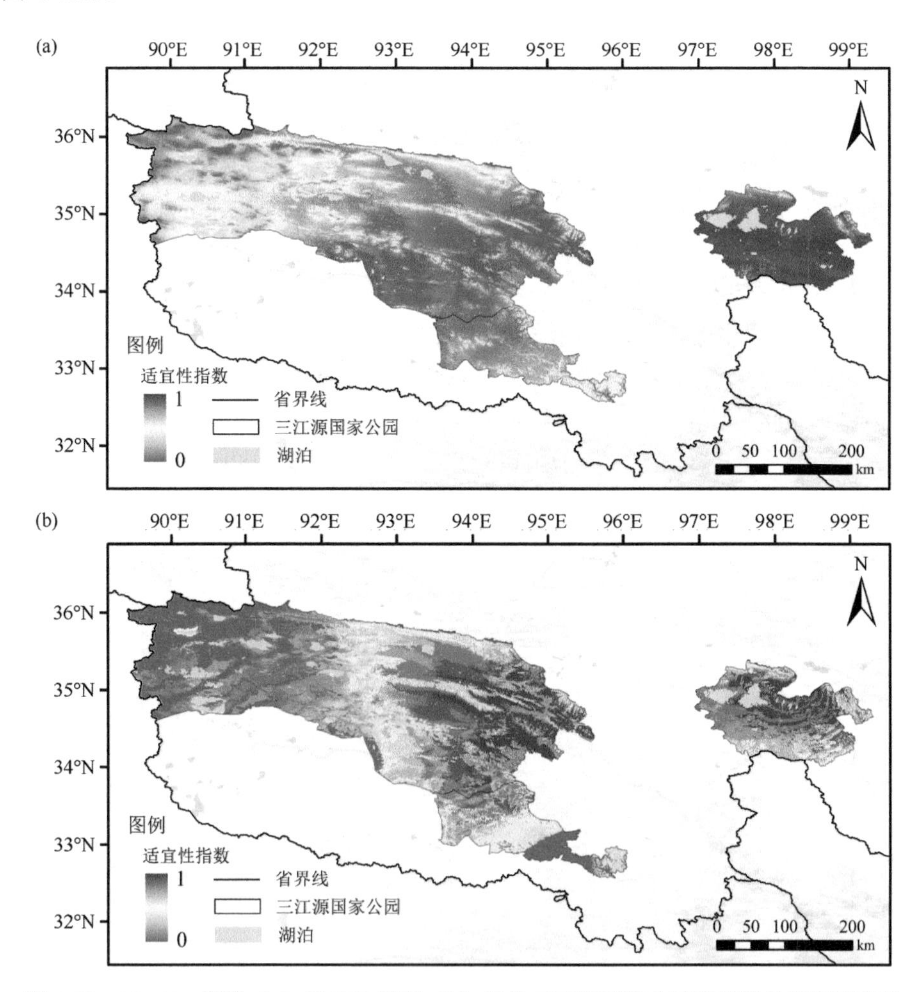

图 6-28 MaxEnt 模型（a）和 HSI 模型（b）评估三江源国家公园藏原羚的空间适宜性

根据HSI模型对藏原羚栖息地综合适宜性评价显示，三江源国家公园的最适宜区域、中等适宜区域、较差适宜区域、不适宜区域4类分别占三江源总面积的43.39%、26.72%、12.71%和13.61%（表6-9）。三江源国家公园三个园区之间的栖息地质量组成也有所差别，黄河源园区高适宜栖息地面积的比例（77.14%）高于长江源园区（37.69%）和澜沧江源园区（33.91%）。

表6-9　在MaxEnt模型和HSI模型下三江源国家公园各园区藏原羚的栖息地组成

模型	等级	长江源园区		澜沧江源园区		黄河源园区		三江源国家公园	
		面积/km²	比例/%	面积/km²	比例/%	面积/km²	比例/%	面积/km²	比例/%
MaxEnt	HSH	36 169.66	40.05	6 610.06	48.25	16 932.54	88.65	59 712.26	48.51
	MSH	24 223.49	26.83	5 653.13	41.26	678.46	3.55	30 555.08	24.82
	PSH	15 054.40	16.67	979.58	7.15	70.82	0.37	16 104.81	13.08
	USH	11 880.79	13.16	457.23	3.34	6.37	0.03	12 344.40	10.03
	湖泊	2 971.66	3.29	0	0	1 411.80	7.39	4 383.46	3.56
	总计	90 300		13 700		19 100		123 100	
HSI	HSH	34 037.31	37.69	4 645.69	33.91	14 734.26	77.14	53 417.27	43.39
	MSH	23 823.78	26.38	6 213.83	45.36	2 853.37	14.94	32 890.98	26.72
	PSH	15 637.92	17.32	2.12	0.02	12.04	0.06	15 652.09	12.71
	USH	13 829.32	15.31	2 838.36	20.72	88.53	0.46	16 756.21	13.61
	湖泊	2 971.66	3.29	0	0	1 411.80	7.39	4 383.46	3.56
	总计	90 300		13 700		19 100		123 100	

注：USH指不适宜区域，PSH指低适宜区域，MSH指中适宜区域，HSH指高适宜区域。

在多因素适宜性评价的效果验证过程中，分析显示，基于415个观测点（约占总观测点数的75%）数据的评价结果与基于554个观测点的分析结果非常相似。我们用剩下的139个观测点（约占总观测点数的25%），从多因素综合评价图层中提取其对应的值。结果显示，分别有110个（79.14%）和22个（15.83%）点出现在高适宜和中适宜栖息地内，另有4个点（2.28%）出现在低适宜栖息地或不适宜区域内。如果仅按适宜/非适宜来判断，我们的模型重现性为94.97%。

（三）重点保护鸟类生境适宜性分析

根据适用性分布图和三种猛禽的适宜比例，我们可以发现，大鵟、猎隼以及高山兀鹫的高适宜栖息地面积分别为73 017.63km²、40 732.78km²和61 654.33km²。

对大鵟而言，澜沧江源园区的99.77%和黄河源园区的99.40%是高适宜性生境；长江源园区的高适宜生境比例为44.81%，主要集中在该地区的东南部。高山兀鹫在澜沧江源和黄河源园区的适宜生境比例较高，分别达到 72.31%和 99.46%。高适宜生境面积也主要分布在长江源东南部，达到36.37%。猎隼的高适宜栖息地占据了整个黄河源区，比例为100%。然而，在长江源和澜沧江源园区中，该物种高适宜生境的比例很低，分别仅占20.85%和20.93%（图6-29）。这三种猛禽重叠的适宜生境集中在黄河源、澜沧江源和长江源东南部。总重叠面积达到74 438.57km^2，占公园总面积的60.47%。

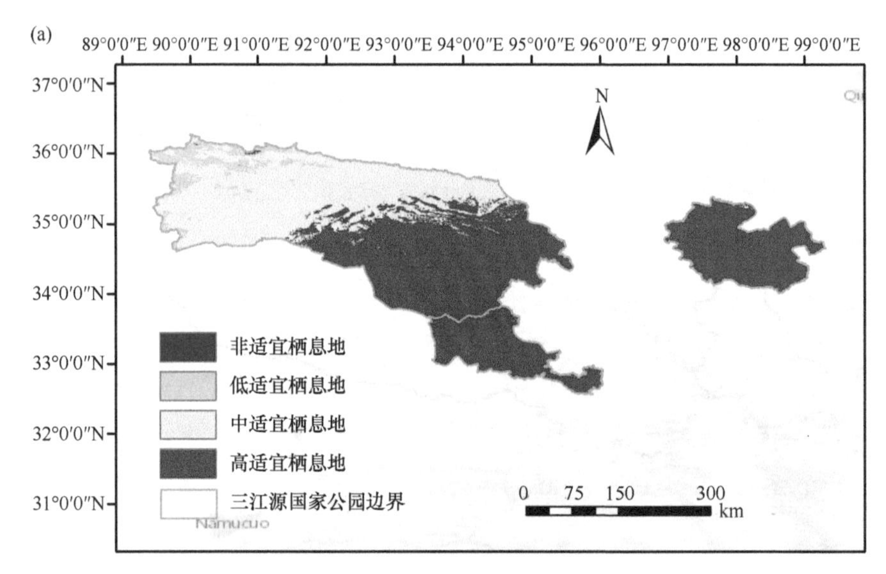

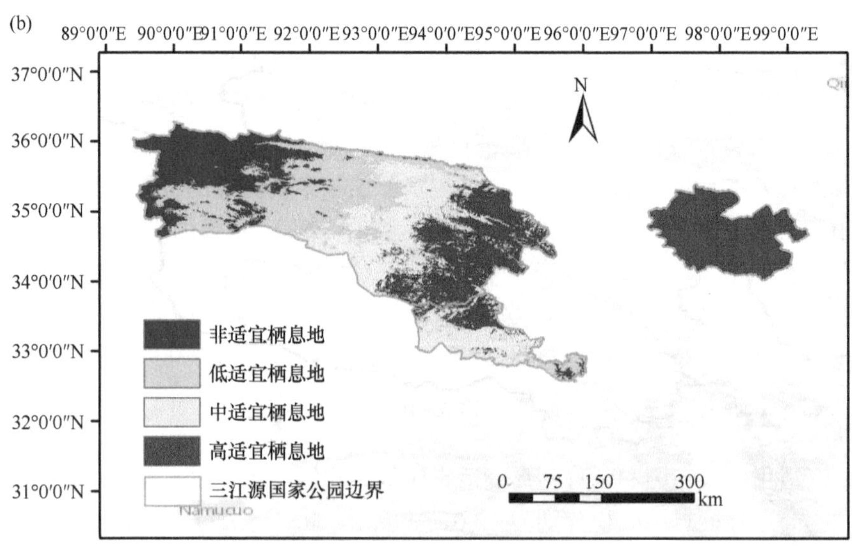

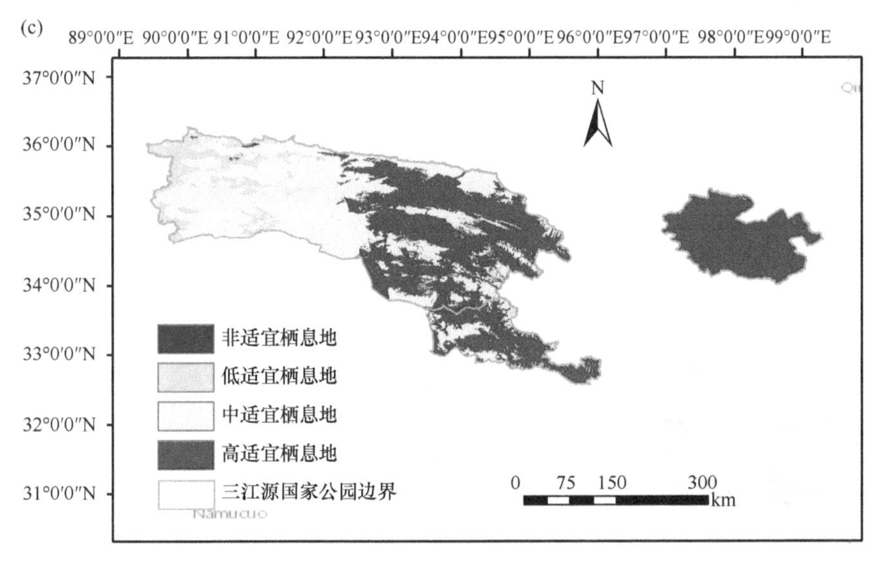

图 6-29　三江源国家公园三种猛禽的栖息地适宜性分布图
（a）大鵟；（b）猎隼；（c）高山兀鹫

四、三江源国家公园生态监测指标体系构建

首先，识别三江源国家公园所有的管理目标（表 6-10）和关键生态过程，并根据监测要求和监测方法的差异，对监测内容作进一步的梳理与凝练，最后对初始监测指标进行可行性分析，剔除可行性较低的监测指标，确定最终的监测指标清单，并对最终确定的生态监测指标进行分级，在此基础上构建了三江源国家公园生态监测指标体系（表 6-11）。

三江源国家公园生态监测指标体系由两级共 98 个指标构成，其中一级指标 45 个，二级指标 53 个（姚帅臣等，2019）。一级指标最大限度利用了三江源国家公园现有监测资源，其特点为可立即使用。一级指标由基础指标和现有监测能够实现的指标构成，基础指标包括生态系统类型、野生动植物物种等，现有监测能

表 6-10　三江源国家公园管理目标

监测对象	管理目标
生态系统	高寒湿地、草地、湖泊、荒漠、雪山冰川等生态系统的保育
水土资源	维持江河径流量持续稳定；保护水质；水土流失强度减弱；沙化土地的保护修复；保护区域固态水源；提高水源涵养功能
动植物	生物多样性丰富；野生动植物种群增加；保护珍稀野生动物物种和种群恢复
栖息地保护	保持野生动物迁徙通道的完整性；保护野生动物栖息地的完整
景观保护	保护原始景观的自然原真性

表 6-11　三江源国家公园生态监测指标体系

内容	指标（层级 1）	指标（层级 2）
类型	生态系统类型	
面积	各类型面积	边界
气象及小气候	空气温度、地表温度、相对湿度、空气湿度、降水量、蒸发量、风速	最高温、最低温、最大降水量、极端天气、日照时间
水质	泥沙含量、透明度、溶解氧、五日生化需氧量、pH	总硬度、氨氮、总磷、总氮、总砷、挥发性酚类、矿化度、高锰酸盐指数
水文	水位、潜水埋深、地表水深（湖泊、河流、沼泽）、流量（地表水）	洪水成灾强度及水灾持续时间、低水位或干旱及持续时间、最高水位、水温
土壤	主要土壤类型及其分布、土壤温度、土壤含水量、土壤酸碱度、土壤有机质含量	土壤生物、全氮、全磷、全钾、全盐量、重金属
大气与声环境	总悬浮颗粒物、可吸入颗粒物、氮氧化物、二氧化硫、噪声	二氧化碳、一氧化碳、负离子含量、甲烷、氟化物
植被及其群落	植被类型、面积及其分布，植物种类（物种数），濒危物种，特有种，植被天然更新状况，虫媒传粉昆虫密度，人工复制更新	盖度、生物量、物候、多样性、有害入侵物种、人类干扰活动类型和强度
野生动物	野生动物种类、数量与分布，珍稀濒危物种及其种群数量、分布，迁徙通道（兽类与鱼类），迁徙时间、数量，迁徙路线（鸟类）及时间	种群结构、繁殖习性、迁入和迁出、出生和死亡、食物丰富度、栖息地基本状况、受威胁因素和强度
外来物种	外来物种种类	外来物种分布、危害
生境	生境类型、不同生境面积及边界	生境覆盖率、生境多样性、生境斑块数量、生境斑块面积
景观格局	土地利用类型	景观丰富性、景观多样性、景观均匀度、斑块数量、斑块间平均距离
人类活动	居民数量、游客数量、生产生活区域、污染物种类与数量、非法活动	游客活动范围、牧民数量、牛羊数量、民生基础设施建设、矿区面积

够实现的指标包括年降水量、土地覆盖变化等。二级指标是较为完整的监测指标体系，能够覆盖三江源国家公园的更多细节。例如，在野生动物监测方面，二级指标增加了种群结构、繁殖习性、食物丰富度等指标，以便管理者对园内野生动物有更深入的跟踪与调查。

第三节　三江源国家公园经济建设与生态保护协同发展路径

一、三江源国家公园黄河源园区生态承载力核算

研究构建了三江源国家公园黄河源园区生态承载力核算模型，通过对保护

地生态系统供给能力的计算和承载对象消耗量的统计，计算自然基础承载力、社会经济活动承载力和游憩承载力。由于黄河源园区内的原住居民主要为农牧业人口，且平均人口密度仅为 0.5 人/km²，以畜牧业为生态系统提供供给服务的唯一来源，因此社会经济活动承载力模型也进行相应简化。相关数据来自遥感图像解译、玛多县统计资料及年鉴、三江源国家公园规划等（表 6-12）（刘孟浩等，2020）。

表 6-12　黄河源园区生态承载力核算数据及来源

承载力类型	保护地空间	对应功能分区	供给量	消耗水平
自然基础承载力	生态空间	核心保育区、生态保育恢复区	野生动物适宜栖息地面积、产草量	野生动物食性和食量
社会经济活动承载力	生产空间、生活空间	传统利用区	草畜平衡区面积、产草量	牧民牲畜自食量、人均纯收入、牲畜出栏率
游憩承载力	游憩空间	核心保育区、生态保育恢复区、传统利用区	景区面积、道路长度	人均合理面积、合理游道长度

（一）野生动物承载力

（1）野生动物生境适宜性分布及面积

根据主要环境变量以及藏野驴和藏原羚的分布位点构建最大熵模型，辨别野生物种适宜分布区，发现藏野驴适宜分布区主要位于扎陵湖乡大部、玛查里镇中部及北部、黄河乡西北部、花石峡镇除去东部的大部分区域，其高适宜和中适宜的面积分别为 7278.1km^2 和 7185.6km^2。

藏原羚适宜分布区主要位于扎陵湖乡东北部及西南部、玛查里镇大部、黄河乡大部、花石峡镇北部及西部，其高适宜和中适宜的面积分别为 6338.0km^2 和 8968.3km^2。藏野驴和藏原羚优良适宜重叠区域主要位于玛多县的中部。

（2）藏野驴和藏原羚的种群密度估算

以黄河源园区玛多县野生动物承载力为例，根据样线法计算密度，计算出玛多县冬季、夏季和秋季藏野驴的相对密度分别为 0.5251 只/km^2、0.8418 只/ km^2 和 0.5628 只/ km^2，平均密度为 0.6432 只/ km^2。按照玛多县适宜藏野驴分布面积可以估算冬季、夏季和秋季数量分别是为 7595 只、12 176 只和 8140 只，转换成羊单位后（每只藏野驴换算为 4 个羊单位），估算玛多县藏野驴在三个季节分别为 30 380 羊单位、48 704 羊单位和 30 560 羊单位。

计算出玛多县冬季、夏季和秋季藏原羚的相对密度分别为 0.2181 只/ km^2、0.2764 只/ km^2 和 0.2241 只/ km^2，平均密度为 0.2395 只/ km^2。按照玛多县适宜藏原羚分布面积可以估算冬季、夏季和秋季数量分别是为 3338 只、4231 只和 3430

只，转换成羊单位后（每只藏原羚换算为 0.5 个羊单位），估算玛多县藏原羚在三个季节分别为 1669 羊单位、2115 羊单位和 1715 羊单位。

（3）野生动物承载力评估

承载力评估结果显示，在 2013～2017 年的 5 年间，2014 年和 2015 年家畜临界超载，其他年份家畜均未超载。单就野生动物而言，相较家畜其种数数量处于较低水平，长期以来压力指数较小，对整个草场尚未构成压力（表 6-13）。

表 6-13　黄河源园区基于家畜和大型野生食草动物的草畜平衡状况

物种	年份	现实载畜量/羊单位	理论载畜量/羊单位	载畜压力指数	草畜平衡状况
家畜	2013	307 097	364 171	0.843	未超载
	2014	305 386	306 670	0.996	临界超载
	2015	311 145	345 004	0.902	临界超载
	2016	314 501	383 338	0.820	未超载
	2017	316 762	421 672	0.751	未超载
野生（藏野驴和藏原羚）		50 820	1 686 660*	0.030	未超载

*现实载畜量按照最大的载畜量计算，理论载畜量按照最小的载畜量计算。

（二）社会经济活动承载力

黄河源园区传统利用区面积为 8708.5km^2，产草量 339.10kg/hm^2。根据维持草畜平衡的要求，由载畜量计算公式可得，传统利用区可以承载的家畜为 134 843 羊单位。

根据相关文献数据及青海省统计年鉴，2017 年一头成年绵羊（即一个羊单位）的平均售价为人民币 1000 元，当地牧民每人每年约食用肉类 80kg，约合 5.5 个羊单位，牧民人均其他日常用品消费支出 3793.89 元，合 3.79 个羊单位，得出以 2017 年当地生活水平，每个牧民每年基本生活成本为 9.3 羊单位。2017 年该地区的平均牲畜出栏率为 30%，则由牧民人均消费占有量公式可计算得到维持一个牧民一年正常生活需要饲养的牲畜总量，即人均消费占有量为 30.98 个羊单位。按照三江源国家公园规划，2017 年牧民人均纯收入应达到 7500 元，经牧民人均消费占有量公式计算后，得三江源区牧民每年人均消耗牲畜量为 43.33 个羊单位。最终算得满足牧民基本生活需求水平下的黄河源园区牧民人均消费占有量为 30.98 羊单位；达到三江源国家公园规划目标下黄河源园区牧民人均消费占有量为 32.75 羊单位。结合上文计算出的黄河源园区理论载畜量，可得黄河源园区 2017 年的合理牧业人口承载量为 3112 人。根据植被覆盖率和牧民人均纯收入目标，结合玛多县家畜统计数据比例分别计算出 2020 年、2025 年和 2035 年的载畜量（经济规模）与合理牧业人口承载力（表 6-14）。

表 6-14　黄河源园区当地居民生产生活承载力核算结果

年份	牧业载畜量/羊单位				牧民人均纯收入/元	人均消费占有量/羊单位	牧业人口承载量/人
	总量	藏羊	家牦牛	马			
2020	188 780	102 194	70 846	1 156	10 500	53.33	3 540
2025	264 291	143 072	99 184	1 618	14 000	65	4 066
2035	370 008	200 300	138 858	2 266	25 000	101.67	3 639

（三）游憩承载力

以黄河源园区生态空间内重要的游憩空间——扎陵湖和鄂陵湖保护分区核心区为例，计算其游憩承载力。由于海拔因素和生态保护的要求，设定三江源国家公园的生态体验方式为乘坐车辆，按既定线路进行游览。该区域同时为国家公园的核心保育区、自然保护区的核心区和缓冲区、国际及国家重要湿地、国家水产种质资源保护区和国家水利风景区，属多类型保护地。核心区道路长度 98.06km。根据世界上各国国家公园的相关规定，园区内车速一般控制在 40km/h 以内，车辆容量为 8 人/车次。景区日开放时间为 8h。设核心保育区合理车距为 5km，则通过线路法计算可得，该区域日游憩承载力约 200 人次。在确定保护地游憩空间和游览路线之后，保护地整体游憩承载力可以依托各空间内生态体验与环境教育项目和线路进行具体核算。

二、三江源国家公园保护政策及农户行为调控路径

（一）单一保护政策作用下三江源牧民行为影响模型

面向三江源国家公园，主要对以下几个当地较为重要的生态经济政策进行了调查：草原补奖政策、生态管护员岗位设置、特许经营鼓励、野生动物干扰补偿政策。由于在实地调研过程中，开展特许经营的受访者样本量过少；野生动物干扰的保险、补偿措施在试点初期阶段，样本量也比较少，同时部分已参与投保或补偿试点的补偿款并未到位，故以上几项政策未参与结构方程模型建模。草原补奖是目前较为广泛的牧民家户获得的生态补偿款，管护员岗位设置惠及国家公园内的全部家庭，同时成为家庭收入的重要来源，故纳入结构方程模型建模（Wang et al.，2020；王正早，2021）。

根据计划行为理论模型，提出以下行为影响模型：生计资本由人力资本、物质资本、金融资本、自然资本、社会资本 5 个测量变量的均值进行表征；行

为意向由感知行为控制、主观规范和行为态度 3 个变量所决定；政策作用的评估有三个方面：①政策满意度；②政策对牧户家庭生活提高的作用；③政策对当地生态环境改善的作用。牧民行为主要使用禁牧减畜情况、参与生态保护成本进行表征。

在两个单一政策行为影响模型中（图 6-30、图 6-31），行为态度、主观规范和感知行为控制均对保护行为意向产生了显著的正向影响，路径系数差异不大，而保护意向对于最终保护行为也产生了显著正向影响。说明保护态度越积极、来自周边人的保护激励越强、感知到的行为约束越少，牧民对于保护的意愿越强，越会促进保护行为的执行。感知行为控制对于保护行为的调节作用并不显著，说明保护行为是可以由原住居民个人意志所控制的，而非外力所决定。

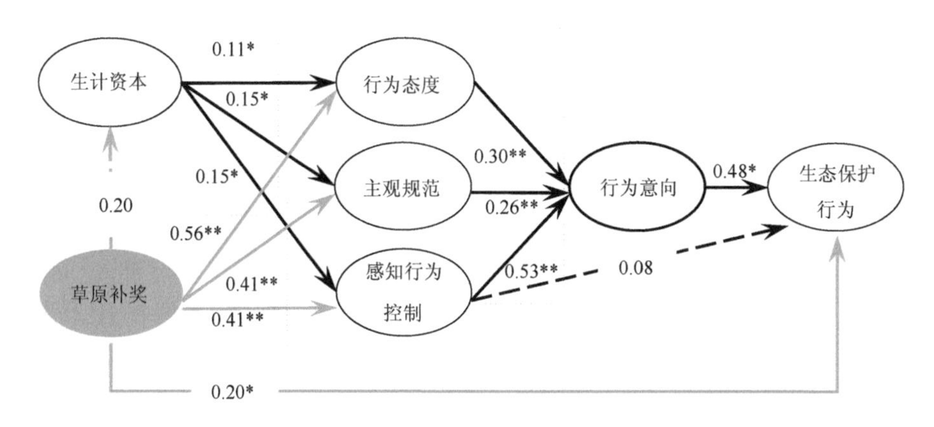

图 6-30　三江源国家公园草原补奖单一政策行为影响模型结构图

***P<0.001，** P <0.01，* P <0.05。实线表示显著的路径，虚线表示不显著的路径。为了模型图的清晰简明，未绘制展示测量变量和残差项。以下图 6-31 和图 6-32 同

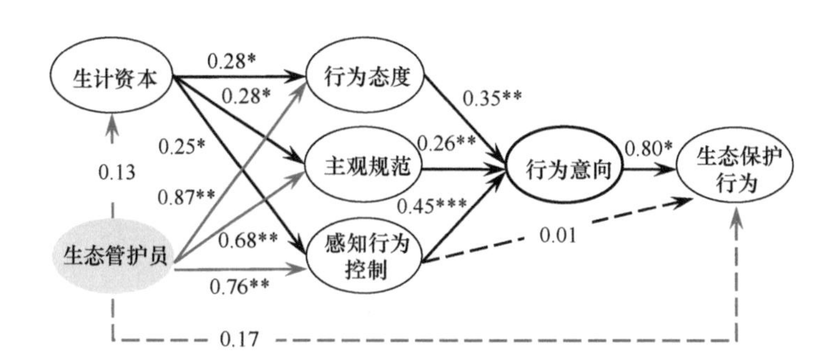

图 6-31　三江源国家公园生态管护员单一政策行为影响模型结构图

在草原补奖（图 6-30）单一政策的行为影响模型中，政策的直接影响主要可

归纳为三个方面：一是直接针对保护行为，草原补奖对保护行为的直接影响路径系数为 0.20，而管护员岗位此条路径作用不显著；二是针对牧民保护心理认知因素，即行为态度、主观规范和感知行为控制，两种政策路径系数分别为 0.41、0.35 和 0.47，0.87、0.68 和 0.76，均在 0.05 的水平上显著；三是对生计资本的促进作用，可见两种政策对整体生计无显著影响。

（二）组合保护政策下三江源国家公园牧民行为影响模型

在组合政策行为模型中（图 6-32），政策作用路径与单一政策作用路径相似。两种政策均通过影响牧户的行为态度、主观规范和感知行为控制，对其保护行为产生间接影响。草原补奖政策和生态管护员转岗措施，均对保护地牧民进行生态保护宣传教育，故两者均对牧民的保护意识、态度产生了积极作用。

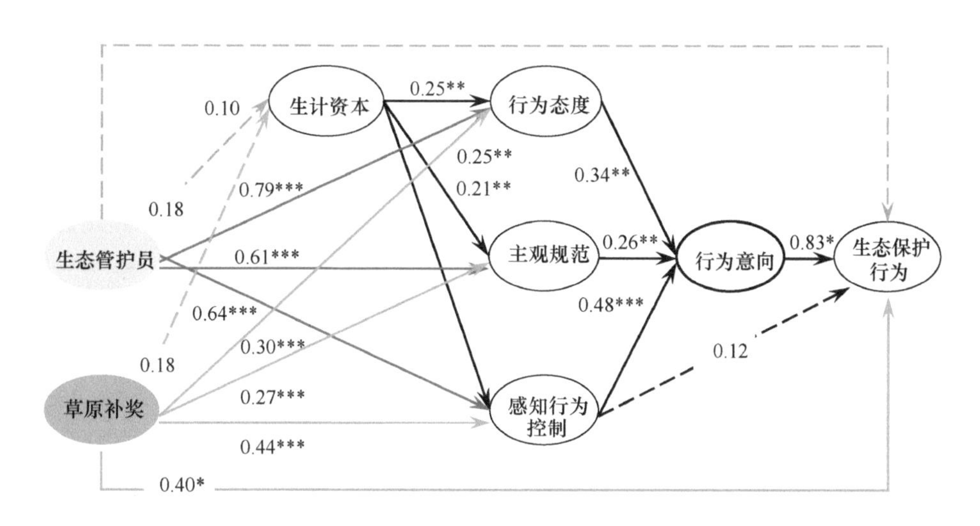

图 6-32　三江源国家公园组合政策行为影响模型结构图

草原补奖政策对牧民的保护行为有直接正向影响，但弱于其保护意愿对行为的影响，生态管护员政策对行为无直接显著影响，这可能源于草原补奖政策对牧民禁牧减畜提出了具体要求，属于命令控制型保护政策，故存在对其草场保护行为的直接作用路径。

同时，两者均属于生态经济政策，即包括对牧民的经济损失进行生态补偿，降低其参与生态保护的成本，但是组合政策/措施对牧民整体生计资本直接影响并不显著，即未通过生计资本而间接作用于保护行为。通过进一步对生计资本的 5 个子资本类型（人力资本、物质资本、自然资本、社会资本、金融资本）进行拆分（表 6-15），结果显示两种政策对牧户自然资本有显著负向影响，对金融资本则有显著正向影响，这也符合当地实际情况，政策要求下的禁牧减畜使得可利用草场面积减少，而与之同时，生态补偿款的发放在某种程度上弥补了牧民家庭的经济损失，但保护政策在人口素质提高、基础设施完善及社会、邻里关系建设上发挥的作用不大，使得政策对其他类型资本，如人力资本、物质资本和社会资本的影响并不显著。总的来说，原住居民整体生计未受到负面影响。

表 6-15　三江源国家公园生计资本拆分后的影响路径分析

影响路径		标准化路径系数	p 值	路径描述
草原补奖	→自然资本	−0.235	0.026	显著负向影响
生态管护员		−0.240	0.006	
草原补奖	→物质资本	0.024	0.813	无显著影响
生态管护员		−0.128	0.196	
草原补奖	→人力资本	−0.055	0.603	无显著影响
生态管护员		0.041	0.680	
草原补奖	→金融资本	0.371	0.001	显著正向影响
生态管护员		0.206	0.052	
草原补奖	→社会资本	0.145	0.198	无显著影响
生态管护员		0.016	0.891	

（三）政策间接效应和总效应分析

通过上述直接效应路径，也可以归纳出两种政策间接作用路径：保护政策→行为态度/主观规范/感知行为控制→行为意向→保护行为；保护政策→生计资本→行为态度/主观规范/感知行为控制→行为意向→保护行为。

其中，后一条间接路径因为“保护政策→生计资本”这一路径非显著而中断，故在总效用核算中，间接效应仅包括通过影响宣传教育措施影响行为态度/主观规范/感知行为这一路径。上述间接效应可通过样本自举法（bootstrap）进行估计，在此基础上，将直接效应和间接效应相加，即可得到政策的总效应，如表 6-16 所示。可见，草原补奖政策主要以直接效应贡献于保护行为的提升，大于其间接效应值；而生态管护员政策则主要以通过提升保护认识、意识等间接效应贡献于保护行为的提升。同时，单项政策作用下的直接、间接和总效应值要小于组合政策作用结果，说明两种政策相辅相成，显示出协同提升的政策效果。

表 6-16　三江源国家公园保护政策对保护行为的标准化直接、间接和总效应

直接效应			间接效应			总效应	
命令控制功能	单项政策	组合政策	宣传教育功能	单项政策	组合政策	单项政策	组合政策
草原补奖→保护行为	0.300**	0.405*	草原补奖→行为态度→行为意向→保护行为	0.027*	0.052*		
			草原补奖→主观规范→行为意向→保护行为	0.026*	0.037*		
			草原补奖→感知行为控制→行为意向→保护行为	0.055*	0.108*		
小计	0.300**	0.405*	小计	0.108*	0.198*	0.408**	0.603*
管护员→保护行为	0.171	0.102	管理员→行为态度→行为意向→保护行为	0.256*	0.342*		
			管理员→主观规范→行为意向→保护行为	0.150*	0.203*		
			管理员→感知行为控制→行为意向→保护行为	0.297**	0.396*		
小计	0.171	0.102	小计	0.702**	0.941*	0.702**	0.941*

注：表中数据为标准化政策效应，**、*分别代表估计结果在1%、5%的水平上显著。

第四节　三江源国家公园人兽冲突及其管理对策

一、三江源国家公园人兽冲突特征及牧民认知

（一）人熊冲突特征

2014 年 1 月至 2017 年 12 月，三江源国家公园长江源园区内共上报 296 起棕熊肇事案件（2014 年 38 起、2015 年 47 起、2016 年 68 起、2017 年 143 起），肇事类型分别为入侵房屋（*n*=277，93.58%）、捕食牲畜（*n*=14，4.73%）以及伤人（*n*=5，1.69%）。其中门窗受损在所有上报案件中比重最大（*n* =101，34.12%），其次为日用品（*n*=58，19.59%）、家具（*n*=53，17.91%）、食物（*n*=33，11.15%）、墙体（*n*=32，10.81%）、牲畜（*n*=14，4.73%）以及伤人（*n*=5，1.69%）（表 6-17）。在访谈中，牧民表示棕熊不仅捕食绵羊和山羊，同时也捕食牛犊，但上报案件中暂未发现有棕熊捕食牛犊的记录。

表 6-17　2014 年 1 月至 2017 年 12 月三江源国家公园长江源园区棕熊肇事汇总表

上报案件	入侵房屋					捕食牲畜			伤人
	墙体	门窗	家具	食物	日用品	牛	羊	马	
上报案件次数	32	101	53	33	58	0	14	0	5
上报案件比例/%	10.81	34.12	17.91	11.15	19.59	0	4.73	0	1.69

通过分析三江源国家公园长江源园区2014年1月至2017年12月棕熊肇事上报案件（n=296），结果显示10月是棕熊肇事上报率最高的月份（n=104，35.14%），8月（n=31，10.47%）和9月（n=79，26.69%）上报率也相对较高，上报率最低的两个月为3月（n=4，1.35%）和12月（n=6，2.03%）；访谈结果显示，每年7月为棕熊肇事的高发期（n=25，35.21%），6月（n=13，18.31%）和8月（n=18，25.35%）也是肇事频率较高的月份（图6-33）。

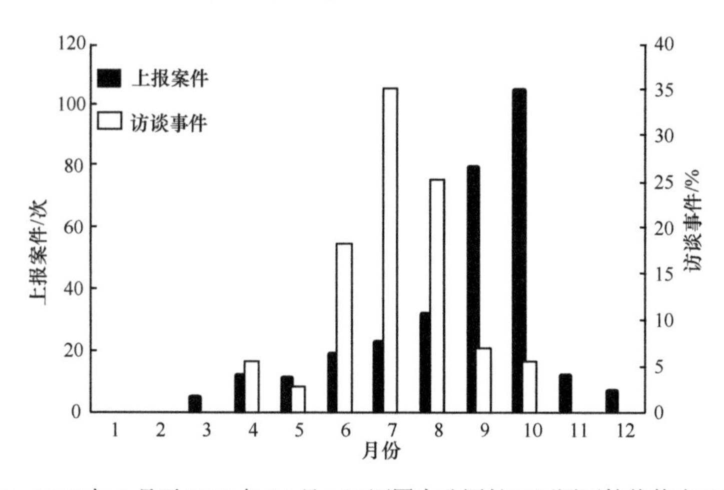

图6-33　2014年1月至2017年12月三江源国家公园长江源园区棕熊肇事月份差异

（二）牧民对人兽冲突的态度和认知

在访谈过程中，受访者表达了对棕熊的态度，其中极少数牧民对棕熊持有好感（n=11，15.49%）；相反，大多数牧民憎恨棕熊（n=36，50.70%）；也有部分牧民表示不在乎（即态度中立）（n=24，33.80%）。牧民对棕熊产生好感的主要原因是棕熊是保护动物（n=4，36.36%），另外也受藏传佛教的影响（n=7，63.64%）；牧民反感棕熊的理由是棕熊是青藏高原上极度危险的动物，给当地居民的生命财产安全造成了极大损失（n=31，86.11%），另外棕熊长相十分吓人（n=5，13.89%）。

利用χ^2检验各变量不同组别对牧民态度差异的影响，结果显示性别（χ^2=7.304，P=0.007）、入侵房屋经历（χ^2=8.765，P=0.003）、牲畜损失经历（χ^2=10.372，P=0.001）三个变量对牧民态度差异的影响显著（表6-18）。年纪较小的受访者对棕熊的态度较年长者更为消极；经历过棕熊肇事的牧民对棕熊的包容度较低，态度更为消极；没有经历过棕熊肇事的牧民对棕熊的包容度更高，态度更为积极。受访者对棕熊的态度在性别、受教育程度、职业以及是否见过棕熊的不同组别间的差异无统计学意义（表6-18）。

表 6-18　不同变量的受访者对棕熊态度的差异

变量	组别	χ^2	P
性别	男 女	0.747	0.387
年龄	＜35 岁 35～55 岁 ＞55	7.304	0.007
教育程度	＜小学 ≥小学	0.549	0.459
职业	牧民 其他	3.222	0.073
牲畜损失经历	有 无	8.765	0.003
入侵房屋经历	有 无	10.372	0.001
是否见过棕熊	见过 未见过	0.006	0.941

大多数牧民（n=56，78.87%）认为棕熊种群数量在过去10年里有所增加，也有部分牧民（n=11，15.49%）表示不知道，极个别牧民（n=4，5.63%）认为棕熊种群数量在过去10年里并没有发生显著变化［图6-34（a）］。牧民判定棕熊种群数量增加的主要依据是放牧时发现棕熊痕迹的频率增加（n=45，63.38%），如实体、毛发、脚印、卧迹以及食痕等，也有部分牧民以棕熊入侵房屋（n=22，30.99%）和捕食牲畜（n=4，5.63%）的事件增多为由来判定棕熊种群数量的增加［图6-34（b）］。牧民认为棕熊种群数量增加的主要原因是1996年我国开始实行的新枪支政策（n=38，53.52%），也有部分牧民认为与偷猎减少（n=26，36.62%）和三江源国家公园体制试点的建立（n=7，9.86%）有关［图6-34（c）］。

大部分牧民在防熊措施选择偏好上较为保守，认为修筑水泥墙（n=38，53.52%）能够有效保护房屋，其次是电围栏（n=19，26.76%）、刺丝网（n=8，11.27%）以及铁丝网［n=6，8.45%；图 6-35（a）］；在食物保护方面牧民认为找人看守是最有效的防护措施（n=47，66.20%），其次是地窖（n=13，18.31%）、铁皮箱（n=7，9.86%）以及牧羊犬［n=4，5.63%；图 6-35（b）］；在保护牲畜方面牧民认为强化圈舍是最有效的途径（n=59，83.10%），其次是牧羊犬（n=6，8.45%）、布设兽夹（n=4，5.63%）以及投毒［n=2，2.82%；图 6-35（c）］。

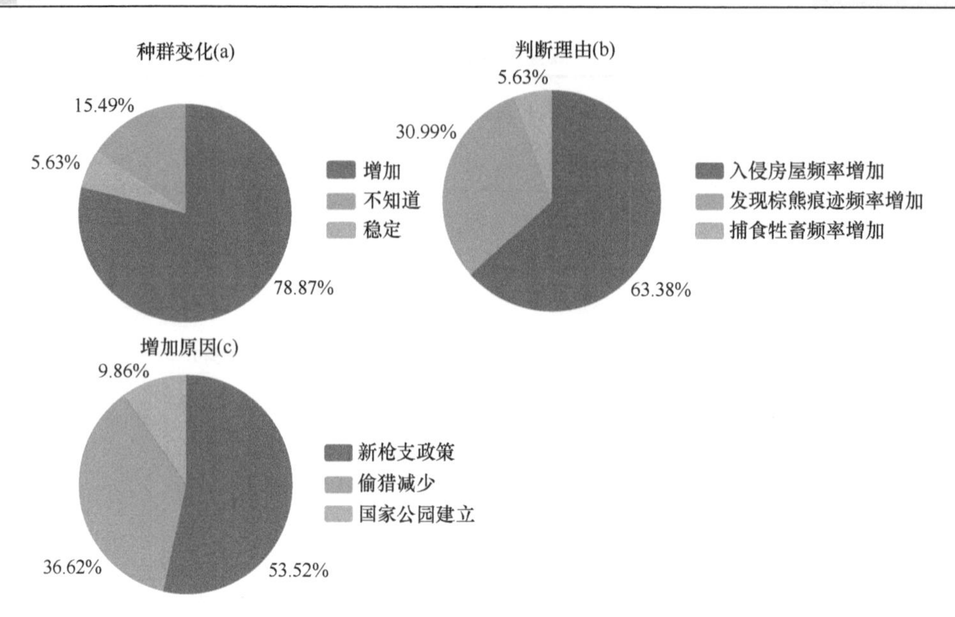

图 6-34　三江源国家公园长江源区棕熊种群变化趋势及其判断理由

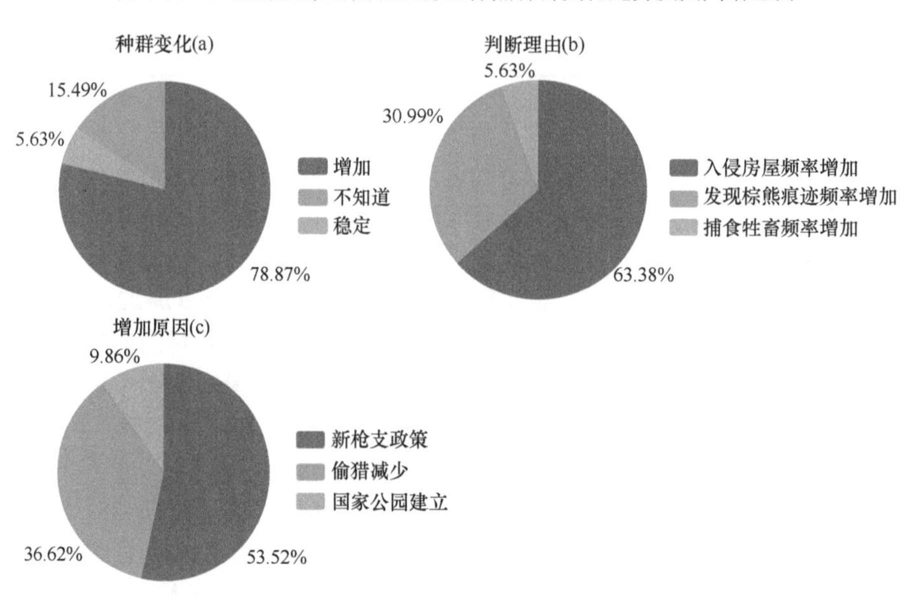

图 6-35　三江源国家公园长江源区牧民防熊措施选择偏好

二、棕熊种群与自然食物变化

（一）棕熊种群数量变化

69.55%（n=217）的受访者表示棕熊种群数量在过去 10 年里有所增加，14.74%

（n=46）受访者认为无明显变化，仅 5.45%（n=17）的受访者表示棕熊种群数量有所减少。在认为棕熊数量增加的受访群体中，58.53%的牧民以棕熊入室破坏事件增多为由来判定棕熊种群数量增加，30.41%的牧民以放牧时发现棕熊痕迹（实体、毛发、脚印、卧迹以及食痕）的频率增加为由来判定棕熊种群数量增加，另外 11.06%的牧民以棕熊捕食家畜的事件增多为由来判定棕熊种群数量增加；35.94%的牧民认为棕熊种群数量增加与近年来生物多样性保护强度加大有关，29.03%的牧民认为棕熊数量增加与偷猎减少有关，20.74%的牧民认为棕熊数量恢复与新枪支政策执行密切相关，10.14%的受访者认为与草原补奖为代表的生态保护项目实施后棕熊天然食物增加有关（图 6-36）。

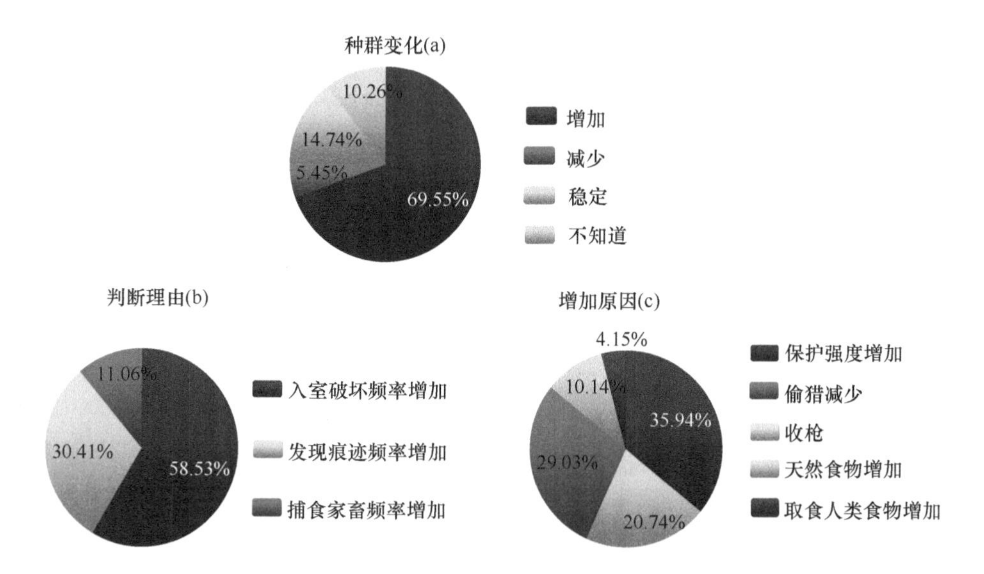

图 6-36　三江源国家公园棕熊种群数量变化及其判断理由

为了进一步评估棕熊种群数量的变化，以受访者历年见到棕熊的次数为依据再次对棕熊种群数量变化进行评估。由于该项评估会受到受访者的性别、年龄以及职业等因素的影响，因此首先对受访者进行筛选。研究从 312 名受访者中筛选出大于 30 岁的男性 149 人，去掉非传统牧人和非家庭放牧主力的 21 人，剩下的 128 名受访者均为家庭中的放牧主力，且在过去 10 年里生活在当地牧区，因此仅提取这部分受访者的回答信息来评估棕熊种群数量的变化。结果显示，随着时间推移受访者见到棕熊的频次逐年递增。10 年前，65.63%的受访者每年见到棕熊的平均次数为 0～2 次；5～10 年前，53.13%的受访者每年见到棕熊的平均次数为 3～4 次；最近 5 年里，高达 69.53%的受访者每年见到棕熊的平均次数为 3～4 次，另外 21.88%的受访者每年见到棕熊的平均次数超过 4 次（表 6-19）。

表 6-19　三江源国家公园受访者历年见到棕熊的平均次数

时间段	0～2 次/a		3～4 次/a		>4 次/a	
	受访者数量	百分比	受访者数量	百分比	受访者数量	百分比
10 年前	84	65.63	32	25.00	12	9.38
5～10 年前	43	33.59	68	53.13	17	13.28
最近 5 年	11	8.59	89	69.53	28	21.88

（二）棕熊自然食物变化

46.47%（*n*=145）的受访者表示旱獭种群数量在过去 10 年里有所增加，17.95%（*n*=56）的受访者认为旱獭种群数量有所减少。大部分受访者（*n*=112，35.90%）难以判定鼠兔种群数量变化，但 25%（*n*=78）的受访者认为鼠兔种群数量有所增加，虽然附近草场有过灭鼠，但鼠兔种群数量恢复较快，灭鼠效果并不理想。高达 74.68%（*n*=233）的受访者表示岩羊种群数量增加明显，当地有牧民抱怨岩羊及其他有蹄类动物种群数量的增加导致家畜利用草地资源的竞争变大；受访者认为岩羊数量增加与生物多样性保护强度增加和新枪支政策执行有关（*n*=121，38.78%）（图 6-37）。

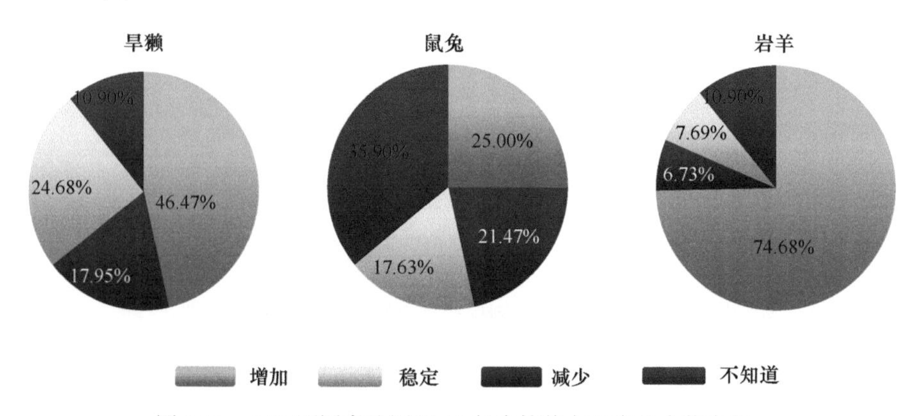

图 6-37　三江源国家公园近 10 年来棕熊主要自然食物变化

通过分析棕熊粪便中丰度前 20 的物种，结果显示棕熊食性较杂，取食各种野生动物、植物、家畜以及牧民定居点内的食物，其中包括 8 种野生动物（旱獭、岩羊、鼠兔、盘羊、藏羚羊、高原兔、蜜蜂、藏野驴）、5 种野生植物（蒙古韭、珠芽蓼、五脉绿绒蒿、欧荨麻、黄粉牛肝菌）、4 种家畜（牦牛、绵羊、山羊、狗）以及 3 种粮食（青稞、大豆、小麦）（表 6-20，图 6-38）。单个物种的最大丰度值排在首位的是旱獭（*a*=0.60），其次为绵羊（*a*=0.49）、牦牛（*a*=0.44）、青稞（*a*=0.41）、鼠兔（*a*=0.25）、岩羊（*a*=0.22）、狗（*a*=0.22）、大豆（*a*=0.22）

以及小麦（a=0.21），其余物种的最大丰度值均低于 0.2（表 6-20）。

表 6-20 基于基因组测序的三江源国家公园棕熊食性分析

食性组成	出现频次	占比/%	最大丰度值
动物			
旱獭	13	61.9	0.60
岩羊	4	19.05	0.22
鼠兔	3	14.29	0.25
盘羊	3	14.29	0.13
藏羚	17	80.95	0.06
高原兔	4	19.05	0.03
蜜蜂	1	4.76	0.18
藏野驴	1	4.76	0.07
植物			
蒙古韭	8	38.1	0.14
珠芽蓼	1	4.76	0.14
五脉绿绒蒿	1	4.76	0.08
欧荨麻	1	4.76	0.07
黄粉牛肝菌	7	33.33	0.07
家畜			
狗	7	33.33	0.22
牦牛	4	19.05	0.44
绵羊	7	33.33	0.49
山羊	1	4.76	0.15
粮食			
青稞	3	14.29	0.41
大豆	3	14.29	0.22
小麦	1	4.76	0.21

在丰度前 20 物种出现的总频次中，野生动物占比最大（51.11%），其次为家畜（21.11%）、植物（20%）以及牧民定居点内的食物（7.78%）（图 6-39）。在棕熊摄入的野生动物中藏羚出现的频次最高（n=17，80.95%），其次为旱獭（n=13，61.09%）、岩羊（n=4，19.05%）、高原兔（n=4，19.05%）、鼠兔（n=3，14.29%）、盘羊（n=3，14.29%）、藏野驴（n=1，4.76%）以及蜜蜂（n=1，4.76%）；在棕熊摄入的家畜中，绵羊（n=7，33.33%）和狗（n=7，33.33%）出现的频次最高，牦

牛（n=4，19.05%）和山羊（n=1，4.76%）出现的频次相对较低；在棕熊摄入的植物中，蒙古韭（n=8，38.1%）和黄粉牛肝菌（n=7，33.33%）出现的频次较高，珠芽蓼（n=1，4.76%）、五脉绿绒蒿（n=1，4.76%）以及欧荨麻（n=1，4.76%）出现的频次相对较低；在棕熊摄入定居点内的食物中，青稞（n=3，14.29%）和大豆（n=3，14.29%）出现的频次相对高于小麦（n=1，4.76%）。

宏基因组测序的棕熊食性结果显示，21 份棕熊粪便中有 17 份样品含有与人类相关的食物，通过多元线性回归模型分析棕熊取食人类食物与环境变量之间的

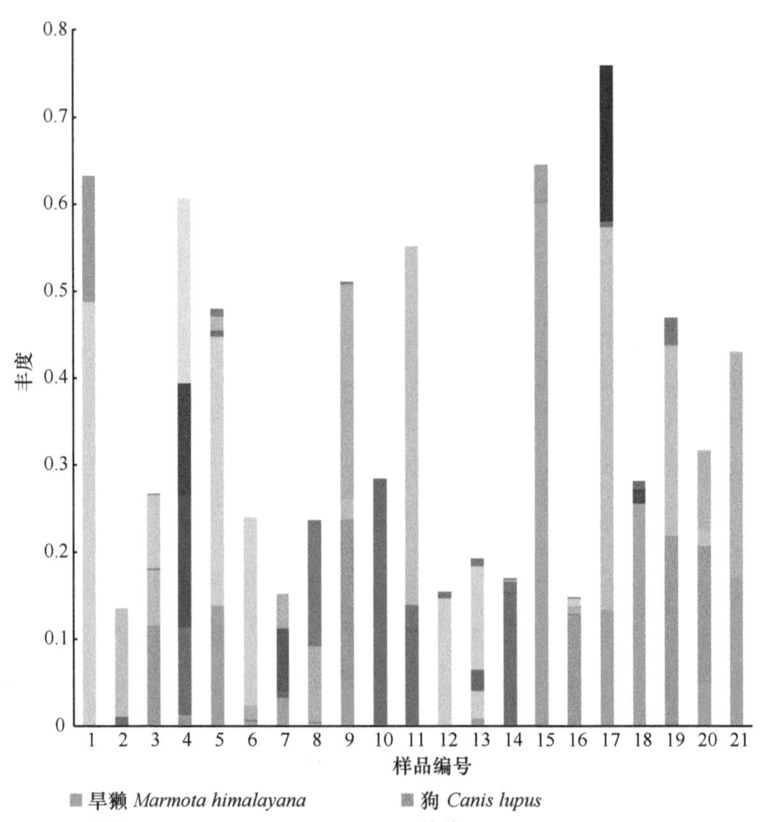

图 6-38　三江源国家公园棕熊食物组成中丰度前 20 的物种

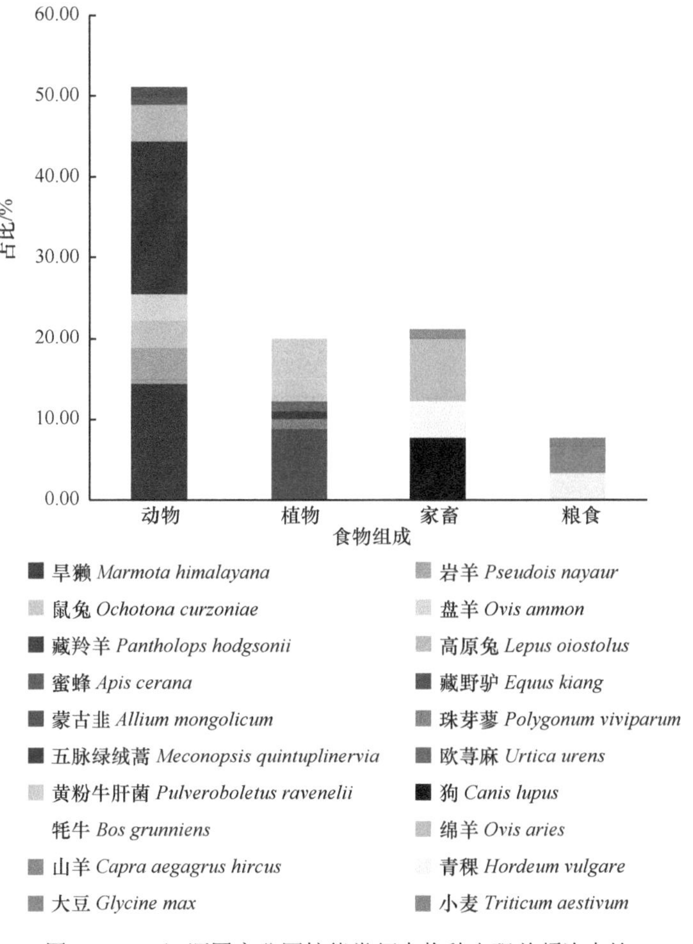

图 6-39　三江源国家公园棕熊粪便中物种出现总频次占比

关系。回归分析结果显示旱獭密度（P=0.329）、归一化植被指数（P=0.735）、到河流距离（P=0.507）、坡向（P=0.473）、坡度（P=0.476）以及海拔（P=0.140）对棕熊取食人类食物无显著影响，到定居点距离和到石山距离为棕熊取食人类食物的关键影响因素（P＜0.05）（表 6-21），表明棕熊倾向于前往距石山较近的定居点附近寻找人类食物。

三、人兽冲突原因与风险区识别

（一）人熊冲突原因认知

为了获取更多的人熊冲突驱动因素的信息，问卷设计了与人熊冲突驱动因素相关的问题供牧民多选。高达 87.18%（n=272）的受访者表示人熊冲突增加与新

表 6-21　不同环境因素对三江源国家公园棕熊取食人类食物的影响

环境变量	回归系数 B	标准误 SE	t 值	P 值
海拔	0.000	0.000	–1.580	0.140
坡度	–0.005	0.007	–0.735	0.476
坡向	0.000	0.000	0.740	0.473
到河流距离	0.003	0.005	0.684	0.507
到定居点距离	–0.021	0.009	–2.307	0.040
到石山距离	–0.029	0.011	–2.619	0.022
归一化植被指数	–0.058	0.167	–0.346	0.735
旱獭种群密度	0.014	0.013	1.018	0.329

枪支政策执行后棕熊种群数量增加有关；56.41%（n=176）的受访者认为棕熊学会了利用人类食物，色拉油、面粉、酥油、风干牛肉以及家畜饲料等高能量食物对棕熊极具诱惑力；约 53.85%（n=168）的受访者认为人熊冲突增加与生态保护和生态修复有关，如为了恢复草场质量，三江源地区实施了草原生态补奖政策，鼓励牧民控制家畜数量、减小放牧强度、缩减放牧范围、拆除草山围栏，进而棕熊活动范围扩大；24.36%（n=76）的受访者认为人熊冲突与定居点的修建有关，定居点内的食物容易被棕熊攫取，尤其是在无人看管的夏季；仅 17.63%（n=55）的受访者认为近年来草场质量下降，棕熊自然食物减少；9.29%（n=29）的受访者选择了其他，如受藏传佛教影响，牧民不会对死去的家畜进行填埋，而是将家畜尸体搁在定居点周边供其他动物食用，家畜尸体极易招引棕熊，增加棕熊入室破坏的概率（表 6-22）。

表 6-22　三江源国家公园人熊冲突可能性原因

原因	索加	扎河	多彩	治渠	立新	加吉博洛	总计
新枪支政策执行后棕熊数量增加	69	45	48	33	41	36	272
生态修复，棕熊活动范围扩大	56	34	29	22	15	12	168
草场质量下降，棕熊自然食源减少	12	5	11	8	10	9	55
棕熊学会了获取人类食物	45	26	28	24	29	24	176
定居点的修建	32	11	12	7	6	8	76
其他	6	2	4	8	3	6	29

（二）人兽冲突风险区识别

人熊冲突风险区面积为 11 577.91km^2，占研究区总面积的 29.85%。其中高、中、低风险区面积分别为 1133.24km²、4811.66km²、5633.01km²，各占研究区总面积的 9.79%、41.56%、48.65%。各乡镇的风险区空间分布差异较大（图 6-40），其中索加乡风险区所占比例最大，面积为 3950.94km²，占风险区总面积的 34.12%，其次是扎河乡（2800.43km²，24.19%）、多彩乡（2471.10km²，21.34%）、治渠乡（1174.09km²，10.14%）、立新乡（884.42km²，7.64%）以及加吉博洛镇（296.93km²，2.56%）（表 6-23）。

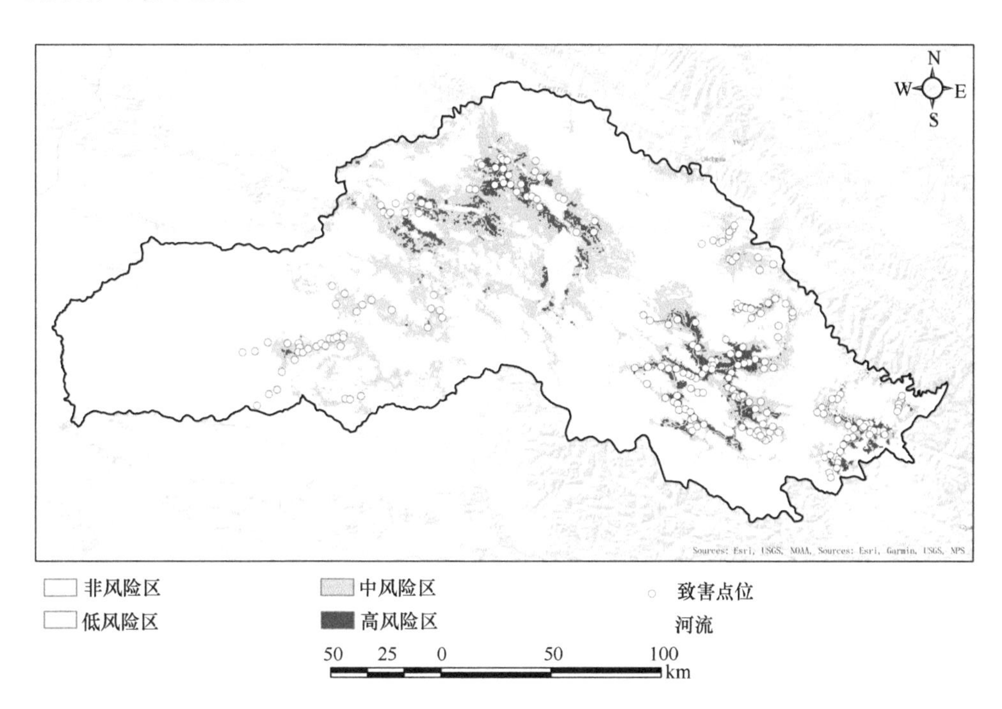

图 6-40　三江源国家公园人熊冲突风险区分布

表 6-23　三江源国家公园人熊冲突风险区面积

乡镇	非风险区	低风险区		中风险区		高风险区		总风险区	
	面积/km²	面积/km²	比例/%	面积/km²	比例/%	面积/km²	比例/%	面积/km²	比例/%
索加	12 095.38	2 075.3	52.53	1 734.12	43.89	141.52	3.58	3 950.94	34.12
扎河	3 548.08	1307.41	46.69	1 206.68	43.09	286.34	10.22	2 800.43	24.19
多彩	7 300.32	899.03	36.38	1 059.22	42.86	512.85	20.75	2 471.10	21.34
治渠	1 937.47	771.23	65.69	372.93	31.76	29.93	2.55	1 174.09	10.14
加吉博洛	850.28	87.29	29.4	153.00	51.53	56.64	19.08	296.93	2.56
立新	1 483.96	492.75	55.71	285.71	32.3	105.96	11.98	884.42	7.64
总计	27 215.49	5 633.01	48.65	4 811.66	41.56	1 133.24	9.79	11 577.91	100

人熊冲突风险区呈东南-西北方向分布。58.31%的风险区分布在三江源国家公园长江源园区内的索加乡和扎河乡，面积为6751.37km^2，高风险区主要分布在与国家公园毗邻的多彩乡，面积约为512.85km^2，占高风险区总面积的45.26%（表6-23）。将人熊冲突风险区与土地利用类型图和DEM图叠加分析得到，高寒草甸是风险区内所占比例最大的一种土地利用类型，约为11 060.34km^2，占风险区总面积的95.53%（图6-40）；人熊冲突风险区分布的海拔区间值为3868～5376m，其中50.43%的风险区分布在海拔4600～4800m（图6-41）。

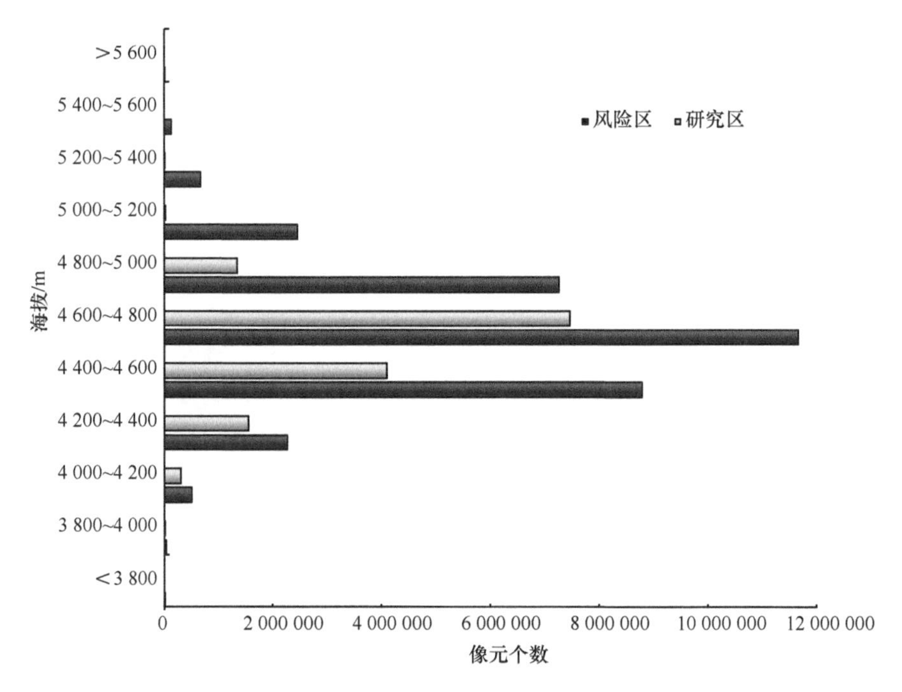

图6-41 三江源国家公园风险区海拔特征

风险扩散路径呈东南-西北走向，连通三江源国家公园长江源园区内外，其中索加乡东部和南部、扎河乡南部、多彩乡东部和东南部以及加吉博洛镇北部和中南部的电流强度较其他区域高，人熊冲突风险更大。索加乡东部（图6-42A）和多彩乡东南部（图6-42B）的风险扩散电流达到最大值，多条风险扩散路径在多彩乡东南部汇合。强电流的风险扩散路径主要分布在高风险区和中风险区内，低电流的风险扩散路径则集中分布于低风险区内（图6-42）。

（三）变化环境下三江源地区人类活动强度和人-野生动物空间冲突

表6-24为通过熵权法计算的各个人类活动因子的权重。图6-43的结果为当前时期、SSP1-2.6情景2030年、SSP1-2.6情景2050年、SSP5-8.5情景2030年和

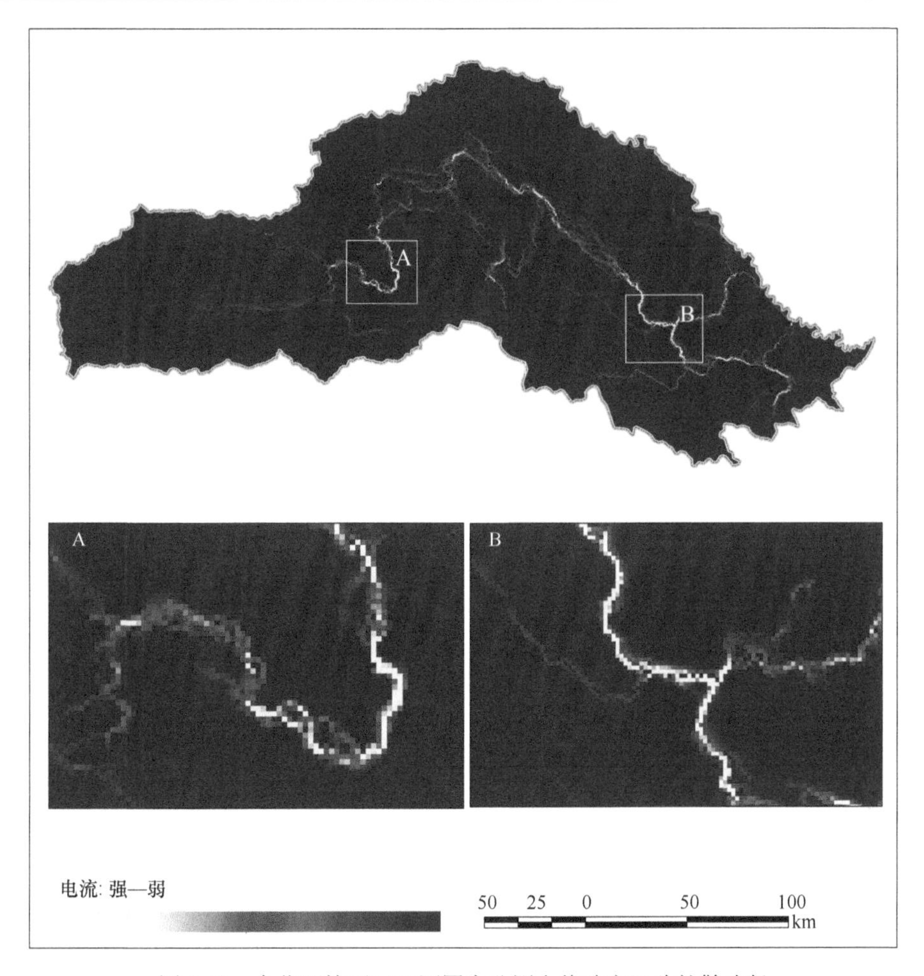

图 6-42　变化环境下三江源国家公园人熊冲突风险扩散路径

表 6-24　基于熵权法的不同影响因子权重计算结果

因子名称	权重
铁路密度	0.1454
国家级公路（国道）密度	0.1134
省级公路（省道）密度	0.0858
县级公路（县道）密度	0.0857
游憩基础设施密度	0.1620
景点密度	0.1312
城乡工矿居民用地密度	0.1413
耕地密度	0.1307
NDVI	0.0041

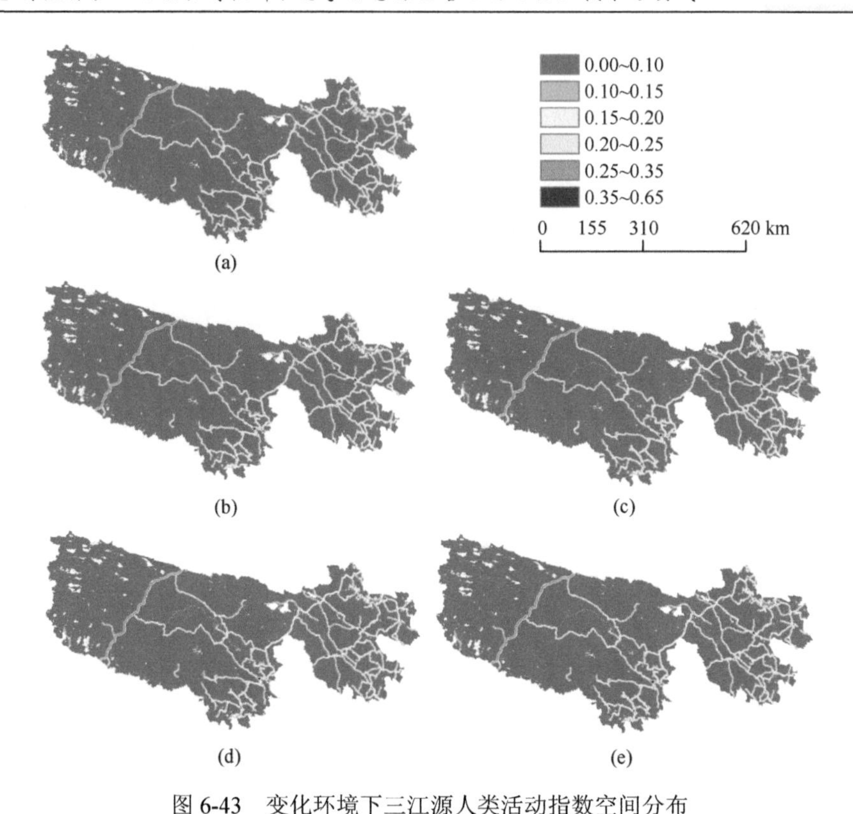

图 6-43 变化环境下三江源人类活动指数空间分布

（a）当前时期；（b）SSP1-2.6 情景 2030 年；（c）SSP1-2.6 情景 2050 年；（d）SSP5-8.5 情景 2030 年；（e）SSP5-8.5 情景 2050 年

SSP5-8.5 情景 2050 年人类活动强度。当前时期、SSP1-2.6 情景 2030 年、SSP1-2.6 情景 2050 年、SSP5-8.5 情景 2030 年和 SSP5-8.5 情景 2050 年研究区的 HII 分别为 0.006 65、0.006 95、0.007 07、0.006 98 和 0.007 10。HII 较高的区域主要位于居民点、铁路和主要道路所在的位置。西部是 HII 高的地区，是铁路的所在地。东部和中部地区 HII 较高的区域就是道路所在的位置。HII 在道路交界处较高。这些地区的公路密度高，并有居民点和旅游景点。总体来说，人类活动强度呈现增加趋势。而未来 SSP1-2.6 和 SSP5-8.5 的人类活动强度相差不多。以下为 HII 分级面积及占比变化情况：当前时期、SSP1-2.6 情景 2030 年、SSP1-2.6 情景 2050 年、SSP5-8.5 情景 2030 年和 SSP5-8.5 情景 2050 年 HII>0.35 的面积分别为 7km^2、19km^2、24km^2、15km^2、24km^2；分别占总面积的 0.0020%、0.0053%、0.0067%、0.0042%、0.0067%；HII 为 0.15～0.35 的面积为 1070km^2、1133km^2、1251km^2、1127km^2、1215km^2，占总面积的 0.299%、0.317%、0.350%、0.315%、0.340%，HII 为 0.10～0.15 的面积分别为 1428km^2、1591km^2、1746km^2、1581km^2、1737km^2，占总面积的 0.400%、0.445%、0.489%、0.442%、0.486%；HII<0.10 的面积为 354 827km^2、

354 589km^2、354 311km^2、354 609km^2、354 356km^2，占总面积的 99.299%、99.232%、99.155%、99.238%、99.167%。HII <0.10 占研究区域的最大面积。

当前时期、SSP1-2.6 情景 2030 年、SSP1-2.6 情景 2050 年、SSP5-8.5 情景 2030 年和 SSP5-8.5 情景 2050 年的 HWSII 分别为 0.1446、0.1418、0.1321、0.1429、0.1291。HWSII 呈现减小趋势，这是因为虽然 HII 呈现增加趋势，但是增量比较小，也是局部增加，但是物种适宜性栖息地面积总体上呈现减小趋势，进而导致 HWSII 减小。图 6-44 为 HWSII 的空间分布，可以明显看出，铁路线、道路网等区域 HWSII 较高。考虑车辆的行驶对野生动物的冲撞可能造成伤害，可以初步认为相互作用的类型为负面，食肉动物对人和牲畜的伤害、食草动物与牲畜竞争资源等也都可能是负面相互作用，未来可以通过实地考察和调查问卷的方式进一步确认。

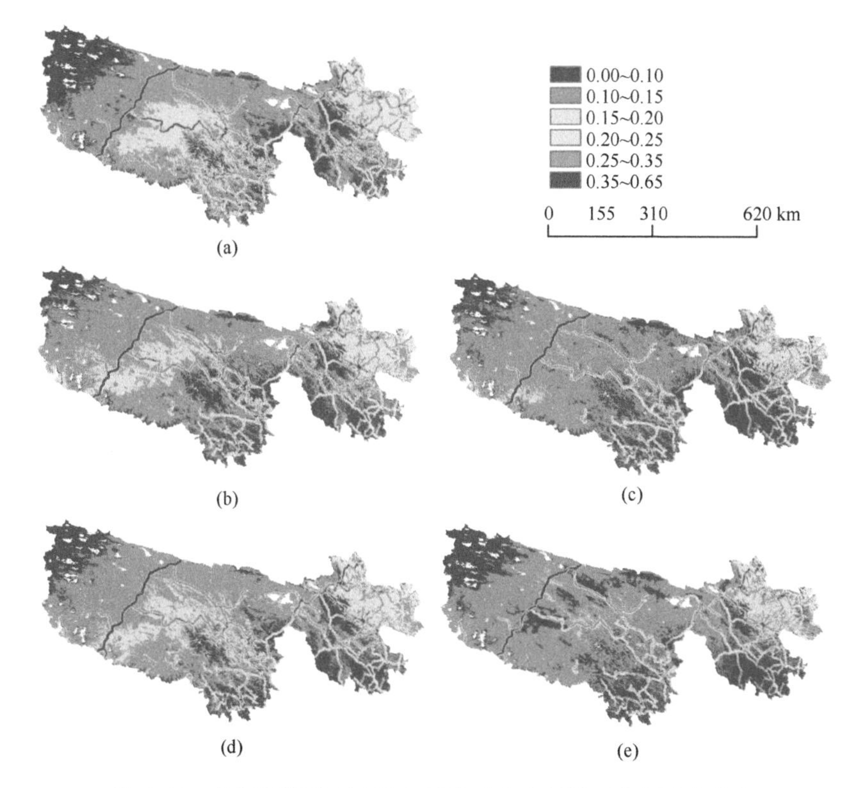

图 6-44　变化环境下三江源人-野生动物空间相互作用指数分布

（a）当前时期；（b）SSP1-2.6 情景 2030 年；（c）SSP1-2.6 情景 2050 年；（d）SSP5-8.5 情景 2030 年；（e）SSP5-8.5 情景 2050 年

（四）三江源国家公园棕熊管理措施及其效果

高达 96.47%（*n*=301）的受访者同时使用多种防熊措施，3.53%（*n*=11）的受访者没有采取任何措施，其原因是持有家畜数量较少，并居住在人口分布较为密集的区域。在已有的 16 项防熊措施中（图 6-45），藏狗最受欢迎（n=301，96.47%），也有 69.23%（n=216）的受访者饲养中华田园犬。为了避免棕熊破坏房屋及屋内生活用品，91.35%（n=285）的受访者在转场时转移屋内所有过冬给养，并保持门窗敞开；为了保护散养家畜，10.9%（n=34）的受访者采用传统放牧方式代替半传统放牧方式；为了保护房屋，10.26%（n=32）的受访者自己出资修建铁丝网围栏，4.81%（n=15）的受访者让人照看定居点，4.17%（n=13）的受访者使用铁钉板，4.17%（n=13）的受访者使用镜子的反射成像原理驱赶棕熊。在夏季放牧期间，3.53%（n=11）的受访者在无人照看的定居点里播放 24h 太阳能收音机，制造屋内有人的假象；少数受访者使用地窖（n=9，2.88%）、稻草人（n=9，2.88%）、在家畜身上捆绑太阳能音箱（n=8，2.56%）、电围栏（n=7，2.24%）以及燃放鞭炮（n=6，1.92%）来缓解人熊冲突。

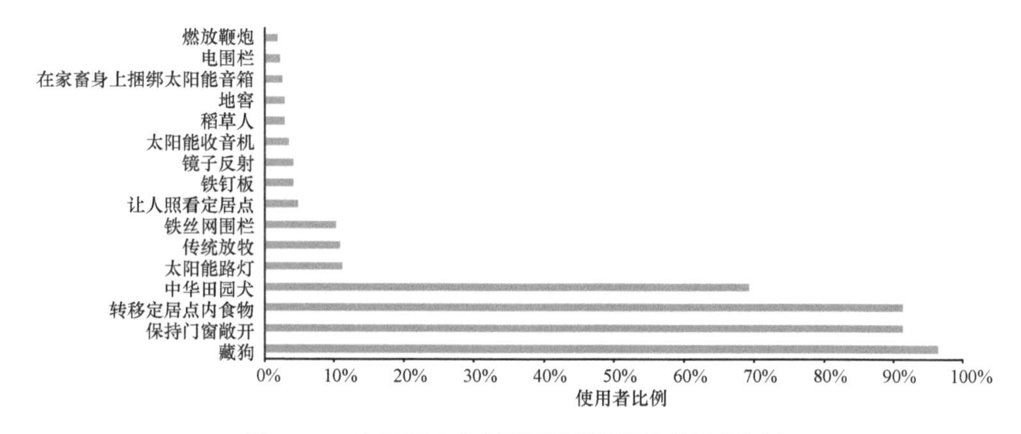

图 6-45　三江源国家公园不同防熊措施的使用者比例

受访者表示，保护散养家畜的有效措施是在牦牛身上捆绑太阳能音箱（n=8，100%）和使用传统放牧方式替代半传统放牧方式（n=30，88.24%）；保护食物的最有效措施是转移（n=249，87.37%）；保护定居点最有效的措施则是让人照看（n=13，86.67%）。实地走访中发现，35 户牧民定居点附近安装了太阳能路灯，受访者表示太阳能路灯的安装是为了便于夜晚出行和家畜管理，但后来发现太阳能路灯对狼、雪豹和棕熊有一定震慑作用（n=28，80%），对于保护家畜、房屋以及人的效果明显。受访者认为藏狗（n=107，35.55%）和中华田园犬（n=101，46.76%）的防熊效果一般，部分牧民同时饲养藏狗和中华田园犬，其原因是藏狗的耐受力（尤其是适应高寒、缺氧的环境）强于中华田园犬，而中华田园犬的敏锐性和警惕性高于藏狗，两者在保护家畜时能起到互补作用。在实际运用中，稻草人、地窖、保持门窗敞开、太阳能收音机以及铁丝网围栏基本无效（表 6-25）。

表 6-25　三江源国家公园防熊措施有效性评估

防熊措施	使用者数量	有效性评估		
		有效	一般	无效
铁钉板	13	8（61.54%）	3（23.08%）	2（5.38%）
保持门窗敞开	285	31（10.88%）	38（13.33%）	216（75.79%）
让人照看定居点	15	13（86.67%）	2（13.33%）	0（0%）
镜子反射	13	9（69.23%）	0（0%）	4（30.77%）
太阳能收音机	11	2（18.18%）	1（9.09%）	8（72.73%）
稻草人	9	1（11.11%）	0（0%）	8（88.89%）
电围栏	7	3（42.86%）	2（28.57%）	2（28.57%）
铁丝网围栏	32	5（15.63%）	4（12.5%）	23（71.88%）
地窖	9	2（22.22%）	0（0%）	7（77.78%）
转移定居点内食物	285	249（87.37%）	22（7.72%）	14（4.91%）
藏狗	301	102（33.89%）	107（35.55%）	92（30.56%）
中华田园犬	216	65（30.09%）	101（46.76%）	50（23.15%）
太阳能路灯	35	28（80%）	4（11.43%）	3（8.57%）
燃放鞭炮	6	3（50%）	1（16.67%）	2（33.33%）
传统放牧	34	30（88.24%）	3（8.82%）	1（2.94%）
在家畜身上捆绑太阳能音箱	8	8（100%）	0（0%）	0（0%）

2018 年，高达 95.51%（n=298）的受访者经历过家畜损失的事件，其中 81.41%（n=254）的受访者向当地野生动物主管部门上报了野生动物致害案件，上报者中有 192 户牧民获得了补偿，而另外 62 户牧民因案件定损失败没能获得补偿，家畜损失案件定损成功率约为 75.59%。虽然 2018 年有 88.46%（n=276）的受访者经历过棕熊入室破坏，但仅有 84 户牧民向当地野生动物主管部门上报了该类案件，最终 21 户牧民获得补偿，入室破坏案件定损成功率约为 25%。受访者表示，野生动物致害案件按照相应流程上报给野生动物管理机构后由专人前往现场取证，如果定损成功会获得一定补偿，如一头牦牛的补偿金额为 1000～1800 元，一只羊的补偿金额为 600～800 元，如果定损失败就无法获得补偿。

高达 71.79%（n=224）的受访者对当前的野生动物致害补偿方案不满，其主要原因是棕熊入室破坏补偿方案不详，房屋及其屋内生活用品遭到棕熊破坏后其损失价值难以评估，定损人员判定的补偿额度相对较低，导致双方无法对补偿金额达成一致（n=97，43.3%）；其他受访者对补偿方案不满的原因为补偿金额较少（n=56，25%）、案件定损较为复杂（n=38，16.96%）以及赔付延误（n=21，9.38%）（图 6-46）。受访者期望简化定损和赔付手续，提高补偿额度，同时完善棕熊入室破坏补偿方案。目前，商业保险已在治多县部分地区试点，主要针对家畜。6.73%

（n=21）的受访者表示，虽然保险需要自费投保（一只羊的保费约为 12 元，一头牦牛的保费约为 18 元），但家畜更有保障，一方面，保险赔偿范围不仅涵盖了由野生动物造成的家畜损失，还涵盖了由自然灾害和疾病造成的家畜损失，而政府补偿只针对野生动物造成的家畜损失；另一方面，保险公司赔付的金额相比政府补偿金额更高。

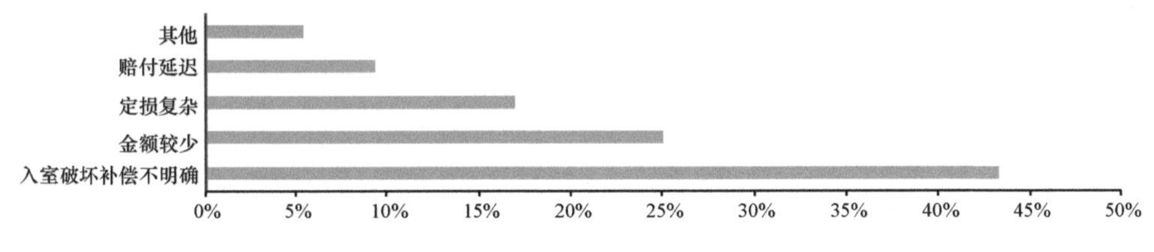

图 6-46　三江源国家公园受访者对当前补偿方案不满的原因

人熊冲突潜在缓解措施包括电围栏、屏障栅栏（铁丝围栏和木制围栏）、水泥墙、牧羊犬、防熊喷雾以及防熊铁皮箱（表 6-26）。82.37%（n=257）的受访者认可电围栏，并期望后期能提升电围栏防控技术，而 14.74%（n=46）的受访者否定

表 6-26　三江源国家公园受访者对潜在缓解措施的接受程度

潜在措施		位于国家公园内的乡镇		位于国家公园外的乡镇		总计	
		次数	百分比/%	次数	百分比/%	次数	百分比/%
电围栏	同意	112	89.60	145	77.54	257	82.37
	不同意	7	5.60	39	20.86	46	14.74
	无意见	6	4.80	3	1.60	9	2.88
屏障围栏	同意	45	360	87	46.52	132	42.31
	不同意	78	62.40	99	52.94	177	56.73
	无意见	2	1.60	1	0.53	3	0.96
水泥墙	同意	117	93.60	178	95.19	295	94.55
	不同意	7	5.60	9	4.81	16	5.13
	无意见	1	0.80	0	0	1	0.32
牧羊犬	同意	78	62.40	123	65.78	201	64.42
	不同意	45	36.00	55	29.41	100	32.05
	无意见	2	1.60	9	4.81	11	3.53
防熊喷雾	同意	77	61.60	105	56.15	182	58.33
	不同意	35	28.00	70	37.43	105	33.65
	无意见	13	10.40	12	6.42	25	8.01
防熊铁皮箱	同意	120	96	177	94.65	297	95.19
	不同意	3	2.4	6	3.21	9	2.88
	无意见	2	1.6	4	2.14	6	1.92

电围栏，其原因是电围栏可能对人或家畜构成安全隐患，尤其对小孩和患有心脏病的人群；另外，三江源大部分地区暂未通电，不稳定的太阳能供电可能导致电围栏防控失败。

42.31%（n=132）的受访者支持屏障围栏，而 56.73%（n=177）的人否定这项措施，其原因是屏障围栏不够坚固，不足以阻挡棕熊入侵。相比之下，更多的受访者支持修筑水泥墙（n=295，94.55%），但是少部分人不同意这一措施（n=16，5.13%），因为水泥墙成本过高，没有政府资金的支持很难实现。

就人身安全而言，58.33%（n=182）的受访者支持使用防熊喷雾，特别是考虑到新枪支政策执行后棕熊行为变得更加大胆，防熊喷雾可能是重建棕熊对人恐惧的重要方法；33.65%（n=105）的受访者否定了防熊喷雾，因为担心防熊喷雾被不法分子利用。

64.42%（n=201）的受访者认为牧羊犬可以用来保护财产，而 32.05%（n=201）的受访者表示牧羊犬不能起到保护财产的作用，顶多起到警示作用。在各项潜在缓解措施中，防熊铁皮箱最受欢迎（n=297，95.19%），牧民对铁皮箱寄予很高的期望。

在野生动物致害的首选补偿方案中，78.85%（n=246）的受访者倾向于现金补偿；12.5%（n=39）的受访者期望政府能为家畜和房屋购买商业保险；5.45%（n=17）的受访者选择粮食补偿，包括面粉、青稞、色拉油以及肉制品等；仅 3.21%（n=10）的受访者选择其他补偿方案，如政府应当为受害者家庭修建水泥墙房屋、畜圈，派维修人员定期加固房屋等（图 6-47）。

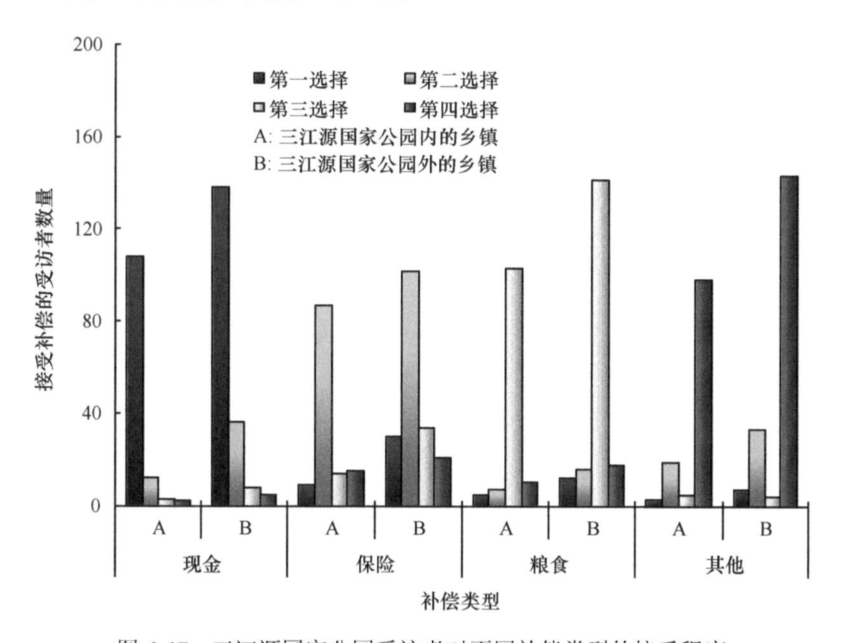

图 6-47　三江源国家公园受访者对不同补偿类型的接受程度

四、三江源国家公园人兽冲突管理系统

为解决国家公园内人兽冲突事件记录低效、采集信息不对应、数据不能有效利用等问题，我们基于保护区巡护监测系统，利用 Android 语言并结合 JAVA 后台和 Websocket 技术，试图为国家公园提供一个实时、能有效监管并能可靠分析的平台。移动端系统将快速采集巡护人员巡护轨迹信息，沿途发现动物、人类活动、冲突事件的照片、音频和视频信息，利用 GPRS 网络和 Websocket 技术，将这些数据即时发送至服务器端，并分发至相关人员。目前，该监管平台已取得软件著作权证书。

三江源国家公园人兽冲突监管平台分为两部分，APP 端和后台管理系统。APP 端主要用作数据记录及上传，分别记录人类活动数据、动物活动数据和人兽冲突数据。因为本 APP 使用人群绝大部分为藏民，所以软件内容大部分以图标形式显示（图 6-48）。后台管理系统主要是将前端 APP 记录的数据进行展示和统计（图 6-49）。

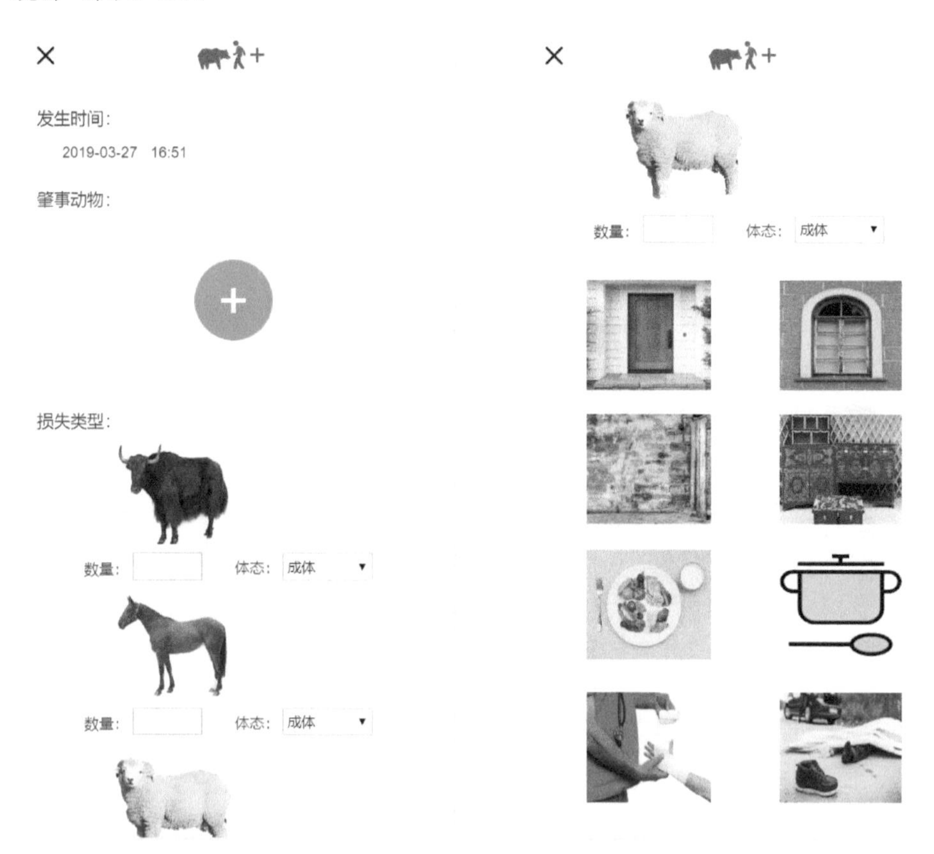

图 6-48 三江源国家公园人兽冲突填写界面

图 6-49 三江源国家公园人兽冲突监管平台后台管理系统

第七章　神农架国家公园社会经济和生态功能协同提升技术与管理*

神农架国家公园体制试点区域是国家首批10个国家公园试点区之一，不仅因为是中国生物多样性保护32个优先区之一而受到广泛的关注和重视，具有很重要的保护价值，而且也跟我国大部分保护类似，由于种种历史原因，存在着保护地交叉重叠和碎片化、保护成效不高、过旅游开发、经济相对落后等问题（闵庆文和马楠，2017）。所以其是国家重要生态保护地生态功能协同提升与综合管控技术的理想研究对象。本章以神农架国家公园体制试点区为研究对象，基于本书第二章至第五章的研究理论基础，针对其面临的主要问题，从资源调查（“3S”技术及现场勘查）入手，通过分区研究，解析具体的环境胁迫，辨识关键的生态过程，集成有针对性的补偿模式，再拓展到周边区域，在不同景观配置的情景分析基础上，构建区域社会经济布局、生态廊道架设、环境流量模型，提出自然资源的分区管理、环境胁迫的分类管理、公众参与的分级管理、协调发展的分期管理等管控技术体系，提出相关的政策法规建议，为国家公园体制试点区及所在区域的社会经济与生态功能协同提升提供范例与参考。

第一节　神农架国家公园生态功能分区与资产评估

神农架地区是中国生物多样性保护32个优先区之一，是全球25个生物多样性热点地区之一，自然资源非常丰富，受到广泛的关注和重视。神农架地区幅员广阔，地形地貌复杂，生物种类繁多，生境类型多样，神农架自然保护区（现神农架国家公园）建立以后，中国科学院等单位曾组织了多次深入考察，积累了大量的生物多样性本底资料。科学合理地利用这些生物多样性资料，支撑神农架国家公园的管理和区域社会经济可持续发展，是目前急需开展的工作。

在神农架地区自然资源调查的基础上，从流域生态学角度出发开展生态功能分区，对神农架地区生态资产进行评估，为神农架地区保护规划的制订、科学管

---

* 本章执笔人：蔡庆华、谭路、桑卫国、杨敬元、赵本元、刘某承、王佳然、张衍亮、孔舒、李凤清、杨万吉、罗情怡、李先福、石欣、白云霄、马楠。

理措施的实施提供有力支撑，为国家公园生态功能协同提升技术提供示范，促进神农架地区经济社会与生态功能协调发展。

一、生态功能分区

对国家公园进行功能分区是管理工作的基础，也是国家公园规划的重要过程和环节。生态功能分区是以生态学理论为指导，在流域尺度上开展的区划工作，具体而言就是通过识别流域生态系统格局与功能的空间异质性特征，辨析水-陆生态系统的耦合关系，以自然子流域为单元，将流域划分成若干个相对独立的区域，将具体的用途分配给独立区域，对独立区域的属性进行科学的评估。科学的分区有利于管理者根据不同区域的性质和特征制定不同的管理目标，并有针对性地进行建设和保护，缓解由于追求不同目标引起的人地冲突，为制定污染物控制、水质管理、生态健康、生态承载力为基准的标准奠定基础。

（一）分区过程

1. 自然子流域划分

自然子流域是生态功能分区的最小单元，是分区的基础，所以流域划分的是否合理将决定最终的分区结果。基于流域完整性原则，将神农架国家公园按流域划分为若干个自然子流域。划分自然子流域的原则是：①根据自然流域客观生成，而非人为将集水区合并；②根据实际情况划分自然子流域，自动生成的集水单元并非实际存在，有时只是一些沟壑，下雨时有水，无雨时则干涸，因此划分自然子流域需要参照真实的水系图（杨顺益等，2012）。

自然子流域的生成在 ArcGIS 10.0 水文工具（Hydrology）中完成。参照原有的水系图设置阈值，使生成的子流域与水系图匹配。最终将神农架国家公园内流域划分为 282 个自然子流域（图 7-1）。

2. 基于流域水陆因子关系的生态功能分区指标筛选

表 7-1 中的指标都从宏观尺度上表征了流域内生态系统可获取的水资源量多少，进而决定了生态系统空间格局及功能特征，为进一步的分区奠定基础。以上指标对水体的水质均有影响，水质随着森林和灌丛的面积扩大会变好，随农田和城镇面积扩大会逐渐恶化。所以森林和灌丛、农田和城镇对水质的影响作用是相反的。

分区指标的筛选方法。任何生态功能区都在各种驱动因子的综合影响下。所有因子不仅具有自身的特性，同时也具有对其他因子的发展与性质产生一定程度

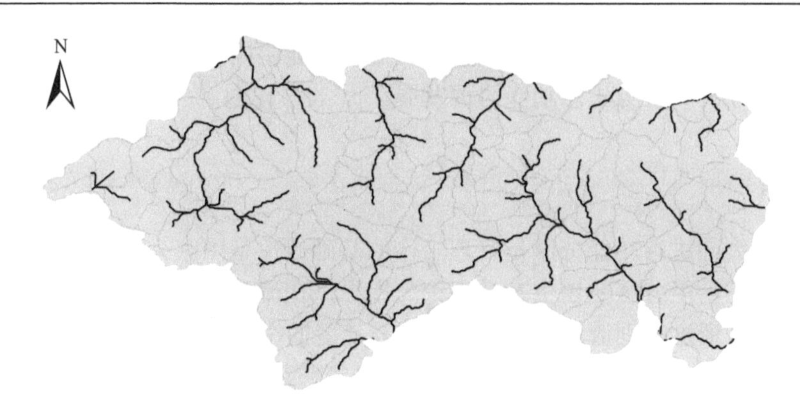

图 7-1　神农架国家公园子流域划分

表 7-1　分区备选指标及其对水资源的影响

指标类型	指标	对水资源的影响
气候	年均气温	年均气温大致反映了研究区域所处的温度带，可以影响山顶积雪的积累和融化、降水、蒸发
	降雨量	降雨可以反映研究区的水资源状况
地貌	高程 坡度	高程和坡度能反映研究区域内高程的空间变化情况，可以表征河流等水体的坡降河道等特征，这些物理特征间接指示了水流特点、水体能量流
土地利用	林地百分比 灌丛百分比 农田百分比 城镇百分比	林地发达的根系可以巩固土壤，增强水源涵养，减少水土流失，减少土壤中的物质进入水体。吸收水体中的营养物质，净化水体，起到对水质的调节作用。农田和城镇会造成水土流失相对严重。而且大量的生产生活污水进入水体，使得水体的营养物质增加。主要为污染源

的制约或协同作用的共性。其中一个因子发生变化，必然导致与其联系的其他因子变化。高海拔地区人类涉足较少，植被保护较好，而低海拔地区则受人类干扰较多。应筛选出能主导水资源量的指标，基于综合性和主导因子原则对分区指标进行筛选。

（二）分区结果与验证

对神农架国家公园进行生态功能分区，将海拔、坡地、温度、降雨等指标进行叠加。以自然子流域为最小分类单元，最终将神农架国家公园分为三个区域(图 7-2)，包括高海拔流域源头的水源涵养区，该区域保护相对较好，部分区域属于原始森林，未开发利用；中低海拔的溪流区，该区域主要发展旅游业和开发小水电，水体水质相对较好，氮磷含量较低、水体清澈。低海拔河流区域，由于汇聚上游来水，水流较大，区域内以农业生产为主，并汇聚了上游的污染，水体氮磷含量明显升高。

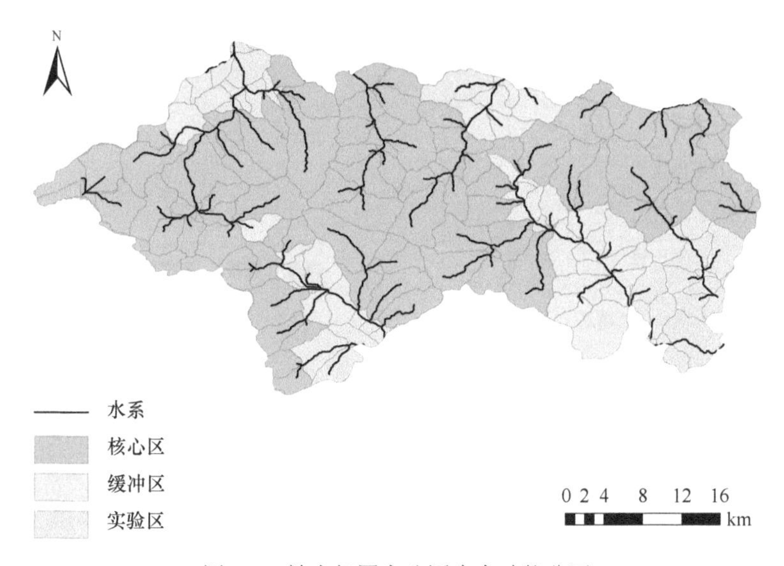

图 7-2　神农架国家公园生态功能分区

生态功能分区的合理性，需要采用环境响应因子来验证。如果验证不合理，则说明所采用的分区指标不合理，或者是分区方法不合理。应该重新考虑新的指标和方法，使分区具有合理性。

以水生生物为例对分区结果进行校验。溪流底栖藻类繁殖力强，分布广泛，对环境变化响应敏感，同时又是生态系统的主要生产者，因此用底栖藻类的群落组成特征分区的结果比较合适。

数据来自于 2017～2018 年对香溪河流域的连续监测工作，采集样点从上游至下游，香溪河干流依次为 XDY、XX23、XX21，九冲河依次为 JC09、JC08、JC05、JC03，采集藻类和水质样品，藻类样品带回实验室鉴定到可能的最小分类单元，记录各分类单元的个体数，获得样点的物种丰度、密度等数据。

用除趋势对应分析（DCA）对分区结果进行校验（图 7-3）。校正结果显示两个区域内的样点可以明显分开，位于同一区域九冲和香溪河干流的样点排序相对较近，而不同区域的样点排序相对较远，表明分区结果是合理的。

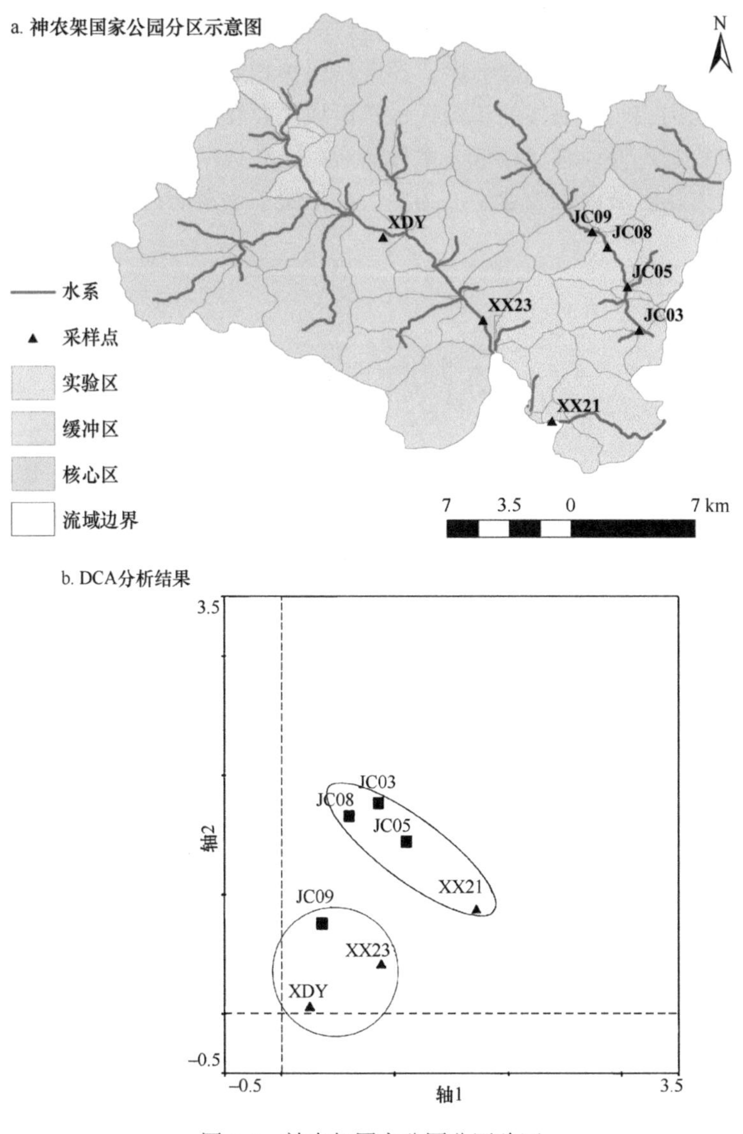

图 7-3 神农架国家公园分区验证

二、生态资产评估

生态资产是所有生态资源的价值形式，是人类从自然环境中获得的各种服务福祉的体现，是具有生命力的经济资源，是自然资源价值和其生态系统服务价值以及社会价值的货币化综合集成，同时具备时间和空间双重属性，是存量与流量、动态与静态结合的状态。生态资产评估的过程是对生态资产的特点和总量的总体评价，是针对不同区域、不同尺度和不同生态系统，运用生态学、经济学等理论，结合地点调查、遥感分析等手段进行的核算工作，从而获得科学、客观的数据。

生态资产的价值不等同于生态系统服务价值，其包括物质资产和生态系统服务价值。一方面生态系统与生态景观实体是生态资产的基础，另一方面生态系统提供的间接贡献和由此增加的福祉是生态资产的核心（邢一明等，2020；舒航等，2020）。量化生态资产价值可以明确保护地的价值，可以更好地发挥其生态系统服务功能，为生态保护、生态补偿提供科学依据，为保护地的高效管理提供数据支撑，提升管理的有效性（He et al.，2018b）。

（一）生态资产评估指标

考虑到神农架国家公园森林面积达到 70 465.1hm^2，森林覆盖率达到95.29%，所以本研究通过计算森林生态系统服务功能价值来表示自然保护区的生态服务价值，其中对生态效益的评估采用《森林生态系统服务功能评估规范》（LY/T 1721—2008）中的评估方法，对林产品价值的评估采用市场价值法，最后对各项指标的价值进行加和得到神农架国家公园的总生态服务价值。所有评估方法均属于单项服务评价法，该方法针对各项生态系统服务的特征，选择了差异化评估方法，所以结果更为可靠且误差较小，尤其是在较小的空间尺度中，该方法的评估过程更为精细，结果相比于其他方法，如当量修正法更全面、更科学。

1. 涵养水源价值

森林涵养水源的能力可以通过：①森林土壤的蓄水能力；②森林区域的年径流量；③森林区域的水量平衡，共 3 种方法来计算。本研究采用森林土壤的蓄水能力来计算涵养水源量，分别从调节水量和净化水质 2 个指标来反映神农架国家公园森林涵养水源功能，进一步得到涵养水源价值。

（1）调节水量

通过降水量减去林分蒸散量、地表径流量的差与林分面积相乘得到涵养水源量，再用涵养水源量乘以水库建设单位库容投资得到神农架国家公园调节水量价值。

$$U_{调}=10C_{库}A(P-E-C) \tag{7-1}$$

（2）净化水质

通过涵养水源量和水的净化费用相乘得到神农架国家公园的净化水质价值。

$$U_{水质}=10KA(P-E-C) \tag{7-2}$$

式中，$U_{调}$ 为林分年调节水量价值（元/a）；$U_{水质}$ 为林分年净化水质价值（元/a）；P 为降水量（mm/a）；E 为林分蒸散量（mm/a）；C 为地表径流量（mm/a）；$C_{库}$ 为水库建设单位库容投资（元/m^3）；K 为水的净化费用（元/t）；A 为林分面积（hm^2）。

2. 保育土壤价值

由于森林中活地被物和凋落物层层截留住降水，从而降低了水滴对表土的冲击、减少地表径流带来的侵蚀作用，达到了保育土壤的功能。减少土壤侵蚀量=无林地土壤侵蚀模数（X_2）–林地土壤侵蚀模数（X_1）。森林资源二类调查结果显示，神农架国家公园森林覆盖率达到95.29%，对当地土壤保育起到了重要作用，主要表现在固土和保肥两个方面。

（1）固土价值

$$U_{固土}=\frac{AC_{土}(X_2-X_1)}{\rho} \tag{7-3}$$

（2）保肥价值

$$U_{肥}=A(X_2-X_1)\left(\frac{NC_1}{R_1}+\frac{PC_1}{R_2}+\frac{KC_2}{R_3}+MC_3\right) \tag{7-4}$$

式中，$U_{固土}$ 为林分年固土价值（元/a）；$U_{肥}$ 为林分年保肥价值（元/a）；X_1 为林地土壤侵蚀模数［t/（$hm^2·a$）］；X_2 为无林地土壤侵蚀模数［t/（$hm^2·a$）］；$C_{土}$为挖取和运输单位体积土方所需费用(元/m^3)；A 为林分面积(hm^2)；ρ 为林地土壤容重(t/m^3)；N 为林分土壤平均含氮量（%）；P 为林分土壤平均含磷量（%）；K 为林分土壤平均含钾量（%）；M 为林分土壤有机质含量（%）；R_1 为磷酸二铵化肥含氮量（%）；R_2 为磷酸二铵化肥含磷量（%）；R_3 为氯化钾化肥含钾量（%）；C_1 为磷酸二铵化肥价格（元/t）；C_2 为氯化钾化肥价格（元/t）；C_3 为有机质价格（元/t）。

3. 固碳释氧价值

固碳释氧是指森林生态系统通过森林植被、土壤动物和微生物固定碳素、释放氧气的功能，其中主要通过植物的光合作用和呼吸作用进行森林和大气的气体交换，森林生态系统对维持地球大气 CO_2 和 O_2 的动态平衡、减缓温室效应、提供人类生存必要气体条件有着无法替代的重要作用。根据光合作用方程式，每形成 1g 干物质，植物会固定 1.63g CO_2；根据呼吸作用方程式，每形成 1g 干物质，植物会释放 1.19g O_2。根据造林成本法计算分别获得碳氧价格，再根据神农架地区森林年均净初级生产力获得神农架国家公园固碳释氧价值。

（1）固碳价值

$$U_{碳}=AC_{碳}(1.63R_{碳}B_{年}+F_{土壤碳}) \tag{7-5}$$

（2）释氧价值

$$U_{氧}=1.19C_{氧}AB_{年} \tag{7-6}$$

式中，$U_{碳}$ 为林分年固碳价值（元/a）；$U_{氧}$ 为林分年释氧价值（元/a）；$B_{年}$ 为林分净生产力［t/（$hm^2 \cdot a$）］；$C_{碳}$为固碳价格（元/t）；$R_{碳}$为CO_2中碳的含量，为 27.27%；$F_{土壤碳}$为单位面积林分土壤年固碳量［t/（$hm^2 \cdot a$）］；A为林分面积（hm^2）；$C_{氧}$为氧气价格（元/t）。

4. 积累营养物质价值

积累营养物质是指森林植物通过生化反应在大气、土壤和降水中吸收 N、P、K 等营养物质，并将其储存在体内各器官中的功能，该功能对降低森林下游面域污染和水体富营养化有着重要作用。评价神农架国家公园在养分循环中提供的价值时，可通过森林生态系统对营养物质的固定量乘以全国化肥平均价格得到结果。

$$U_{营养}=AB_{年}\left(\frac{N_{营养}C_1}{R_1}+\frac{P_{营养}C_1}{R_2}+\frac{K_{营养}C_2}{R_3}\right) \tag{7-7}$$

式中，$U_{营养}$为林分年营养物质积累价值（元/a）；$N_{营养}$为林木含氮量（%）；$P_{营养}$为林木含磷量（%）；$K_{营养}$为林木含钾量（%）；R_1为磷酸二铵化肥含氮量（%）；R_2为磷酸二铵化肥含磷量（%）；R_3为氯化钾化肥含钾量（%）；C_1为磷酸二铵化肥价格（元/t）；C_2为氯化钾化肥价格（元/t）；$B_{年}$为林分净生产力［t/（$hm^2 \cdot a$）］；A为林分面积（hm^2）。

5. 净化大气环境价值

净化大气环境是指森林生态系统对 SO_2、N_xO_y、粉尘等大气污染物的吸收、过滤、阻隔和分解，以及降低噪声、提供负离子等功能。本研究主要研究神农架国家公园森林生态系统对SO_2的吸收和阻滞粉尘所带来的价值量，通过市场价值法进行估算。

（1）吸收SO_2价值

$$U_{SO_2}=K_{SO_2}Q_{SO_2}A \tag{7-8}$$

（2）滞尘价值

$$U_{滞尘}=K_{滞尘}Q_{滞尘}A \tag{7-9}$$

式中，U_{SO_2}为林分年吸收SO_2价值（元/a）；K_{SO_2}为二氧化硫治理费用（元/kg）；Q_{SO_2}为单位面积林分年吸收二氧化硫量［kg/（$hm^2 \cdot a$）］；$U_{滞尘}$为林分年滞尘价值（元/a）；$K_{滞尘}$为清理降尘费用（元/kg）；$Q_{滞尘}$为单位面积林分年滞尘量［kg/（$hm^2 \cdot a$）］；A为林分面积（hm^2）。

6. 生物多样性保护价值

森林生态系统为生物物种提供了生态和繁衍的场所，所以是保护生物多样性的主要区域。本研究采用机会成本法对神农架国家公园生物多样性保护价值进行估算。根据《森林生态系统服务功能评估规范》(LY/T 1721—2008)，该指标通过香农-维纳（Shannon-Wiener）生物多样性指数 H'来确定单位面积年物种损失的机会成本，共划分为 7 级，具体参数如表 7-2 所示。

$$U_{生物}=S_{生}A \tag{7-10}$$

式中，$U_{生物}$ 为林分年物种保育价值（元/a）；$S_{生}$ 为单位面积年物种损失的机会成本［元/（$hm^2·a$）］；A 为林分面积（hm^2）。

表 7-2　Shannon-Wiener 生物多样性指数（H'）等级划分及其价值量

H'	$S_{生}$/[元/（$hm^2·a$）]
$H'<1$	3 000
$1\leqslant H'<2$	5 000
$2\leqslant H'<3$	10 000
$3\leqslant H'<4$	20 000
$4\leqslant H'<5$	30 000
$5\leqslant H'<6$	40 000
$H'\geqslant 6$	50 000

（二）生态资产评估结果与分析

根据森林资源二类调查，神农架国家公园内主要林种为生态公益林，面积 70 465.10hm^2，其中乔木林 65 927.8hm^2，灌木林 2979.5hm^2，竹林 0.82hm^2，乔木林面积占全区森林面积的 93.56%，本研究对神农架国家公园生态系统服务功能评估所用林分类型为乔木林中的针叶林、阔叶林和针阔混交林。神农架国家公园各类土地面积和生态系统服务价值评估结果如表 7-3、表 7-4 所示。

表 7-3　神农架国家公园各类土地面积

类型	林地类型	林地面积/hm^2
林地	乔木林	65 928.8
	灌木林地	2 979.5
	未成林地	54.01
	无立木林地	1 363.21
	宜林地	78.96
	林业辅助生产用地	60.62
	小计	70 465.1
非林地		1 850.27
合计		72 315.37

表 7-4　神农架国家公园生态系统服务价值评估结果

林分类型			针叶林					
			幼龄林	中龄林	近熟林	成熟林	过熟林	小计
林分面积/hm²			806.66	843.08	1 089.98	2 340.24	99.40	5 179.36
涵养水源价值/（亿元/a）	调节水量		0.37	0.39	0.50	1.07	0.05	2.38
	净化水质		0.07	0.07	0.10	0.20	0.01	0.45
	小计		0.44	0.46	0.60	1.27	0.06	2.83
保育土壤价值/（亿元/a）	固土		0.28	0.29	0.38	0.81	0.03	1.79
	保肥		5.78	6.04	7.81	16.76	0.71	37.10
	小计		6.06	6.33	8.19	17.57	0.74	38.89
固碳释氧价值/（亿元/a）	固碳		0.01	0.01	0.01	0.02	0.0010	0.05
	释氧		0.02	0.03	0.03	0.07	0.0030	0.153
	小计		0.03	0.04	0.04	0.09	0.0030	0.203
积累营养物质价值/（亿元/a）			0.50	0.52	0.67	1.44	0.06	3.19
净化大气价值/（亿元/a）	吸收 SO_2		0.0021	0.0022	0.0028	0.0061	0.0003	0.0135
	滞尘		0.0402	0.0420	0.0543	0.1165	0.0050	0.2580
	小计		0.0423	0.0442	0.0571	0.1226	0.0053	0.2715
生物多样性保护价值/（亿元/a）			0.04	0.04	0.05	0.12	0.0050	0.26
合计/（亿元/a）			7.1123	7.4342	9.6071	20.6126	0.8733	45.6445
林分面积/hm²			16 848.37	18 944.31	5 023.09	4 183.79	184.08	45 183.64
涵养水源价值/（亿元/a）	调节水量		7.80	8.77	2.33	1.94	0.09	20.93
	净化水质		1.49	1.67	0.44	0.37	0.02	3.99
	小计		9.29	10.44	2.77	2.31	0.11	24.92
保育土壤价值/（亿元/a）	固土		6.28	7.06	1.87	1.56	0.07	16.84
	保肥		97.14	109.22	28.96	24.12	1.06	260.50
	小计		103.42	116.28	30.83	25.68	1.13	277.34
固碳释氧价值/（亿元/a）	固碳		0.40	0.45	0.12	0.10	0.004 4	1.07
	释氧		1.19	1.34	0.35	0.30	0.01	3.19
	小计		1.59	1.79	0.47	0.40	0.01	4.26
积累营养物质价值/（亿元/a）			24.16	27.17	7.20	6.00	0.26	64.79
净化大气价值/（亿元/a）	吸收 SO_2		0.0179	0.0202	0.0053	0.0045	0.0002	0.048 1
	滞尘		0.2555	0.2873	0.0762	0.0634	0.0028	0.685 2
	小计		0.2734	0.3075	0.0815	0.0679	0.003	0.733 3
生物多样性保护价值/（亿元/a）			6.74	7.58	2.01	1.67	0.07	18.07
合计/（亿元/a）			145.4734	163.5675	43.3615	36.1279	1.583	390.1133
林分面积/hm²		1 612.46	3 234.98	2 650.46	7 996.18	70.9	15 564.98	65 927.98
涵养水源价值/（亿元/a）	调节水量	0.73	1.46	1.2	3.62	0.03	7.04	30.35
	净化水质	0.14	0.28	0.23	0.69	0.01	1.35	5.79
	小计	0.87	1.74	1.43	4.31	0.04	8.39	36.14

续表

林分类型			针叶林					
			幼龄林	中龄林	近熟林	成熟林	过熟林	小计
保育土壤价值/（亿元/a）	固土	0.58	1.17	0.96	2.89	0.03	5.63	24.26
	保肥	10.48	21.02	17.22	51.96	0.46	101.14	398.74
	小计	11.06	22.19	18.18	54.85	0.49	106.77	423
固碳释氧价值/（亿元/a）	固碳	0.02	0.04	0.03	0.1	0.0009	0.1909	1.31
	释氧	0.06	0.12	0.1	0.3	0.0027	0.5827	3.93
	小计	0.08	0.16	0.13	0.4	0.0036	0.736	5.24
积累营养物质价值/（亿元/a）		1.19	2.39	1.96	5.91	0.05	11.50	79.48
净化大气价值/（亿元/a）	吸收 SO_2	0.0029	0.0059	0.0048	0.0146	0.0001	0.0283	0.09
	滞尘	0.0524	0.1051	0.0861	0.2597	0.0023	0.5056	1.45
	小计	0.0553	0.1110	0.0909	0.2743	0.0024	0.5339	1.54
生物多样性保护价值/（亿元/a）		0.32	0.65	0.53	1.6	0.01	3.11	21.44
合计/（亿元/a）		13.5753	27.2410	22.3209	67.3443	0.5924	131.0775	566.84

1. 涵养水源价值

神农架地区气候受亚热带季风气候影响强烈，降水充沛，多年平均降水量为1170.20mm/a，各林分年蒸发量为：针叶林 567.2mm/a，阔叶林 581.6mm/a，针阔混交林 585.1mm/a，各林分地表径流量为：针叶林 28.05mm/a，阔叶林 7.50mm/a，针阔混交林 17.78mm/a，最终求得神农架国家公园生态系统涵养水源价值约为 36.14 亿元/a，其中调节水量价值为 30.35 亿元/a，净化水质价值为 5.79 亿元/a。

2. 保育土壤价值

根据我国土壤研究成果，无林地土壤中程度的侵蚀深度为 15～35mm/a，无林地土壤侵蚀模数为 150.00～350.00m^3/（hm^2·a），取平均值 319.80m^3/（hm^2·a）进行计算；有林地土壤侵蚀模数分别为针叶林 7.80m^3/（hm^2·a），阔叶林 0.50m^3/（hm^2·a），针阔混交林 4.15m^3/（hm^2·a）（刘永杰等，2014）。根据神农架森林生态系统长期连续定位观测，得到各林分的土壤容重 ρ 及土壤营养成分含量（N、P、K、有机质）如表 7-5 所示。计算得到神农架国家公园保育土壤价值为 423.00 亿元/a，其中固持土壤价值约为 24.26 亿元/a，减少肥力损失价值约为 398.74 亿元/a。

3. 固碳释氧价值

根据李高飞和任海（2004）对中国不同气候带各类型森林净初级生产力的研究结果，寒温带针叶林的平均净初级生产力为 7.20t/（hm^2·a），温带针阔混交林

表 7-5　各林分土壤容重及土壤养分含量

林分类型	针叶林	阔叶林	针阔混交林
土壤容重 ρ/（t/m^3）	1.14	1.08	1.10
土壤有机质含量/（mg/g）	14.93	12.74	0.49
土壤平均含 N 量/（mg/g）	0.62	0.49	0.56
土壤平均含 P 量/（mg/g）	0.11	0.11	0.11
土壤平均含 K 量/（mg/g）	1.63	1.13	1.38

净初级生产力为 8.99t/（$hm^2·a$），暖温带落叶阔叶林净初级生产力为 9.54t/（$hm^2·a$），亚热带常绿阔叶林净初级生产力为 16.81t/（$hm^2·a$），因为神农架国家公园属于亚热带森林生态系统，所以采用 16.81t/（$hm^2·a$）为阔叶林净初级生产力进行计算。李晓曼等研究表明不同森林类型土壤的固碳能力也不同，其中针叶林的土壤年固碳量为 0.6727t/（$hm^2·a$），阔叶林为 1.6470t/（$hm^2·a$），针阔混交林为 0.7371t/（$hm^2·a$）。最终得到神农架国家公园固碳释氧总价值达到 5.24 亿元/a，其中固碳价值约为 1.31 亿元/a，制造氧气价值约为 3.93 亿元/a。

4. 积累营养物质价值

考虑到神农架国家公园属于亚热带气候，根据赵同谦等（2004）对中国主要森林生态系统类型的植物体内各营养元素含量的研究，得到针叶林植物体内含 N 量为 4.20mg/g，含 P 量为 0.75mg/g，含 K 量为 2.13mg/g；阔叶林植物体内含 N 量为 4.56mg/g，含 P 量为 0.32mg/g，含 K 量为 2.21mg/g；针阔混交林则根据已有研究，取针叶林与亚热带落叶阔叶林植物体内养分含量的平均值，即含 N 量为 4.31mg/g，含 P 量为 0.39mg/g，含 K 量为 2.16mg/g。最终得到神农架国家公园积累营养物质价值为 79.48 亿元/a。

5. 净化大气环境价值

根据湖北省森林资源二类调查（湖北省林业厅，2012）和林地落界数据（马明哲等，2017），神农架国家公园有针叶林 5179.36hm^2，阔叶林 45 183.64hm^2，针阔混交林 15 564.98hm^2。由《中国生物多样性国情研究报告》（中华人民共和国环境保护局，1998）的相关资料可得，针叶林、阔叶林对 SO_2 的吸收能力分别是 215.60kg/（$hm^2·a$）、88.65kg/（$hm^2·a$），针阔混交林取两者平均即 152.13kg/（hm^2/a），计算得出神农架国家公园吸收 SO_2 带来的价值有 0.09 亿元/a。据研究，针叶林的滞尘能力为 33 200kg/（hm^2/a），阔叶林的滞尘能力为 10 110kg/（hm^2/a），针阔混交林的滞尘能力取针叶林和阔叶林平均值，即 21 655kg/（hm^2/a），计算得出神农架国家公园滞尘带来的价值有 1.45 亿元/a。最终，得到神农架国家公园净化大气环境价值为 1.54 亿元/a。

6. 生物多样性保护价值

根据湖北省森林资源二类调查（湖北省林业厅，2012）和林地落界数据（马明哲等，2017），由于神农架国家公园内针叶林以冷杉和松类为主，阔叶林以阔叶混合树种为主，参照王兵等（2008）对中国森林物种多样性保育的研究成果，得到针叶林 Shannon-Wiener 生物多样性指数等级为Ⅵ，即 $1 \leqslant H' < 2$；阔叶林 Shannon-Wiener 生物多样性指数等级为Ⅱ，即 $5 \leqslant H' < 6$；针阔混交林 Shannon-Wiener 生物多样性指数等级为Ⅳ，即 $3 \leqslant H' < 4$，计算得出神农架国家公园生物多样性保护价值为 21.44 亿元/a。

7. 神农架国家公园生态系统服务总价值

神农架国家公园生态系统服务价值总共达到566.84 亿元/a，各单项生态系统服务价值从高到低排序为：保育土壤价值（74.63%）＞积累营养物质价值（14.02%）＞涵养水源价值（6.37%）＞生物多样性保护价值（3.78%）＞固碳释氧价值（0.92%）＞净化大气环境价值（0.27%），保育土壤价值超过了总价值的 50%，为贡献率最大的指标，其中减少土壤肥力损失价值达到了保育土壤价值的 94.26%，说明神农架国家公园对土壤的保育功能尤其是土壤肥力的保持较好，与程畅等（2015）对神农架森林生态系统服务价值研究的结果相一致。其次为积累营养物质价值，占到总价值的 14.02%，剩余 4 项贡献率总共占 11.35%。根据计算结果，生物多样性保护价值仅占总价值的 3.78%，位于各项生态系统服务功能贡献率的第 4 位。神农架国家公园生态系统服务价值的构成及其贡献率如图 7-4 所示。

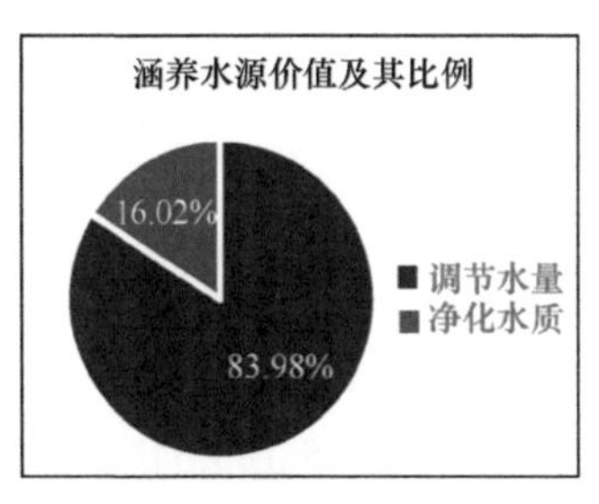

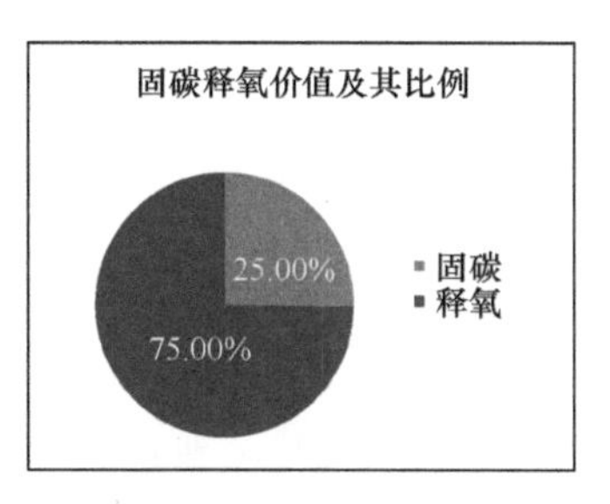

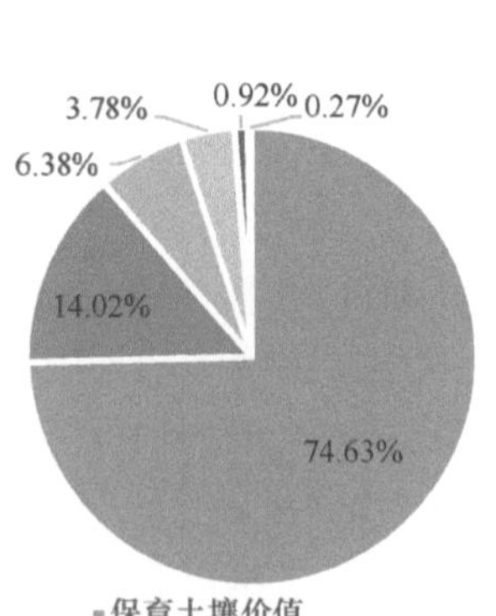

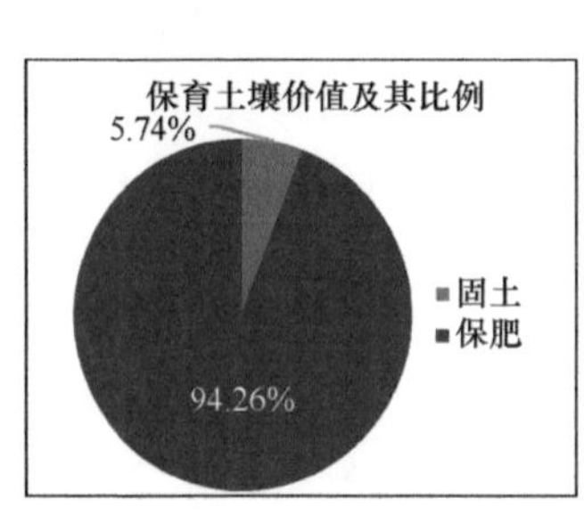

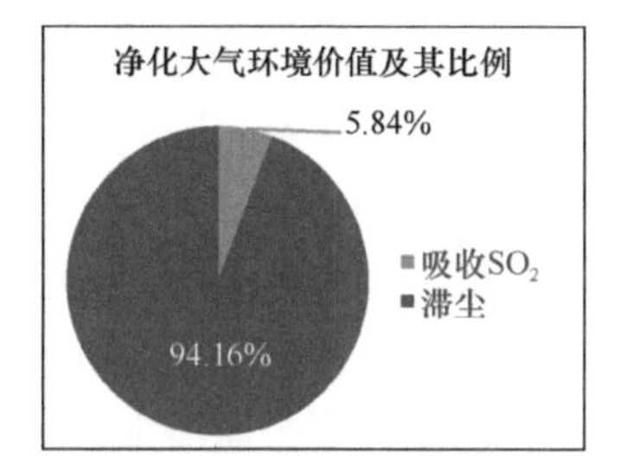

图 7-4　神农架国家公园生态系统服务价值构成及其比例

（三）结果讨论

根据以上结果，神农架国家公园生态系统服务总价值达到 566.84 亿元/a。各项生态系统服务价值排序为：保育土壤价值＞积累营养物质价值＞涵养水源价值＞生物多样性保护价值＞固碳释氧价值＞净化大气环境价值，其中保育土壤方面的贡献率最大，占总价值的 74.63%。不同植被类型的生态系统服务价值大小顺序为：阔叶林＞针阔混交林＞针叶林，其中阔叶林的中龄林和幼龄林价值量明显高于其他林龄和植被类型，而针阔混交林生态系统服务价值的主要贡献者则为成熟林。根据本研究结果计算可得，神农架国家公园生态系统服务价值为神农架林区近几年 GDP 的 20～30 倍，这一差距反映了神农架地区生态资源丰富但经济落后的矛盾，也映射出我国部分地区生态良好与经济落后共存的现状。对此，我们更需要倡导社会提高对生态价值的认识了解，通过政府加大财政转移支付力度，制定完善相关政策等措施来更加充分地发挥生态效益，促进人与自然和谐发展。

第二节　神农架国家公园自然资源胁迫解析与对策

针对区域性、流域性以及具有共性特征的重点、难点问题，全面查找神农架国家公园内易受干扰的薄弱环节。国家公园内存在的问题（何思源等，2020）：①水资源过度开发、小水电关停进展缓慢、生态放流措施不够；②矿山开采及矿渣堆放问题；③河道采石场管理过乱、河道采砂整治不到位；④自然灾害及外来入侵物种带来的生态环境问题；⑤旅游开发带来的环境问题；⑥国家公园原住居民生产生活带来的环境问题；⑦森林病虫害等。

为应对以上问题，需要建立相应的监测（姚帅臣等，2019，2021）和风险管理、应对体系（王国萍等，2019，2021）。

以国家公园内小水电、旅游开发为例，提出切实可行、科学有效的整改措施，做到标本兼治、点面结合、系统发力。同时，立足长远，不断建立与完善生态文明建设、长江大保护、产业结构调整、水资源开发利用和管理、湖泊保护等方面的长效机制。

一、小水电开发对水生生物的影响

神农架林区内水资源丰富，有大小河流 371 条，境内的河流可分为 4 个水系，分别为发源于山脉南坡的长江支流香溪河、沿渡河水系（神农溪），汉水支流南河、堵河水系。河流均发源于神农架国家公园境内，属于高山河流，以大小神农架为中心呈扇形放射状向外奔流，河流下切强烈，河床比降大，小水电资源丰富。据不完全统计，神农架林区内有100余座小水电，神农架国家公园范围及两个托管区内小水电数量之和也达41座（图7-5）。神农架林区内的小水电多为引水型小水电，其建立造成了河流反复断流、河床裸露，河流连续性受损，河流生态系统遭受到毁灭性的破坏，使得水资源的生态功能逐步丧失，并导致了严重的生态环境问题（吴乃成等，2007；傅小城等，2008；蒋万祥等，2017）。

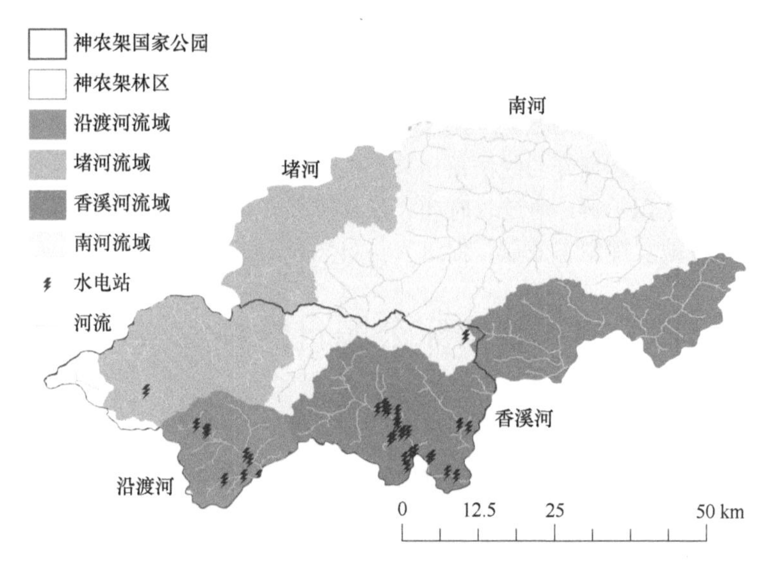

图7-5 神农架国家公园小水电分布情况

为研究小水电对河流水生态系统的影响。选取水环境因子和大型无脊椎动物为研究对象，对香溪河干流上5个小水电的修建对河流底栖动物的影响做初步分析。

选取香溪河干流上5个连续的小水电站进行采样，电站的名称按顺序分别为小当阳（XDY）、青峰（QF）、三堆河（SDH）、苍坪河（CPH）、猴子包（HZB）。并针对电站对河流的干扰设置了相应的5个样点进行监测（图7-6）。由于上游的水流被引走，坝下往往形成一个由丰水期时溢水冲刷而成的孤立的水塘。在上游来水量不是很大时，此处基本没有水流。该点水深较大，缺少外源物质的输入，形成了较为独特的生态系统。

对上述各个电站的5个样点进行采样，每一样点断面用40目孔径的索伯网底栖动物采集网采集3次，将采集到的底栖动物装瓶，带回实验室仔细挑拣，并用4%甲醛溶液固定。将所采集的底栖动物分到可行的最低分类单元。绝大多数的昆虫纲、腹足纲、寡毛纲和蜗虫纲物种鉴定到属，少数物种到科。线虫和水螨仅鉴定到纲。底栖动物采集的同时，现场测量环境指标。采样点位置用麦哲伦GPS

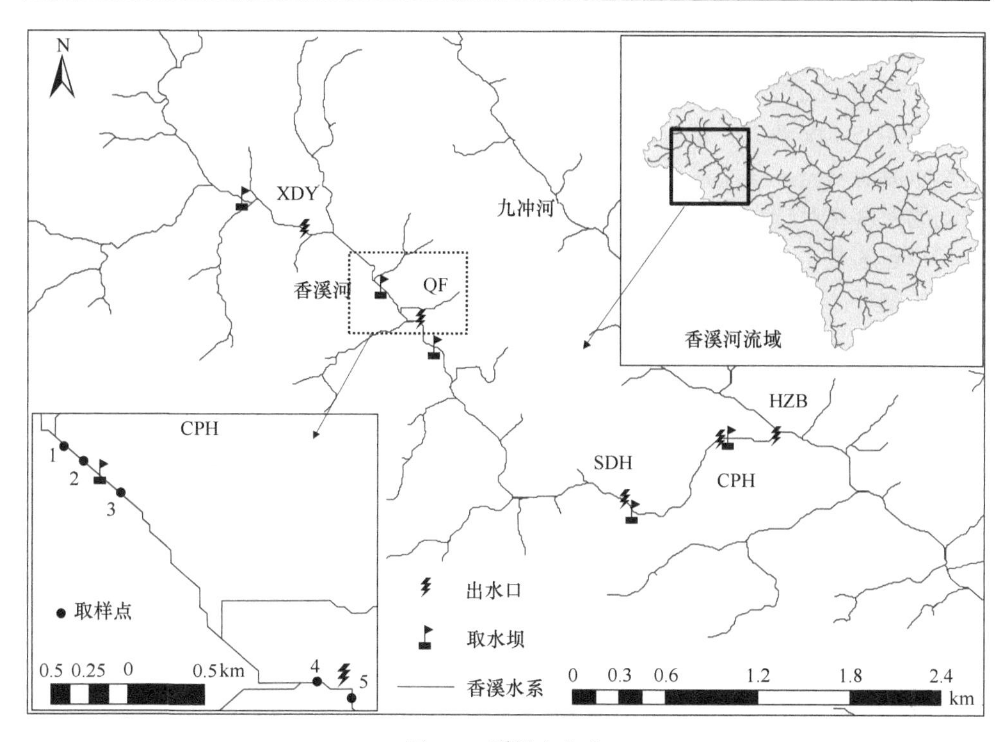

图 7-6　采样点分布

315 定位，用流速仪测量 0.6 倍水深处流速、河宽、水深为选定断面的平均值。水质指标使用日本 HORIBA W223 多参数水质监测仪现场测量。

本次采样共采集到 4656 条大型底栖动物，隶属 13 目 40 科 69 属。其中水生昆虫占绝大多数，占总物种数的 90.0%。优势种为蜉蝣目的四节蜉属（*Baetis*），各样点的出现频率达 100%且密度相当大，而三角涡虫（*Dugesia japonica*）、蜉蝣科的高翔蜉属（*Epeorus*）、扁蜉属（*Heptagenia*）和似动蜉属（*Cinygmina*）在部分样点中占优。各样点的优势类群（相对丰度大于 5%的底栖类群）列于表 7-6。

表 7-6　各样点优势类群相对丰度　（%）

类群	样点 1	样点 2	样点 3	样点 4	样点 5	均值
四节蜉属	51.99	51.99	24.84	40.13	30.68	47.72
三角涡虫	8.04	20.63	5.28		7.11	10.66
高翔蜉属	12.18					5.49
扁蜉属			9.80		5.02	5.33
似动蜉属			8.75			

对 5 个样点底栖动物的数量分析发现：5 个样点间的密度分布具有显著差异（F=4.29，P=0.01），其中平均密度最高的为样点 4，其次是样点 1，密度最低的为样点 5（图 7-7）。造成这种状况的原因可能为样点 4 的水流来自于坝下河段自然水流的补充，其流量相对稳定，生境适合底栖动物的生存，这使得样点 4 底栖动物密度相对较高。另外多重比较表明，样点 1 和样点 4 都与样点 5 差异显著。这与样点 5 受电站发电周期的影响而生境变动大、频率高有关，只有少量耐受能力强的物种才能在这里生存，这使得该样点的密度最低。总物种数和生物量在 5 个样点间差异均不显著（P>0.05），但未受干扰的样点要优于其他样点，如总物种数在样点 1 和样点 4 最高，样点 3 最低，而生物量最高的样点为样点 1，其次是样点 2，生物量最低的点与密度一致为样点 5。样点 2 生物量较高的原因可能为该点位于坝上蓄水区，上游样点 1 输入的外源有机物质在这里得到沉积，这些外源物质的输入支持了这里较高的生物量。而样点 5 不仅外源物质输入少，而且频繁地被急流冲刷，因此该点靠外源物质支持的生物量很小，导致总的生物量也最低。

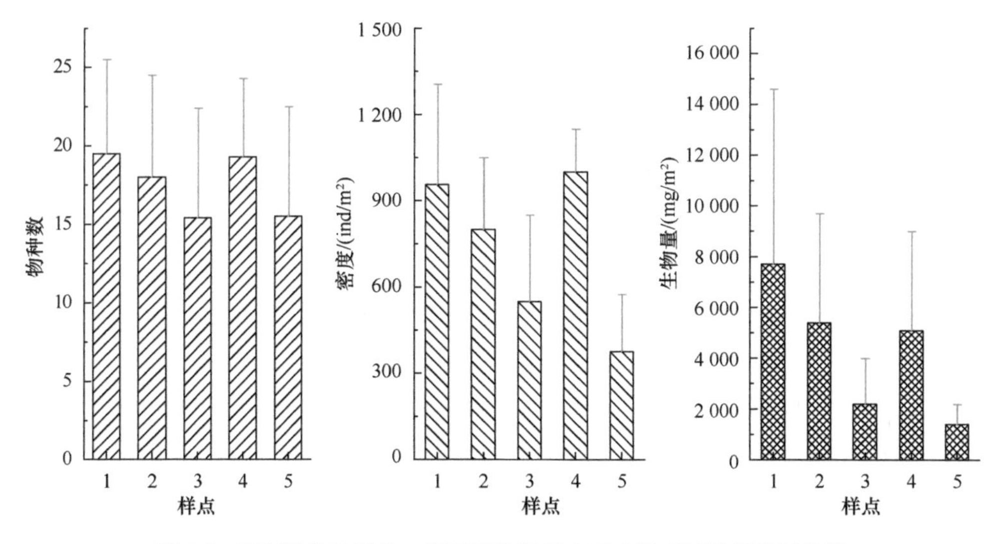

图 7-7　底栖动物物种数、密度和生物量在五个样点间的箱线图分析

从物种数的分析结果看，电站的修建对其影响并不明显。分析原因可能为：一是小水电站的影响有限，还不至于引起河流内大部分底栖动物的消失，毕竟大部分底栖动物对生境有较强的适应能力。二是物种数衡量的是样点内出现的物种数，而不考虑具体的物种组成。样点内一些物种的消失往往会伴随有其他物种的出现，而使得总的物种数相差不大。三是整个研究区域的空间跨度并不是很大，不同的样点间的距离更小。这也使得各物种在整个研究区域都能扩散。

相对于物种数，密度对生境的变化更为敏感，因为大多数物种能够在较大的生境范围内生存，如不同的流速、水深及底质等，但基本上这些物种都有其最适的生境条件，从上述 3 个指标的变动情况来看，5 个样点间总的变化趋势与环境因子中的流速变化趋势一致而和水深的变化相反，即样点 1、2、3 物种数逐渐降低，样点 3 回升，样点 5 再降低（图 7-7）。可以推测出 5 个样点的生境受破坏程度，即样点 1、2、3 逐渐增加，样点 4 较小，而样点 5 又增大。

小水电站的修建对河流底栖动物的影响及其影响程度分析。研究表明，小水电站的修建对河流生态系统各方面都产生了影响。主要表现在河段物理因子方面，因为引水坝的修建使得河流生境片断化。而水化学方面各种影响并不明显，各参数也没有太大的差异。从底栖动物的变动情况看，底栖动物的物种组成、现存量、优势类群以及功能摄食类群等方面都不同程度地受小水电站的干扰。其中，底栖动物的密度、功能摄食类群指数受到了较为显著的影响，而物种组成、优势类群等受到的影响并不明显。从样点情况看，电站对各样点的影响程度不同。根据各样点间的群落组成及相似性差异可知，样点 3 受到的影响最大，其次是样点 5。从河流环境与河流底栖动物等方面对小水电站修建的负面影响进行了探讨，为生物资源保护及水资源的合理利用提供了重要的参考依据。

二、旅游业开发对野生动物栖息地的影响

随着旅游业的发展，道路四通八达。而旅游公路的建设对野生动物的生存环境也造成了极大的影响（杨敬元和杨万吉，2018）。道路对野生动物的影响主要表现在野生动物回避道路，其回避距离由于物种的差别，从几十米、几百米到几千米不等。随着与道路距离的增加，道路对野生动物的影响主要呈现两种变化：一是种群密度增加，呈现一个明显的变化阈值；二是种群密度变化不明显，没有呈现明显的阈值。

研究结果呈现出第一种变化，即距离旅游公路 300m 前、后，红外相机拍摄率发生显著性变化，即道路对动物的影响域为 300m。出现这样的结果，研究人员认为可能有多方面的原因：一是对动物而言，在距离旅游公路越近的区域活动，其自身暴露的风险越高；二是公路的一些基本特征（如车流量、车速、噪声、灯光等），迫使动物改变其活动范围，造成野生生物生境破碎化（图 7-8）；三是公路极大地增加了人类进入动物栖息地的机会，旅游、偷猎、土地利用等人为干扰因子导致动物回避（张履冰等，2014）。

从神农架旅游集团提供的 2013～2018 年到神农架国家公园内的神农顶、神农坛、天生桥、官门山和大九湖景区旅游数据可以看到（图 7-9 和图 7-10），2013～2018 年五个景区接待的旅游人数逐年增多，旅游压力逐年增加。其中神农顶接待

的游客数最多，日最高峰值达 19 740 人。其中 5～10 月为旅游高峰期，其中 8 月旅游人数最多，达全年高峰，2018 年 8 月游客数达 97 万，超过全年游客总量的 1/3，旅游带来的大量人流给当地生态环境带来极大压力。

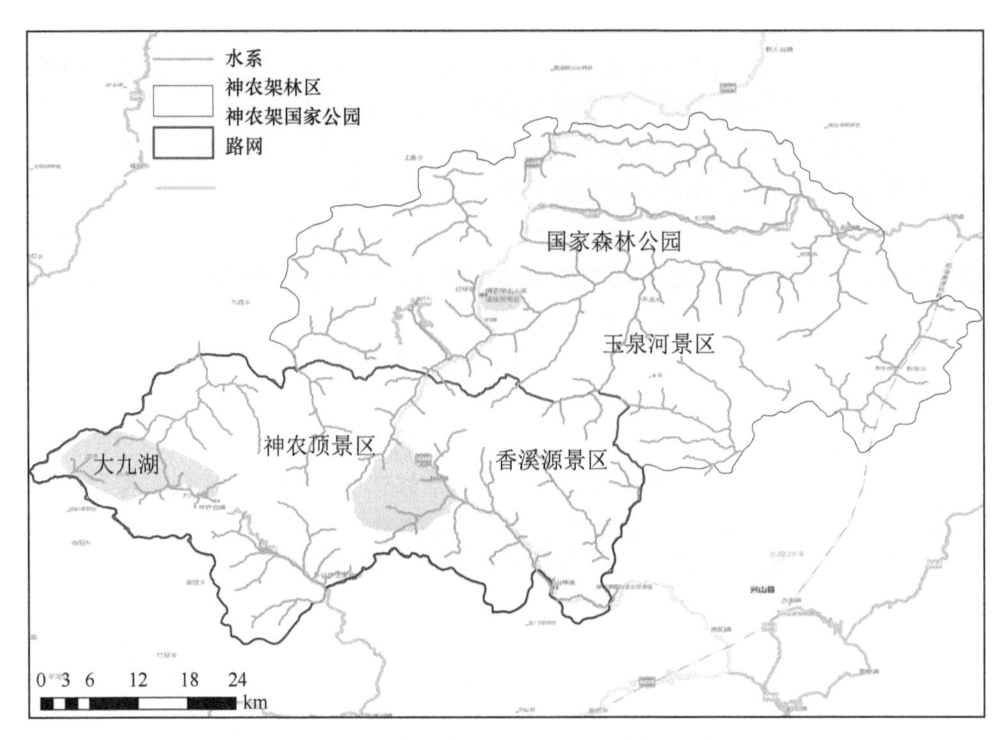

图 7-8　神农架国家公园及周边旅游交通示意图

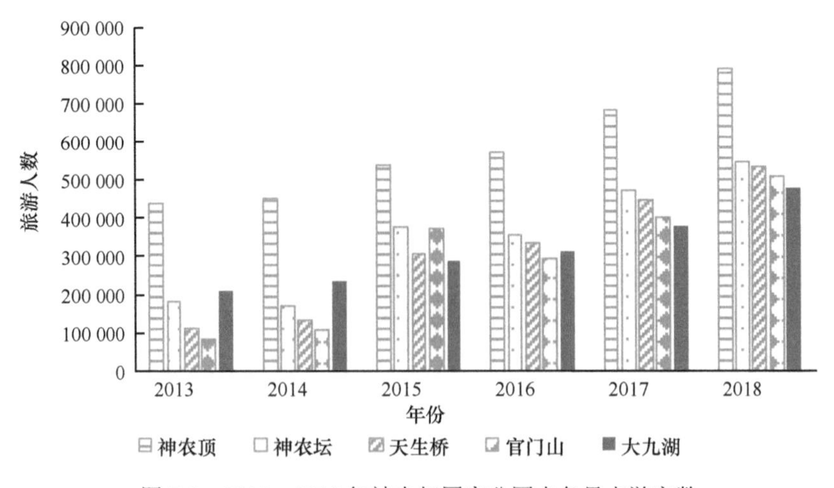

图 7-9　2013～2018 年神农架国家公园内各景点游客数

图 7-11 展示 2008～2019 年，旅游业收入与水体中植物生长所需主要营养盐之间的回归关系。2008～2019 年 12 年间旅游业收入增长 4.2 倍，水生植物生长所需营养盐浓度随着旅游业收入的增加也迅速升高，两者之间存在显著相关性，表明随着旅游业的发展，水体净化的负担显著增加。

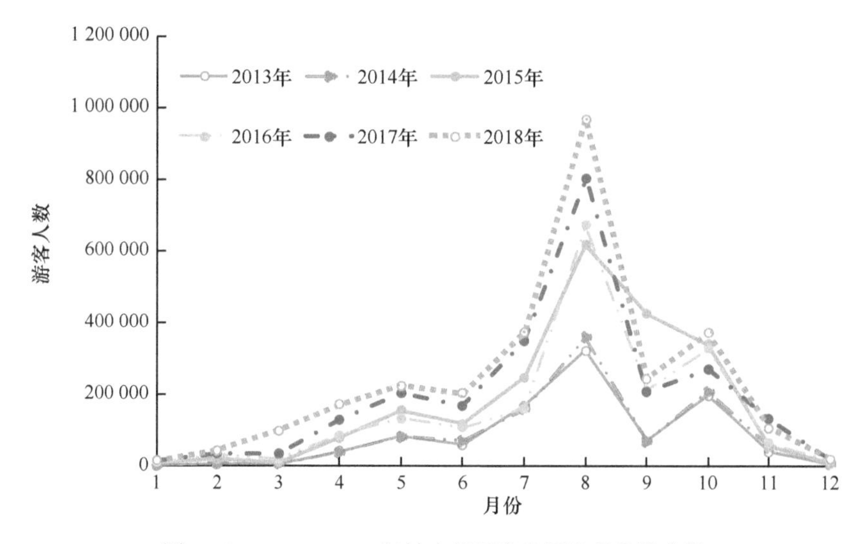

图 7-10　2013～2018 年神农架国家公园各月份游客数

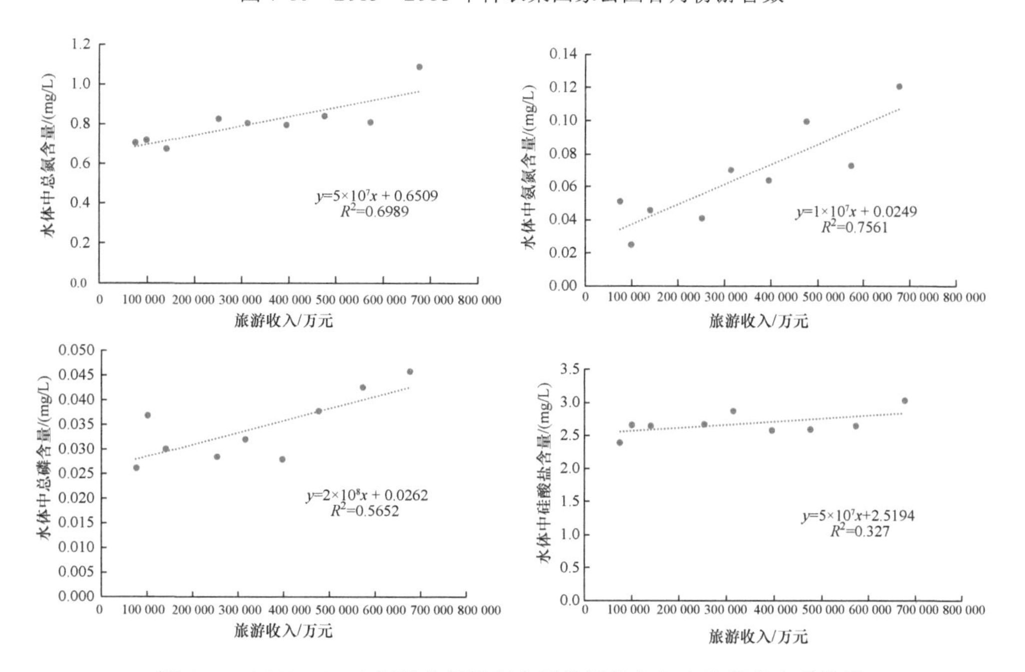

图 7-11　2008～2019 年神农架国家公园旅游收入与水体营养含量关系

但国家公园内环境基础设施不够完善，配套建设跟不上，部分乡镇污水处理厂未按计划完成，集镇综合环境严重影响了神农架林区的旅游形象。督察发现，木鱼镇污水处理厂提标扩容建设还在进行中，红坪、大九湖污水处理厂未验收，下谷、宋洛、新华污水处理厂还在试运行，阳日镇、木鱼龙降坪、红坪柏杉园污水处理厂的设备尚在进行调试。

针对生境破碎化应对策略为实施生态廊道建设。按照“主副配套、简繁结合、立体交织、全域成网”的理念，神农架国家公园管理局共建设 20 余处动物通道。

对于旅游人口对城镇的影响，对城镇污水处理场进行改造，制定污水处理厂监管和运行制度，确保污水处理厂达标运行，并长期保持。

针对旅游业快速发展可能给神农架独特的生态环境、动植物、人文景观等资源保护工作带来的负面影响，对神农架国家公园资源空间和环境承载进行了科学分析，拟通过实行游客流量控制和行为引导，加强对游客的生态保护宣传教育，探索建立更理性和可持续的生态旅游发展模式。

三、生态功能与社会经济协同提升策略

生态功能与社会经济的关系是紧密联系的，自然资源生态功能是社会经济发展的基础和制约条件。经济是人类社会发展的动力，追求更高的物质水平，过上更好的生活，是人类发展经济的目的。良好的生态功能为社会经济活动提供大量的资源和发展空间，人类把各种自然资源加工成产品，以满足人类社会经济发展的需要。随着人们生活水平的提高，对良好生态环境条件的需求越来越强，人们会主动地保护生态环境、改良周边环境。合理利用和改造生态环境，就可能使生态环境质量不断提高，一味发展社会经济，对废污水的排放不加控制，会使生态环境系统出现恶性循环，生态环境质量不断下降。由此可知人类社会经济的发展可对生态环境产生好的或坏的影响，生态环境的变化又反过来影响社会经济的发展。两者既有其矛盾的一面，又有其统一的一面，充分利用生态功能与社会经济相互促进的一面，就可以做到社会经济与生态功能两者协同提升。

（一）推行特许经营

1. 特许经营的项目范围

神农架国家公园的特许经营是为了加强国家公园的管理、保护国家公园的资源，依照相关法律、法规对在国家公园范围内必须提供的公共产品或服务引

入竞争机制、选择合适经营者、明确责权并对其进行监督管理。国家公园公共产品或服务主要面向各类旅游者，因此特许经营项目主要包括在国家公园内向游客提供的旅游设施、旅游活动和服务，此外还包括其他商业活动以及必要的设施建设等。

2. 特许经营的组织方式

神农架国家公园的特许经营项目采用分散授权的方式进行特许，也就是将不同的经营项目分别授权给多个不同的经营者，便于各个经营者突出各自优势，提高游客得到服务的质量，更好地保障娱乐和服务设施的质量。

3. 特许经营的资金管理机制

神农架国家公园管理局定位为公益性管理和服务机构，除门票管理、游客参观、环境卫生、应急救援等公共服务类活动外，不直接参与国家公园的盈利活动，基本运行经费由国家财政支出。

4. 居民参与特许经营

神农架国家公园体制试点过程中，拟采用三种模式来引导居民社区参与特许经营和管理，即“自主经营”、“引导参与”和“公司联营”。引导居民和社区通过合资经营、合作经营、股份制等方式与国家公园管理机构之间建立合作关系，以资金、技术、人员投入为联结纽带，充分发挥国家公园管理机构在科技、信息等方面的优势，引导和带动社区共同发展。

（二）居民参与保护管理机制

居民参与保护管理机制的主要措施为：①吸纳居民参与保护管理；②帮助社区发展替代能源，解放劳动力；③实行有机食品或绿色食品认证，提高资源管理能力和增加林下产品单位产量；④强化社区能力建设。最终实现社区居民能借助自己的力量进行“造血”，实现可持续发展。

（三）试点区内及周边社区产业引导机制

在神农架国家公园体制试点过程中，神农架国家公园管理局将与林区乡镇建立社区共管委员会，针对不同乡镇的资源优势、发展现状和政策导向，通过政策及资金的支持，引导社区产业发展，增加当地百姓收入。①发挥松柏镇交通枢纽和游客集散中心的区位优势，重点扶持发展特色农产品加工业、旅游小商品加工业和生物医药制造业；②发挥新华镇生物资源丰富的优势，重点扶持发展中药材种植和特色林果业；③发挥阳日镇传统的茶叶和药材种植优势，扶持发展有机茶、中药材和特色干果种植；④发挥九湖镇高海拔、水热条件、湿地资源突出的优势，扶持发展高原特色农业、绿色有机蔬菜种植业和农家休闲旅游观光业；⑤发挥红坪镇生物资源丰富、种养殖基础雄厚的优势，重点扶持中药材种植业和特色养殖业；⑥发挥木鱼镇作为神农架传统的魔芋、茶叶种植区和游客密集区的优势，扶持有机茶园、农家休闲示范园以及魔芋种植业；⑦发挥宋洛乡作为奇石之乡和养生家园的资源优势，扶持发展奇石加工、休闲农庄和中药材种植业；⑧发挥下谷乡中药材和魔芋种植历史悠久的优势，扶持发展中药材和魔芋种植。

（四）政府配套制定相关政策

1. 生态放流

不同的时代适应不同的发展模式，小水电建设在一定时期为促进神农架地方经济和社会发展发挥了重要作用，但随之而来的生态问题也不容忽视。随着国家公园保护条例的实施，神农架迎来最强保护时代，对小水电的规范整顿，对小水电提出新时期的管理要求，为小水电管理提供理论指导，促进区域社会经济和生态功能协同提升。政府采取“关停一批、规范一批、提升一批”的措施，对手续不全和未通过环评审批的小水电进行关停；对已列入国家增效扩容改造的水电站和小水电代燃料点改造的电站，必须完成电站生态泄水改进工程，确保安全生产标准化及规范用工长效机制的实施。

2. 野生动物引起的损毁和人员伤害补偿（简称兽灾补偿）

为进一步加大生态环境保护，减少人与野生动物生存矛盾，切实保障全区老百姓利益，林区政府从财政资金和旅游收入中拿出部分资金用于兽灾补偿。

3. 污水垃圾治理专项补助

随着生态旅游产业发展，游客和常住居民生活产生的垃圾、污水急需得到有效处理和利用。政府牵头投入资金用于污水垃圾治理。

4. 清洁能源建设专项补贴

由于基础设施建设不足和居住分散等原因，全区居民仍然采用传统生产生活燃料方式，燃料主要依靠木材、煤炭等，为鼓励清洁能源推广、利用，减少生态破坏，计划实施清洁能源替代工程，农村实施以电代燃料工程，城镇以天然气为主。政府为当地居民提供清洁能源替代专项补贴（熊欢欢等，2021）。

5. 农业清洁生产专项补贴

加快推进国家公园内农业清洁生产产业化进程和农业发展方式转变，建立健全投入管理、生产档案、产品检测、市场营销等制度，探索建立农业清洁生产过程和产品质量追溯制度，确保农业清洁生产技术贯穿于生产全过程，实现清洁投入、清洁产出的目标，构建全区农业可持续发展机制，促进农业清洁生产产业增效、农民增收。政府牵头投入资金作为农业清洁生产专项补助。

6. 共建生态苗木基地

共建生态苗木基地首先可以满足神农架国家公园管理局植被恢复、造林绿化、珍稀植物种群恢复及园林景观用苗需求，同时为社会提供造林与园林绿化苗木。本着国家公园投入，群众自愿，受益归户，共同推进，规范有序，和谐发展的原则，项目的苗田补贴投入让社区居民有直接的经济收入，生产苗木的经济价值也给村民带来可观的收入。

（五）神农架社会经济与生态功能协同提升评价

神农架林区社会经济与生态功能的评价主要以神农架林区政府公布的2010～2019年10年间的统计年鉴数据为参考依据，参考张丽荣等（2019）保护地生态功能提升评价方法，10年间神农架林区GDP增幅超过6倍，其中旅游业在其中起到巨大的作用。随着林区政府采取的特许经营、居民参与保护管理机制、国家公园内及周边社区产业引导机制，及配套相关政策和产业的实施，林区政府大力推进植树造林活动，森林面积占比稳中有升，森林蓄积量逐年增加；退耕还林后，耕地面积逐年减少，建筑面积在2017年后基本趋于稳定；小水电的整治工作使得水利设施量逐年降低，但林区发电量基本稳定，完全可以满足林区生产生活的需要；林区政府在节能环保和科研教育中的投资逐年增加，提高了林区居民的环保意识，对动植物的保护加强，加上科研人才的引进，林区内的生态环境有了显著提高，新发现物种增加、水土流失减少、单位GDP能耗显著降低（表7-7）。

图7-12、图7-13显示，林区2010～2019年人均GDP和常住居民人均可支配收入呈现出逐年增长的趋势，结合林区水土流失问题的改善、生物多样性增加、植被覆盖率增加等一系列生态环境改善的实例，表明神农架国家公园及其周边生态功能与社会经济得到了协调发展。

表 7-7　2010～2019 年神农架林区经济和环境相关统计数据

年份	耕地面积/hm^2	建筑用地/hm^2	水利设施面积/hm^2	森林面积/hm^2	森林蓄积量/m^3	森林覆盖率/%	植树造林/亩	新发现物种/个	动植物种类/个	万元GDP能耗/吨标准煤	万元GDP能耗下降率	城镇废水处理率	节能环保支出/万元	科研支出/万元	水土流失面积/km^2	旅游人数/万人	旅游收入/万元
2010						89.00				1.19	0.098 7					218.1	75 020
2011						90.40	4 995			0.930 1	0.069 1					306.0	99 540
2012						90.40	4 995			0.9	0.028 9					417.3	140 080
2013	7 468.48	5 569.44	1 919.28	289 180.7	2 145.5	90.40	4 905	0		0.877 7	0.024 8	0.50	10 558	929	399	520.3	186 466
2014	7 468.48	5 450.81	1 921.72	294 915.4	2 187.5	91.10	2 205	0	8 586	0.858 6	0.024 4	0.80	9 500	749	399	701.2	251 689
2015	7 404.58	5 695.33	1 918.83	225 796.1	2 306.7	91.10	16 995	0	8 586	0.619 5	0.029 9	0.85	10 962	1 047	399	878.3	313 821
2016	7 396.96	5 793.58	1 918.13	294 960.7	2 471.78	91.10	25 590	4	8 590	0.521 9	0.084 2	0.96	1 1567	1 525	300	1 098.2	395 435
2017	7 301.87	5 851.6	1 917.16	294 968.4	2 538.5	91.10	56 835	1	8 590	0.508 8	0.025 0	0.98	12 679	1 990	300.8	1 321.5	475 739
2018	7 298.36	5 851.69	1 916.94	294 977	2 591.5	91.12	82 200	1	8 591	0.498 4	0.020 2	0.98	7 625	4 879	300.8	1 587.5	572 859
2019	7 299.18	5 851.69	1 916.69	294 985.7	2 661.93	91.12	79 680	4	8 595	0.496 81	0.003 2	0.98	14 539	6 986	274.7	1 828.5	677 671

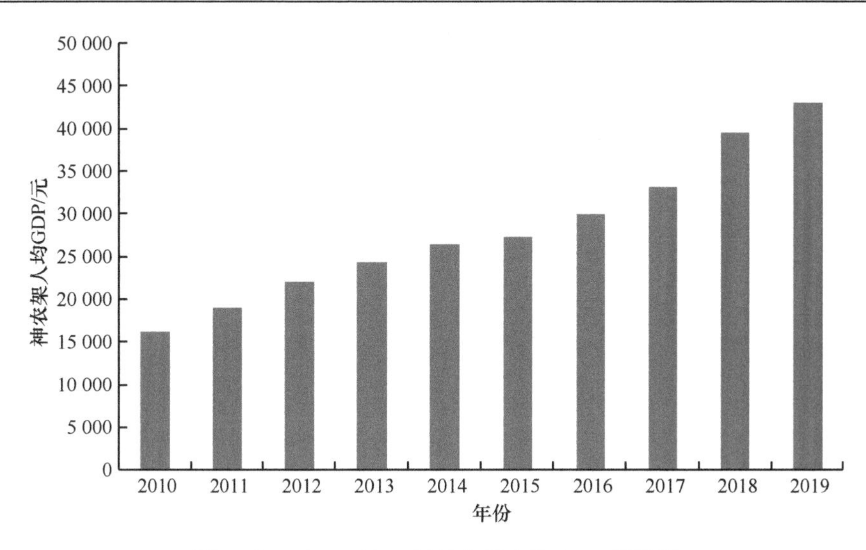

图 7-12　2010～2019 年神农架人均 GDP 变化图

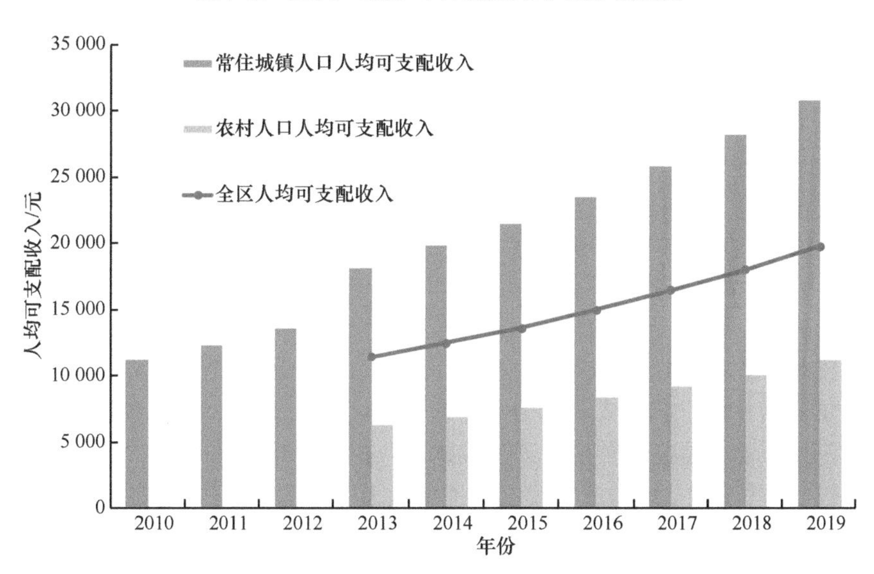

图 7-13　2010～2019 年神农架林区常住居民人均可支配收入变化情况

第三节　神农架国家公园关键生态过程保护与恢复

基于神农架地区的现状，开展关键生态过程辨识研究，并充分考虑神农架国家公园区域内存在的如小水电开发、旅游压力、工程建设等干扰条件对关键生态过程中脆弱环节的影响，提出具体的补偿措施，如对损失部分发电资源的情况下补充河流最小生态流量的企业进行经济补偿、对搭建人工生态廊道占用的土地实施经济补偿等，在不影响经济建设的前提下，达到生态系统功能提升的目的。

一、 旗舰物种金丝猴生境恢复

（一）神农架金丝猴退化生境诊断与恢复及生态廊道构建

生境是生物赖以生活和繁衍的环境空间，适宜的生境能为生物的生存和繁衍提供必需条件，并表现出一定的群落结构特征。然而，在自然或人为干扰下，适宜生境会退化并表现出物种组成与结构变化、自我恢复能力的降低等特征，逐渐偏离自然状态并失去保育生物的功能（张宇等，2019）。在过去 50 年，神农架超过 80%的金丝猴分布区受到了采伐的影响，被保护的适宜生境不足分布区的 5%，生境的过度破坏一度致使金丝猴的种群数量骤降到 500 只以下。1985 年神农架自然保护区（现神农架国家公园）建立后，金丝猴种群才得到了逐渐的恢复，种群数量从保护区建立前的 500 余只增加到目前的千余只，保护地的建立对其种群的繁衍和增长起到了关键作用。然而，目前金丝猴的生境仍存在高度破碎化的问题，栖息地破碎化阻隔了猴群的游走范围、采食和繁殖，阻碍了大猴群的形成；各金丝猴小种群存在区域隔离，近亲繁殖增加和近交衰退的压力增加，将损害种群的长期进化潜力和生存力（杨敬元和杨万吉，2018；曹国斌等，2019）。

针对神农架金丝猴生境破碎化、生境退化等现状，通过解译与分析遥感数据、实地调查和野外监测，研究神农架金丝猴生境退化机制及制约生境恢复的关键因素，集成了生境恢复技术，明确了导致金丝猴生境破碎化的关键因素，提出了金丝猴生境廊道构建技术，优化了金丝猴生境格局，从而有效地保护和扩大了金丝猴适宜生境。

对群落数量特征指标的正态分布检验表明，乔木平均胸径、乔木平均高、灌木平均高度、灌木盖度 4 种生境因子数据符合正态分布（$P>0.05$）；郁闭度、草本平均高度、草本盖度、食源植物盖度 4 种生境因子数据不符合正态分布（$P<0.05$）。分别采用 t 检验和 U 检验比较符合正态分布和不符合正态分布数量特征指标的差异显著性，结果表明：不同退化等级生境群落之间乔木平均高、灌木平均高、灌木盖度、郁闭度、食源灌木盖度 5 个指标差异显著（$P<0.05$）；而乔木平均胸径、草本平均高、草本盖度 3 个指标差异不显著（$P>0.05$）。

表 7-8 为川金丝猴不同退化等级生境群落数量特征指标的比较结果，可以看出，川金丝猴适宜生境郁闭度为 0.74，显著高于轻度退化（0.58）、中度退化（0.54）和重度退化生境（0.43），生境群落的郁闭度随退化等级的加重而逐渐降低。适宜生境和轻度退化生境之间的乔木平均高无显著差异，分别为 11.82m 和 11.60m，显著高于中度退化生境（9.75m）和重度退化生境（8.26m）。

表 7-8 不同退化等级生境群落数量特征（杨敬元和杨万吉，2018）

样地	郁闭度	乔木平均高/m	灌木盖度/%	食源灌木盖度/%	灌木平均高/m
适宜生境	0.74±0.21a	11.82±1.43a	58.27±18.41a	48.34±16.23 ab	1.85±0.80bc
轻度退化生境	0.58±0.13b	11.60±2.22a	46.39±19.40b	42.58±17.48 bc	1.73±1.22c
中度退化生境	0.54±0.18b	9.75±2.36b	37.36±18.66 b	31.14±17.52c	2.26±1.67ab
重度退化生境	0.43±0.23c	8.26±2.54c	66.42±31.25a	49.56±28.50a	3.18±2.62a

注：数据为平均值±标准差，同列中不同字母表示在 $P=0.05$ 水平上差异显著。

重度退化生境群落的灌木盖度最高（66.42%），但与适宜生境（58.27%）之间无显著差异；中度和重度退化生境的灌木盖度分别为 46.39%和 37.36%，显著低于重度退化生境和适宜生境。食源灌木盖度最高为重度退化生境（49.56%），其次为适宜生境（48.34%），这两类之间无显著差异，但都显著高于中度退化生境（31.14%）；轻度退化生境的食源灌木盖度为 42.58%，与适宜生境、中度退化生境之间无显著差异，但显著低于重度退化生境。重度退化生境的灌木平均高最高（3.18m），其次为中度退化生境（2.26m），这两类生境之间无显著差异，但都显著高于轻度退化生境的灌木高度（1.73m），适宜生境的灌木高度为 1.85m，显著低于重度退化生境，与其他等级生境间无显著差异。

（二）金丝猴潜在生境廊道

通过“源”“汇”的确定，在川金丝猴活动适宜生境区和非活动适宜生境区分别选取 10 个随机点用于潜在生境廊道的构建，在“源”“汇”间利用 ArcGIS 空间分析的廊道分析工具识别生境斑块间的潜在生境廊道。利用成本距离栅格进行“源”“汇”间的最小费用廊道分析，得到“源”“汇”间的总成本费用栅格数据，然后利用 GIS 栅格提取工具提取总成本费用最小的像元区域，提取出条带状像元就是“源”“汇”间的潜在生境廊道，川金丝猴通过这些区域在不同的“源”“汇”之间迁移扩散所耗费的成本是最低的（王丽，2015）。

（三）金丝猴潜在生境廊道构建

1. 生境廊道植物筛选

生境廊道植物配置从适宜生境群落中筛选，根据各植物物种在群落中对应层的重要值进行筛选得到适合构建生境廊道的植物。根据研究人员先前研究得到的适宜生境群落的主要优势树种（表 7-9），结合具体的实际地理环境和川金丝猴的生态习性等多因素进行考虑，选择适宜植物，进而配置出吸引和适合川金丝猴迁徙的植物配置方案（周秋静等，2019）。

表 7-9 适宜生境群落中主要优势树种重要值（杨敬元和杨万吉，2018）

编号	乔木层			灌木层		
	种名	重要值	利用频度	种名	重要值	利用频度
1	华山松	0.368	高	箭竹	0.079	高
2	红桦	0.155	高	粉花绣线菊	0.064	高
3	巴山冷杉	0.072	高	华中山楂	0.053	高
4	米心水青冈	0.050	高	灰毛栒子	0.043	高
5	漆树	0.041	高	鄂西绣线菊	0.040	高
6	藏刺榛	0.034	高	木姜子	0.039	中
7	五尖槭	0.027	中	箬竹	0.038	中
8	灯台树	0.027	中	尾萼蔷薇	0.033	中
9	刺叶栎	0.024	中	湖北海棠	0.031	中
10	三桠乌药	0.023	中	藤山柳	0.029	中
11	小叶杨	0.020	中	湖北花楸	0.021	中
12	紫枝柳	0.020	中	—	—	—

注：“—”表示无此项。

2. 生境廊道植物配置模式筛选

对川金丝猴适宜生境植被的利用频度进行调查，根据表 7-10 所示的川金丝猴适宜生境廊道的植物生态习性和实地调查统计分析，结合现有的植被类型和植被群落结构，以及实际的自然地理条件进行神农架川金丝猴生境廊道植物配置。

川金丝猴是森林树栖动物。随着季节的变化，它们不向水平方向迁移，只在栖息的生境中做垂直移动。而且川金丝猴的食性很杂，但以植物性食物为主，所食的主要植物多达 118 种，主要采食花楸、山楂、海棠、松栎种子等。根据川金丝猴的生态习性和实地调研，进行生境廊道植物配置，依据海拔、距离道路距离、坡向的不同，廊道植物配置如表 7-11 所示（王丽，2015）。

表 7-10 适合廊道植物的生态习性（杨敬元和杨万吉，2018）

中文学名	拉丁学名	适宜海拔/m	生态习性 1	生态习性 2	高度/m
华山松	*Pinus armandi*	2000～2700	阳生、半阴半阳	稍耐干燥、瘠薄	35
红桦	*Betula albo-sinensis*	1600～3000	阳生、半阴半阳	喜湿润	30
巴山冷杉	*Abies fargesii*	2600～3100	阳生、半阴半阳	喜湿润	40
米心水青冈	*Fagus engleriana*	1800～2500	阳生、半阴半阳	耐干燥	25
荚蒾	*Viburnum dilatatum*	100～1000	阳生	喜湿润	1.5～3.0
漆树	*Toxicodendron terifum*	1800～2400	阳生	喜湿润	20
藏刺榛	*Corylus ferox* var. *thibetica*	1600～3000	阳生	喜湿润	5～12
五尖槭	*Acer maximowicii*	1600～2600	阳生	喜湿润	5

续表

中文学名	拉丁学名	适宜海拔/m	生态习性1	生态习性2	高度/m
灯台树	*Bothrocaryum controversum*	1600～2600	半阴半阳	不耐水湿	6～15
刺叶栎	*Quercus spinosa*	1600～2600	阳生	耐旱	3～6
三桠乌药	*Lauraceae obtusiloba*	1800～2000	阳生、半阴半阳	稍耐干燥	3～10
小叶杨	*Populus simonii*	1800～3000	阳生	耐寒、瘠薄	20
紫枝柳	*Spiraea japonica*	1400～2100	阳生	稍耐干燥	10
箭竹	*Crataegus wilsonii*	1300～2400	阳生	喜湿润	1.5～4.0
粉花绣线菊	*Spiraea japonica*	2000～2400	阳生	耐干旱，不耐涝	1.5
华中山楂	*Crataegus wilsonii*	1000～2500	半阴半阳	不耐涝	7
鄂西绣线菊	*Spiraea veichi*	2000～3600	阳生、半阴半阳	耐旱，不耐涝	4
箬竹	*Indocalamus tessellatus*	300～1400	阳生	不耐涝	0.7～2.0
湖北海棠	*Malus hupehensis*	50～2900	阳生	耐涝抗旱	8
湖北花楸	*Sorbus hupehensis*	1500～3500	高山阴坡、山坡密林	喜湿润	5～10

表 7-11　神农架金丝猴生境廊道植被配置模式（杨敬元和杨万吉，2018）

海拔范围/m	廊道植物配置模式	
	阳坡	阴坡
1600～2000	红桦-荚蒾（小叶杨、紫枝柳）	红桦-湖北花楸
	华山松（红桦）-华中山楂-箭竹	华山松（红桦）-华中山楂-箭竹
	华山松-紫枝柳（小叶杨）-箭竹（粉花绣线菊、华中山楂）	华山松+紫枝柳、华中山楂
2000～2600	华山松-华中山楂-籍竹（箭竹）	华山松-华中山楂（湖北花楸）-箭竹
	华山松（红桦）-五尖槭（荚蒾）	华山松（红桦）-湖北花楸
	红桦（漆树）-三桠乌药（鄂西绣线菊、桦叶荚蒾）	红桦（漆树）-三桠乌药（鄂西绣线菊）
2600～2700	巴山冷杉（红桦）-箭竹	红桦-湖北花楸

在神农架金丝猴廊道植物配置的筛选中，一般在超过2600m的高海拔区域，选择以巴山冷杉和红桦为主的针阔混交模式的配置模式，既兼顾了高海拔的环境特征又考虑了金丝猴对植被的喜好。在2000～2600m的海拔范围内，由于植被类型丰富多样，且多为川金丝猴偏爱的植被类型，所以适合构建生境廊道的植被配置模式多样，包括以华山松和红桦、华山松和漆树等为主的混交林、华山松纯林以及红桦为主的阔叶林，具体实施可以参考廊道规划路径附近的植被类型进行相应的选择。而在2000m以下的海拔范围内，廊道植被的配置模式则是以红桦、小叶杨、紫枝柳等为主的阔叶林。

3. 基于修建生态廊道的补偿机制

利用最小费用距离模型对川金丝猴活动区适宜生境和非活动区适宜生境进行

潜在廊道的识别，根据实地的地理环境以及相应植物物种的生态习性，并结合川金丝猴的生活习性，选择合适的廊道植物配置方式，进行神农架川金丝猴生境廊道的构建。通过构建潜在生境廊道，有利于物种的基因交流和迁徙扩散，有利于保护物种的多样性。但是在进行潜在廊道构建时，没有考虑边缘效应的影响，过窄的廊道宽度会产生边缘效应，导致物种穿越廊道易受到天敌等其他生物的威胁。增加生物通道的宽度有利于增加其景观连接度和维持生物多样性，但是无限制地增加生物通道的宽度显然也是不现实的，且较宽的廊道可能导致动物降低穿越廊道的速度，增加穿越费用。川金丝猴是非人灵长类哺乳动物，根据川金丝猴的生活习性和当地地理环境因素，设计合理的廊道宽度，可以促进物种间基因交流，保护物种多样性和提高其穿越生境廊道速度。

由于人力、物力和自然环境等条件的限制，在进行川金丝猴活动痕迹调查时，有一定的局限性；同时由于自然环境因素在不断地改变，生境破碎化逐渐严重，生物间的迁徙扩散等受到不同程度的影响，导致生物间基因交流困难，使川金丝猴潜在廊道的设计上存在局限。加之国家公园当地人们对保护生物多样性的意识不够强烈，相关的法律、法规措施不够完善，如生态廊道构建过程中，占用当地农牧户土地，需要对其进行补偿，但生态补偿制度不够完善，造成了川金丝猴潜在廊道建设上的困难。

二、基于环境流量的补偿策略

经济发展与环境保护之间一直存在着权衡和取舍。在经济和现代化工业的大力发展下，能源短缺成为制约经济持续增长的巨大威胁。为开发水资源以及缩小城镇经济差距，在山区溪流兴建水电站等水利工程的建设无疑解决了经济发展的巨大难题（Pang et al.，2015；王敏，2019）。但在开发这一清洁能源的背后却潜藏着无数的环境隐患。水电站的修建破坏了溪流的自然形态，流量减小、水流断流、河道干涸使溪流原有的生态平衡被打破。小水电站的建设对溪流的水体理化因子影响较小，但却对溪流的流速、水深等物理因子影响较大，计算最小生态需水量和合理的下泄流量将对减缓水电站在溪流生态系统造成的破坏提供技术路线（Alsterberg et al.，2017；洪思扬等，2018）。受季风气候的影响，我国地区降雨和溪流水文存在季节性波动，水文变化较为复杂，因此在一年的不同时段所需的生态流量也各不相同（Li et al.，2012a，2012b；Huang et al.，2019）。如何维持溪流全年最大的生物多样性，保持生态系统平衡亟待更为精确的生态流量研究（李凤清等，2008）。本文以香溪河流域为研究对象，将香溪河流域降雨的时间分布特征划分为旱季（1～3 月，10～12 月）和湿季（4～9 月）2 个时间段，以该流域中底栖动物的优势物种四节蜉作为指示生物，采用栖息地法，通过计算指示物种在不同季节的栖息地模型得出该流域所需的生态流量。研究旨在构建旱季、湿季所需生态流量模型来为水电站的管理提供理论指导，促进该区域的社会经济和生态功能协同提升。

（一）样点设置及数据获取

1. 样点设置

基于中国科学院水生生物研究所三峡水库香溪河生态系统实验站（简称香溪河站）对于香溪河流域的长期野外调查数据，研究选取了 2001 年 7 月至 2007 年 6 月的逐月监测数据，选取了 154 个采样点对各样点进行了底栖动物的采集工作及分析水体理化因子，测定水深、流速。并分别于 2004 年 6 月和 2007 年 1 月、5 月进行香溪河全流域采样。其中用于构建栖息地模型数据的样点为香溪河流域逐月和三次全流域采样点。用于计算香溪河流域环境流量和生态需水量的样点（命名为 JC09）设置在香溪河干流上一个典型引水式电站——九冲河电站的上游，此样点所在区域为自然河道，未曾受到明显人为干扰（图 7-14）。

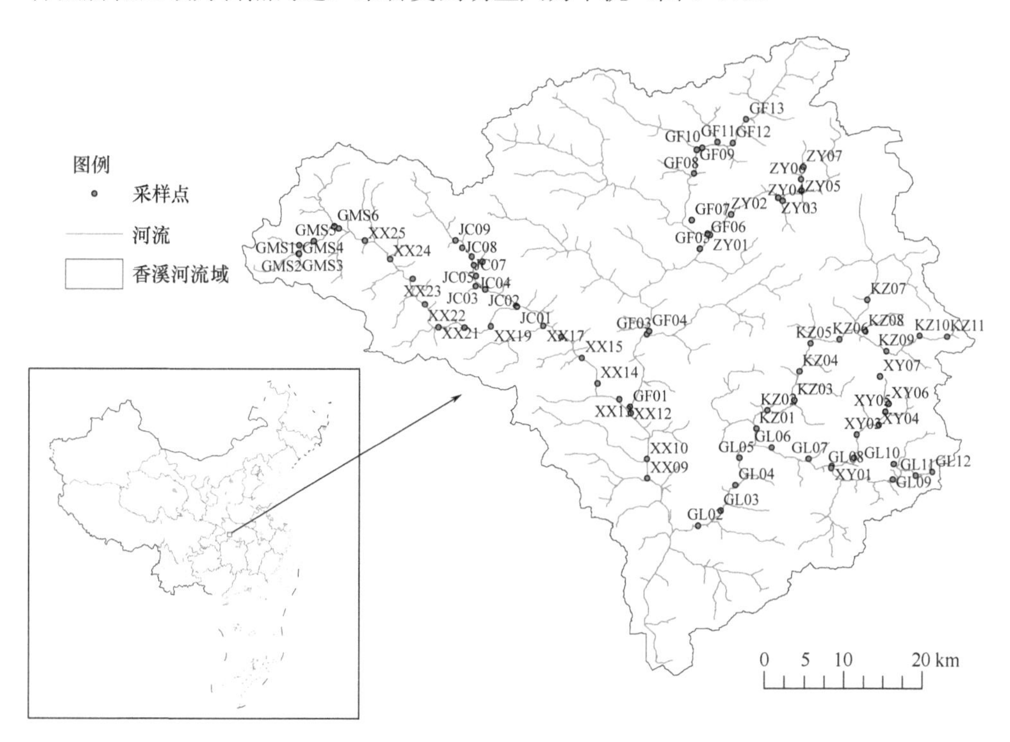

图 7-14　香溪河采样点分布图

2. 数据获取

在月度采样和全流域采样时，在各样点选取 3 个具有代表性的断面，采用卷尺进行河宽的测量，用流速仪在 0.6 倍水深处进行流速的测量，连续水文数据来自于兴山县政府公众信息网（2010 年），用手持 GPS 记录仪测量样点处的经纬度和海拔。对于大型底栖动物的采集，在 2004 年 6 月前使用 D 型手网进行采集，其后采用索伯网采样器（筛网孔径为 0.42nm，采样面积为 $0.09m^2$）进行定量采集，并用 10%的福尔马林溶液或 75%的乙醇溶液保存。底栖动物的鉴定参照相关文献资料。以 2001 年 7 月至 2007 年 6 月对香溪河流域的逐月采样和 3 次全流域采样为数据基础，以该流域优势物种四节蜉构建栖息地适合度模型，用于环境流量分析的数据选取于 2017 年 4 月至 2019 年 11 月的逐月对 JC09 样点的断面流量测定数据。

（二）结果分析

1. 栖息地适合度模型

在 R 语言平台中运用广义加性模型对香溪河流域 2001～2007 年的月度采样和 2004 年 6 月以及 2007 年 1 月、5 月进行的香溪河全流域采样数据进行栖息地适合度模型计算。分别绘制出指示生物四节蜉在旱季和湿季以流速和水深为解释变量情况下的栖息地适合度模型，如图 7-15 所示。

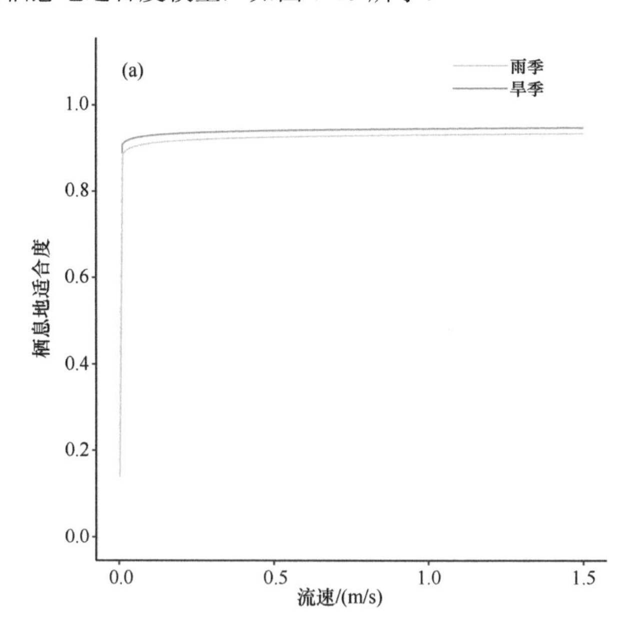

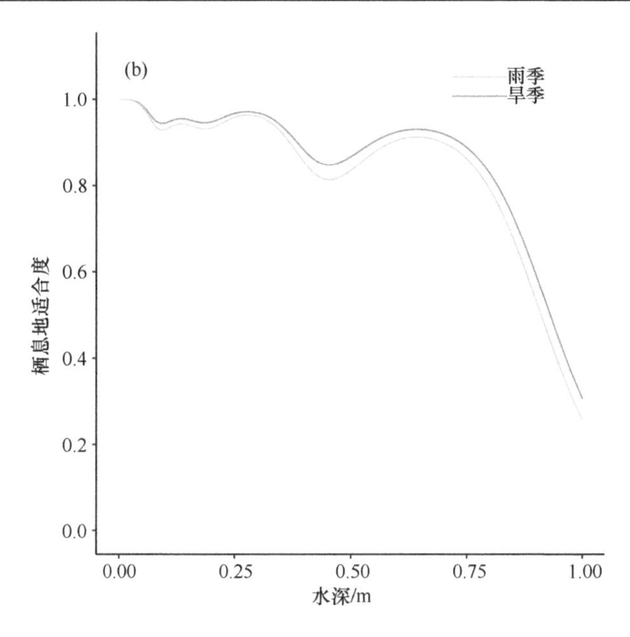

图 7-15　香溪河流域四节蜉对流速和水深的适合度模型

图 7-15（a）为流速栖息地适合度模型。在香溪河流域对溪流大型底栖无脊椎动物的测量流速为 0.0～1.5m/s，从曲线上可看出在旱季和湿季，四节蜉在各流速区间的适合度都较高，为 0.9～1.0，且两个时段变化趋势一致。但在流速为 0.0m/s 的静水区域适合度有降低的趋势。

图 7-15（b）为水深栖息地适合度模型。在香溪河流域对溪流大型底栖无脊椎动物的采集水深为 0.1～1.0m，从曲线上可看出在旱季和湿季四节蜉的适合度在水深的影响下变化趋势一致。四节蜉栖息地适合度与水深的关系是非线性的，总体来看呈负相关。曲线表明在水深超过 0.7m 的溪流河段，四节蜉适合度大幅下降，超过 0.7m 的河段基本属于以水生寡毛类和摇蚊幼虫为优势物种的下游河段。有研究表明，深水河段不利于四节蜉的生存，因而在水深超过 0.7m 以后，四节蜉的适合度下降显著。此外，分曲线阶段来看，在 0.0～0.3m 区间，四节蜉的适合度较高，且无较大波动，适合度稳定在 0.9～1.0。在 0.3～0.5m 区间，四节蜉适合度随着水深增加而下降，适合度数值为 1.0～0.8，为较大适合度值。在 0.5～0.7m 水深区间，四节蜉的适合度随着水深的增加而增大，适合度数值为 0.8～1.0。

2. 环境流量模型的模拟计算

根据广义加性模型绘制四节蜉的可利用宽度与流量的回归曲线，如图 7-16 所示。曲线显示，在旱季和湿季，随着流量的增加，四节蜉的加权可利用宽度都呈现一个先上升后下降的趋势，且都有一个加权可利用宽度最高点，在达到最高点的上升阶段都有一个曲线明显转折点。根据湿周法，曲线在上升阶段的最大转折点确定为香溪河河道内最优势类群四节蜉的最小生态需水量，其中旱季为1.3m^3/s，湿季为2.5m^3/s。曲线最高点所对应的流量为最佳生态流量（流量超过此点，则指示生物的加权可利用宽度随着流量的增加而下降），其中旱季为1.6m^3/s，湿季为2.6m^3/s。

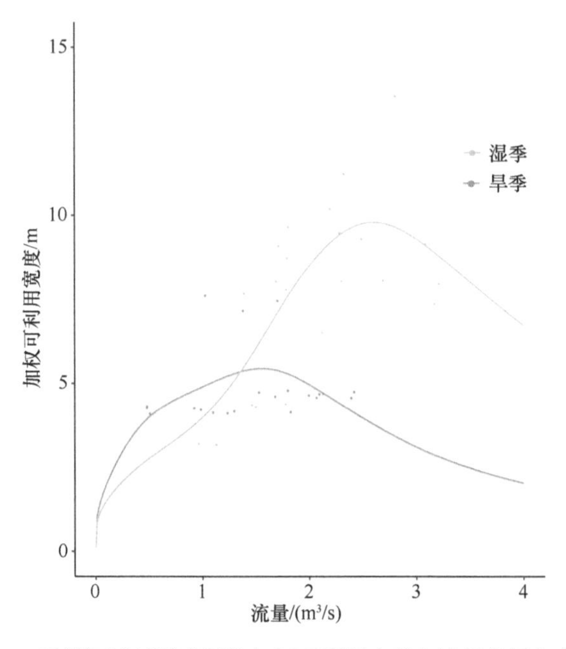

图 7-16　香溪河流域四节蜉的加权可利用宽度与流量的回归曲线图

（三）基于环境流量的小水电补偿策略

河道内流量增量法（IFIM 法）本身并不产生最小生态需水量值，其阈值的设定应协调生态用水、生产用水、生活用水等方面水资源管理，以做综合考虑。在研究中基于湿周法的原理，以加权可利用宽度与流量的回归曲线图上与斜率 45°相交的最大转折点作为最小生态需水量。这种方式虽然可行但缺乏充分的理论依据，且只考虑了生态用水，较为片面，这种确定环境流量阈值的方法还需生态学家针对指示生物的生活习性和特点以及河流生态学的相关理论作进一步的完善。另外，研究在加权可利用宽度与环境流量曲线图中显示了最佳环境流量，这在以往对香溪河流域乃至我国国内所做的环境流量研究中是未见报道的，毕竟生态需水量也有最大值，过大的流量也不利于生态系统的正常运转和社会发展。水资源短缺和因水电站建设暴露的问题越来越多，在不断变化的社会经济、气候和环境条件下，环境水战略必须超越传统的水供应和需求方法。在确定环境流量的阈值和执行管理时，应综合维持生态系统价值和满足人类生活所需以及社会发展等（吴乃成等，2021）。

神农架国家公园范围内，为保证河流的连续性，执行的生态放流标准为流量的 10%，而根据构建的环境流量模型，旱季和湿季最小生态需水量和最佳环境流量是存在明显差异的，其中最小生态需水量旱季为 1.3m^3/s（占比 19.2%），湿季为 2.5m^3/s（占比 23.7%）。最佳环境流量：旱季为 1.6m^3/s（占比 37.04%），湿季为 2.6m^3/s（占比 38.52%）。对于企业由于生态放流而损失的发电量，政府部门在进行生态补偿时，应根据不同的管理需求和季节差异对补偿的金额进行调整。

三、基于水生生物生活史的补偿策略

神农架海拔梯度在较小的空间范围内浓缩了不同的生态系统和环境类型而成为研究生物对全球气候变化响应的理想区域。海拔落差对该地区河流生态系统中的水生生物的多样性服务价值缺乏了解。与其他生态系统相比，河流生态系统具有独特的自然属性，即等级结构、网络结构、树枝状的干支流、单一方向性、水文节律，这些自然属性决定着水生生物的分布格局。生活史性状的研究是生物对环境响应的基础，主要用于进化生态和物种种群动态的研究。我们认为水生昆虫的生活史研究，除了获得以上信息外，还能结合该水生昆虫的生活史完成过程及完成状况来评价相应的河流生态环境的服务功能（Li et al.，2020，2021；Shi et al.，2020；杨顺益等，2021）。

（一）研究方法

对一种广布性水生昆虫三脊弯握蜉在神农架国家公园内不同海拔梯度的生活史完成过程进行研究。该种是亚洲中部地区的常见种（在中国中部、南部地区均有分布）（图 7-17），是清洁水体的指示种，对水流状态无偏好，非常适合用于揭示神农架国家公园内河流生态系统特征。此外，当前对弯握蜉属种类的生活史性状研究不够明确，同时缺乏其应对环境变化的响应研究。从神农架国家公园不同海拔形成的气候环境基础上明确三脊弯握蜉具有的生活史类型，分析其应对气候变化的生活史策略，进而从三脊弯握蜉的生活史完成过程探讨神农架国家公园内水生生态系统的特征，最终为制定相关保护管理政策提供科学依据。

（二）结果分析

通过对三脊弯握蜉在 4 个不同海拔样点从 2015 年 5 月至 2017 年 4 月为期两年的头宽频率（图 7-18）进行综合分析，可区分出该种具有 3 种生活史类型："非滞育卵孵化—化性型"、"滞育卵孵化—化性型" 和 "滞育卵孵化—半化性型"。

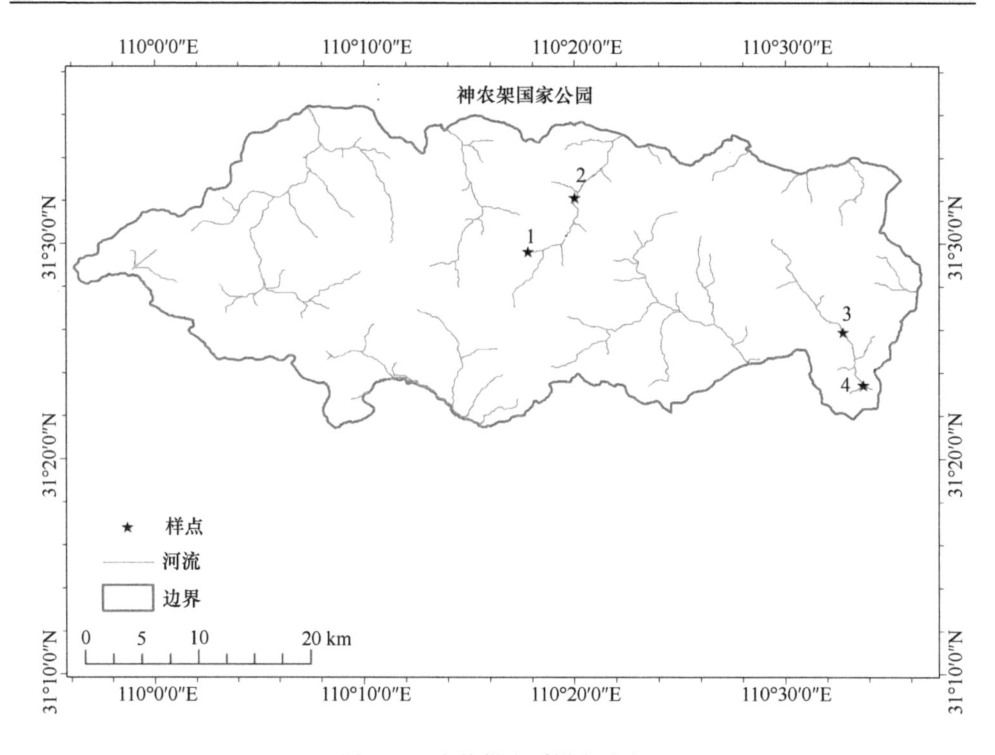

图 7-17　海拔梯度采样点分布

其中“非滞育卵孵化—化性型”个体（图 7-18 中虚线箭头附近），低龄幼虫首次出现在 8 月或 9 月，以体型较大的个体越冬，翌年春季羽化；该生活史类型的个体主要出现在样点 2 和样点 3，高海拔样点（样点 1）完全无该生活史类型的个体分布。“滞育卵孵化—化性型”个体（图 7-18 中实线箭头附近），低龄幼虫首次出现在 11 月，以体型较小的个体或卵越冬，翌年 5～9 月羽化；该生活史类型的个体为各个样点的主要组成个体，低龄幼虫首次出现的时间在不同海拔样点 1、样

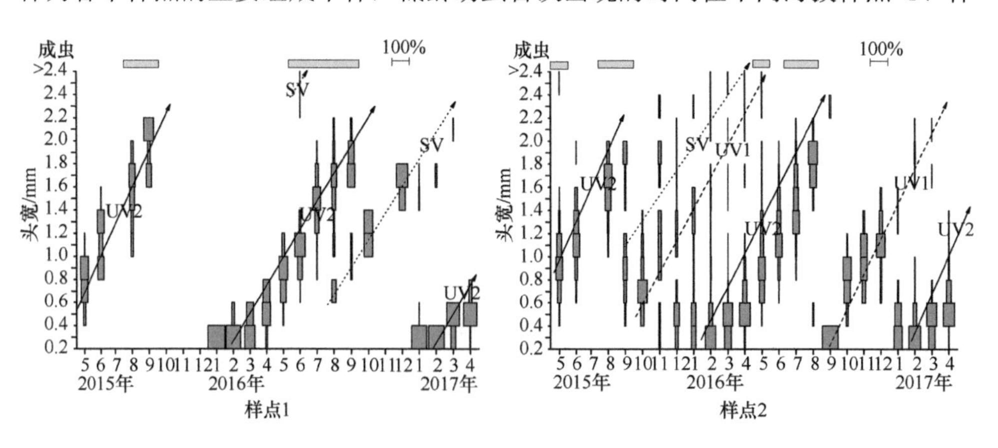

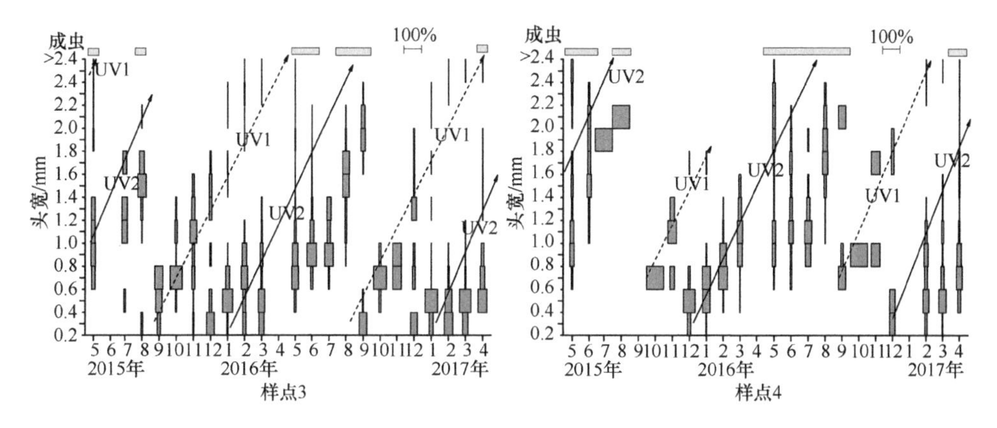

图 7-18　不同海拔样点三脊弯握蜉的头宽频率分布动态图

UV1 表示非滞育卵一化性，UV2 表示滞育卵一化性；SV 表示滞育卵孵化半化性型；矩形框指有成虫出现；100%及下面的尺度表示 100%个体的宽度

点 2 和样点 3 不同年份间存在差异。"滞育卵孵化半化性型"个体（图 7-18 中点箭头附近），低龄幼虫首次出现在夏季，当年不能羽化，以体型较大的个体越冬，翌年春季羽化；该生活史类型的个体可清晰见于样点 1，在样点 2 中该生活史类型的个体与"非滞育卵孵化一化性型"的个体头宽出现严重重叠。对不同海拔样点间的幼虫密度进行比较得到：各样点间存在显著差异，样点 2、样点 3 显著高于样点 1、样点 4。

三脊弯握蜉的幼虫密度，样点 1 为（99.0 ± 102.9）ind/m^2（mean ± SD），样点 2 为（495 ± 616.8）ind/m^2（mean ± SD），样点 3 为（500.5 ± 742.6）ind/m^2（mean ± SD），样点 4 为（155.3 ± 155.3）ind/m^2（mean ± SD），对不同海拔样点间的幼虫密度进行比较得到：各样点间存在显著差异，样点 2、样点 3 显著高于样点 1、样点 4［数据经 lg（x + 1）转换后再进行比较，经曼-惠特尼-U 检验（Mann-Whitney U test），$P < 0.05$］，如图 7-19 所示。

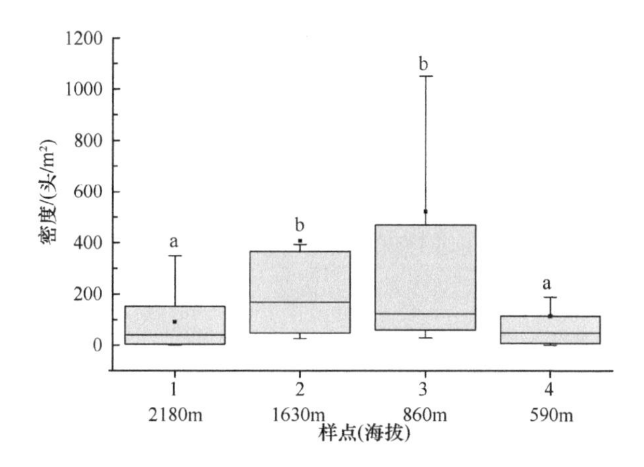

图 7-19　不同海拔样点三脊弯握蜉的密度分布

（三）基于生活史完整性的补偿机制

生活史性状是物种功能性状信息库中的重要组成部分，是分析生物与环境关系的基础信息。通过对在神农架国家公园不同海拔三脊弯握蜉的头宽频率逐月动态分析得到，该种在神农架国家公园具有 3 种生活史类型，即“非滞育卵孵化—化性型”、“滞育卵孵化—化性型”和“滞育卵孵化—半化性型”（研究中未对卵滞育与否及其滞育条件进行实验，为了便于描述和理解，因此用了“非滞育卵”和“滞育卵”），按照 Clifford（1982）对蜉蝣目生活史类型及生长发育过程的分类描述，三脊弯握蜉的生活史性状由其中的“Uw”、“Uw-Us”、“2Y” 3 种类型组成。研究结果为首次揭示三脊弯握蜉的生活史性状，同时也是弯握蜉属中最完整的生活史类型记录。研究结果，跟 Tamura 和 Kagaya（2016）报道的日本中部地区溪流中 4 种弯握蜉种类的生活史类型存在差异，其研究中 *Drunella ishiyamana* 大部分个体的生活史为一化性，而部分个体为二化性，其余的 3 个种（*D. basalis*、*D. sachalinensis* 和 *D. trispina*）和 *D. grandis* 在美国均为一化性。

“非滞育卵”孵化的个体生长形成了“Uw”型生活史，“滞育卵”冬春季孵化的个体生长形成“Uw-Us”型生活史，高海拔（大于 2180m）地区晚孵化的“滞育卵”个体生长形成“2Y”型生活史。因此，海拔因子导致低龄幼虫的异步出现和老熟幼虫的形成需要一定的温度条件，这是造成不同海拔样点和同一样点的不同年份三脊弯握蜉生活史性状差异的原因，同时也暗示气候变化主要影响三脊弯握蜉低龄幼虫出现的时间和成虫的羽化。而 *Baetis rhodani* 在挪威南部由于海拔差异导致幼虫生长速率的变化也造成了该种的生活史类型的差异。因此，生活史的完成过程由环境条件和物种自身的遗传特性共同决定。

国家公园建设已被作为国家战略加以推进。而作为国家公园，明确其国家或国际重要意义的典型性和生态系统的完整性是一项必要的科研内容。而神农架国家公园山体具有明显的垂直气候带，从低海拔到高海拔依次呈现出北亚热带、暖温带、温带、寒温带的气候特点，在陆地生态系统中形成了不同的植被垂直带谱、植物种域分布特征、乔木叶片功能性状特征、凋落物的分解特征。河流生态系统中水生昆虫密度能呈现低-高-低的变化模式，这些变化模式体现了神农架国家公园地区河流生态系统的典型性和完整性及相应的生物多样性维持价值和科研服务价值。在对河流生态系统的典型性和完整性进行保护中，需要重新划定保护区域，重新划定保护区域的过程中占用了当地农牧民土地的，需要对占用的土地进行现金补偿。

第四节　神农架国家公园生态补偿模式

生态补偿在国际上通用的概念是“生态服务付费”或者“生态效益付费”。从狭义上讲是指人类的社会经济活动给生态系统和自然资源造成的破坏及对环境造成的污染的补偿、恢复、综合治理等一系列活动的总称。广义上的生态补偿包含：对生态环境本身的补偿；利用经济手段对破坏生态环境的行为予以控制；因区域生态环境保护而放弃的发展机会；对具有重大生态价值的区域或对象进行保护的投入等。神农架国家公园现行的生态补偿政策补偿方式较为单一，缺乏政策补偿和技术培训、教育援助等“造血式”补偿方式，缺乏市场主体和多种融资渠道。通过本研究希望为推动神农架建立多元化的自然保护地生态补偿方式奠定良好基础。

一、基本思路

生态补偿的多元化和长效化创新是促进绿色生态和绿色经济协调发展，实现社会经济可持续的一项重大举措。当前多数生态补偿政策，一般是根据保护者从事生态保护的直接投入和机会成本损失作为补偿标准，对保护者进行“输血型”的直接补贴。单从补偿标准的合理性来看，由于社会经济水平的不断提高，当前的补偿标准将越来越低于保护者的受偿意愿，其激励作用不断降低。更重要的是，受益于“输血型”的直接补偿，保护者经济收益在补偿期内增加明显。但由于其对生态补偿依赖性很强，一旦停止补助，将会失去基本生活来源。这无疑将会大大降低生态补偿政策实施的效果（刘某承等，2019）。

因此亟待充分发挥市场的作用，实施具有解决劳动力就业等“造血型”的生态补偿长效机制，以解决生态建设对保护者家庭生计影响的问题，完成生态补偿中对保护者补偿的目标。随着发展中国家社会经济的快速发展，带来了土地多功能的利用和农业劳动力向非农产业转移，为解决生态补偿问题提供了契机。但当前缺乏有关“输血型”的直接补贴和“造血型”的长效补偿机制的对比研究，基于产业调整的“造血型”补偿机制是否能快速达到生态补偿目的，缩短生态补偿的时限？这种模式付出了额外的产业调整成本，对比“造血型”的直接补贴模式，政府是否需要负担更高的补偿资金总投入？

基于此，本书以神农架国家公园体制试点区为研究区域，以激励农户退耕的生态补偿政策为研究对象，设定不同的“输血型”和“造血型”补偿模式，研究未来20年的动态补偿标准、不同补偿模式情景下退耕速度的快慢以及政府用于生态补偿的资金投入变化，以权衡不同的补偿模式。

二、研究方法和数据处理

（一）研究方法

理论上讲，农户的受偿意愿可以作为生态补偿的标准。考虑到农户受偿意愿随地区经济发展水平的提高而增加，本文设定“面向退耕土地的直接补贴”这一“输血型”补偿模式，讨论维持一定退耕比例的动态补偿标准以及生态补偿的资金投入。

其次，随着国民经济的发展，农业劳动力将会向城镇转移。由于当前许多生态补偿政策没有考虑劳动力随时间发生转移的因素，致使一些全家移民到城镇的农户还依然接受着国家的补偿。因此，本文设定“基于劳动力转移的直接补贴”这一“输血型”补偿模式，讨论劳动力转移背景下退耕速度的快慢以及生态补偿资金投入。

最后，由于“输血型”补偿模式并不能有效解决弃耕农户的生计和就业问题，致使大多农户主要依赖政府补贴来解决家庭生计。本文设定“产业调整下的长效机制”这一“造血型”补偿模式，讨论在政府额外投入资金用于产业结构调整的背景下退耕速度的快慢以及生态补偿资金投入。

1. 农户对退耕还林的受偿意愿

根据意愿调查法的基本原理，农户对于退耕还林的受偿意愿可根据调查获得的有效样本来进行估算。

首先，通过问卷设计，假设政府为了神农架国家公园的建设和生态保护要求农户退耕，询问受访农户退耕的受偿意愿。其次，对有效样本加总并求其加权平均值，即为农户对退耕还林的最低受偿意愿的平均水平。公式如下：

$$E_{\mathrm{WTA}} = \sum X_i P_i \tag{7-11}$$

式中，E_{WTA} 为农户接受退耕还林的平均受偿意愿；X_i 为单个样本的受偿意愿；P_i 为单个样本的相对频率。

2. 面向退耕土地的直接补贴模式

设定的面向退耕土地的直接补贴模式主要根据退耕面积对农户进行直接的现金补偿，同时对今后 20 年农户的受偿意愿进行预测，以建立动态的补偿标准。

一般而言，农户的受偿意愿受多种因素的影响，包括家庭收入、农业收入比例、农业种植经验、性别、年龄及文化程度等（Liu et al.，2014）。但从年度变化上来看，农户的受偿意愿也会随着当地社会经济的发展而逐渐提高，而 GDP 可以代表社会经济的发展情况。

农户的受偿意愿（w）随人均国内生产总值（G）呈现增长趋势，可以定量描述为：

$$w=a+b\ln G \tag{7-12}$$

式中，a 和 b 为两个需要确定的常数。

参考当地近期社会经济发展水平和当地社会经济发展规划，将当地人均国内生产总值未来 20 年内的增长速度设定为 9%、7%、6%和 5%四个阶段，以 2019 年人均 GDP 为起点，可以线性预测 2020～2039 年人均 GDP 变化情况。结合式（7-11）可以计算今后 20 年内农户的退耕意愿（生态补偿标准）。

最后，若知道需要补偿的退耕面积（s），可以计算该模式下政府需要支出的生态补偿总额（$Q_{\rm I}$）：

$$Q_{\rm I} = w \times s \tag{7-13}$$

3. 基于劳动力转移的直接补贴模式

设定基于劳动力转移的直接补贴模式主要考虑在劳动力转移的背景下对退耕农户进行补偿。本情景采用和情景 I 同样的动态补偿标准，同时将直接现金补偿的范围限定在以土地收入作为家庭生计主要来源的农户。

劳动力结构的预测可以使用年龄移算法。首先，假定各年龄段的育龄妇女生育率不变，因此每年新生儿（即 0 岁）人口数量为：

$$P_0 = \sum_{i=15}^{49} b_i \times q_i \tag{7-14}$$

式中，P_0 为新生儿数量；b_i 和 q_i 分别为年龄 i 的年龄组育龄妇女生育率和数量。

其次，假定各年龄组的人口死亡率不变，则对 0 岁以上的人口 $P_{i,t}$，根据死亡率进行推算：

$$P_{i,t} = r_{i-1,t-1} \times P_{i-1,t-1} \tag{7-15}$$

这表明，对于某一年 t 的年龄为 i 的人口数量等于上一年低一岁年龄组的人口数乘以人口的留存率 $r_{i-1,t-1}$。

再次，根据劳动力年龄特征，对劳动力变化的预测分两个年龄段进行。对于 24 岁及以下年龄组劳动力，由于其就业结构稳定，因此假定其劳动力结构不发生变化。对于 24 岁以上年龄组劳动力，采取以下方法进行预测：

$$\mathrm{PA}_{i,t} = \mathrm{PA}_{i-1,t-1} \tag{7-16}$$

$$\mathrm{PB}_{i,t} = \mathrm{PB}_{i-1,t-1} + \mathrm{PC}_{i-1,t-1} \tag{7-17}$$

式中，PA、PB 和 PC 分别为农业、非农产业劳动力和学生的比例，即当年农业劳动力比例 $\mathrm{PA}_{i,t}$ 是上一年低一岁年龄组农业劳动力的比例 $\mathrm{PA}_{i-1,t-1}$。由于大多数在大中专院校就读的学生毕业后极少从事农业生产，因而将上一年低一岁年龄组的非农劳动力 $\mathrm{PB}_{i-1,t-1}$ 和学生的比例 $\mathrm{PC}_{i-1,t-1}$ 之和作为当年非农劳动力的比例 $\mathrm{PB}_{i,t}$。通过将今后 20 年退耕农户分年龄组劳动力的数量，按照当年分年龄组就业分布进行分割，可得到今后 20 年各年龄组从事各种就业类型的劳动力数量。

最后，将各年农业劳动力与 2019 年总劳动力作比较，计算未来 20 年的农业劳动力系数（λ）；再结合需要补偿的退耕面积（s）和农户的受偿意愿，可以计算劳动力转移模式情景下给予农户退耕的生态补偿总额（$Q_{\rm II}$）：

$$Q_{\text{II}}=w\times s\times \lambda \tag{7-18}$$

4．产业调整下的长效机制

相较于面向土地的和基于劳动力转移的直接补贴模式，调整产业结构是当前积极探索的一种生态补偿长效机制。

设定的产业调整下的长效机制主要考虑在生产结构调整的基础上对退耕农户进行补偿，采用和情景Ⅰ同样的动态补偿标准。作者开展的机构调研结果表明，农林业、水产养殖业、农产品销售经营和农林渔产品加工业等涉农产业，平均每个劳动力投入5000～10 000元，经过3～5年，即可使该劳动力从传统的农业种植业转向涉农产业或非农产业。

假定某年龄组 i 的劳动力转移数量占该年龄组农业劳动力的比例为 r_i。对于24岁以下年龄组，产业调整后农业劳动力和非农业劳动力比例可由下式分别计算：

$$\mathrm{PA}'_{i,t}=(1-r_i)\times \mathrm{PA}_{i,t-1} \tag{7-19}$$

$$\mathrm{PB}'_{i,t}=r_i\times \mathrm{PA}_{i,t-1}+\mathrm{PB}_{i,t-1} \tag{7-20}$$

式中，$\mathrm{PA}'_{i,t}$ 和 $\mathrm{PB}'_{i,t}$ 分别为当年产业调整后的农业和非农业劳动力比例；$\mathrm{PA}_{i,t-1}$ 和 $\mathrm{PB}_{i,t-1}$ 分别为上一年同年龄组农业和非农业劳动力比例。

对于24岁以上年龄组，产业调整后农业劳动力和非农业劳动力比例可由下式分别计算：

$$\mathrm{PA}'_{i,t}=(1-r_i)\times \mathrm{PA}'_{i-1,t-1} \tag{7-21}$$

$$\mathrm{PB}'_{i,t}=r_i\times \mathrm{PA}_{i-1,t-1}+\mathrm{PB}_{i-1,t-1}+\mathrm{PC}_{i-1,t-1} \tag{7-22}$$

式中，$\mathrm{PA}_{i-1,t-1}$、$\mathrm{PB}_{i-1,t-1}$ 和 $\mathrm{PC}_{i-1,t-1}$ 分别为上一年低一岁龄组农业、非农业劳动力和学生的比例。

此时，生态补偿所需资金包括产业调整成本 C 和受偿意愿补偿资金 Q 两部分。产业调整成本是指转移劳动力到非农产业或者从事非农经营所需要的成本，这里采取机构调研所得的平均成本来计算：

$$C=\sum_{i=21}^{45}k_i\times t_i \tag{7-23}$$

式中，k_i 为年龄为 i 的劳动力转移的数量；t_i 为产业调整的平均成本。因此，产业调整模式下所需生态补偿总额（Q_{III}）为：

$$Q_{\text{III}}=w\times s\times \lambda+C \tag{7-24}$$

（二）数据来源

为了解神农架国家公园体制改革试点区生态补偿的社会经济与环境变化效应，收集了园区人口、耕地和社会经济发展等基础数据，并通过农户和机构问卷调查收集了与生态补偿关系紧密的农户与机构数据。

1. 问卷设计

根据生态补偿标准测算的依据，选择鼓励农民退耕还林从而得到补偿的思路进行问卷的设计。调查内容包括两个方面，①受访农民的基本社会经济特征，包括受访者的性别、年龄、文化程度、农业生产经验，及家庭收入状况、收入来源、兼业经营等基础资料，以此分析受访农民的社会经济特征对其退耕还林意愿及受偿数额的影响；②受访农民愿意退耕还林的受偿额度，包括受访者是否愿意退耕还林及其受偿意愿。

2. 抽样调查和访谈

于 2018 年 7～8 月对神农架国家公园展开调查和问卷，调查对象均为拥有耕地且从事农业生产活动的农户。本次调查覆盖了神农架国家公园内 5 个乡镇 25 个行政村，每个村分别随机抽选 10 户进行调查，共调查了 250 户，有效问卷 231 份，有效率达到 92.40%。

2019 年 7～8 月，又对湖北省林业厅、神农架国家公园管理局、神农架国家公园研究院等机构，5 个乡镇的 36 位政府机构官员和研究学者进行了问卷调查，获取了有关生态补偿措施实施时可供选择的部分产业模式及其运行参数等信息。

3. 调查结果与样本特征

受访样本以男性略多，占样本的 61.54%；以中老年劳动力为主，年龄集中在 41～70 岁，占样本的 83.06%，40 岁以下仅有 13.66%；文化程度多在小学及初中，占样本的 90.66%；受访农民家庭年收入在 16 000 元及以下的占 76.84%，其中打工收入占家庭收入 50%以上的有 58.06%，农业收入占家庭年收入 50%以上的有 51.23%；受访农民农业生产经验低于 10 年的仅占 1.67%，87.22%的农民农业生产经验在 20 年以上；受访农民中有 49.17%从事兼业经营，其中 70.53%以外出打工为主。

为分析农户劳动力就业结构随年龄增加的变化特征，将调查农户家庭劳动力（16～65 岁）按照 5 岁差异划分成不同年龄组，每组又分为农业、非农产业和其他（学生等）三类。可以发现（图 7-20），在 16～20 岁的年龄组中，学生群体所占比例最大；在 21～35 岁的年龄组中，从事非农工作的劳动力比例最大；36 岁之后，从事农业的劳动力比例越来越多，40 岁之后，绝大多数劳动力都从事农业劳动。

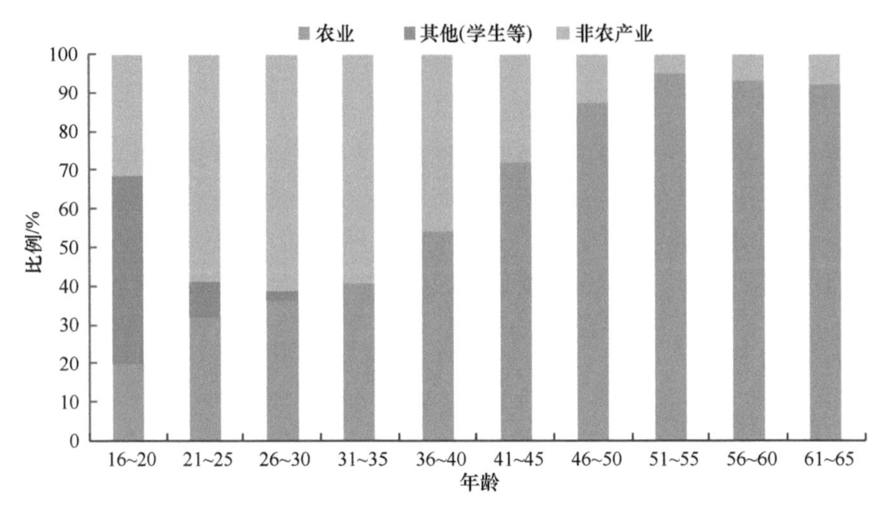

图 7-20　研究区域内按年龄差异分组的劳动力组成

三、结果分析

（一）农户的受偿意愿及其影响因素

理论上，可以将退耕农户的受偿意愿作为生态补偿的标准。根据在神农架国家公园获取的实地农户调查数据和式（7-11），对该区域农户的受偿意愿进行分析。结果表明（图 7-21），当受偿意愿为 3×10^3 元/hm^2 时，愿意退耕的农户只有 3.54%；当受偿意愿为 1.5×10^3 元/hm^2 时，愿意退耕的农户比例最高，为 25.50%。理论上，

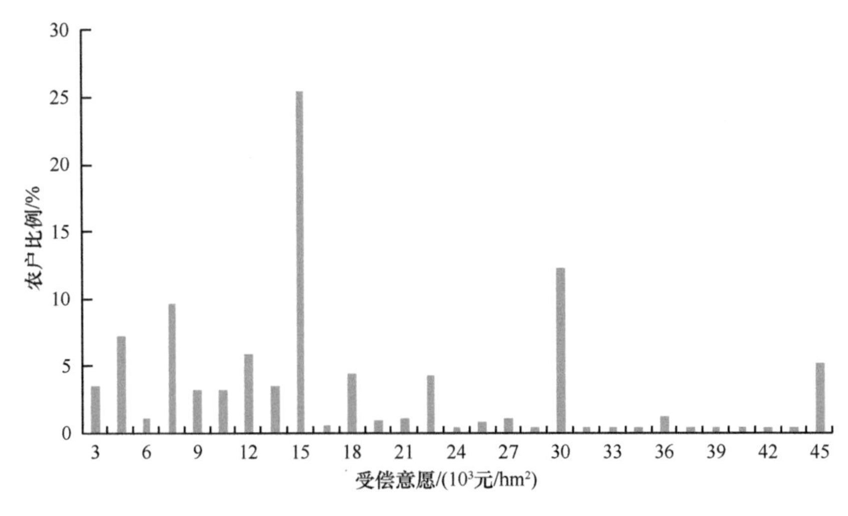

图 7-21　愿意接受生态补偿的农民的分布特征

国家公园内农户退耕的生态补偿标准为 1.70×10^4 元/（$hm^2\cdot a$）时，能够满足 96.62%农户的受偿意愿。

通过相关性分析，可以得到影响农民受偿额度高低的因素（表 7-12），主要有受访农民的家庭收入、农业收入比例、农业种植经验、性别、年龄及文化程度。受偿额度的高低与受访农民家庭收入和文化程度呈负相关关系，表明家庭收入越高、文化程度越高的农民愿意接受的补偿额度越低；与农业收入占家庭收入的比例呈正相关关系，表明农业收入占家庭收入比重越大的农民其希望得到的补偿越高；受访农民的受偿额度还与农业种植经验和年龄呈正相关关系，表明从事农业生产越久、年纪越大的农民希望能得到较多的补偿。

表 7-12　影响农民接受生态补偿意愿的因子

项目	家庭收入	农业收入比例	农业种植经验	性别	年龄	文化程度
估计值	–0.0054	306.15	8.59	–4.29	6.80	–71.11
显著程度	0.0901	0.0455	0.0233	<0.0001	<0.0001	0.0002

（二）生态补偿动态标准测算

利用 SPSS 软件对神农架地区过去 70 年人均国内生产总值和受偿意愿进行回归分析，得到式（7-12）的模型参数，$a = -2569.09$，$b = 400.07$。模型拟合程度较高（Sig = 0.000）。据此预测未来 20 年农户的受偿意愿，可以建立随国民经济发展逐渐增加的动态生态补偿标准（图 7-22）。结果表明，以后 20 年随着国民经济的发展，动态补偿标准从 2.23×10^4 元/（$hm^2\cdot a$）逐渐增加到 3.65×10^4 元/（$hm^2\cdot a$）。

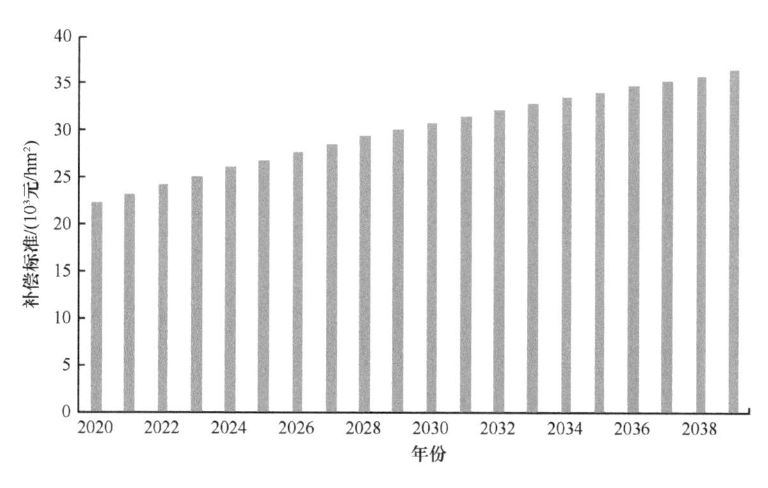

图 7-22　动态补偿标准年度变化情况

（三）面向退耕土地的直接补贴模式的情景分析

若政府以本文建立的动态生态补偿标准持续给予退耕农户现金补贴，可以激励并维持96.62%的农户退耕，但每年都需要用现金补贴激励这些农户退耕（图7-21）。一旦取消了生态补偿的现金补贴，生态补偿政策实施的效果就无法保障。

根据式（7-13）计算得到未来20年神农架国家公园直接补贴模式情景下所需的资金总额（图7-23）。结果表明，如果按照前文建立的动态补偿标准，园区总的补偿金额将从2020年的2.72×10^8元/a，增加到2039年的4.46×10^8元/a。20年总的生态补偿资金支出将达7.34×10^9元。

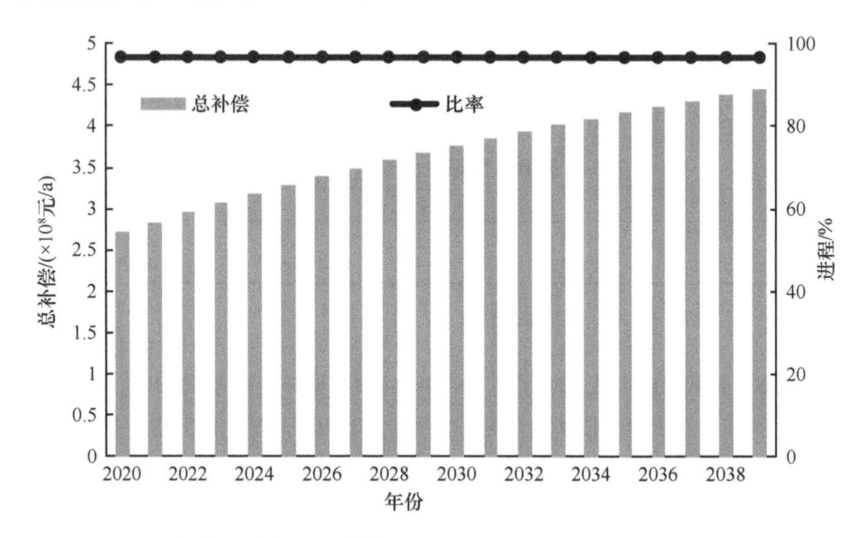

图7-23　神农架国家公园按耕地直接补贴模式下所需成本和进度（I）

（四）基于劳动力转移的直接补贴模式的情景分析

根据式（7-16）和式（7-17）可以计算，在未来20年，采用不断增加的情景Ⅰ的动态补偿标准，随着劳动力的新旧更替，每年需要用现金补贴激励退耕的农户比例将从96.62%降低到48.96%（图7-24）。结果表明该模式可以较快达到生态补偿的目的，需要退耕的农户越来越少。

在农户受偿意愿变化和劳动力动态转移两种因素的共同作用下，根据式（7-18）可以计算，园区的生态补偿总额将从2020年的2.63×10^8元/a增加到2028年的峰值3.08×10^8元/a，随后逐年降低，最低可达2.18×10^8元/a（图7-24），20年总的生态补偿资金支出将达5.50×10^9元。

（五）产业调整下的长效机制情景分析

此模式中，由于产业结构的调整有效推动了劳动力的转移，根据式（7-19）～式（7-22）可以计算，在未来20年，采用不断增加的情景Ⅰ的动态补偿标准，每年需要用现金补贴激励退耕的农户比例将从96.62%降低到20.15%（图7-25）。结果表明该模式可以迅速达到生态补偿的目的，20 年后只有 1/5 的农户需要补贴来激励退耕行为。

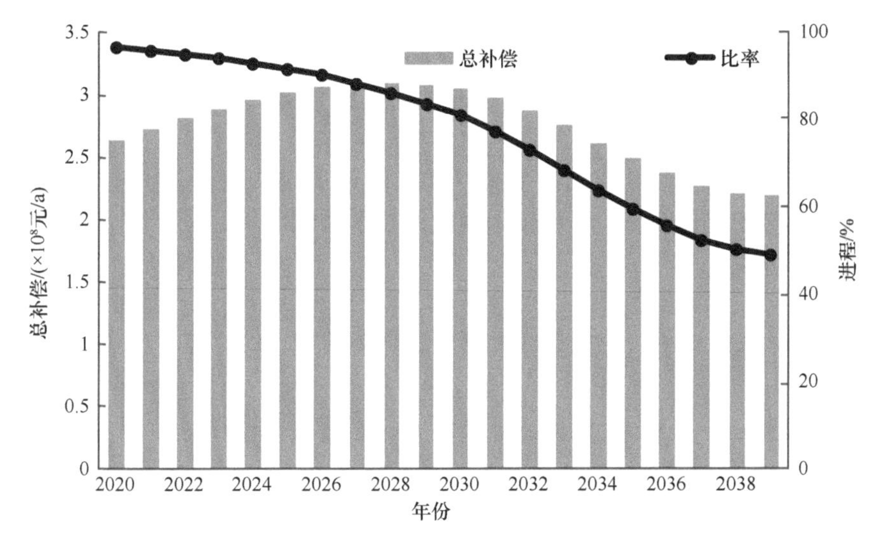

图 7-24　神农架国家公园按照动态补偿标准所需成本和进度（II）

根据式（7-23）和式（7-24）可以计算在产业调整下的长效补偿模式中，产业调整的成本和政府生态补偿总投资资金（图 7-25）。结果显示，在实施产业调整补偿模式的情况下，由于生产结构调整初期需要投入较多的资金到劳动力转移上，但这部分资金呈逐年降低趋势，由 2020 年的 3.90×10^8 元/a 降到 2039 年的 0.98×10^6 元/a，20 年需要投资 8.82×10^8 元。

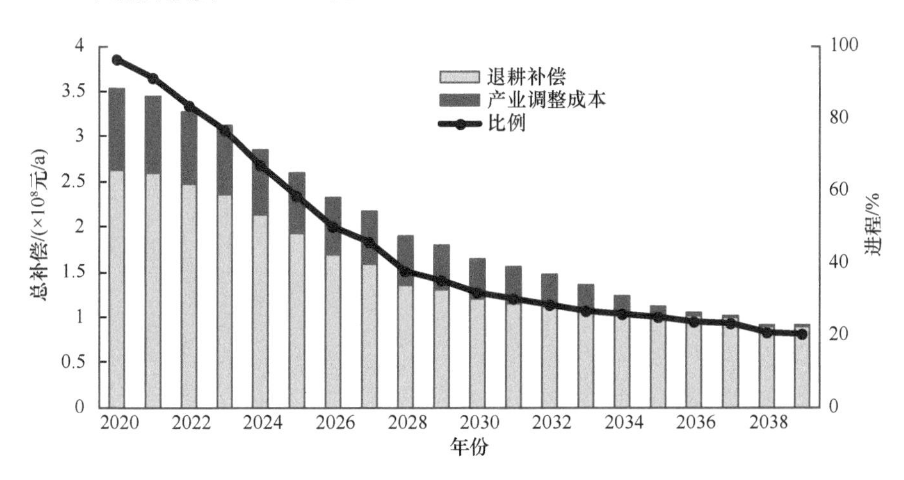

图 7-25　神农架国家公园在产业调整下的长效补偿模式中所需成本和进度（III）

生态补偿总额也呈逐年降低趋势，从 2020 年的 3.53×10^8 元/a 降到 2039 年的

9.1×10^7 元/a，20 年总的生态补偿资金支出将达 3.94×10^9 元。

（六）三种补偿模式比较

比较三种不同的补偿模式，可以回答引言提出的问题：基于产业调整的“造血型”补偿机制是否能快速达到生态补偿的目的？这种模式是否需要更多的生态补偿资金投入？

结果显示，虽然每种模式的生态补偿标准相同且都随经济发展而逐渐增加，今后 20 年每年仍需要补偿激励的退耕农户比例和政府生态补偿资金的支出各不相同（图 7-26）。

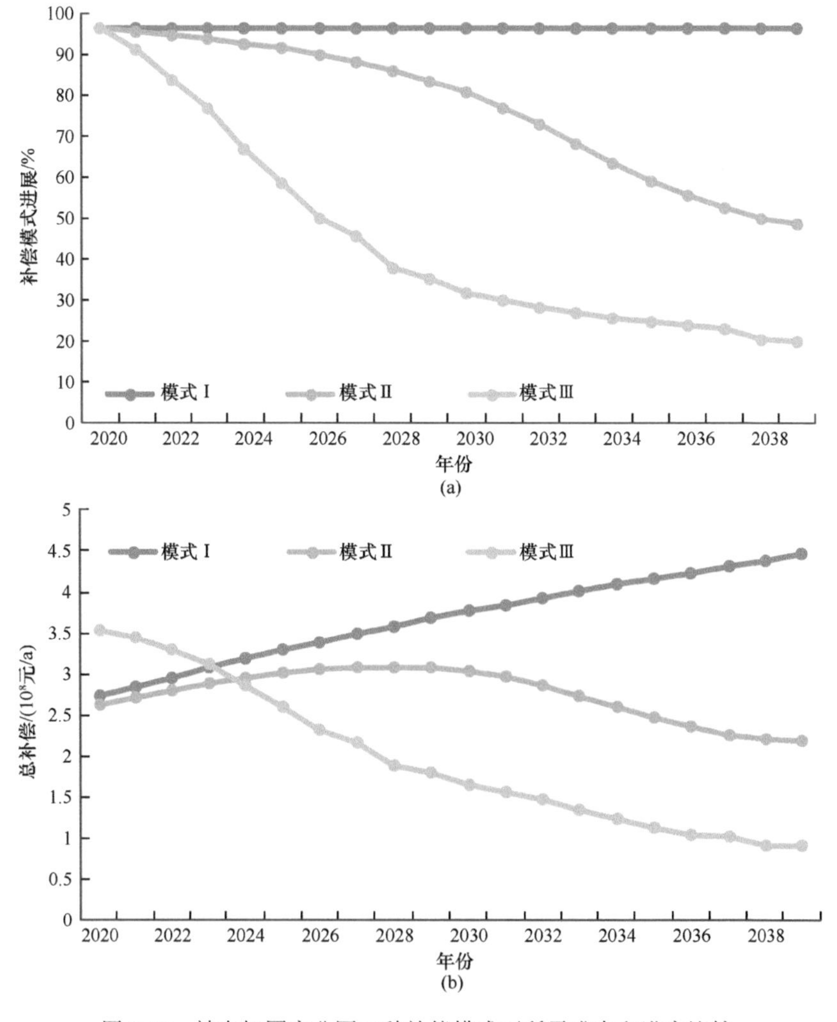

图 7-26　神农架国家公园三种补偿模式下所需成本和进度比较

就生态补偿政策的政策进度而言，基于产业调整的“造血型”补偿机制具有明显的优势。补偿政策实施后的第 5 年（2024 年），近 1/3 的农业劳动力已经转移至其他涉农或非农产业，67.16%的农户需要补贴来激励退耕行为；第 10 年（2029 年），只有 35.27%的农户需要补贴；到 2039 年，只有 1/5 的农户需要补贴来激励退耕行为。

就生态补偿政策的所需资金而言，产业调整下的长效机制，在初期政府需要额外支付一笔产业调整费用，导致初期每年的总支出较高。但从第 5 年（2024 年）开始，其每年的资金支出（2.86×10^8 元）将低于其余两种“输血型”补偿模式（分别为 3.19×10^8 元和 2.96×10^8 元）。

从逐年累计的生态补偿支出总额来看，从第 7 年（2026 年）开始，产业调整下的长效机制（2.12×10^9 元）将低于面向退耕土地的直接补贴模式（2.15×10^9 元）；从第 9 年（2028 年）开始，产业调整下的长效机制（2.53×10^9 元）将低于面向退耕土地的直接补贴模式（2.62×10^9 元）。

四、结论与讨论

在生态补偿的实践过程中，由于生态系统的结构和功能、社会经济发展水平等因素的区域差异，形成了多样化的补偿方式。对不同地区来说，这些方式的生态效应可能会完全不同，有的可能会使生态系统完全得到恢复，而有的可能仅会遏制生态系统的进一步退化，却无法从根本上达到恢复生态系统的目的。

相较于“输血型”的直接补贴模式，产业调整下的长效机制对推动劳动力转移、缩短结束生态补偿所需时限和减少生态补偿资金投入有明显的积极意义。然而由于农户在资金、技术和生产管理等方面，以及应对市场风险的意识和经验方面的不足，参与者会面临一定的市场风险。另外，劳动力转移的速度会受社会经济环境的影响。未来研究和具体生态补偿政策的设计与实施，需要综合考虑这些因素的影响。

此外，国家公园的生态补偿需要根据地区的实际情况，结合园区内的功能区划分，给出适合不同功能区定位的生态补偿标准，同时考虑生态补偿项目的时间价值。生态补偿政策的科学性和合理性直接影响生态补偿政策的可行性。确定某个区域的生态补偿政策，需要充分考虑区域特点和区域实际发展规划，将理论与实际相结合，完善相关理论，更好地指导生态补偿实践发展。

第五节　神农架国家公园管控技术体系与监管平台

我国生态保护地类型丰富，但由于管理权属分散、保护与发展矛盾突出等诸多问题，造成了生态系统退化、经济贫困、社区居民对生态保护认同感不高等现状。针对神农架地区存在的问题，通过试点研究示范，制定满足国家生态安全保障和区域生态系统健康的保护地自然资源分区管理、环境胁迫分类管理、公众参与分级管理、协调发展分期管理的技术体系，并为管理部门制定相关政策法规提供建议。同时参与到神农架国家公园管控平台的建设，以新一代信息技术为手段，围绕保护、科研、管理等业务需求，建成立体感知、智能型生产、大数据决策、协同化办公、云信息服务的国内领先的“神农架智慧公园”系统，为实现神农架国家公园高效信息化管理和管理部门管理能力及水平的提高提供技术支持。

一、神农架国家公园综合管控技术体系框架

（一）综合管控技术的内涵

管控的基本解释为“管理控制”，是在既有的框架下对特定资源和行为所进行的约束和组织，管控具有既定的目标，并且需要一定的权力赋予作为实施管控行为的保障。“管”即为定性的方法措施，“控”即为定量的指标和技术。因此，国家公园的管控是综合了定性和定量的方法、技术和指标，对国家公园管理过程进行定性和定量的管理控制（刘显洋等，2019；He et al.，2020）。

（二）综合管控框架设计

根据中共中央办公厅 国务院办公厅印发的《关于建立以国家公园为主体的自然保护地体系的指导意见》要求，进一步梳理国家公园已有相关规范标准内容，构建国家公园综合管控指标体系，并完成国家公园综合管控技术规范的编制。

（三）综合管控技术规范

综合考虑国家公园管控的“目标对象（自然资源、人文资源和人类活动）”、“空间范围（核心区、一般控制区和协同保育区）”，结合多类型的定性与定量技术方法，确定出调查监测、风险防范与灾害管控、分区管控、生态保护与修复和综合管理 5 项一级指标，重点突出管控技术方法的规范与集成性，形成《国家公园综合管控技术规范》。

二、神农架国家公园管控技术体系——四分管理

管控技术体系的构建主要基于自然资产分区管理、环境胁迫分类管理、公众参与分级管理、协调发展分期管理的理论。自然资产分区管理，对不同的分区进行不同的管理，可以最大限度地发挥国家公园的生态服务功能，兼顾科研、教育、

游憩等功能，实现严格保护与合理利用的协调统一。环境胁迫分类管理针对不同的环境胁迫类型进行，能发挥自然资源的最大效益。国家公园公众参与的分级管理是在政府主导下对国家公园管理体制进行完善的过程，自下而上实现国家公园内资源的有效保护，是全民共同参与、共同承担、共享发展国家公园建设和保护事务的过程。协调发展的分期管理需要考虑的问题在于，在不同的发展时期，在确保环境保护优先和不损害社会利益的前提下，优先发展谁，谁先获利、谁后获利，通过对各种利益的增进，最终推动社会的发展。

（一）自然资产分区管理

国家公园是我国最重要的自然保护地类型，属于全国主体功能区规划中的禁止开发区域，需实行最严格的保护。国家公园具有全民共享的属性，在不损害生态系统的前提下，允许在国家公园内开展自然环境教育，为公众提供亲近自然、体验自然、了解自然和游憩的机会，开展原住居民生产生活设施改造等活动。保护的最终目的是为了合理利用，同时合理的利用可以进一步促进保护工作。这就需要通过合理的功能分区，在不同的功能区以不同的自然资产管理方式来实现。

要实现国家公园的多目标管理，就需要对国家公园空间上进行功能区划，在不同的功能区开展差别化的自然资产管理措施，发挥各功能区的主导功能。自然资产分区管理有利于充分发挥国家公园的作用，科学的功能区划是协调国家公园各种利益关系的重要手段。

（二）环境胁迫分类管理

通过全面查找神农架国家公园内易受干扰自然资源的薄弱环节。神农架国家公园内存在：①水资源过度开发、小水电关停进展缓慢、生态放流措施不够；②矿山开采及矿渣堆放问题；③河道采石场管理过乱、河道采砂整治不到位；④自然灾害及外来入侵物种带来的生态环境问题；⑤旅游开发带来的环境问题；⑥国家公园原住居民生产生活活动带来的环境问题等。

如对于水资源的过度开发利用，应采取生态放流、小水电关停等管理方式。早期小水电是根据国家发展政策而建立起来的，小水电的建立可以改善民生，给地区发展带来较大的经济利益，但水电的过度开发和利用却对流域造成极大破坏。通过制定合理的生态放流政策，对于需要关停的小水电，因补贴不到位暂时无法关停的进行生态放流监管。科学地对小水电的环境影响进行评估，对于不同的小水电进行有针对性的管理，有利于将小水电的破坏最小化，利益最大化。

（三）公众参与分级管理

公众参与是一种提高公众积极性和主动权的新型管理策略，已贯穿于许多国家的国家公园管理环节中，成为国家公园治理的必然趋势（何思源，2020b）。国家公园公众参与的分级管理是在政府主导下对国家公园管理体制进行完善的过程，是自下而上的，实现国家公园内资源的有效保护，全民共享发展成果，共同承担国家公园建设和保护事务的过程。公众通过信息反馈、咨询、协议以及合作四种途径中的一种或多种方式，共同参与到国家公园的建设管理中。

（四）协调发展分期管理

协调发展原则，全称为环境保护与经济、社会发展相协调的原则，是指环境保护与经济建设和社会发展统筹规划、同步实施、协调发展，实现经济效益、社会效益和环境效益的统一。

在不同时期和不同发展程度的国家公园，对协调发展原则内涵的理解也是不一样的。其主要分歧表现在如何平衡经济发展和环境保护关系的认识方面，尤其是在经济利益与环境利益相互冲突、两者不可兼得的时候，如何通过确立解决利益关系的原则来对各种利益做出取舍上表现得尤为明显。这就需要我们对协调发展进行分期管理。

三、神农架国家公园综合管控平台构建

（一）建设目标

利用“3S”及北斗导航技术、自动识别技术、多媒体视频技术、物联网、移动互联网、林业“天网”系统等，应用大数据、云计算等技术和移动安全管理平台、核心业务信息平台、应急风险信息平台、地理信息数据平台等，构建①立体化感知体系；②智能型生产体系；③大数据决策体系；④云信息服务体系；⑤协同化办公体系；⑥标准规范体系；⑦安全与综合管理体系。

（二）建设内容

管控平台的构建包括基础设施的构建、数据资源和业务系统的构建，实现国家公园管理的电子化，管理和执法高效，日常管理的制度化，并能及时应对国家公园内各种突发事件。

1. 基础设施

构建天地人一体化动态监测体系。其中“天网”监测是指基于国产高分遥感影像的林地、湿地变化、生物多样性、灾害、人为干扰的动态监测体系；固定翼飞机、无人机病虫害，巡护的监测体系。

2. 数据资源

基于云计算、大数据技术构建统一的生态监管大数据云服务平台，实现信息整合，实现数据共建共享、统一管理和服务，为各类应用系统提供统一的数据接口，实现数据管理、数据挖掘、数据共享和数据展示服务，建设一体化“互联网+”生态监管服务系统，统筹整合已有信息化系统。

3. 业务系统

以部门需求为目标，建成独立开发、模块化运行、数据共享的应用系统。实现：巡护管理服务、巡护规划、巡护对讲等；生物多样性分析，野外红外相机监控视频实时上传，生物多样性数据上传、分析；河道生态放流实时监控，执法通知；地质遗迹数据库；景区人流量实时控制；实现高效的管控、执法。

（三）神农架国家公园水生态实时在线监控系统

神农架国家公园有四大水系，分别为汇入三峡水库的香溪河水系和沿渡河水系，汇入丹江口水库的南河水系和堵河水系，是长江中下游和南水北调中线工程的重要水源地。神农架国家公园管理局与国家环境保护香溪河生态环境科学观察研究站（中科院水生所）合作，对上述四大水系开展水环境、流量和气象监测。通过在各大水系安装 19 套监测系统来实现自动实时监测。监测河流本底水文、水质、气象信息，最终为神农架国家公园社会经济与生态功能协同提升提供科学数据与决策支持。

安装点位如图 7-27 所示，选点依据为有无生物监测数据、河流的出水口、支流的大小、支流所流经区域的重要性等因素。

该监测系统建成后将实现神农架国家公园内水、气的多参数动态监测，实时反映水、气质量变化趋势，为保护神农架国家公园水生态系统的原真性，为服务国家公园为主体的自然保护地体系建设提供数据支撑，助力国家公园大数据、全监测、大科研等信息化监管平台建设，为国家公园的管理提供支撑。

神农架国家公园多源数据管理系统（B/S）是一个综合性的数据展示系统，其展示的数据从类型上看主要有矢量数据、栅格数据以及表格数据；从种类上看有气象数据、地形数据、植被覆盖度数据、生态系统类型数据、服务功能数据、土壤保持数据、防风固沙数据、水源涵养数据等。

图 7-28 显示的是神农架国家公园多源数据管理系统，该系统可展示神农架国家公园及周边区域的水环境动态监测数据，用户可以将鼠标浮动在折线图区域，实时查看相应时间点的要素观测值和变化情况。该数据后期可以并入神农架国家信息化监管平台中，为河道管理提供决策依据。

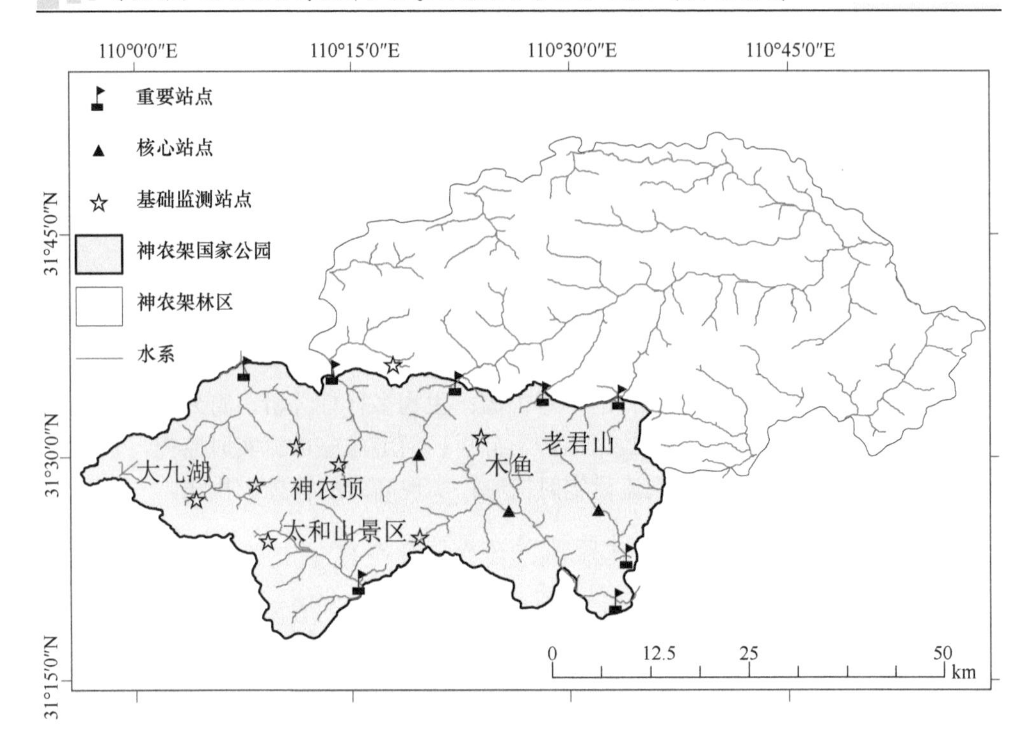

图 7-27　神农架国家公园水环境监测安装点位

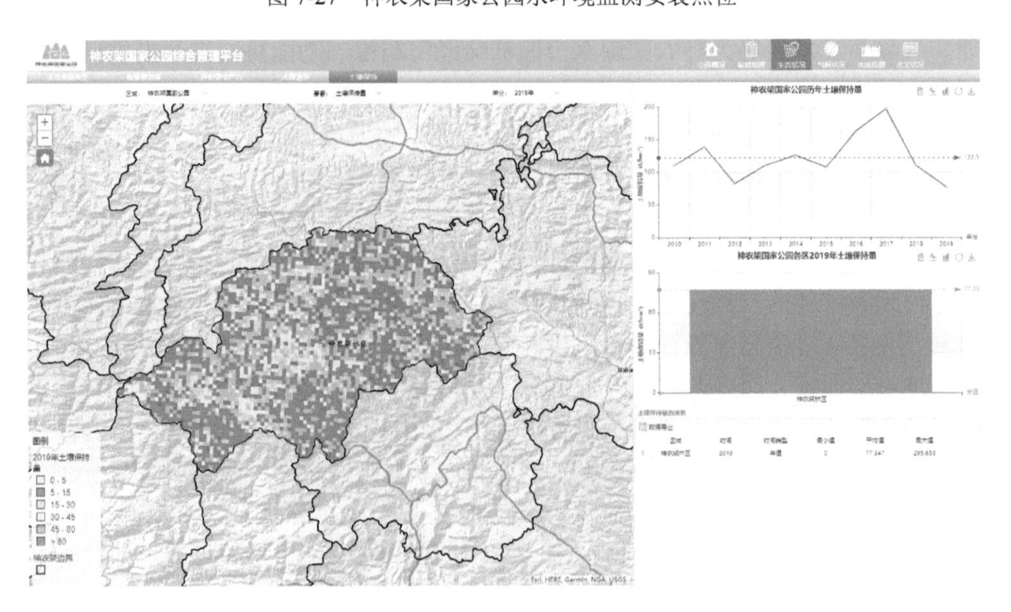

图 7-28　神农架国家公园多源数据管理系统中数据界面

第八章 国家公园与自然保护地体系建设若干建议*

国际上关于“国家公园”的概念从提出到具体建设实践已逾百年，国内学术界基于中国国情和需求在国家公园概念、内涵和建设方面的学术讨论也历经了30余年。林业部门和云南省从2008年开始进行了国家公园建设的有关实践，但在中央层面真正明确将国家公园体制建设纳入生态文明战略的时间并不长。以2013年11月召开的中共中央十八届三中全会明确提出建立国家公园体制为标志，我国开启了国家公园建设的探索。2015年12月，中央全面深化改革领导小组通过《中国三江源国家公园体制试点方案》，标志着我国首个国家公园体制试点区启动。2017年9月，中共中央办公厅、国务院印发的《建立国家公园体制总体方案》(以下简称《总体方案》)对“国家公园”给出了明确的定义，即“国家公园是指由国家批准设立并主导管理，边界清晰，以保护具有国家代表性的大面积自然生态系统为主要目的，实现自然资源科学保护和合理利用的特定陆地或海洋区域。”2019年6月，中共中央办公厅、国务院办公厅印发《关于建立以国家公园为主体的自然保护地体系的指导意见》(以下简称《指导意见》)，标志着我国自然保护地进入全面深化改革的新阶段。当前，国家公园体制试点期基本结束，中国国家公园呼之欲出，自然保护地体系优化正在推进。

本章根据项目调研中发现的一些问题，以问题为导向，从宏观到微观、从整体到局部的脉络，聚焦自然保护地体系建设、国家公园管理体制改革与机制建设、中国特色国家公园建设与管理等关键问题，对实现国家公园的全面优化综合管理和自然保护地管理提出建议。

第一节 关于深化国家公园体制改革的建议

一、国家公园体制改革试点进展

《总体方案》明确了“建立国家公园体制是党的十八届三中全会提出的重点改革任务，是我国生态文明制度建设的重要内容，对于推进自然资源科学保护和合

* 本章执笔人：闵庆文、何思源、张同作、蔡庆华、刘某承、王佳然。

理利用，促进人与自然和谐共生，推进美丽中国建设，具有极其重要的意义。”构建国家公园体制，需要以总结试点经验为基础，并借鉴国际有益做法，同时需要立足我国国情（中共中央办公厅和国务院办公厅，2017）。《总体方案》提出了国家公园体制试点的主要目标，即到2020年“建立国家公园体制试点基本完成，整合设立一批国家公园，分级统一的管理体制基本建立，国家公园总体布局初步形成。”《指导意见》则提出“到2020年，完成国家公园体制试点，设立一批国家公园，到2025年，初步建成以国家公园为主体的自然保护地体系。”

自2015年12月三江源国家公园体制试点区建设启动以来，2016年5～10月，国家发展和改革委员会陆续批复神农架、武夷山、钱江源、南山、长城、普达措6个试点区的《试点实施方案》。2016年12月，中央全面深化改革领导小组会议通过大熊猫和东北虎豹2个试点区的《试点方案》，2017年又通过《祁连山国家公园体制试点方案》。2018年，长城终止国家公园体制试点，进入国家文化公园建设序列。2019年1月，中央全面深化改革委员会（原中央全面深化改革领导小组）会议通过《海南热带雨林国家公园体制方案》。至此，我国陆续设立首批共10处国家公园体制试点区，涉及12个省份，总面积达22.3万km^2，约占我国陆域国土面积的2.3%（表8-1）。2019年7～8月、2020年9月，国家林业和草原局（国家公园管理局）组织专家对各体制试点进行了中期检查和试点验收的第三方评估。经过一段时间的试点，各试点区在管理体制、运行机制、生态保护、社区协调发展、试点保障、自然教育与宣传等工作方面取得了良好成效（臧振华等，2020）。各试点区都组建了国家公园管理机构，基本实现了一个部门统一行使国家公园管理职责，分别形成中央垂直管理（东北虎豹）、中央与地方共同管理（大熊猫、祁连山）、地方管理三种模式（三江源、神农架、武夷山、钱江源、南山、普达措、海南热带雨林）；各试点区保护力度持续加强，监测体系和技术持续提升，执法力

表8-1　首批国家公园体制试点区概况

试点名称	所在省区市	面积/km^2	启动时间	批复机构
三江源	青海	123 100	2015年12月	中央深改组
神农架	湖北	1 184	2016年5月	国家发改委
武夷山	福建	1 001	2016年6月	国家发改委
钱江源	浙江	252	2016年6月	国家发改委
南山	湖南	636	2016年7月	国家发改委
普达措	云南	602	2016年10月	国家发改委
大熊猫	四川、陕西、甘肃	27 134	2016年12月	中央深改组
东北虎豹	黑龙江、吉林	14 612	2016年12月	中央深改组
祁连山	甘肃、青海	50 237	2017年6月	中央深改组
海南热带雨林	海南	4 401	2019年1月	中央深改委

度强化，生态恢复和修复持续开展，生态成效明显；各试点区资金投入力度不断加大，来源渠道不断拓宽，包括中央、省级和地方财政投入与社会组织捐赠，资金有序用于公益岗位、生态补偿、社区产业发展等，产生了良好的社会经济效益；各试点区社会参与有序扩大，科研合作不断深化，建立或共建国家公园科研机构20余个，形成了一批高质量的科研成果并部分应用于保护管理；各试点区社会影响逐步扩大，通过多样化的传播平台和综合性的自然教育基地宣传国家公园价值和生态文明理念。

二、国家公园体制改革试点中的几个问题

在体制建设和机制构建中仍然存在一些较为突出的问题，亟待进一步完善，主要表现在以下几个方面。

（一）部分地方政府对国家公园定位不清晰，管理理念有偏差

首先，一些国际组织和不同国家对“国家公园”理解有很大差别，如世界自然保护联盟（IUCN）将国家公园列为第二类保护地，显然与我国“实施最严格的保护”理念不同。其次，目前我国的一些地方存在着“过度公园化”倾向，存在着许多地方热衷于国家公园申报、编制的国家公园建设规划中过分强调旅游发展等现象。再次，公众甚至部分国家公园的管理者对生态系统的原真性与完整性的科学性理解有偏差，对国家公园设置只考虑保护对象而忽视从管理人的角度实现保护目标，过分强调移民搬迁措施，不仅在实践上难以操作，而且也不利于生态保护。

（二）统筹协调机制不完善，跨界管理困难

建立国家公园的根本目的在于保护生态系统的原真性和完整性。然而生态系统完整性和原真性保护不仅要解决交叉重叠、多头管理导致的碎片化管理问题，还要解决因行政区划造成的碎片化和管理分割问题。不同行政区之间的行政边界，往往与生态系统边界不一致，造成生态功能相近或相似的自然保护地因行政边界而隔离和管理上的困难。由于不同行政区域的经济社会发展水平不同，往往使得不同管理主体对同一生态地理单元的保护意识和开发策略有较大差异，因此，加强国家公园和毗邻地区的合作来保证生态环境完整性可能是必然选择。

《总体方案》提出了“构建协同管理机制”，重点是“合理划分中央和地方事权，构建主体明确、责任清晰、相互配合的国家公园中央和地方协同管理机制。”但还有一个协同管理问题亦需要关注，就是“跨行政边界的协同保育”。

在中国 10 个国家公园体制改革试点工作推进过程中可以明显发现，一些试点区本应将周边自然保护地整合起来统一管理以实现生态系统的完整性保护，但

却因无法协调跨省利益、解决跨省管理问题而没有实现。例如，福建武夷山国家公园试点区理应整合江西省武夷山国家级自然保护区，浙江钱江源国家公园试点区理应整合毗邻的安徽休宁岭南省级自然保护区和江西省婺源国家级森林鸟类自然保护区，湖南南山国家公园试点区理应整合毗邻的广西资源十万古田高山湿地区域，但都因面临跨省而未能实现。

而三个跨省的试点（东北虎豹、祁连山和大熊猫）尽管建立了协调机制，如探索建立多个省国家公园管理局，建设统一的规划体系、推进定期协商制度，但其协调力度不够，跨省份协调不顺畅，尚未形成有效的跨区域管理和治理机制（黄宝荣等，2018），存在跨界管理困难的问题。

（三）保障机制不健全，掣肘国家公园管理

按照中共中央、国务院的安排，2025 年以前要制定国家公园法和自然保护地法，完善自然保护地体系的法律法规、管理和监督制度（汪劲，2020）。目前有一些涉及自然保护地的法律与条例，但尚没有具有全局指导性的《国家公园法》。

国家公园财政资金投入普遍不足，目前，中央的支出力度与应承担的全民公益性资源保护责任不匹配，中央财政投入还十分有限，没有形成稳定持续的投入机制。地方政府在实施严格保护的同时，难以承担工矿企业退出等需要的大额资金。最后，企业投资和社会捐赠等无法对财政进行有效补充。目前国家公园内自然资源利用方面的政策制度还不完善，允许企业等社会力量以何种方式参与国家公园经营等问题还没有达成共识（黄宝荣等，2018）。

社区参与机制是国家公园管理体系的重要组成部分，也是平衡各方利益，以实现国家公园公益性的重要举措。目前我国国家公园社区参与程度有限，社区参与能力不高，在利益分配阶段有待平衡各方诉求。

（四）综合管控手段不足，监管能力有待加强

国家公园的综合管控包含诸多方面，目前我国国家公园建设尚处初期，受限于试点工作的难度、管理机构的管理权限、管理人员的专业技能、规划建设不够规范等问题，重大关键技术难题尚未破解，监管能力尚不足以满足国家公园建设的需求，因此亟待推进国家公园统一规范化建设。

（五）环境教育意识不强，教育资源开发利用程度低

教育是国家公园的主要功能之一，教育利用是国家公园的公益性和国家主导性要求，我国国家公园体制建设起步较晚，国家公园教育利用的实践经验和理论探讨相对不足（陈东军和钟林生，2020）。尽管在中国生态文明建设大力推进及国民教育需求日益增长的时代背景下，国家公园的教育功能价值得到凸显。然而，

目前我国国家公园环境教育的内涵和外延不明确，出现了部分国家公园的环境教育着重宣传工作；部分国家公园直接将环境教育简单视为环境解说体系，环境教育被教条化；部分国家公园则将环境教育看作自然资源教育，侧重于对自然资源的说教、释义，缺少互动性的空间体验等问题（孙彦斐等，2020）。此外，我国国家公园具有丰富的教育资源，然而却很少被开发利用。

三、几点建议

（一）明晰国家公园定位，树立正确的管理理念

1）重视保护地体系建设，逐步实现从自然保护区为主体向国家公园为主体转变。从“生态保护第一、国家代表性、全民公益性”的管理理念出发，明晰国家公园自然生态系统的完整性、原真性保护的首要功能和兼具科研、教育、游憩的综合功能。以管理体制改革为目标，将重点放在占据重要生态区（即拥有典型、完整的生态系统，确保国土生态安全）、具有最高管理事权（即由中央政府直接行使管理权）、保护管理最严格（保证生态系统结构、过程和功能完好）。

2）重视传统文化和农业文化遗产在自然保护中的特殊作用。陕西洋县朱鹮国家级自然保护区，通过水稻有机生产达到对朱鹮有效保护，说明传统农业生产对于野生动物保护的重要意义。作为具有世界文化遗产、全球重要农业文化遗产、国家级文物保护单位、国家湿地公园等多重身份的云南红河哈尼梯田保护与发展实践表明，加以本土化、多元化设计的生态保护效果将更加突出。

3）在国家公园体制改革中重视履行国际公约和国际义务。我国已经加入《保护世界文化与自然遗产公约》《生物多样性公约》《关于特别是作为水禽栖息地的国际重要湿地公约》等，参加或主导了联合国教科文组织的世界地质公园、世界生物圈保护区和联合国粮农组织的全球重要农业文化遗产等涉及自然生态保护的国际倡议，应当重视相应国际义务的履行。

（二）理顺国家公园管理事权，健全国家公园管理机构

1）理清国家公园自然资源管理权属，按照自然资源统一确权登记办法，国家公园可作为独立自然资源登记单元，依法对区域内所有自然生态空间统一进行确权登记，界定自然资源资产权属，明确各类自然资源的本底数据、权属性质、代行主体与权利内容，非全民所有的自然资源资产实行协议管理。在土地权属方面，我国人多地少，人地矛盾严重，不可能照搬国外经验。在我国国家公园体制的建设过程中，土地确权和流转工作要以各地的实际情况来进行。具体而言，首先对核心保护区的集体土地确权，部分土地的所有权或使用权需要根据保护需求判断是否需要归国家所有，寻求不同权属的土地由国家公园管理局实行统一管理。

2）明晰国家公园管理事权分配，由一个部门统一行使国家公园管理职责，部分国家公园由中央政府直接行使所有权，其他的由省级政府代理行使，条件成熟时，逐步过渡到由中央政府直接行使。合理划分中央和地方事权，构建主体明确、责任清晰、相互配合的国家公园中央和地方协同管理机制。

3）重视构架有中国特色的国家公园管理体制与管理模式，设立国家公园行政管理机构。2018 年之前，多数关于构建我国国家公园体制的文献都建议“设立统一的国家公园管理机构”，这是从国家层面给出的建议。学者们希望借助“十九大”的契机，中央政府能设立一个国家公园管理局。2018 年《深化党和国家机构改革方案》颁布后，国务院设立国家林业和草原局，同时加挂“国家公园管理局”牌子，隶属自然资源部。这虽然在一定程度上标志着我国拥有针对国家公园的统一管理机构，但因为国家公园涉及面广，各种问题错综复杂，目前的国家公园管理局很难发挥跨部门、跨地区的协调能力，需要建立由国务院直属的、有更大独立权限的国家公园管理局（赵金崎等，2020）。

（三）建立跨界协同保护机制，促进国家公园跨省管理

建立跨界协同保护机制，有利于自然保护地周边相关居民承担保护自然资源和生物多样性的义务，在保障生态环境的同时宣传国家公园的品牌和形象，得到生态补偿与生计发展机会，从而减少社区与国家公园之间的冲突，促进社区经济的协调发展，形成保护与发展目标一致的“生态共同体”（张晨等，2019）。

建立跨界协同保护机制，需要重点考虑下面三个问题（闵庆文，2021a）。

1）科学划定跨界协同保护区范围。参考国际经验和我国实际，将跨界协同保护区定义为按照生态系统的完整性和原真性所划定的行政区域之外的毗邻区域，并将生态完整、空间连续、功能提升作为其划定原则。具体区域划分将借助遥感与地理信息、实地勘察等手段，以生物多样性、生态系统服务评价为基础，综合考虑国家公园保护与建设目标以及地貌、水文、植被和人类活动等情况。

2）合理确定跨界协同保护重点内容。根据国家公园保护和建设目标，重点针对大型野生动物保护、水源涵养等容易产生跨界问题的生态系统管理，开展联合巡护、集中整治等统一行动。针对跨界区域经济社会发展要求和实际情况，制定《跨界协同保护区特许经营项目计划》，明确特许经营项目，打造品牌增值体系，探索生态产品价值转换机制，促进社区绿色发展，从而实现区域生态经济协同发展。

3）统筹建立跨界协同保护运行机制。由于各级行政单位存在一定的竞争关系，传统的自上而下的合作与管理途径往往存在一定障碍，应当在国家公园管理局的统筹指导下，本着主体区别、共同保护、协同推进、利益共享的原则，在有关国家公园管理局下设跨界协同保护机构，包括联合保护工作组、社区保护协调组、品牌增值工作组等，以理顺跨界协同保护机制。建立重大问题协商机制，做

好与周边地区相关机构的保护与发展协调工作，并积极探索社区跨界一对一签约等跨界协同保护模式。

（四）完善保障机制，破解各方制约

1）完善国家公园相关法规制度，推进国家公园和自然保护地立法。按照《指导意见》，我们要构建的是以国家公园为主体的自然保护地体系，因此，国家公园是自然保护地中的一类。据此，应研究制定《中华人民共和国自然保护地法》（简称《自然保护地法》），明确自然保护地价值、功能、保护目标与原则，明晰相关利益主体的职责权限和权利义务，解决自然资源保护与开发利用的矛盾，尽快起草《自然保护地法》，并研究制定各级各类自然保护地的相关配套规章制度，修订完善《中华人民共和国自然保护区条例》。此外，在厘清国家公园与其他类型自然保护地关系的基础上，研究制定有关国家公园的法律法规，进一步明确国家公园的法律定位和标准，明确国家公园功能定位、保护目标、管理原则，确定国家公园管理主体，合理划定中央与地方职责，积极推进《国家公园法》设计。《国家公园法》应当明确国家公园管理局的管理主体地位，确保其管理有效性，且其法律位阶至少要高于《中华人民共和国森林法》《中华人民共和国草原法》等经济法。《国家公园法》还应明确国家公园地区政府部门领导的政绩考核方式，将生态保护成效列为不低于甚至优先于地方经济发展任务的考核标准，简化地方政府的“权、责、利”，为公园建设保驾护航（张碧天等，2019）。还应做好其与《自然保护地法》的衔接，研究出台国家公园特许经营等配套法规，做好现行法律法规的衔接修订工作。与此同时，考虑到每个国家公园各有其特殊性，应当本着“一园一法”的思路，起草针对每个国家公园的管理条例。

2）健全国家公园资金保障机制，一是形成与管理事权相匹配的资金制度，立足国家公园的公益属性，建立财政投入为主的多元化资金保障机制，确定中央与地方事权划分和支出责任，中央和省级人民政府根据事权划分承担各自建设与运行资金。二是要不断探索创新绿色金融政策，除了公共财政支持外，还应结合自然资源产权结构，地方经济社会乃至少数民族传统文化、风俗习惯等因素，将生态系统脆弱性、敏感性、生态系统服务功能的重要性、生态补偿需求等考虑在内，适当允许在部分国家公园内，以不损害自然生态系统的方式开展市场化经营（王正早等，2019），完善其财政补充机制。

3）完善社会参与机制。建立公众参与和信息共享机制，完善国家公园信息公开制度，建立政府与社会各界的沟通协商机制；在国家公园内扶持和规范原住居民从事环境友好型经营活动；协调居委会、街道办事处、村民委员会等基层组织建立共管委员会，参与并监督国家公园内资源管理与利用的规划、实施、监督和收益分配等环节；完善社团登记和管理制度，建立面向科研院所、学校、企事业单位、公益组织等社会群体的志愿者服务体系，建立人才教育培训基地，完善环境保护的公益诉讼制度，健全社会捐赠制度和社会监督机制。

（五）加强国家公园监管能力建设，规范国家公园管理

1）加强国家公园监管能力建设，要统筹制定各类资源的保护管理目标，着力维持生态服务功能，提高生态产品供给能力。编制国家公园总体规划及专项规划，合理划定功能分区，实行差别化保护管理。严格规划建设管控，除不损害生态系统的原住居民生活生产设施改造和自然观光、科研、教育、旅游外，禁止其他开发建设活动，不符合保护和规划要求的各类设施、工矿企业等逐步搬离，建立已设矿业权逐步退出机制。

2）强化国家公园监管能力的科研支撑，构建国家公园资源、生态、环境综合监测、评估和预警体系，建设天空地一体化监测监控网络和智慧平台。

3）引入保障监管能力的多维评价机制，严格开展生态环境保护综合执法及常态化监督，定期开展“绿盾”自然保护地监督检查专项行动，开展常态化遥感监测和实地核查，并适时引入第三方评估制度，定期开展国家公园的保护成效和管理有效性评估，建立相应的激励机制，将国家公园生态环境状况评估结果、属地自然保护地名录、保护地单元管理水平等内容纳入对地方生态文明建设目标评价考核体系。同时，建立国家公园管理机构自然生态系统保护成效考核评估制度，对领导干部实行自然资源资产离任审计和生态环境损害责任追究制。

（六）加强环境教育的理论研究，开发环境教育资源

借鉴国外研究成果，结合我国自然保护地教育利用实践与研究现状，加强中国国家公园教育利用的理论研究，未来中国应重点加强国家公园教育资源评价、教育内容体系、教育媒介应用、教育合作与管理、教育成效及其影响因素分析等研究议题。构建并完善国家公园教育利用研究内容体系，为国家公园体制建设、国家公园教育服务功能的实现提供参考（陈东军和钟林生，2020）。此外，应充分调查环境教育资源，形成中国国家公园环境教育资源本底数据库，优化国家公园环境教育体系结构，建立数字化、信息化的平台，并逐步形成环境教育人才培养机制和环境教育评价机制（孙彦斐等，2020）。

第二节　关于中国特色国家公园建设的建议

一、中国国家公园建设是一种全新的探索

关于目前正在进行体制改革试点的“国家公园”与国际上的“国家公园”，以

及以往在我国一些地方出现的“国家公园”之间的关系，国家层面的论述已经很明确：建设国家公园无先例可循；国家公园没有一个法定的定义，也没有一个国际的认证体系；每个国家都有自己的现实情况，我们只能按照中国的实际情况走自己的国家公园建设道路；建立国家公园体制是一项复杂的系统工程，是一项具有开创性的全新工作。

国家公园应具有“中国特色”，是国家公园体制建设中尊重和体现我国国情的必然选择。中国国家公园具有许多特色，其中一个显著方面就是作为我国的国家公园，区内有着为数不少的当地居民，这也是中国国家公园与世界上许多其他地方的国家公园的不同之处。他们早于国家公园的设立而在当地繁衍生息，早已成为与自然生态系统共生共荣的一分子，与自然长期相依共存、协同演化，其生产与生活需要实现生态保护与经济发展的协同，是这些区域生态文化与的创造者和生态保护的实践者。

国际上先进的自然保护思想与我国国情都决定了不能将人隔离于自然之外，对人的管理逐渐成为生态系统管理的一部分。居住在保护地周边或内部的当地居民，在区域保护和发展之间扮演着复杂的角色。他们既是传统的“生态干扰者”，又是新型的“生态守护者”；既是生态保护政策的管理对象，又是保护措施的最终执行者。因此，我国国家公园建设不仅要解决生态保护问题，还要解决这些居民的生产生活问题。国家公园不仅对保护生态完整性具有重要意义，而且对实现社区居民的可持续发展同样重要。在生态保护过程中，除了完成生物多样性保护等目标，也应尊重原住居民生存和发展的诉求，明确他们的权利和利益保障，建立起保护与居民生计之间的有机联系，形成具有中国特色的国家公园建设与管理新思路。

二、探索当地居民的利益保障机制与国家公园的社区共管机制

在当前国家公园建设中，由于对“最严格的保护”理念上的偏差和对传统农业多功能价值的认识不足，出现了割裂人地关系的“封闭式”倾向，对于长期居住于其中或周边的居民而言是空有绿水青山但没有金山银山，仅靠移民搬迁难以解决长期生活在那里的大量人口的后续生计，也造成了传统民族文化的破坏。自然保护地内和周边有着大量社区和居民，他们是这些区域生态文化的创造者和生态保护的实践者。中国的国情也使得中国的自然保护不可能采用“荒野式”的保护方式，中国的国家公园也不可能建在无人区里，实现人与自然和谐、经济与生态协同才是中国国家公园及其他保护地建设的美好愿景。

牢固树立以人为本的科学发展理念，充分发挥社区居民在国家公园建设和自然保护中的重要作用。对当地居民不应简单的“迁出”，更不能像美国那样

的“赶走”，而是让他们成为国家公园的建设者和自然生态的守护者。从试点情况来看，十分值得汲取的一条经验就是——充分发掘当地居民的智慧（闵庆文和孙业红，2020）。

例如，世居于三江源地区的藏族牧民是这片神秘土地的守护者，他们更了解草原与湿地的变化，也更加清楚野生动物的习性。他们在脆弱的环境里形成了敬畏自然、保护生态的自然观，发展了抗御自然灾害风险的能力，遵循着逐水草而居的游牧生产方式。“生态管护员”岗位的设置，强化了当地牧民对大自然的珍爱，更加清楚了国家公园建设的重要意义。

实现人与自然和谐、经济与生态协同这一国家公园建设的美好愿景，需要我们从国情出发，充分发掘当地居民的生态智慧，传承弘扬弥足珍贵的生态文化遗产、民族文化遗产和农业文化遗产。鼓励当地居民参与特许经营活动，探索自然资源所有者参与特许经营收益分配机制。换而言之，就是要关注当地居民的发展权利和从保护中受益的权利。

三江源国家公园建设就进行了很好的探索。试点以来，全面实现了园区生态管护公益岗位“一户一岗”，17 211 名当地建档立卡贫困户组成三江源管理队，带动了当地 6 万余人有效脱贫。“一户一岗”的生态管护岗，也强化了当地牧民对大自然的珍爱和建设国家公园的重要意义。对于生态管护员来说，这不仅是一份谋生的工作，更是一种保护自然生态的使命。

不同利益相关者赋予国家公园系统以不同意义，并体现在对国家公园功能的期待和对潜在规则的态度上。一般而言，学者与管理者的认知视角较为宏观和谨慎，与保护目标较为一致；访客与社区的认知视角较为微观，与个人利益实现关系紧密。社区始终将生计发展作为生态系统的核心价值，希望现实利益与感知利益在制度变迁中更为接近，但也认同生态保护是生计发展的基础（何思源等，2019b）。

从某种意义上来说，保证当地居民和社区与生态保护之间协调发展是实现国家公园可持续发展的重点。因此，国家公园功能区的空间划定应改变长期以来形成的将社区与保护区对立的思维惯性，鼓励和引导社区群众主动投身到园区的保护与建设中，将社区作为国家公园的重要组成部分，把当地居民与国家公园管理部门打造成为利益共同体（闵庆文和孙业红，2020）。

三、发挥农业文化遗产在国家公园建设中的作用

以系统性与活态性为主要特征的农业文化遗产发掘与保护，是联合国粮农组织于 2002 年发起的一个倡议，其目的是对传统农耕技术、传统文化、生物多样性、生态与文化景观实施系统性保护和适应性管理，促进这些经济落后、生态脆弱、文化丰厚地区的可持续发展。

民族文化和传统生产方式对于生态保护也有重要作用。农业文化遗产不仅不会造成生态破坏，而且有利于人与自然的协调和生态系统功能的提升。在各类自然保护地中，留存着类型多样、生态与文化价值突出的传统农业生产系统。例如，在钱江源国家公园里，当地居民们利用山区独有的地势落差，引山泉流水到房前屋后的坑塘，形成了别具特色的山泉流水养鱼。在武夷山国家公园，通过建立以茶叶多样化和独特性为基础的定制服务，拓展农业的生态与文化功能，推进了生态价值向经济价值的转化，拓宽了两山转换途径。

位于钱江源国家公园里的开化山泉流水养鱼系统（图 8-1）、位于海南热带雨林国家公园的琼中山兰稻作文化系统（图 8-2）等，都已被列入农业农村部的中国

图 8-1 位于钱江源国家公园试点区的开化山泉流水养鱼系统（何思源 摄）

图 8-2 位于海南热带雨林国家公园试点区的琼中山兰稻作文化系统（倪根金团队 摄）

重要农业文化遗产；三江源国家公园的藏族草原游牧系统、武夷山国家公园的茶文化系统和洋县朱鹮自然保护区的稻作生产等极具价值的农业文化遗产虽未申报遗产，但其生态服务功能作用突出。

因此，应当充分发掘传统农耕文化的生态保护价值，推动国家公园和自然保护地中的农业文化遗产申报工作。通过农业文化遗产的发掘保护和生态产品价值的转换，实现国家公园和保护地生态与经济功能的协同提升。

实施“最严格的保护”的目的是为了守住绿水青山，守护绿水青山的目的是为子孙后代留下金山银山，守住绿水青山的途径是将绿水青山转换为金山银山，实现生态与经济功能的协同提升。应当将农业文化遗产发掘作为生态价值转换试点内容，通过拓展农业的文化功能，发展文化体验、自然教育、生态旅游，实现生态、文化、农业、旅游的有机融合，逐步建立起以生态产业化和产业生态化为主体的生态经济体系，形成符合我国国情、具有中国特色的国家公园（闵庆文，2020a）。

第三节　关于中国自然保护地体系优化的建议

一、建立以国家公园为主体的自然保护地体系政策脉络

国内外理论研究和实践经验均表明，自然保护地是保护生物多样性、提高生态系统服务功能、改善生态环境质量最有效的方法和途径之一。自 1956 年建立鼎湖山自然保护区以来，经过多年的探索，我国自然保护地建设取得了很大成就，但也存在着类型划分不合理、保护目标单一、管理体制不顺等问题，严重阻碍了自然保护事业的健康发展。

我国自然保护地分类体系建设始于 20 世纪 80 年代初，在当时开展的全国自然保护区区划中，曾将自然保护区划为森林及其他植被类型、野生动物类型和自然历史遗迹 3 个类型。这样的划分方法存在当不止一个主要保护对象时会出现类别不明、无法体现保护区管理目标而缺乏针对性管理政策、无法体现不同保护区的重要程度而削弱了保护成效等问题，而且还因为与国际上广泛采用的自然保护地体系不一致而造成国际交流与合作方面的障碍。

在传统的自然保护区概念之外，我国有关部门有着很好的保护实践。最有代表性的保护地类型包括：具有观赏、文化或者科学价值，自然景观、人文景观比较集中，环境优美，可供人们游览或者进行科学、文化活动的风景名胜区（2006 年国务院颁布了《风景名胜区条例》）；为了加强畜禽遗传资源保护与管理，根据《中华人民共和国畜牧法》的有关规定而建立的畜禽遗传资源保种场保护区（2006 年农业部发布了《畜禽遗传资源保种场保护区和基因库管理办法》）；为保护水产

种质资源及其生存环境，在具有较高经济价值和遗传育种价值的水产种质资源的主要生长繁育区域，依法划定并予以特殊保护和管理的水产种质资源保护区（2011年农业部公布了《水产种植资源保护区管理暂行办法》）；用于严格保护珍稀、濒危海洋生物物种和重要的海洋生物洄游通道、产卵场、索饵场、越冬场和栖息地等重要生境的海洋特别保护区（2006年国家海洋局颁发了《海洋特别保护区管理暂行办法》）；以保护重要农业物种资源在内的农业生物多样性、传统农耕技术、传统农业文化和乡村景观为主要目的的中国重要农业文化遗产（2015年农业部颁发了《重要农业文化遗产管理办法》）。

党的十八届三中全会明确提出建立国家公园体制，并将此作为生态文明建设的重要举措提升到了国家战略层面。以此为契机，厘清自然保护地类型划分依据，通过不断优化和完善从而形成顺应国际潮流又符合我国国情的自然保护地体系十分迫切和必要。

2019年6月下旬，中共中央办公厅、国务院办公厅印发《关于建立以国家公园为主体的自然保护地体系的指导意见》（中共中央办公厅和国务院办公厅，2019）正式公布，针对管理体制不顺畅、产权责任不清晰等难点痛点问题从根上施策，为我国自然保护地体系的构建提供了根本遵循和指引，全面开启了我国自然保护地体系建设的新征程，标志着我国自然保护地进入全面深化改革的新阶段。《指导意见》明确我国将逐步建立以国家公园为主体、自然保护区为基础、自然公园为补充的自然保护地体系。2020年3月，自然资源部和国家林业和草原局启动了自然保护地整合优化工作，按照"保护面积不减少、保护强度不降低、保护性质不改变"的原则，对交叉重叠、相邻相近的自然保护地进行归并整合，对边界范围和功能分区进行合理调整，并与生态保护红线划定相衔接。经过一年努力，目前已经完成省级自然保护地整合优化预案编制和专家审议，分析了保护空缺，优化了空间分布格局，对各种矛盾冲突提出了解决方案，初步实现了整合优化的要求。

二、自然保护地整合优化中的问题

目前自然保护地分类体系是否能够满足保护需求仍存在讨论空间，在优化整合中面临的一些具体问题也需要不断追踪解决，突出表现在以下三个方面。

（一）自然保护地类型划分尚未完全反映保护价值和保护需求

根据自然保护地的种类、等级和性质，以及生态价值、保护对象、保护强度和管理目标，将自然保护地分为国家公园、自然保护区、自然公园三类，不能完全涵盖目前已获得广泛共识的世界自然保护联盟（IUCN）的6类保护地的所有管理目标，特别是考虑到我国在传统自然保护区外的保护地管理实践经验，有必要立足我国人地关系的现实需求，继续优化自然保护分类体系。

（二）国家公园与现有自然保护地管理衔接不明朗

“整合”设立国家公园，从具体方式上看，需要做到从空间上连通分散的保护地与其周边区域，从机构上合并条块分割的管理单位，从职能上对资源保护和管理进行集权。目前，各试点区在空间范围的确定上探索以生态系统原真性、完整性为目标，以提升连通性为要求进行规划；在统筹管理上探索以省代表中央行使所有权、原国家林业局代表中央政府行使所有权、县级地方政府主导等不同模式。但在试点区存在切割式整合，整而不合，试点区边界内外管理衔接不明的现象。

在空间整合上，以三江源国家公园体制试点区为例：一方面为了确保黄河、长江和澜沧江源头作为一个保护整体，借鉴了原有三江源国家级自然保护区确定的部分范围；另一方面却割裂了原有自然保护区，也未将江河源完全纳入。造成了试点区内外原有自然保护区因试点区边界的存在而成为管理目标不同的空间区域，在管理机构与管理体制上衔接不明；在试点期结束后，现有被划分在试点区外的自然保护区的完整性如何保障，空间如何管理不甚明朗。

（三）各类型保护地管理体制不明确

中央机构改革确定由国家公园管理局统一管理各类自然保护地，表明原有条块分割、多头管理的各类自然保护地进入统一管理时期。在建立以国家公园为主体的自然保护地体系时，国家公园无疑具有最高管理事权，在试点期结束后应当逐步将现有的地方政府代表中央行使的所有权上交中央。原有林业部门主管的自然保护区、生态环境部管理的自然保护区、自然资源部管理的地质公园、住建部管理的风景名胜区、水利部的部分保护区以及原先海洋局的部分保护地目前已划转到国家林业和草原局。但是，在自然保护地分类定位尚不明确的时候，一方面，如何将具有最核心生态价值、景观价值和生态服务价值的区域纳入以国家事权为主的高层级保护没有明了，如现有国家级自然保护区、国家级风景名胜区、国家级森林公园等，如果保护地本身类型继续存在或重分类后存在，那么其对应于“国家公园”的国家级保护地是否也是中央事权；另一方面，原有行业部门垂直管理体系中的省级、县级保护地如何整合进入自然保护地体系，在地方层面统筹自然资源管理和保护地管理事权划分也不清楚，甚至出现“是否需要与国家公园一致，设立省立公园”的声音。

三、几点建议

（一）构建自然保护地体系应当体现“中国特色”

建成中国特色的以国家公园为主体的自然保护地体系，推动各类自然保护地科学设置，建立自然生态系统保护的新体制新机制新模式，建设健康稳定高效的自然生态系统，为维护国家生态安全和实现经济社会可持续发展筑牢基石，为建设富强民主文明和谐美丽的社会主义现代化强国奠定生态根基。这是《指导意见》所确定的总体目标。其中，关于“自然保护地体系”的两个前置词非常值得关注，一个是“中国特色”，另一个是“以国家公园为主体”（闵庆文，2019a），这是中国自然保护地体系构建的核心，应牢牢把握这两个前置词，瞄准痛点难点问题，发扬改革创新精神，继续大胆探索实践。

自然保护地体系建设要充分体现“中国特色”。中国特色的一个重要方面是党的集中统一领导和社会主义制度。将生态文明建设作为国家战略、将自然保护地体系建设纳入生态文明体制改革，是我们与其他国家所不同的，也正是我们的优势所在。

中国特色的另一个重要方面是人口、资源、环境之间的巨大压力。尽管现有自然保护地数量众多、分类不同、保护对象各异，但一个重要特征是既是生态功能区，也是经济相对落后区，还往往是民族文化丰富区，肩负着生态保护、经济发展、文化传承三重任务。在这样的地区，传统文化和农业文化遗产在自然保护中的特殊作用，需要重点考虑。

（二）构建自然保护地体系应当“以国家公园为主体”

自然保护地体系建设要坚持“以国家公园为主体”。《指导意见》按照自然生态系统原真性、整体性、系统性及其内在规律，依据管理目标与效能并借鉴国际经验，明确将国家公园列为第一类；同时，确立国家公园在维护国家生态安全关键区域中的首要地位，确保国家公园在保护最珍贵、最重要生物多样性集中分布区中的主导地位，确定国家公园保护价值和生态功能在全国自然保护地体系中的主体地位。

显然，这与一些国际组织和不同国家对“国家公园”的理解有很大差别。例如，世界自然保护联盟（IUCN）将国家公园列为第二类保护地，与我国“实施最严格的保护”的理念不同。一些专家在论及“国家公园”建设中往往从“旅游景区建设”角度出发，一些地方热衷于国家公园申报的核心动因是自然生态保护还是通过提高知名度推动旅游发展也值得怀疑。这些既是我们要吸取的经验与教训，也是我们要体现“中国特色”必须做好的功课。

（三）构建自然保护地体系应当注意体系的完整性

为实现管理的需求，也便于国际交流，建议将我国的自然保护地类型在现有基础上增加风景名胜区与资源保护区（闵庆文，2021b）。

一是保留风景名胜区。风景名胜区是中国特有、与中华民族传统文化特质一脉相承、兼具自然与文化景观特征的特殊保护地类型，与单纯的自然保护地相比，她具有深厚的文化内涵；与文化类保护地相比，她具有优越的自然景观环境本底（贾建中，2015）。事实上，2020 年 8 月，国家林业和草原局自然保护地管理司印发《关于加强和规范自然保护地整合优化预案数据上报工作的函》（林保区便函〔2020〕14 号），明确“风景名胜区不参与整合优化”，这表明作为具有鲜明中国特色的风景名胜区，承载自然与文化价值，具有突出的景观价值，具有鲜明的中国特色，将其笼统归为自然公园进行规划管理不能客观反映保护地资源禀赋特色与管理的差异性。

二是增加资源保护区。资源保护区是一类大多具有生产功能，需要通过一定强度的开采、捕捞、种植等可持续利用活动以实现保护目的的特殊保护地类型，包括前述畜禽遗传资源保种场保护区、水产种质资源保护区、海洋特别保护区、重要农业文化遗产地以及特种经济林地等。这类保护地与 IUCN 自然保护地内文化景观保护和资源可持续利用保护地具有一定的对应关系。

此外，当前的保护认知还在从生物多样性到生态系统保护的转变中，对于具有重要生态系统服务功能的区域还缺乏认知，如公益性服务为主导的城市湿地公园等近郊或城区保护地、水源保护地等。这些保护地在自然保护地体系中的重新分类定位关系到自然保护地的进一步空间整合与网络优化，特别是涉及区域尺度上形成围绕都市与乡村的多中心多类型自然保护地网络。在自然保护地体系构建中，在国家自然保护地体系框架下，应继续考虑构建都市型自然保护地体系，将城市森林、小微绿地和口袋公园以及平原百万亩造林绿化成果等纳入都市型自然保护地体系，实施统一管理（闵庆文，2020b）。

第四节　关于三江源国家公园建设的两点建议

一、关于提高三江源国家公园灾害风险综合管控能力的建议

（一）三江源国家公园灾害情况

三江源国家公园地处青藏高原腹地，自然环境复杂多变，在管理中面临多种灾害风险。《三江源国家公园管理条例》第四十一条就指出，国家公园管理机构应

当会同有关部门做好防灾减灾工作，具体灾害类型包括雷电、大风、暴雪、沙尘暴等气象灾害，山体崩塌、滑坡、泥石流等地质灾害，地震灾害，森林草原火灾、有害生物和外来有害物种入侵等。对三江源国家公园管理人员和区内牧民的访谈发现，雪灾、地质灾害、草原鼠害等是三江源国家公园内牧民最为关注的灾害类型，其中，雪灾是三江源国家公园园区内典型气象灾害，三江源地区雪灾频发，是全国雪灾的高发、重灾中心。雪灾已成为园区常态化且威胁最严重的自然灾害类型。以2018～2019年冬春季为例，地处澜沧江源和黄河源园区玉树、果洛藏族自治州普降大雪（图 8-3），且持续时间过长、积雪过厚、降温显著，造成大量牲畜因饲草料不足、冻害死亡，死亡牲畜多达5.79万头（只），造成直接经济损失达1.92亿元。此次雪灾是近60年来遭遇的一次最大、最严重雪灾，特别是澜沧江源园区最为严重。“澜沧江源第一县”杂多县已发展为特重度雪灾区，造成大量大家畜（牦牛）和不少国家级重点保护野生动物（藏原羚、白唇鹿等）死亡。

图8-3　扎青乡受灾现场

（二）几点建议

通过在三江源澜沧江源园区杂多县扎青乡境内的实地调研，并结合多年的雪灾风险评估研究成果，可以发现：灾区降雪事件导致雪灾风险难以完全避免或克服，但通过加强主动积极的风险防范与管控措施，如强化预警预报研判力、储备足量饲草料、降低牲畜暴露性和脆弱性、发展优质畜牧业、完善畜牧业保险制度等，将有助于减轻雪灾对畜牧业的潜在影响。从着眼于民生改善和生态环境保护双赢需求及绿色可持续发展目标出发，建议如下。

1）强化气象综合监测能力、全面提升预警预报水平。冬春雪灾是三江源区最主要的自然灾害类型，其危害程度在所有自然灾害中位居首位。降雪天气并不意味着产生雪灾，雪灾发生的另一孕灾环境是雪深、积雪覆盖面和日数及气温，规避或降低雪灾风险很大程度上依赖于对降雪事件有效而准确的预测预报信息。然而，从此次特重度雪灾区来看，气象综合监测能力不足，只有杂多县气象数据，而村镇级相关资料匮乏导致数据偏差较大。气象信息是决策的基本依据，也是防灾减灾的重要提醒。因此，亟须加强对雪灾频发区积雪等气象要素的动态监测。地面气象监测设备可用于牧区气温、风速、雪深的实时测定和雪灾背景等数据库的建立。同时，结合无人机和遥感信息现代技术，建立和发展精细化的区域性降雪天气预报系统及公共气象服务平台，不仅提升灾区雪灾预警预测预报水平及服务能力，也是预防和减轻雪灾风险最前沿、最重要、最有效的防范措施。

建议合理布局并增设雪灾频发区集气温、雪深、风速等气象要素的系统化、网络化监测站点，开展“星空地”一体化的综合监测以提升雪灾等灾害性天气过程的监测预警预报和灾情趋势分析研判能力，并加大以雪灾为主的冰冻圈灾害综合防范及应对措施的科研攻关力度。

2）适度加强灾区基础设施建设，积极拓展多元化民生渠道。三江源是藏族零星集聚分布区，一定规模的基础设施建设，不仅可增加预报预测、防灾、减灾、救灾和灾后恢复能力，而且是建成园区“人与自然和谐共生的先行区及青藏高原大自然保护展示区和生态文化传承区”的示范基地，更是该区保持自然文化原真性和维持生态文化传承的基础所在。其中，暖棚作为冬春防灾、保畜的重要设施，不仅可以防风御寒以安全越冬，也可用于庇护老弱幼畜、提高繁殖成活率并减少牲畜掉膘。另外，为探索人与自然和谐发展模式、创新生态保护管理体制机制，国家启动的三江源部分地区生态移民和牧民岗位转型工程已初见成效，高寒生态系统退化趋势已有效缓解且服务功能整体提升、野生动物生存空间明显扩大、草畜矛盾有所减轻及牧民群众生活水平不断提升。

建议加强灾区电讯、路网、暖棚基础设施的合理规划和建设，优先考虑在冬春季牧场且牧民冷季集中区增设暖棚等。另外，建议继续坚持生态保护与民生改善相协调道路，深入探索生态移民和牧民转岗工程，将三江源核心保育且重度雪灾区的牧民迁至设施较完善乡镇，增设生态管护等岗位，拓展多元化收入渠道。

3）重视发展跨区人工饲草基地建设，合理高效利用草地资源。因气候环境条件、草地类型和服务功能保护，公园核心保育区不宜建设天然和人工饲草基地。因此，需要强化跨区饲草基地的建设，冬春季饲草储存量以过去年最长积雪期为最低限标准来计算。饲草基地建设可为优化传统畜牧业生产方式及因地制宜开展冷季补饲和短期育肥提供足够饲草来源，为发展优质高效畜牧业创造条件，也为预防牧区雪灾提供基本保障。同时，牲畜是牧区雪灾的最大承灾体，而草原区却是重要的孕灾环境，雪灾风险源于较高的牲畜密度以及草地资源不足区域，超载过牧使家畜应对雪灾能力极大减弱。可见，合理的草畜平衡政策是保护草地资源和防范雪灾的关键控制点。

建议在三江源海拔较低且水热条件较好的区域（如玉树州东三县和黄南州同德、贵南等）建立外围支撑区，以一年生牧草和高产优质多年生牧草为优先品种进行人工草地建植和高密度饲草产品加工，提高饲草资源利用效率，提升跨区域、远距离运输便捷性。同时，建议三江源区积极推进减畜、禁牧、休牧、季节性轮牧等多项措施的生产经营模式。

4）积极引导牧民养畜理念优化、调整优化畜牧业产业结构。受长期传统生活方式和养畜理念所约束，导致园区牧民缺乏对畜群结构的优化等。面对重大雪灾，病畜、幼畜、弱畜往往是主要的受灾体，亟须转变“惜售”观念并调整优化畜群结构。一方面，应秉承“减畜就是救灾，出栏就是降损”的理念，缩短牲畜出栏周期，不但缓解饲草料不足带来的压力、最大限度减轻灾期供养负担和损失，也可动态优化畜群结构以提升抗灾能力，做到生态和经济效益有机统一。另一方面，积极引进高新技术进行畜种改良，或者直接引进抗寒优良品种，以调整畜群结构并提高其抗灾能力。

建议鼓励灾区当地政府出台支持政策并积极引导转变传统观念，积极引进优良牲畜品种，暖季散养放养为主、冷季圈养补饲为主，冬季前加快出栏减畜，缩短生产周期并提高出栏率，发展优质畜牧业。同时，建议加强牧区与城区联动机制、牧户和企事业单位合作共赢模式，利用三江源国家公园品牌效应，发展集饲草料、养畜、乳制品和肉食加工与销售于一体的现代化复合型畜牧业之路。

5）创新推进畜牧业保险制度改革，稳步促进畜牧业健康发展。降雪事件的精确化预测预报以及雪灾风险的各项防范措施并不足以完全避免雪灾的发生。利用保险手段建立雪灾的防范与分散机制，是提高灾区牧民抵御风险能力的有效举措，是灾后弥补经济损失的重要来源。以往，园区雪灾灾后救助和重建主要依赖于政府补助和慈善救助，但运行模式单一化、赔付率低（仅占经济损失的 20%）。尽管园区雪灾赔付率高于全国平均水平，但牧民仍担负了绝大部分雪灾损失。因此，园区雪灾频发区和重灾区急需创新推进畜牧业保险制度改革。需要构建政策性保险运行模式，确定多档次保障水平以及建立“联动互补”的保费机制，以多元化方式提升补贴率，加快灾后恢复时效性，增进牧民养畜信心，稳步促进畜牧业健康发展。

建议尽快创新改革灾区畜牧业保险机制，构建“政府政策支持+保险机构经营+畜牧部门参与+牧户投保”的多元化模式，并基于投保牲畜的生理价值（含购买成本和饲养成本）确定多个档次保障水平，建立中央财政与地方财政（州、市、县三级）“联动补贴”的保费机制，以最大限度地弥补因雪灾而导致的经济损失，尽早恢复畜牧业生产。

二、关于缓解三江源国家公园内人兽冲突的建议

（一）三江源国家公园内人兽冲突问题

三江源区野生动物物种丰富，其中存在诸如雪豹、棕熊、狼等攻击性强的野生兽类，野生动物的存在导致其与家畜竞争草场，侵扰和捕食家畜，破坏房屋圈舍，甚至致人死亡等问题。近年来，三江源国家公园棕熊伤人事件屡有发生。为此，国家公园管理机构、地方政府通过与非政府组织合作、引进保险机制等方式不断完善野生动物损害事后评价与补偿。尽管当地政府采取了各种预防和缓解措施，但人兽冲突的矛盾依然存在。

（二）几点建议

在整理 2015～2016 年三江源区曲麻莱县、治多县和囊谦县人兽冲突记录的基础上，分析了主要肇事物种和人兽冲突的时间分布、地点分布和受损类型，提出针对性建议如下（闫京艳等，2019）。

1）加强调查研究，支撑科学防范。统计结果表明，引起人兽冲突最多的野生物种是狼，其次是棕熊，而引起人身伤害最多的是棕熊，建议对此两种主要肇事野生物种的分布、数量和习性等进行深入研究，详尽掌握园区内主要肇事物种的本底数据。此外，还应加强人类社会发展与熊科动物生存之间的关系研究，探索人们生产生活方式的改变与熊科动物行为变化之间的关系，加强棕熊生态学方面的研究，从棕熊生境质量、种群动态、自然食源以及生态系统完整性等方面去深入挖掘人熊冲突的驱动因素，进而从根本上制定缓解措施，促进三江源国家公园地区人熊共存（代云川等，2019a，2009b）。

2）依时依地预警，定向加强防范。研究结果还表明，人兽冲突的高发期为每年的 6～9 月，冲突热点区域是曲麻莱县的秋智乡和麻多乡，以及治多县的志渠乡、多彩乡、立新乡和扎河乡，因此建议在上述高发期和高发区域根据科学研究结果开展人兽冲突风险评价，设定风险阈值，建设监测预警体系，发布预警以加强防范。科学指导牧民放牧和采取适当防卫措施，以有效降低野生动物肇事发生的频次和造成的损失。同时，统计结果还表明冬季也存在一定数量的人兽冲突，因此建议在野生动物食物匮乏的冬季在其经常活动的区域投放食物，减轻其觅食难度，减少其对牧民的侵扰。

3）汇集多方力量，减小伤害损失。通过广泛渠道争取经费和技术支持，建立国家公园保护基金，促进园区管理和基础科研等工作顺利开展，尝试建立专项保险基金用来赔偿当地群众的损失。在落实补偿政策方面，做到核实准确、标准统

一、补偿及时、记录详尽等，保证补偿政策的实施效果。此外，还要引导各类功能区探索具有区域特色的发展模式，形成野生动物分布区社区经济与野生动物保护相互促进的良性循环。

4）加强牧民宣教，提高保护意识。加大保护野生动物重要性的宣传，消除当地牧民对野生动物保护的抵触情绪。同时向牧民普及预防野生动物肇事的相关知识及补偿政策等，提高牧民的自我保护意识和正确维权意识。

第五节　关于神农架国家公园建设的两点建议

一、关于建立“神农架国家公园特区”的建议

（一）整合建立“神农架国家公园特区”的前期探索：建立地方保护地联盟

神农架国家公园管理局号召位于湖北、重庆的 7 个自然保护区，包括神农架国家公园体制试点区、重庆阴条岭国家级自然保护区、湖北堵河源国家级自然保护区、重庆五里坡国家级自然保护区、湖北十八里长峡国家级自然保护区、湖北巴东金丝猴国家级自然保护区和湖北三峡万朝山省级自然保护区，签署鄂西渝东毗邻自然保护地联盟相关协议并提出了“科学建立大保护机制，构建区域保护联盟体系”的倡议，旨在资源保护、森林防火、打击犯罪、科学研究等方面突破行政区划限制，构建区域性保护地互动融合、协同共建的工作机制，促进秦巴山区生物多样性保护和自然资源可持续利用。各成员单位信息共享、巡防联动，如有重大警情，可跨区一对一直接指挥巡防力量，缩短响应时间。涉及跨区域的案件，应当按照就近、便利、迅速的原则确定侦办单位，由案件所在地牵头，迅速启动跨区域办案协作。全面促进生态文明建设，形成秦巴山区“共抓大保护”的新格局。由此可见，现有神农架国家公园及周边保护区的格局是不能够满足保护和发展需求的，需要重新进行空间布局。

在第 44 届世界遗产大会上，由国家林业和草业局举办的主题为“世界自然遗产和自然保护地协同保护”的边会指出，世界自然遗产和自然保护地协同保护、融合管理是全球共同趋势。在神农架国家公园体制试点区的管理中可参考和借鉴“中国丹霞”和“中国南方喀斯特”保护的管理经验，建立跨行政区域的遗产协同保护体系，实现自然遗产地的统筹保护管理，建立针对自然灾害、人类活动等全面联动的监测体系，推动资源保护、旅游活动、科研展示共同提升，建立多方合作共赢的自然遗产可持续发展机制。同时，依托现有保护地管理机构的队伍，依据自然保护地相关法律法规，配合各项规划编制、设施，借助自然保护地完善遗产

地的监测设施，强化遗产地保护能力，实现对自然遗产地的有效保护；依托自然遗产的独特吸引力，将自然保护与社会经济发展紧密结合，积极推进脱贫攻坚和乡村振兴建设。构建以国家公园为主体的自然保护地体系，进一步提升世界自然遗产和自然保护地的协同保护水平，并为世界自然保护提供“保护地建设中国方案”。

据不完全统计，神农架国家公园体制试点区及其周边县域有各类型保护地 60 个，其中国家级 28 个、省级 20 个、市（县）级 12 个，主要有重庆阴条岭国家级自然保护区、重庆五里坡国家级自然保护区、重庆市长江三峡巫山湿地县级自然保护区、湖北堵河源国家级自然保护区、湖北十八里长峡国家级自然保护区、湖北巴东金丝猴国家级自然保护区以及湖北三峡万朝山省级自然保护区等，保护对象包括野生动植物和水生生物，湿地、森林等生态系统以及地质遗迹等。神农架同时具备世界生物圈保护区、世界地质公园网络、国际重要湿地和世界自然遗产 4 个世界级头衔，其中神农架国家公园特区包含 26 个各类保护地，7 个属于鄂西渝东毗邻自然保护地联盟成员，8 个紧邻保护地联盟，11 个位于保护地联盟周边区域，其中国家级保护地 14 个、省级 6 个、市（县）级 6 个，保护地众多，神农架国家公园体制试点区及其周边县域相关职能部门保护地管理经验丰富，可担当整合周边保护地的职责（图 8-4，表 8-2）。

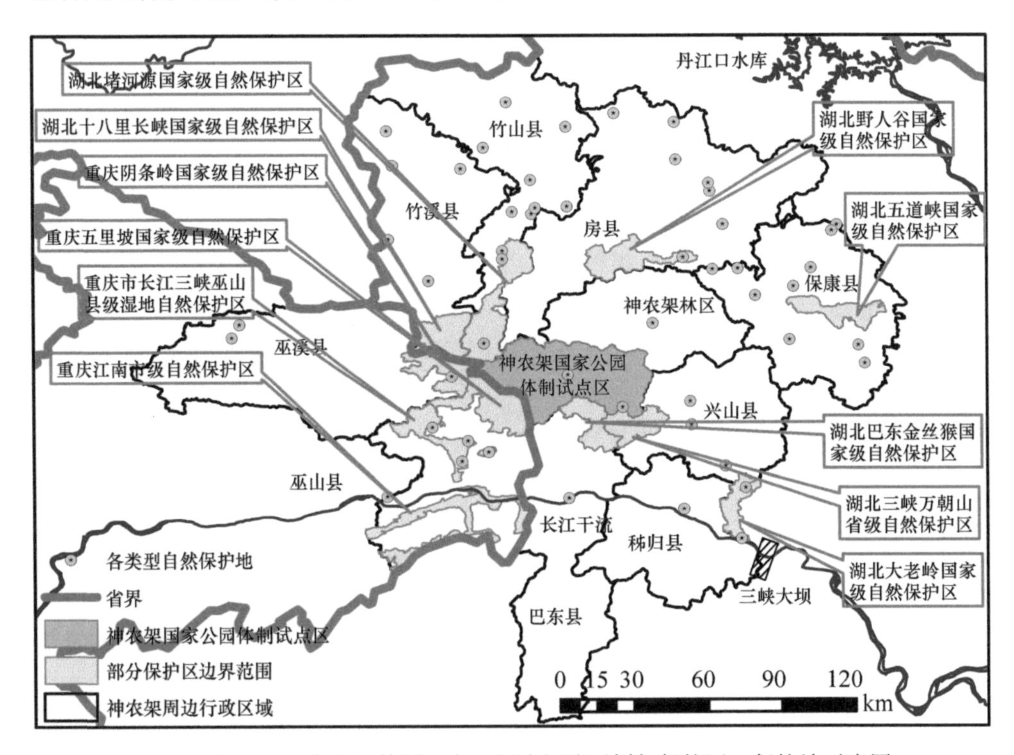

图 8-4　神农架国家公园体制试点区周边行政区划与保护区、保护地示意图

表 8-2 神农架国家公园体制试点区及周边区域内自然保护地分布情况

序号	关联性	保护地名称	等级	类型	所在县	是否在神农架国家公园特区内
1	保护地联盟成员	神农架国家公园体制试点区	国家级	国家公园	神农架林区	是
2	保护地联盟成员	湖北巴东金丝猴国家级自然保护区	国家级	自然保护区	巴东县	是
3	保护地联盟成员	湖北堵河源国家级自然保护区	国家级	自然保护区	竹山县	是
4	保护地联盟成员	湖北十八里长峡国家级自然保护区	国家级	自然保护区	竹溪县	是
5	保护地联盟成员	重庆阴条岭国家级自然保护区	国家级	自然保护区	巫溪县	是
6	保护地联盟成员	三峡万朝山省级自然保护区	省级	自然保护区	兴山县	是
7	并入神农架世界自然遗产地	重庆五里坡国家级自然保护区	国家级	自然保护区	巫山县	是
8	神农架世界级头衔	湖北神农架世界生物圈保护区	世界级	生物圈保护区	神农架林区	是
9	神农架世界级头衔	湖北神农架世界地质公园网络	世界级	地质公园网络	神农架林区	是
10	神农架世界级头衔	湖北神农架国际重要湿地名录	世界级	湿地名录	神农架林区	是
11	神农架世界级头衔	湖北神农架世界自然遗产	世界级	自然遗产	神农架林区	是
12	紧邻保护地联盟	湖北竹山堵河源省级地质公园	省级	地质公园	竹山县	是
13	紧邻保护地联盟	龙门河国家森林公园	国家级	森林公园	兴山县	是
14	紧邻保护地联盟	玉泉河特有鱼类国家级水产种质资源保护区	国家级	水产种质资源保护区	神农架林区	是
15	紧邻保护地联盟	堵河龙背湾段多鳞白甲鱼国家级水产种质资源库保护区	国家级	水产种质资源保护区	竹山县	是
16	紧邻保护地联盟	重庆市长江三峡巫山湿地县级自然保护区	市（县）级	自然保护区	巫山县	是
17	紧邻保护地联盟	巫山梨子坪县级自然保护区	市（县）级	自然保护区	巫山县	是
18	紧邻保护地联盟	重庆市梨子坪森林公园	省级	森林公园	巫山县	是
19	保护地联盟周边	野人谷国家级自然保护区	国家级	自然保护区	房县	是
20	保护地联盟周边	重庆市白果森林公园	省级	森林公园	巫山县	是
21	保护地联盟周边	兴山县香溪河湿地自然保护区	市（县）级	自然保护区	兴山县	是
22	保护地联盟周边	古洞口库区湿地自然保护区	市（县）级	自然保护区	兴山县	是
23	保护地联盟周边	宜昌高岚河水利风景区（自然河湖型）	国家级	水利风景区	兴山县	是
24	保护地联盟周边	三峡湿地自然保护区	市（县）级	自然保护区	秭归县等地	是
25	保护地联盟周边	长江三峡国家地质公园	国家级	地质公园	三峡地区	是
26	保护地联盟周边	长江三峡风景名胜区	国家级	风景名胜区	三峡地区	是
27	保护地联盟周边	三峡库区恩施州水生生物自然保护区	市（县）级	自然保护区	巴东县	是
28	保护地联盟周边	重庆小三峡国家森林公园	国家级	森林公园	巫山县	是

续表

序号	关联性	保护地名称	等级	类型	所在县	是否在神农架国家公园特区内
29	保护地联盟周边	重庆大昌湖国家湿地公园	省级	湿地公园	巫山县	是
30	保护地联盟周边	大宁河小三峡风景名胜区	省级	风景名胜区	巫山县	是
31	周边县市保护地	湖北五道峡国家级自然保护区	国家级	自然保护区	保康县	否
32	周边县市保护地	湖北三峡大老岭国家级自然保护区	国家级	自然保护区	秭归县周边	否
33	周边县市保护地	八卦山省级自然保护区	省级	自然保护区	竹溪县	否
34	周边县市保护地	万江河大鲵省级自然保护区	省级	自然保护区	竹溪县	否
35	周边县市保护地	保康县红豆杉自然保护区	市（县）级	自然保护区	保康县	否
36	周边县市保护地	鹫峰自然保护区	市（县）级	自然保护区	保康县	否
37	周边县市保护地	刺滩沟自然保护区	市（县）级	自然保护区	保康县	否
38	周边县市保护地	重庆江南市级自然保护区	市（县）级	自然保护区	巫山县	否
39	周边县市保护地	凤凰山猕猴自然保护区	市（县）级	自然保护区	保康县	否
40	周边县市保护地	保康野生腊梅自然保护区	市（县）级	自然保护区	保康县	否
41	周边县市保护地	湖北竹溪长峡省级地质公园	省级	地质公园	竹溪县	否
42	周边县市保护地	房县野人谷地质公园	省级	地质公园	房县	否
43	周边县市保护地	房县青峰山地质公园	省级	地质公园	房县	否
44	周边县市保护地	保康尧治河地质公园	省级	地质公园	保康县	否
45	周边县市保护地	大老岭国家级森林公园	国家级	森林公园	秭归县周边	否
46	周边县市保护地	九女峰国家森林公园	国家级	森林公园	竹山县	否
47	周边县市保护地	偏头山国家森林公园	国家级	森林公园	竹溪县	否
48	周边县市保护地	湖北诗经源国家森林公园	国家级	森林公园	房县	否
49	周边县市保护地	重庆红池坝国家森林公园	国家级	森林公园	巫溪县	否
50	周边县市保护地	白玉垭省级森林公园	省级	森林公园	竹山县	否
51	周边县市保护地	大百川省级森林公园	省级	森林公园	竹山县	否
52	周边县市保护地	柳树垭省级森林公园	省级	森林公园	房县	否
53	周边县市保护地	官山省级森林公园	省级	森林公园	保康县	否
54	周边县市保护地	尧治河省级森林公园（生态公园试点）	省级	森林公园	保康县	否
55	周边县市保护地	万峪河省级森林公园	省级	森林公园	房县	否
56	周边县市保护地	竹山圣水湖国家湿地公园	国家级	湿地公园	竹山县	否
57	周边县市保护地	竹溪龙湖国家湿地公园	国家级	湿地公园	竹溪县	否
58	周边县市保护地	房县古南河国家湿地公园	国家级	湿地公园	房县	否

续表

序号	关联性	保护地名称	等级	类型	所在县	是否在神农架国家公园特区内
59	周边县市保护地	重庆红池坝国家级风景名胜区	国家级	风景名胜区	巫溪县	否
60	周边县市保护地	房县神农峡岩屋沟风景名胜区	省级	风景名胜区	房县	否
61	周边县市保护地	保康野花谷省级风景名胜区	省级	风景名胜区	保康县	否
62	周边县市保护地	堵河鳜类国家级水产种质资源保护区	国家级	水产种质资源保护区	竹山县周边	否
63	周边县市保护地	圣水湖黄颡鱼国家级水产种质资源保护区	国家级	水产种质资源保护区	竹山县	否
64	周边县市保护地	堵河黄龙滩水域鳜类国家级水产种质资源保护区	国家级	水产种质资源保护区	竹山县周边	否

打破行政边界，以流域为范围构成以自然保护地为核心的生物多样性保护体系，增强江湖的连通性，维持生态系统健康，保证生物栖息地的完整性，应是周边保护地整合的基本原则。按流域划分可将神农架国家公园特区划分为五大流域，包括长江流域的神农溪流域、大宁河流域和香溪河流域，汉江流域的堵河流域和南河流域。本区域南临长江三峡水库，北接丹江口水库，是重要的水源地，需要对其开展水资源保护。

（二）建立“神农架国家公园特区”的资源条件

根据神农架及其周边自然保护地的分布、行政区划、流域特征、交通条件、经济发展等一系列因素，依据《关于建立以国家公园为主体的自然保护地体系的指导意见》总体要求中关于优化相邻保护地的指导意见，对同一自然地理单元内相邻、相连的各类自然保护地，打破因行政区划造成的割裂局面，按照自然生态系统完整、物种栖息地连通、保护管理统一的原则，遵循山脉完整性、水系连通性、行政相邻性和生态一致性，同时兼顾国家公园“原真性、整体性、系统性及其内在规律”，进行重组。区域包含巴东县长江以北（4 个乡镇），秭归县长江以北（4 个乡镇），兴山县和神农架林区，房县的九道乡、上龛乡、中坝乡、国营代东河林场、国营杨岔山林场、门古寺镇、回龙乡和野人谷镇，竹山县的柳林乡和官渡镇，竹溪县十八里长峡管理局和向坝乡，巫溪县的宁厂镇、双阳乡、兰英乡、花台乡、城厢镇和通城镇大宁河以东，巫山县的官阳镇、当阳乡、平河乡、竹贤乡、骡坪镇、三溪乡、两坪乡、巫峡镇长江以北大宁河以东及大昌镇、双龙镇和龙门街道大宁河以东，共 53 个乡镇或同等级行政单位（图 8-6）。参考国家建立经济特区的形式，在不改变土地所属权的情况下，建立“神农架国家公园特区”，以促进神农架国家公园体制试点区及相关自然保护地和区域的可持续发展。

神农架国家公园特区以神农架林区及附近堵河源地势最高，最高峰位于神农顶，海拔3106.2m，向四周地势逐渐降低，区域内最大海拔落差达3036.2m，区域内山高、坡陡、谷深，沟槽交错，地形复杂，地形坡度变化复杂，最大坡度达82°，地势平缓的区域主要集中在长江沿岸。

图8-5展示神农架国家公园特区内的气象分布信息，2009～2014年多年平均气温图显示，该区域内气温分布基本满足由东向西逐渐升高的特点，为11～20℃；地温则表现为由北向南逐渐升高，为17～20℃；降水量自东北向西南逐渐升高（靠近长江区域降水量最高），为700～1100mm；大型蒸发量则表现出北高南低的特点，为15～27mm。区域内降水量适中，气候适宜。

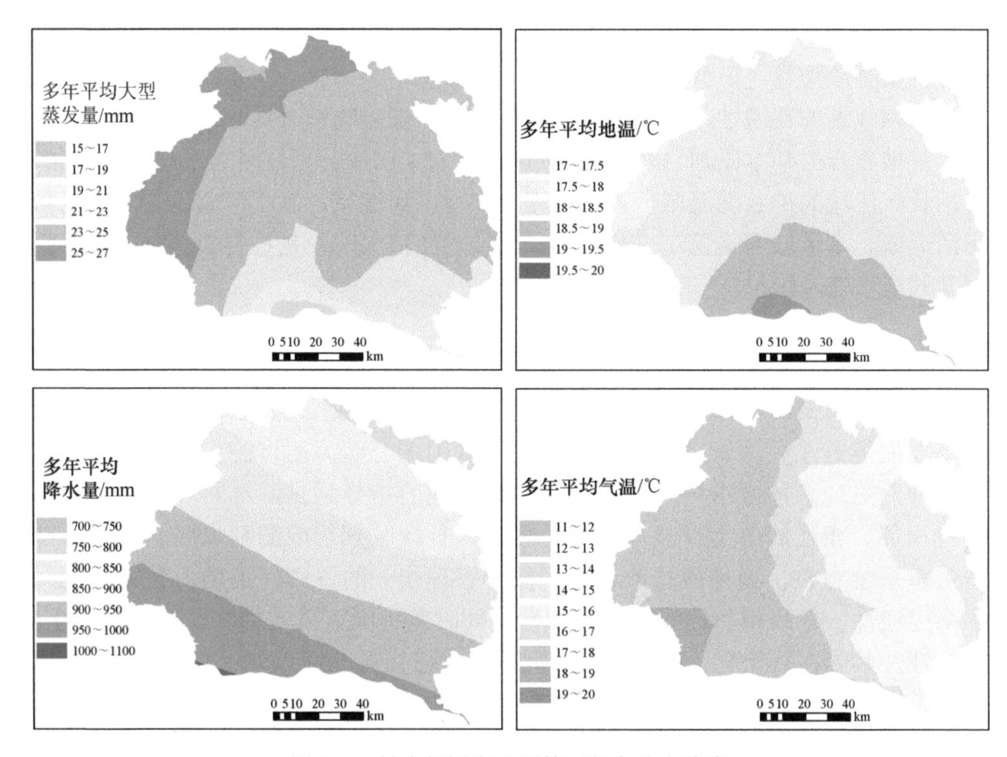

图8-5　神农架国家公园特区气象分布信息

神农架国家公园特区内土地利用类型以林地为主，超过总面积的80%，达85.53%，其次是耕地，占11.56%，再次是草地，占1.77%，湿地、水域和城乡、工矿、居民用地均低于1%（表8-3）。农田主要分布在竹山县和竹溪县交界处堵河流域上游、房县南河流域中上游和香溪河、神农溪流域下游靠近长江处（图8-6）。

表 8-3　神农架国家公园特区各土地利用类型面积及百分比

类型	名称	面积/hm^2	占比/%
耕地	农作物土地	149 688.7	11.56
林地	有林地	1 107 775.6	85.53
草地	高覆盖度草地	22 896.2	1.77
湿地	湖泊和沼泽	147.0	0.01
水域	河渠	12 128.1	0.94
人造地表	城乡、工矿、居民用地	2 616.8	0.20

（三）建立神农架国家公园特区的可行性及必要性

神农架国家公园特区行政中心可设置在兴山县古夫镇。该地交通便利，陆路交通有宜巴（宜昌—巴东）高速和宜万（宜昌—万州）高铁；水路交通，航运可通过香溪河进入长江干流（图 8-6），依托宜昌市、襄阳市和十堰市带动经济发展。区域内矿产资源丰富，农业也较为发达。依托国家公园及周边保护区的吸引力，带动旅游业、餐饮和住宿等一系列第三产业经济，可成为国家公园及保护区周边区域经济发展的长期助力。通过区域经济的高速发展，神农架国家公园特区可以获得更多的财政收入，减少对国家和省财政的依赖，可以将更多的财政补贴用于神农架国家公园保护区建设和维持，提高保护水平。在管理上，神农架国家公园特区依托现有保护地管理机构队伍，借助完善的人员配置、监测设施、巡护机制和管理条例，充分发挥保护地联盟的联动机制，可实现对区域内自然保护地的有效保护。神农架国家公园特区的建立和发展可为全国乃至世界的自然保护提供“神农架模式”。

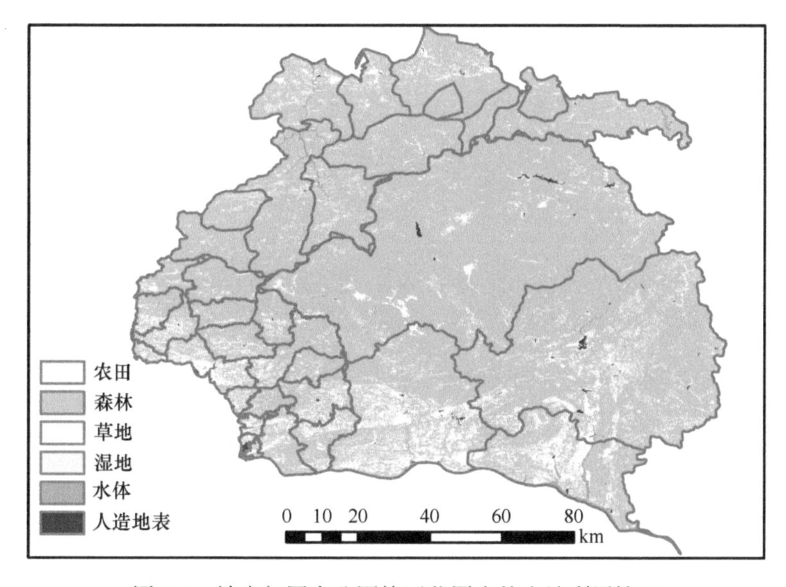

图 8-6　神农架国家公园特区范围内的土地利用情况

二、关于建立神农架国家公园多元长效生态补偿机制的建议

（一）神农架国家公园生态补偿现状

根据实地调研得到的当地各相关部门提供的资料以及问卷调研的居民数据，整理总结了神农架国家公园生态补偿基本情况（表 8-4）。

表 8-4　神农架国家公园生态补偿现状（王佳然，2019）

方式			主体	客体	补偿标准	实施方案
资金补偿	项目补偿	退耕还林	国家	农户	发粮食 300 元/亩；8 年后 125 元/（亩·a）（补 8 年）	林业管理局实施，16 年一期
			国家	农户	1500 元/亩	新纳入补 5 年，三次到位（一次 500 元/亩，二次 400 元/亩，三次 300 元/亩）+300 元/亩（种植费）
		生态公益林	国家，省	国有事业单位（8.8 万亩）、农户（5.7 万亩）	10 元/（亩·a）（国家）；5 元/（亩·a）（省）	国家级公益林（14.5 万亩）
			省政府	农户	15 元/（亩·a）	省级公益林
			国家	农户	3 元/（亩·a）	县级公益林（24 万亩）
		天然林保护	国家	国家公园	10 元/（亩·a）	工资性补助，负责管护
	成立补偿基金	生态搬迁	林区政府	大九湖居民	征地拆迁费，其他	457 户（已搬 410 户）大部分就地搬迁到海拔低的坪阡古镇，少部分搬到外县外乡，林区政府审计局统一审计，到具体实施地方抽查
		野生动物致害	国家公园	受灾农户		国家公园购买保险，受灾农户申请，经核实启动保险，保险公司进行赔偿，林区政府提供 100 万元/a
		小水电退出	省政府	退出企业	标准不一	
		种植中药材	国家公园	三个试点村 350 户农户	400～500 元/亩，17 年时 3 000 元/户补贴	各村成立中药材合作社，与农户签订市场保底协议，保险公司赔付
	财政转移支付	以电代燃	国家公园	460 户居民	0.2 元/（kW·h），3 000 元/a	靠旅游收入，国家公园把神旅集团交的特许经营费补偿居民
实物补偿	基础设施改造	厕所革命	国家公园	整个神农架林区居民	1 000 元/m^3	国家公园把补偿资金给乡镇，乡镇进行分配
		围栏改造	国家公园	三个试点村（大九湖、坪阡、相思岭）300 多户	8 000 元/户	

续表

方式			主体	客体	补偿标准	实施方案
实物补偿	基础设施改造	太阳能路灯		下谷、大九湖、坪阡、红花坪村农户	每户一盏（4 000 元）	500 台
		改造气化炉	国家公园	大九湖、下谷、木鱼农户	每户提供 1 200 元（气化炉 1 500 元，自筹资金 300 元），乡政府进行采购	投放量 1 000 台，国家公园派人统计符合标准农户（有本村房产，户口在本村，自立烟火）
		沼气池改造	保护区	200 户农户	1 200 元/2m^3 的池子，受海拔影响，不成功，一年使用周期只能用半年，其余时间不产气	
		火炉改造	保护区	1 000 多户农户	200 元/户	农户施工，验收好保护区给农户钱
智力补偿	提供就业	生态管护岗位	国家公园	从农户挑选 433 个管护员	4 800 元/a，4 个管理区的 18 个管护中心，根据面积不等，每个管护中心设置 3～5 名监管员（协管员）	从生态管护费，国有林管护费里划出来
			神旅集团	大九湖、木鱼居民		直接就业 5000 余人，间接就业 2 3000 人（农家乐，酒店等），景区对当地人免票
	特许经营	特许经营	神旅集团	国家公园	1 000 万元/a	神旅集团给林区政府，林区政府再给国家公园
		反哺基金	神旅集团	国家公园	首年向以上两个单位分别反哺 1 000 万元和 500 万元的资金，用于保护发展专项建设使用，第二年起，每年以 10%的比例逐年提高反哺金额，直至金额分别达到 1 500 万元和 800 万元，以后按最高金额逐年反哺。现在这两个单位合并为国家公园了，反哺金也合并了	神农架保护区、大九湖湿地公园两个单位经营的景区全部交由神旅集团负责经营管理，资金以前是神旅集团直接给保护区，现在是给林区政府，再由林区政府给国家公园

（二）神农架国家公园生态补偿问题与对策

1. 神农架国家公园多元补偿模式问题与对策

从对神农架国家公园生态补偿现状分析可以看出，主要存在以下问题：①补偿主体多为国家主体，缺乏市场主体及各种国际环保组织、各种捐赠，层次较为单一；②补偿方式还较为单一，以资金补偿和实物补偿为主，补偿多为提供就业和特许经营，缺乏优惠信贷、税收减免等政策补偿；③在长效补偿模式上，主要集中于神旅集团的特许经营，原住居民自主经营的农家乐较少，并且旅游活动严重影响当地农户的生态农业经营行为；④融资渠道方面，主要来源于国家财政拨款及神旅集团提供的反哺基金；⑤配套措施不够完善，存在资金不到位，效果不明显，人口多收益低，入不敷出，居民诉求高等问题，许多补偿模式还未落实，缺乏制度保障。

针对以上问题，对神农架国家公园提出以下几点建议。①在补偿主体上，强化国家公园内自然资源确权工作，明确责任主体，对于集体和私人所有的可以进入市场的自然资源，强化市场主体和其他主体的地位。②在补偿方式上，拓展多元化的补偿方式，开展税收减免、优惠信贷、产业融合、技术培训、教育援助等长效补偿方式。③在融资渠道上，拓宽多元化资金筹集方式，除国家财政拨款外，鼓励尝试对神农架国家公园自然资源的受益群体或破坏群体征收生态税费。④在配套措施上，加强对多元化生态补偿模式的效益评估和对补偿资金使用的监管工作，健全调查体系和长效监测机制，完善生态补偿基础数据，确保制度能顺利落实，引导国家主体、市场主体和其他等各类主体参与补偿，形成全民保护生态环境的良好氛围。

2. 神农架国家公园长效补偿模式问题与对策

神农架国家公园现阶段的反哺保护机制为管理局和神旅集团协商确定，而没有综合考虑神旅集团的企业投入及国家公园的景观价值投入比例，反哺基金的标准制定缺乏科学依据。

借鉴国内外自然保护地生态补偿长效管理模式经验，根据不同区域实际情况探索特许经营模式，在神农架国家公园通过部门访谈和问卷调研，综合考虑企业投入和国家公园景观入股，计算反哺基金理想数值，为神农架国家公园特许经营的长效生态补偿模式提供科学依据（Liu et al.，2020）。

（1）特许经营企业投入价值评估

神旅集团成立于 2009 年 9 月，是神农架国家公园实施特许经营生态补偿方式的主体。神旅集团投入 7.6 亿元，完成景区提档升级。公司自组建以来，以解决保护与发展的矛盾为核心，带动全区 40%的乡镇和群众发展旅游产业，近 3 万人通过旅游扶贫脱贫致富，人均年收入达到 2 万元以上，成为神农架林区实施精准扶贫的重要载体和经济发展的支柱产业；据统计，景区 2018 年共接待游客 1590 万人次，实现旅游总收入 57.3 亿元。其中，门票总收入 2.95 亿元，累计共缴纳各项税费 1.43 亿元。

通过神旅集团企业财务年报及官网数据得出神旅集团的投入价值为：

$$\text{COST} = \text{COGS} + \text{SG \& A} + \text{PAI} = 140\ 696\ \text{万元} \tag{8-1}$$

（2）神农架国家公园景观资源价值评估

神农架国家公园由于旅游客源地较广，且旅游市场比较成熟且知名度较大，因此适宜采用区域旅行费用法（ZTCM）来计算该景点的游憩价值，但又因为游客对景点游憩需求的理性偏好具有异质性，应避免用距离景点的距离这一单因子估计景点的旅游率，采用 TCIA 模型对实际旅行消费行为进行模拟，更符合相关经济学原理。

根据调查问卷的样本数据统计，依据样本旅游费用的特点，剔除门票收入、交通费用和时间成本（因为交通费用和时间成本对特许经营企业获利无贡献），将样本分为 23 个分区，分别计算重要参数 N_i、M_i、P_i 和 Q_i。

对数据进行预处理，剔除离群值，进行回归分析，以 C_i 为自变量，Q_i 为因变量，建立旅游需求曲线。

从表 8-5 可以看出，P 值均小于 0.001，所以属于极端显著，拟合结果较好。结果检验 R^2>0.9，线性相关系数比较高。建立对数函数回归模型（图 8-7）。

表 8-5　旅游需求曲线

因素	系数	标准误差	t 值	P 值	下限 95%	上限 95%
截距	0.8066	0.0548	14.708	0	0.6929	0.9207
X 变量	–0.0002	0	–8.6512	0	–0.0003	–0.0002

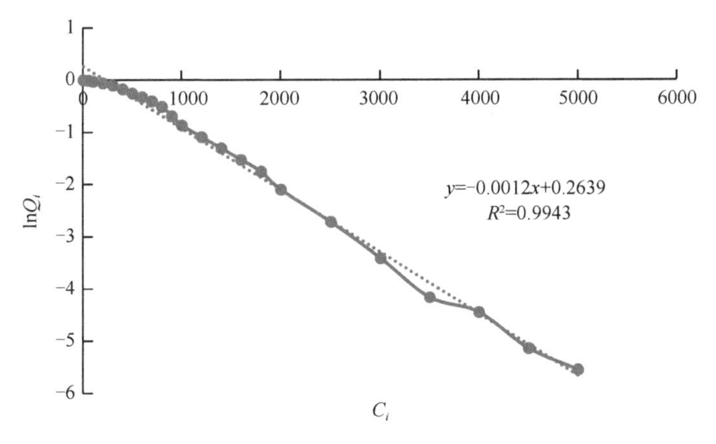

图 8-7　神农架国家公园旅行需求曲线

根据图 8-5 中的公式计算出各区间内旅客的消费者剩余，得到总消费者剩余 TCS 为 218 199.68 元，忽略时间价值，总旅行费用之和为 391 052.62 元，景区 2018 年共接待游客 498 万人，得出神农架国家公园的使用价值为：

$$\text{UV} = [(218\,199.68 + 391\,052.62)/516] \times 498 = 587\,999.31\text{万元}$$

基于条件价值法的非参数估计模型，通过计算得出样本中平均每人每年愿意支付 62.57 元用于保护神农架国家公园的自然资源和生态环境。

结合神农架国家公园的游客普查数据，景区 2018 年共接待游客 498 万人，愿意支付补偿金用于保护神农架国家公园的自然资源和生态环境的被调查者比例为 51.94%。可以估算出 2018 年神农架国家公园的景点非使用价值为 16 230.99 万元。

求出神农架国家公园的景观价值 TEV=604 230.3 万元。

（3）反哺基金计算

根据上述研究求出的企业投入价值和景观资源价值比 140 696∶604 230.3≈1∶4.29。据统计，神农架国家公园景区 2018 年共实现旅游门票总收入 2.95 亿元，累计共缴纳各项税费 1.43 亿元。所得利润为 1.52 亿元。因此按照神旅集团和神农架国家公园管理局的投入比例算得 2018 年神旅集团获得 2873.35 万元，神农架国家公园管理局获得 12 326.65 万元。因此，2018 年的反哺资金数额为 12 326.65 万元。

参考文献

蔡庆华, 罗情怡, 谭路, 等. 2021. 神农架国家公园: 现状与展望. 长江流域资源与环境, 30(6): 1378-1383.

蔡振媛, 覃雯, 高红梅, 等. 2019. 三江源国家公园兽类物种多样性及区系分析. 兽类学报, 39(4): 410-420.

曹国斌, 朱兆泉, 杨敬元, 等. 2019. 湖北川金丝猴现状及保护研究. 野生动物学报, 40(3): 602-609.

曹巍, 刘璐璐, 吴丹. 2018. 三江源区土壤侵蚀变化及驱动因素分析. 草业学报, 27(6): 10-22.

曹巍, 刘璐璐, 吴丹, 等. 2019. 三江源国家公园生态功能时空分异特征及其重要性辨识. 生态学报, 39(4): 1361-1374.

曹智, 闵庆文, 刘某承, 等. 2015. 基于生态系统服务的生态承载力: 概念、内涵与评估模型及应用. 自然资源学报, 30(1): 1-11.

陈东军, 钟林生. 2020. 国外国家公园教育利用研究进展与启示. 生物多样性, 28(10): 1266-1275.

陈涵子, 吴承照. 2019. 社区参与国家公园特许经营的多重价值. 广东园林, 41(5): 48-51.

陈妍, 侯鹏, 王媛, 等. 2020. 生态保护地协同管控成效评估. 自然资源学报, 35(4): 779-787.

程畅, 赵丽娅, 渠清博, 等. 2015. 神农架森林生态系统服务价值估算. 安徽农业科学, 43(33): 226-229.

迟翔文, 江峰, 高红梅, 等. 2019. 三江源国家公园雪豹和岩羊生境适宜性分析. 兽类学报, 39(4): 397-409.

代云川, 李迪强, 刘芳, 等. 2019a. 人熊冲突缓解措施研究进展: 以三江源国家公园为例. 生态学报, 39(22): 8310-8318.

代云川, 薛亚东, 程一凡, 等. 2019b. 三江源国家公园长江源园区人熊冲突现状与牧民态度认知研究. 生态学报, 39(22): 8245-8253.

代云川, 薛亚东, 张云毅, 等. 2019c. 国家公园生态系统完整性评价研究进展. 生物多样性, 27(1): 104-113.

邓睿. 2005. 浅议西双版纳热带雨林保护中的生态补偿机制. 云南环境科学, 24: 65-67.

邓晓梅, 秦岩, 冉圣宏, 等. 2006. 衡水湖国家级自然保护区的生态旅游价值研究. 北京林业大学学报(社会科学版), 5(1): 45-50.

丁陆彬, 马楠, 王国萍, 等. 2019. 生物多样性相关传统知识研究热点与前沿的可视化分析. 生物多样性, 27(7): 716-727.

付励强, 宗诚, 孔石, 等. 2015. 国家级自然保护区与风景名胜区的空间分布及生态旅游潜力分析. 野生动物学报, 36(2): 218-223.

傅小城, 唐涛, 蒋万祥, 等. 2008. 引水型电站对河流底栖动物群落结构的影响. 生态学报, 28(1): 45-52.

高红梅, 蔡振媛, 覃雯, 等. 2019. 三江源国家公园鸟类物种多样性研究. 生态学报, 39(22): 8254-8270.

高辉. 2015. 三江源地区草地生态补偿标准研究. 杨凌: 西北农林科技大学博士学位论文.
国家发改委, 国家统计局. 2017. 循环经济评价指标体系(2017 版). https://www.ndrc.gov.cn/fggz/hjyzy/fzxhjj/201701/W020191114579186961271.pdf [2016-12-27].
韩鹏, 黄河清, 甄霖, 等. 2010. 内蒙古农牧交错带两种生态补偿模式效应对比分析. 资源科学, 32(5): 838-848.
何思源, 丁陆彬, 闵庆文. 2019a. 农业文化遗产保护与自然保护地体系建设. 自然与文化遗产研究, 4(11): 34-38.
何思源, 苏杨. 2019. 原真性、完整性、连通性、协调性概念在中国国家公园建设中的体现. 环境保护, 47(Z1): 28-34.
何思源, 苏杨, 程红光, 等. 2019b. 国家公园利益相关者对生态系统价值认知的差异与管理对策: 以武夷山国家公园体制试点区建设为例. 北京林业大学学报(社会科学版), 18(1): 93-102.
何思源, 苏杨, 罗慧男, 等. 2017. 基于细化保护需求的保护地空间管控技术研究: 以中国国家公园体制建设为目标. 环境保护, 45(Z1): 50-57.
何思源, 苏杨, 闵庆文. 2019c. 国家公园的边界、分区和土地利用管理: 自然保护区和风景名胜区的启示. 生态学报, 39(4): 1318-1329.
何思源, 王国萍, 焦雯珺, 等. 2020a. 面向国家公园管理目标的综合灾害风险管理: 一个概念模型. 生态学报, 40(20): 7238-7247.
何思源, 魏钰, 苏杨, 等. 2020b. 保障国家公园体制试点区社区居民利益分享的公平与可持续性: 基于社会-生态系统意义认知的研究. 生态学报, 40(7): 2450-2462.
贺艳华, 唐承丽, 周国华, 等. 2014. 基于地理学视角的快速城市化地区空间冲突测度: 以长株潭城市群地区为例. 自然资源学报, 29(10): 1660-1674.
洪思扬, 王红瑞, 朱中凡, 等. 2018. 基于栖息地指标法的生态流量研究. 长江流域资源与环境, 27(1): 168-175.
湖北省林业厅. 2012. 湖北省森林资源二类调查. 武汉: 湖北省林业厅和湖北省林业调查规划院(内部资料).
黄宝荣, 王毅, 苏利阳, 等. 2018. 我国国家公园体制试点的进展、问题与对策建议. 中国科学院院刊, 33(1): 76-85.
黄寰. 2010. 论自然保护区生态补偿及实施路径. 社会科学研究, (1): 108-113.
黄建平, 陈文, 温之平, 等. 2019. 新中国成立 70 年以来的中国大气科学研究: 气候与气候变化篇. 中国科学: 地球科学, 9(10): 1607-1640.
贾建中. 2015. 我国风景名胜区发展与国家公园. 见: 2015 年北京园林学会学术论坛暨京津冀协同发展背景下的园林绿化建设学术论坛(内部资料).
姜超, 马社刚, 王琦淞, 等. 2016. 中国 5 种主要保护地类型的空间分布格局. 野生动物学报, 37(1): 61-66.
焦雯珺, 刘显洋, 何思源, 等. 2022. 基于多类型自然保护地整合优化的国家公园综合监测体系构建. 生态学报, 42(14): 1-13.
蒋万祥, 何逢志, 蔡庆华. 2017. 香溪河水生昆虫功能性状及功能多样性空间格局. 生态学报, 37(6): 1861-1870.
孔石, 付励强, 宋慧, 等. 2014. 中国自然保护区与国家地质公园空间分布差异. 东北农业大学学报, 45(9): 73-78.

孔石, 曾頔, 杨宇博, 等. 2013. 中国国家级自然保护区与森林公园空间分布差异比较. 东北农业大学学报, 44(11): 56-61.
李爱年, 刘旭芳. 2006. 对我国生态补偿的立法构想. 生态环境. 15(1): 194-197.
李本勇, 孙卫华. 2013. 薄山林场森林植被涵养水源价值评估. 河南林业科技, 33(3): 8-9, 61.
李东瑾, 毕华. 2016. 中国国家森林公园旅游景区空间结构研究. 中国人口•资源与环境, 26(S1): 274-277.
李凤清, 蔡庆华, 傅小城, 等. 2008. 溪流大型底栖动物栖息地适合度模型的构建与河道内环境流量研究: 以三峡库区香溪河为例. 自然科学进展, 18(12): 1417-1424.
李高飞, 任海. 2004. 中国不同气候带各类型森林的生物量和净第一性生产力. 热带地理, 24(4): 306-310.
李禾尧, 何思源, 王国萍, 等. 2021. 国家公园灾害风险管理研究与实践及其对中国的启示. 自然资源学报, 36(4): 906-920.
李文华, 张彪, 谢高地. 2009. 中国生态系统服务研究的回顾与展望. 自然资源学报, 24(1): 1-10.
李先福, 陆永林, 石欣, 等. 2021. 两种水生昆虫头宽与基于图像分析的大小参数关系性分析. 长江流域资源与环境, 30(6): 1466-1471.
李阳. 2012. 郑州市农户耕地保护行为意愿影响因素分析. 杨凌: 西北农林科技大学硕士学位论文.
李云燕. 2011. 我国自然保护区生态补偿机制的构建方法与实施途径研究. 生态环境学报, 20(12): 1957-1965.
廖烨. 2014. 湖南省森林公园公益林生态补偿标准研究. 长沙: 中南林业科技大学硕士学位论文.
刘孟浩, 席建超, 陈思宏. 2020. 多类型保护地生态承载力核算模型及应用. 生态学报, 40(14): 4794-4802.
刘某承, 王佳然, 刘伟玮, 等. 2019. 国家公园生态保护补偿的政策框架及其关键技术. 生态学报, 39(4): 1330-1337.
刘某承, 熊英, 白艳莹, 等. 2017. 生态功能改善目标导向的哈尼梯田生态补偿标准. 生态学报, 37(7): 2447-2454.
刘伟玮, 付梦娣, 任月恒, 等. 2019. 国家公园管理评估体系构建与应用. 生态学报, 39(22): 8201-8210.
刘显洋, 闵庆文, 焦雯珺, 等. 2019. 基于最优实践的国家公园管理能力评价方法体系研究. 生态学报, 39(22): 8211-8220.
刘永杰, 王世畅, 彭皓, 等. 2014. 神农架自然保护区森林生态系统服务价值评估. 应用生态学报, 25(5): 1431-1438.
马冰然. 2021. 变化环境下三江源国家公园动态空间规划研究. 北京: 北京师范大学博士学位论文.
马冰然, 曾维华, 解钰茜. 2019. 自然公园功能分区方法研究: 以黄山风景名胜区为例. 生态学报, 39(22): 8286-8298.
马建忠, 杨桂华. 2009. 新西兰的国家公园. 世界环境, (1): 76-77.
马明哲, 申国珍, 熊高明, 等. 2017. 神农架自然遗产地植被垂直带谱的特点和代表性. 植物生态学报, (11): 1127-1139.

马婷. 2021. 三江源国家公园居民对社会生态转型适应与对策研究. 北京: 中央民族大学博士学位论文.

马童慧, 吕偲, 雷光春. 2019. 中国保护地空间重叠分析与保护地体系优化整合对策. 生物多样性, 27(7): 758-771.

闵庆文. 2019a -7-2. 读懂构建自然保护地体系的"两个前置词". 中国自然资源报, 第 3 版.

闵庆文. 2019b. 关于国家公园体制改革若干问题的提案. 全国政协十三届二次会议(内部资料).

闵庆文. 2020a. 关于在国家公园与自然保护地建设中注重农业文化遗产发掘与保护的提案. 全国政协十三届三次会议(内部资料).

闵庆文. 2020b. 关于构建都市型自然保护地体系的建议. 北京市十五届人大三次会议(内部资料).

闵庆文. 2021a. 关于加强国家公园跨界合作促进生态系统完整性保护的提案. 全国政协十三届四次会议(内部资料).

闵庆文. 2021b. 关于完善中国自然保护地体系的提案. 全国政协十三届四次会议(内部资料).

闵庆文, 何思源. 2020-12-8. 国家公园建设要汲取当地居民智慧, 中国自然资源报, 第 3 版.

闵庆文, 马楠. 2017. 生态保护红线与自然保护地体系的区别与联系. 环境保护, 45(23): 26-30.

闵庆文, 孙业红. 2009. 农业文化遗产的概念、特点与保护要求. 资源科学, 31(6): 914-918.

闵庆文, 甄霖, 杨光梅, 等. 2006. 自然保护区生态补偿机制与政策研究. 环境保护, 34(19): 55-58.

母亚双. 2018. 分布式决策树算法在分类问题中的研究与实现. 大连: 大连理工大学博士学位论文.

欧阳志云, 王如松. 2000. 生态系统服务功能、生态价值与可持续发展. 世界科技研究与发展, 22(5): 45-50.

欧阳志云, 王效科, 苗鸿, 等. 2002. 我国自然保护区管理体制所面临的问题与对策探讨. 科技导报, 23(1): 49-52.

潘竟虎, 徐柏翠. 2018. 中国国家级自然保护地的空间分布特征与可达性. 长江流域资源与环境, 27(2): 353-362.

彭佳捷. 2011. 基于生态安全的长株潭城市群空间冲突测度研究. 长沙: 湖南师范大学硕士学位论文.

彭涛. 2019. 国家公园选址的空间评价与规划研究. 杭州: 浙江大学硕士学位论文.

秦天宝. 2009. 澳大利亚保护地法律与实践述评. 见: 生态文明与环境资源法-全国环境资源法学研讨会(内部资料).

秦天宝, 刘彤彤. 2020. 央地关系视角下我国国家公园管理体制之建构. 东岳论丛, 41(10): 162-171, 192.

舒航, 庄丽文, 孙晓杰, 等. 2020. 价值转移模型在森林类保护区生态系统服务功能评估中的应用. 东北林业大学学报, 48(12): 52-57.

孙兴齐. 2017. 基于 InVEST 模型的香格里拉市生态系统服务功能评估. 昆明: 云南师范大学硕士学位论文.

孙彦斐, 唐晓岚, 刘思源, 等. 2020. 我国国家公园环境教育体系化建设: 背景、困境及展望. 南京工业大学学报(社会科学版), 19(3): 58-65, 112.

谭路, 申恒伦, 王岚, 等. 2021. 三峡水库干流与香溪河库湾水体营养状态及其对水文条件的响应. 长江流域资源与环境, 30(6): 1488-1499.

汤艳. 2018. 我国公民雾霾治理意向及治理行为研究: 基于计划行为理论的分析. 中原工学院学报, 29(2): 33-39.
汪劲. 2020. 中国国家公园统一管理体制研究. 暨南学报(哲学社会科学版), 42(10): 10-23.
汪为青, 倪才英, 甘荣俊. 2009. 自然保护区生态补偿问题研究. 榆林学院学报, 19(2): 8-11.
王兵, 郑秋红, 郭浩. 2008. 基于Shannon-Wiener指数的中国森林物种多样性保育价值评估方法. 林业科学研究, 21(2): 142-148.
王国萍, 何思源, 丁陆彬, 等. 2021. 基于管理目标的我国国家公园灾害风险管理体系构建. 世界林业研究, 34(1): 76-83.
王国萍, 闵庆文, 丁陆彬, 等. 2019. 基于PSR模型的国家公园综合灾害风险评估指标体系构建. 生态学报, 39(22): 8232-8244.
王慧慧, 曾维华, 马冰然, 等. 2021. 保护地生态承载力不确定性多目标优化模型研究: 以黄河源区玛多县为例. 中国环境科学, 41(3): 1300-1310.
王佳然. 2019. 自然保护地多元长效生态补偿模式研究: 以神农架国家公园体制试点区为例. 北京: 中国科学院地理科学与资源研究所硕士学位论文.
王开运, 邹春静, 张桂莲. 2007. 生态承载力复合模型系统与应用. 北京: 科学出版社.
王丽. 2015. 神农架金丝猴生境破碎化评价及生境廊道构建. 武汉: 华中农业大学博士学位论文.
王敏. 2019. 我国小水电生态流量的监管问题研究. 华北电力大学学报(社会科学版), (1): 18-25.
王权典. 2010. 基于主体功能区划自然保护区生态补偿机制之构建与完善. 华南农业大学学报(社会科学版), 9(1): 122-129.
王正早. 2021. 基于计划行为理论的保护地原住民生态保护意愿与行为研究: 以赤水和三江源为例. 北京: 北京师范大学博士学位论文.
王正早, 贾悦雯, 刘峥延, 等. 2019. 国家公园资金模式的国际经验及其对中国的启示. 生态经济, 35(9): 138-144.
王作全, 王佐龙, 张立, 等. 2005. 三江源区生物多样性保护与生态补偿法律制度之构建. 青海社会科学, 26(6): 138-143.
韦惠兰, 葛磊. 2008. 自然保护区生态补偿问题研究. 环境保护, 36(2): 43-45.
吴承照, 刘广宁. 2017. 管理目标与国家自然保护地分类系统. 风景园林, 13(7): 16-22.
吴后建, 但新球, 王隆富, 等. 2015. 中国国家湿地公园的空间分布特征. 中南林业科技大学学报, 35(6): 50-57.
吴乃成, 唐涛, 周淑婵, 等. 2021. 神农架地区香溪河梯级小水电站对河流生态系统功能的影响. 长江流域资源与环境, 30(6): 1458-1465.
吴乃成, 周淑婵, 傅小城, 等. 2007. 香溪河小水电的梯级开发对浮游藻类的影响. 应用生态学报, 18(5): 1093-1098.
吴晓青, 陀正阳, 洪尚群. 2002. 生态建设系统动力学生态建设动力: 凝聚组织和发动. 云南环境科学, 21(1): 1-4.
谢高地, 甄霖, 鲁春霞, 等. 2008. 一个基于专家知识的生态系统服务价值化方法. 自然资源学报, 23(5): 169-177.
解钰茜, 曾维华, 马冰然. 2019. 基于社会网络分析的全球自然保护地治理模式研究. 生态学报, 39(4): 1394-1406.
辛慧. 2008. 泰山森林涵养水源功能与价值评估. 泰安: 山东农业大学硕士学位论文.

兴山县政府公众信息网. 2010. 兴山县水电资源概况, http://www.xingshan.gov.cn/cms/publish/xsxwz/ C1201007290959530134.shtml[2010-07-29].
邢一明. 2020. 典型温带森林自然保护区生态资产价值评估研究: 以长白山和泰山自然保护区为例. 北京: 中央民族大学硕士学位论文.
邢一明, 马婷, 舒航, 等. 2020. 泰山保护地生态资产价值评估. 生态科学, 39(3): 193-200.
熊欢欢, 金胶胶, 莫家勇, 等. 2021. 神农架大九湖移民搬迁居民能源替代探讨. 长江流域资源与环境, 30(6): 1521-1525.
薛亚东. 2020. 关于三江源国家公园地区人熊冲突问题缓解对策的建议. 政策建议(内部资料)
薛英岚, 陈岩, 曾维华. 2020. 流域上下游水资源与水污染冲突评估: 基于水足迹-粗糙集理论. 水利经济, 38(6): 43-49.
闫京艳, 张毓, 蔡振媛, 等. 2019. 三江源区人兽冲突现状分析. 兽类学报, 39(4): 476-484.
杨桂华, 张一群. 2012. 自然遗产地旅游开发造血式生态补偿研究. 旅游学刊, 27(5): 8-9.
杨桂华, 钟林生, 明庆忠. 2000. 生态旅游. 北京: 高等教育出版社.
杨敬元, 杨万吉. 2018. 神农架金丝猴及其生境的研究与保护. 北京: 中国林业出版社.
杨蕾. 2020. 基于 InVEST 模型的三江源主要生态系统服务权衡与协同研究. 上海: 上海师范大学硕士学位论文.
杨明举, 白永平, 张晓州, 等. 2013. 中国国家级风景名胜区旅游资源空间结构研究. 地域研究与开发, 32(3): 56-60.
杨顺益, 李杨, 蔡庆华, 等. 2021. 多尺度环境因子对神农架地区香溪河流域底栖藻类的影响. 长江流域资源与环境, 30(6): 1437-1444.
杨顺益, 唐涛, 蔡庆华, 等. 2012. 洱海流域水生态分区. 生态学杂志, 31(7): 1798-1806.
姚红义. 2011. 基于生态补偿理论的三江源生态补偿方式探索. 生产力研究, (8):17-18, 41.
姚帅臣, 闵庆文, 焦雯珺, 等. 2019. 面向管理目标的国家公园生态监测指标体系构建与应用. 生态学报, 39(22): 8221-8231.
姚帅臣, 闵庆文, 焦雯珺, 等. 2021. 基于管理分区的神农架国家公园生态监测指标体系构建. 长江流域资源与环境, 30(6): 1511-1520.
叶菁, 宋天宇, 陈君帜. 2020. 大熊猫国家公园监测指标体系构建研究. 林业资源管理, 49(2): 53-60, 66.
叶菁, 谢巧巧, 谭宁焱. 2017. 基于生态承载力的国土空间开发布局方法研究. 农业工程学报, 33(11): 262-271.
于晴文. 2019. 神山信仰与三江源国家公园保护管理研究. 北京: 北京大学硕士学位论文.
余新晓, 鲁绍伟, 靳芳, 等. 2005. 中国森林生态系统服务功能价值评估. 生态学报, 25(8): 268-274.
虞虎, 陆林, 朱冬芳. 2012. 长江三角洲城市旅游与城市发展协调性及影响因素.自然资源学报, 27(10):1746-1757.
虞虎, 阮文佳, 李亚娟, 等. 2018a. 韩国国立公园发展经验及启示. 南京林业大学学报(人文社会科学版), 18(3): 77-89.
虞虎, 钟林生. 2019. 基于国际经验的我国国家公园遴选探讨. 生态学报, 39(4): 1309-1317.
虞虎, 钟林生, 曾瑜晳. 2018b. 中国国家公园建设潜在区域识别研究. 自然资源学报, 33(10): 1766-1780.

袁勤俭, 宗乾进, 沈洪洲. 2011. 德尔菲法在我国的发展及应用研究: 南京大学知识图谱研究组系列论文. 现代情报, 31(5): 3-7.
岳海文. 2012. 青海三江源水生态补偿机制研究. 科技风, 25(16): 249.
臧振华, 张多, 王楠, 等. 2020. 中国首批国家公园体制试点的经验与成效、问题与建议. 生态学报, 40(24): 8839-8850.
曾瑜皙, 钟林生, 虞虎. 2021. 气候变化背景下青海省三江源地区游憩功能格局演变. 生态学报, 41(3): 886-900.
张碧天, 闵庆文, 焦雯珺, 等. 2019. 中国三江源国家公园与韩国智异山国家公园的对比研究. 生态学报, 39(22): 8271-8285.
张碧天, 闵庆文, 焦雯珺, 等. 2021. 生态系统服务权衡研究进展与展望. 生态学报, 40(14): 5517-5532.
张晨, 郭鑫, 翁苏桐, 等. 2019. 法国大区公园经验对钱江源国家公园体制试点区跨界治理体系构建的启示. 生物多样性, 27(1): 97-103.
张恒玮. 2016. 基于 InVEST 模型的石羊河流域生态系统服务评估. 兰州: 西北师范大学硕士学位论文.
张建萍. 2003. 生态旅游与当地居民利益: 肯尼亚生态旅游成功经验分析. 旅游学刊, (1): 60-63.
张江雪, 宋涛, 王溪薇. 2010. 国外绿色指数相关研究述评. 经济学动态, 4(9): 127-130.
张丽君. 2004. 可持续发展指标体系建设的国际进展. 国土资源情报, 4(4): 7-15.
张丽荣, 孟锐, 潘哲, 等. 2019. 生态保护地空间重叠与协调发展冲突问题研究. 生态学报, 39(4): 1351-1360.
张履冰, 崔绍朋, 黄元骏, 等. 2014. 红外相机技术在我国野生动物监测中的应用: 问题与限制. 生物多样性, 22(6): 696-703.
张同作, 等. 2019. 加强三江源雪灾重灾区风险防范与管控的建议.
张香菊, 钟林生. 2021. 基于空间正义理论的中国自然保护地空间布局研究. 中国园林, 37(2): 71-75.
张一群. 2015. 云南保护地旅游生态补偿研究. 昆明: 云南大学博士学位论文.
张颖. 2001. 中国森林生物多样性价值核算研究. 林业经济, (3): 39-44.
张宇, 李丽, 张于光, 等. 2019. 人为干扰对神农架川金丝猴连通性及遗传多样性的影响. 生态学报, 39(8): 295-305.
张志强, 程国栋, 徐中民. 2002. 可持续发展评估指标、方法及应用研究. 冰川冻土, 4(4): 344-360.
章锦河, 张捷, 梁琳, 等. 2005. 九寨沟旅游生态足迹与生态补偿分析. 自然资源学报, 20(5): 735-744.
赵金崎, 桑卫国, 闵庆文. 2020. 以国家公园为主体的保护地体系管理机制的构建. 生态学报, 40(20): 7216-7221.
赵苗苗, 赵海凤, 李仁强, 等. 2017. 青海省 1998～2012 年草地生态系统服务功能价值评估. 自然资源学报, 32(3): 418-433.
赵爽, 董鑫, 苏欣慰, 等. 2013. 国内外生态旅游研究现状比较. 资源开发与市场, 29(5): 542-545.
赵同谦, 欧阳志云, 郑华, 等. 2004. 中国森林生态系统服务功能及其价值评价. 自然资源学报, 1(4): 480-491.

赵霞, 孔垂婧, 温宏坚, 等. 2014. 国内外关于生态环境可持续性指标的评述. 西北大学学报(哲学社会科学版), 44(3): 136-145.
赵智聪, 彭琳, 杨锐. 2016. 国家公园体制建设背景下中国自然保护地体系的重构. 中国园林, 32(7): 11-18.
甄霖, 闵庆文, 李文华, 等. 2006. 海南省自然保护区生态补偿机制初探. 资源科学, 30(6): 10-19.
郑度. 2008. 中国生态地理区域系统研究. 北京: 商务印书馆.
中共中央办公厅, 国务院办公厅. 2017. 建立国家公园体制总体方案. http://www.gov.cn/zhengce/2017-09/26/content_5227713.htm [2017-9-26].
中共中央办公厅, 国务院办公厅. 2019. 关于建立以国家公园为主体的自然保护地体系的指导意见. http://www.gov.cn/zhengce/2019-06/26/content_5403497.htm [2019-6-26].
中华人民共和国环境保护局. 1998. 中国生物多样性国情研究报告. 北京: 中国环境科学出版社.
钟林生, 郑群明, 刘敏. 2006. 世界生态旅游地理. 北京: 中国林业出版社.
周敬玫, 黄德林. 2007. 自然保护区生态补偿的理论与实践探析. 理论月刊, 29(12): 92-94.
周龙. 2010. 资源环境经济综合核算与绿色 GDP 的建立. 北京: 中国地质大学(北京)博士学位论文.
周秋静, 韩文斌, 赵常明, 等. 2019. 神农架天然针阔混交林的物种组成和群落结构. 生态学杂志, 38(1): 17-24.
周睿, 肖练练, 钟林生, 等. 2018. 基于中国保护地的国家公园体系构建探讨. 中国园林, 34(9): 135-139.
朱春全. 2014. 关于建立国家公园体制的思考. 生物多样性, 22(4): 418-421.
朱冠楠, 闵庆文. 2020. 庆元“林-菇共育系统”的生态机制和当代价值. 农业考古, 40(6): 37-43.
朱里莹, 徐姗, 兰思仁. 2017. 中国国家级保护地空间分布特征及对国家公园布局建设的启示. 地理研究, 36(2): 307-320.
住房和城乡建设部. 2019. GB / T 50298—2018 风景名胜区总体规划标准. 北京: 中国建筑工业出版社.
自然资源部. 2021-5-26. 我国自然保护地面积达陆域面积 18%. 中国自然资源报.
Ajzen I. 1991. The theory of planned behavior. Organizational Behavior and Human Decision Processes, 50(2): 179-211.
Alsterberg C, Roger F, Sundbäck K, *et al*. 2017. Habitat diversity and ecosystem multifunctionality: The importance of direct and indirect effects. Science Advances, 3(2): e1601475.
Amaral Y T, dos Santos E M, Ribeiro M C, *et al*. 2019. Landscape structural analysis of the Lencois Maranhenses national park: implications for conservation. Journal for Nature Conservation, 51: 125725.
Anderson N E, Bessell P R, Mubanga J, *et al*. 2016. Ecological monitoring and health research in Luambe National Park, Zambia: generation of baseline data layers. EcoHealth, 13(3): 511-524.
Archabald K, Naughton-Treves L. 2001. Tourism revenue-sharing around national parks in Western Uganda: early efforts to identify and reward local communities. Environmental Conservation, (28): 135-149.
Cernea M M, Schmidt-Soltau K. 2006. Poverty Risks and National Parks: Policy Issues in Conservation and Resettlement. World Development, 34(10): 1808-1830.

Christ C. 1998. Ecotourism: A Guide for Planners and Managers. North Bennington: Ecotourism Socity.

Clifford H F. 1982. Life cycles of mayflies (Ephemeroptera), with special reference to voltinism. Quaestiones Entomologicae, 18: 15-90.

Costanza R, Mageau M. 1999. What is a healthy ecosystem? Aquatic Ecology, 33(1): 105-115.

Coria J, Calfucura E. 2012. Ecotourism and the development of indigenous communities: The good, the bad, and the ugly. Ecological Economics, 73(C): 47-55.

Dai Y C, Charlotte E H, Zhang Y G, *et al*. 2019. Identifying the risk regions of house break-ins caused by Tibetan brown bears(*Ursus arctos pruinosus*)in the Sanjiangyuan region, China. Ecology and Evolution, 9(24): 13979-13990.

Dai Y C, Xue Y D, Charlotte E H, *et al*. 2020. Human-carnivore conflicts and mitigation options in Qinghai province, China. Journal for Nature Conservation, 53: 125776.

Donnelly K, Beckett-Furnell Z, Traeger S, *et al*. 2006. Eco-design implemented through a product-based environmental management system. Journal of Cleaner Production, 14(15-16SI): 1357-1367.

Gaston K J, Charman K, Jackson S F, *et al*. 2006. The ecological effectiveness of protected areas: The United Kingdom. Biological Conservation, 132(1): 76-87.

He S, Gallagher L, Su Y, *et al*. 2018a. Identification and assessment of ecosystem services for protected area planning: A case in rural communities of Wuyishan national park pilot. Ecosystem Services, 31: 169-180.

He S, Su Y, Wang L, *et al*. 2018b. Taking an ecosystem services approach for a new national park system in China. Resources, Conservation and Recycling, 137: 136-144.

He S, Yang L, Min Q. 2020. Community Participation in Nature Conservation: The Chinese Experience and Its Implication to National Park Management. Sustainability, 12(11): 4760.

Hill N, Tobin A, Reside A, *et al*. 2016. Dynamic habitat suitability modelling reveals rapid poleward distribution shift in a mobile apex predator. Global Change Biology, 22: 1086-1096.

Hobbs N T, Swift D M. 1985. Estimates of habitat carrying capacity incorporating explicit nutritional constraints. The Journal of Wildlife Management, 49(3): 814-822.

Huang J, Chen W, Wen Z, *et al*. 2019. Review of Chinese atmospheric science research over the past 70 years: Climate and climate change. Science China Earth Sciences, 49(10): 1607-1640.

Jia Z, Ma B, Zhang J, *et al*. 2018. Simulating spatial-temporal changes of land-use based on ecological redline restrictions and landscape driving factors: a case study in Beijing. Sustainability, 10(4): 1299.

Kaiser F G. 1998. A general measure of ecological behavior. Journal of Applied Social Psychology, 28(5): 395-422.

Kingsmill P. 2003. Sustainable development of ecotourism: a compilation of good practices. Madrid: World Tourism Organization: 67-69.

Klijn F, De Haes H A U. 1994. A hierarchical approach to ecosystems and its implications for ecological land classification. Landscape Ecology, 9(2): 89-104.

Li F, Cai Q, Jiang W, *et al*. 2012a. Macroinvertebrate relationships with water temperature and water flow in subtropical monsoon streams of Central China: implications for climate change. Fundamental and Applied Limnology, 180(3): 221-231.

Li F, Cai Q, Jiang W, *et al*. 2012b. The response of benthic macroinvertebrate communities to climate change: evidence from subtropical mountain streams in Central China. International Review of Hydrobiology, 97(3): 200-214.

Li X, Ao S, Shi X, *et al.* 2021. Life history of Caenis lubrica Tong and Dudgeon, 2002(Ephemeroptera: Caenidae)in a Three Gorges Reservoir feeder stream, subtropical Central China. Aquatic Insects, 42(1): 50-61.

Li X, Tan L, Du H, *et al.* 2020. Life history flexibility of *Drunella submontana* Brodsky, 1930 (Ephemeroptera: Ephemerellidae) along altitude gradients in Shennongjia National Park, China. Aquatic Insects, 41(1): 55-66.

Lischka S, Teel T, Johnson H E, *et al.* 2018. Conceptual model for the integration of social and ecological information to understand human-wildlife interactions. Biological Conservation, 225: 80-87.

Liu M, Bai Y, Ma N, *et al.* 2020. Blood Transfusion or Hematopoiesis? How to select between the subsidy mode and the long-term mode of eco-compensation. Environmental Research Letters, (15): 094059.

Liu M, Xiong Y, Yuan Z, *et al.* 2014. Standards of ecological compensation for traditional eco-agriculture: Taking rice-fish system in Hani terrace as an example. Journal of Mountain Science, 11(4): 1049-1059.

Liu M C, Rao D D, Yang L, *et al.* 2021. Subsidy, training or material supply? The impact path of eco-compensation method on farmers' livelihood assets. Journal of Environmental Management, 287: 112339.

Liu M C, Yang L, Min Q W. 2018. Establishment of an eco-compensation fund based on eco-services consumption. Journal of Environmental Management, 211: 306-312.

Ma B, Xie Y, Zhang T, *et al.* 2020. Identification of conflict between wildlife living spaces and human activity spaces and adjustment in/around protected areas under climate change: a case study in the Three-River Source region. Journal of Environmental Management, 262: 110322.

Ma B, Xie Y, Zhang T, *et al.* 2021.Construction of a human-wildlife spatial interaction index in the Three-River Source Region, China. Ecological Indicators, 129, 107986.

Margules C R, Pressey R L. 2000. Systematic conservation planning. Nature, 405(6783): 243-253.

Mezquida J A A, Fernandez J V D L, Yanguas M A M. 2005. A framework for designing ecological monitoring programs for protected areas: a case study of the Galachos del Ebro Nature Reserve (Spain). Environmental Management, 35(1): 20-33.

O'Neill R V, Gardner R H, Turner M G. 1992. A hierarchical neutral model for landscape analysis. Landscape Ecology, 7(1): 55-61.

Ocampo L, Ebisa J A, Ombe J, *et al.* 2018. Sustainable ecotourism indicators with fuzzy Delphi method A Philippine perspective. Ecological Indicators, 93: 874-888.

Oldekop J A, Holmes G, Harris W E, *et al.* 2016. A global assessment of the social and conservation outcomes of protected areas. Conservation Biology, 30(1): 133-141.

Pang M, Zhang L, Ulgiati S, *et al.* 2015. Ecological impacts of small hydropower in China: Insights from an emergy analysis of a case plant. Energy Policy, 76: 112-122.

Sharp R, Douglass J, Wolny S, *et al.* 2020. InVEST 3.8.7. User's Guide. The Natural Capital Project, Stanford University, University of Minnesota, The Nature Conservancy, and World Wildlife Fund.

Shi X, Li X, Ao S, *et al.* 2020. Life history of *Ephemera wuchowensis* Hsu, 1937 (Ephemeroptera: Ephemeridae)in a northern subtropical stream in Central China. Aquatic Insects, 41(1): 45-54.

Tamura S, Kagaya T. 2016. Life cycles of 17 riffle-dwelling mayfly species (Baetidae, Heptageniidae and Ephemerellidae) in central Japan. Limnology, (17): 291-300.

Théau J, Trottier S, Graillon P. 2018. Optimization of an ecological integrity monitoring program for protected areas: case study for a network of national parks. PLoS One, 13(9): e0202902.

Turkelboom F, Leone M, Jacobs S, *et al.* 2018. When we cannot have it all: Ecosystem services trade-offs in the context of spatial planning. Ecosystem Services, 29: 566-578.

Vanessa Hull, Xu W H, Liu Wei. 2011. Evaluating the efficacy of zoning designations for protected area management. Biological Conservation, 144(12): 3028-3037.

Wang Z, Gong Y, Mao X. 2018. Exploring the value of overseas biodiversity to Chinese netizens based on willingness to pay for the African elephants' protection. Science of the Total Environment, 637: 600-608.

Wang Z, Mao X, Zeng W, *et al.* 2020. Exploring the influencing paths of natives' conservation behavior and policy incentives in protected areas: evidence from China. Science of the Total Environment. 744: 140728.

Wischmeier W H, Smith D D. 1978. Predicting rainfall erosion loss-a guide to conservation planning. Agriculture Handbook, 537: 1-58.

Yang J, Yang R X, Chen M H, *et al.* 2021. Effects of rural revitalization on rural tourism. Journal of Hospitality and Tourism Management, 47: 35-45.

Yang L, Liu M C, Min Q W. 2019. Natural Disasters, Public Policies, Family Characteristics, or Livelihood Assets? The Driving Factors of Farmers' Livelihood Strategy Choices in a Nature Reserve. Sustainability, 11(19): 5423.

Zeng Y X, Zhong L S. 2020. Identifying conflicts tendency between nature-based tourism development and ecological protection in China. Ecological Indicators, 109: doi.org/10.1016/j.ecolind.2019.105791.

Zhang J J, Jiang F, Li G Y, *et al.* 2019. Maxent modeling for predicting the spatial distribution of three raptors in the Sanjiangyuan National Park, China. Ecology and Evolution, 9(11): 6643-6654.

Zhang J, Yin N, Wang S, *et al.* 2020. A multiple importance–satisfaction analysis framework for the sustainable management of protected areas: Integrating ecosystem services and basic needs. Ecosystem Services, 46: doi.org/10.1016/j.ecoser.2020.101219.

Zhang W, Li G. 2017. Ecological compensation, psychological factors, willingness and behavior of ecological protection in the Qinba ecological function area. Resources Science, 39(5): 881-892.

Zhu P, Cao W, Huang L, *et al.* 2019. The Impacts of Human Activities on Ecosystems within China's Nature Reserves. Sustainability, 11(23): 6629.